MEINEN ELTERN

INHALTSVERZEICHNIS

VORWORT

Die Bevölkerungsmathematik hat im deutschsprachigen Raum in den
letzten Jahrzehnten - etwa im Gegensatz zur Entwicklung in Frankreich
und in den USA - keinen rechten Anschluß an eine nicht unbedeutende
Tradition finden können. Die vorliegende Arbeit möchte <u>Probleme der
demographischen Analyse</u> erneut aufgreifen, diesmal jedoch unter Heranziehung von Begriffsbildungen aus der <u>Theorie stochastischer Prozesse</u>.

Die im folgenden vorgeschlagene <u>stochastische Modellierung demographischer Phänomene</u> soll einerseits dem Bevölkerungsstatistiker den Zugang zu den oft kniffligen Fragen der formalen Demographie auf einheitlicher Basis exakter und damit auch eleganter gestalten. Es ist die Ansicht des Autors, daß viele bevölkerungsstatistische Problemstellungen
erst im Rahmen stochastischer Prozesse ihre adäquate Behandlung erfahren. Zum anderen liefert ein hier zu leistender statistischer Überbau
der Demographie didaktisch abgerundete Anwendungsbeispiele der rasch
an Bedeutung gewinnenden Theorie der Zufallsprozesse.

Das <u>Vorhaben</u> dieser Arbeit besteht darin, zu zeigen, daß die sto-
chastisch-dynamische Betrachtungsweise demographischer Vorgänge nicht
nur ein tragfähiges Fundament für die Vielfalt bevölkerungsmathema-
tischer Modelle abgeben kann, sondern auch die Behandlung neuartiger
genuiner Fragenkomplexe gewährleistet. Die Untersuchung gliedert sich
in drei Teile. In der am Beginn stehenden <u>Mikrotheorie</u> fungieren als
Prozeßzustände jene, die von demographischen Individuen angenommen
werden können, also etwa der Familienstand einer Person. Hingegen werden beim Zustandsbegriff der <u>Makromodelle</u> die Anzahlen von Individuen
einer bestimmten Kategorie, beispielsweise einer gewissen Altersklasse,
erfaßt. Sowohl Individual- als auch Bestandsmodelle beschäftigen sich
mit der zeitlichen (<u>dynamischen</u>) Abfolge der Zustände und nehmen dabei
an, daß diese Entwicklung von <u>probabilistischen</u> Gesetzmäßigkeiten beherrscht wird. Das Zwischenstück über <u>demographische Tafeln</u> nimmt in
noch zu präzisierender Weise eine vermittelnde Stellung zwischen Mikro-
und Makrotheorie ein.

Der <u>Aufbau</u> wurde neben anderen Gründen auch deshalb im wesentlichen
nach <u>methodisch-formalen</u> Gesichtspunkten zugeschnitten, weil oftmals
die demographische Analyse inhaltlich verschiedener Problemstellungen

formal durch dasselbe oder eng verwandte Modelle geschehen kann. Die formale Anlage der Untersuchung erleichtert auch die Schaffung von Querverbindungen zu Modellen verwandter Disziplinen, so zur mathematischen Soziologie, Biologie und Bildungsökonomie. Die Darstellung ist zwar formal-theoretisch; sie erfolgt jedoch, dem angestrebten Zweck entsprechend, nämlich für potentielle Anwender zu schreiben, in anwendungsorientierter heuristischer Weise.

Die vorliegende Schrift ist während meiner Tätigkeit als wissenschaftlicher Assistent am Institut für Gesellschafts- und Wirtschaftswissenschaften der Universität Bonn entstanden. Der Direktor der Statistischen Abteilung, Herr Professor Dr. Franz F e r s c h l hat mich bei der Abfassung in jeder Hinsicht gefördert, wofür ich ihm großen Dank schulde. Außerdem danke ich für Ratschläge und Hinweise Herrn Professor R. Pressat, Herrn Dr. G. Neuhaus und Herrn Professor Dr. K.-H. Wolff. Dem Statistischen Bundesamt in Wiesbaden - und hier vor allem dem Ltd. Reg. Dir. Dr. K. Schwarz - bin ich für die großzügige Erlaubnis zu Dank verpflichtet, dort ausgearbeitete Schaubilder und Tabellen übernehmen zu dürfen. Schließlich möchte ich noch Herrn stud. rer. pol. W. Losem für die sorgfältige Anfertigung des Schreibmaschinenmanuskripts und Frau A. Dieckmann für das Einsetzen der Symbole danken.

"...sondern daß auf Zeit
und auf Zufall alles je-
nes ankommt."

Der Prediger Salomo 9,11

Kapitel 1

E I N F Ü H R U N G

Geburten, Todesfälle, Heiraten, Wanderungen und soziale Mobilität
sind die wesentlichen Vorgänge, die Zusammensetzung und Verteilung einer Bevölkerung bestimmen. Die Demographie, welche menschliche Bevölkerungen empirisch, statistisch und mathematisch untersucht, entwickelt
zur Beschreibung des "Bevölkerungszustandes" und dessen zeitlicher Veränderung das theoretische Rüstzeug, mit dem das Zustandekommen der von
der Bevölkerungsstatistik aufgezeichneten Ereignisse erklärt zu werden
vermag (vgl. BOGUE 1969, p. 1).

Demographie und Statistik haben einen gemeinsamen Ausgangspunkt. An
ihrer Wiege standen die Bills of Mortality von GRAUNT und die berühmten
Breslauer Tafeln von HALLEY. Obwohl Demographie also lange vor dem Her-
aufkommen der modernen Wahrscheinlichkeitstheorie betrieben wurde, ermöglichen mathematisch-statistische Methoden eine Neueinschätzung der
theoretischen Bevölkerungslehre. Zweck der nachfolgenden Ausführungen
ist die Beschreibung und Analyse empirischer demographischer Prozesse
mittels stochastischer Modelle. Dadurch soll u. a. gezeigt werden, wie
sich traditionell gewachsene demographische Schemata in den Rahmen der
mathematischen Statistik einordnen lassen. Bevor wir uns einer derartigen "Demographie im modernen stochastischen Gewand" zuwenden, sind vorweg einige Erwägungen über den Modellbegriff in der Bevölkerungsstatistik anzustellen, samt den daraus sich ergebenden Motivationen für den
Aufbau der vorliegenden Untersuchung. Die folgenden verbalen Ausführungen können zwar beim ersten Studium auch überschlagen werden; m. E. gehören sie aber als prinzipielle Überlegungen an den Beginn der Abhandlung gestellt.

1. Zum mathematischen Modellbegriff

1.1. Allgemeine Erwägungen

Jede empirische Wissenschaft erreicht das Niveau, auf dem ihr weiteres Studium durch die Konstruktion mathematischer Modelle gefördert wird. Ein (mathematisches) Modell entsteht durch Abstraktion eines Umweltausschnittes, indem relevante Beziehungen zwischen realen Sachverhalten auf ähnliche Relationen zwischen mathematischen Objekten abgebildet werden (vgl. BARTHOLOMEW, 1967). Um festzustellen, ob ein Modell Beobachtungsdaten in vernünftiger Weise erklärt, sind aus den Modellvoraussetzungen deduzierte Resultate mit entsprechenden empirischen Phänomenen zu vergleichen. Durch die Modellierung wird die Realität notwendigerweise einer idealisierenden Vereinfachung unterworfen. Der Preis, welcher für eine ergiebige Abbildung empirischer Gegebenheiten in einen mathematisch traktablen Formalbereich zu bezahlen ist, besteht in der Simplifikation der Realität (Beispiel: Bei den demographischen Makromodellen wird fast immer die Unabhängigkeit der Vitalitätsverhältnisse vom Bevölkerungsumfang vorausgesetzt). Der Wert eines Modells wird andererseits davon abhängig sein, inwieweit es Faktoren einbezieht, die für den vorliegenden Sachverhalt charakteristisch sind. Mathematische Modelle empirischer Prozesse müssen also ein rechtes Maß an Komplexität besitzen, was von BARTHOLOMEW treffend so ausgedrückt wird: "The art of model building is to know where and when to simplify."

Entscheidend beim Modelldenken ist die Unterscheidung der formalen Modellebene und des empirischen Phänomenbereichs (Beispiel: Das Umweltphänomen "Entwicklung einer Bakterienkolonie" kann mittels einfacher Geburts- und Absterbeprozesse beschrieben werden). Das Auseinanderhalten dieser beiden Ebenen wird durch sprachliche Mehrdeutigkeiten erschwert. Genaugenommen stellt die Modellebene eine Formalisierung der empirischen Ebene dar, die ihrerseits aber schon als verbale Beschreibung der "Phänomene an sich" aufgefaßt werden kann. Der Vorteil formaler Modellbeschreibungen gegenüber Verbaldiskussionen liegt in dem Zwang zur expliziten Formulierung der Voraussetzungen und in der Exaktifizierung des immanenten logischen Gerüsts. Ein Beispiel aus der amtlichen Bevölkerungsstatistik soll dies illustrieren. In den verbalen Beschreibungen, die das Statistische Bundesamt als Kommentar zu den erhobenen demographischen Daten herausgibt (in der Fachserie A "Bevölkerung und

Kultur" und in der Zeitschrift Wirtschaft und Statistik), kann manchmal nur mühevoll zwischen Annahmen und Folgerungen daraus unterschieden werden. Die Einführung formaler Modelle schafft hier prinzipielle Klarheit (vgl. dazu z.B. Kap. 2, § 2.3).

1.2. Funktionen mathematischer Modelle

Mathematische Modelle empirischer Vorgänge dienen zur Beschreibung und Erklärung dieser Phänomene. Eine Modellkonstruktion soll stufenweise folgende Funktionen erfüllen:

(i) Modellbau: Zu Beginn des Modellbaus hat man auf Grund der Umweltkenntnis die relevanten Variablen zu spezifizieren und durch Annahmen über ihre Interdependenz zu verknüpfen. Die Bedeutung dieser ersten Stufe liegt in einer Einsichtnahme in die Funktionsweise des Modellmechanismus.

(ii) Modellanalyse: Hier handelt es sich um mathematische Deduktionen aus den unter (i) angesetzten Modellannahmen mit der Absicht, sie anhand von Beobachtungen zu überprüfen. Obwohl durch die Verwendung elektronischer Rechenmaschinen die Simulation von Modellen an Bedeutung gewonnen hat, so beschränken wir uns hier auf die analytische Behandlung von Modellen. Dies scheint dadurch gerechtfertigt, daß es uns hauptsächlich auf die Klarlegung der Wirkungszusammenhänge ankommt, welche die Vorgänge gesetzmäßig beherrschen.

(iii) Parameterschätzung: Um Modelle an der Realität zu überprüfen, müssen Methoden zur statistischen Schätzung der Modellparameter verfügbar sein.

(iv) Modelltesten: Auf Grund der so geschätzten Parameter ist schließlich die Modelladäquanz durch Vergleich realer Entwicklungen mit Modellvoraussagen zu testen.

1.3. Die Problematik in der Bevölkerungswissenschaft

In den Sozialwissenschaften und damit auch in der Demographie ist das Modelldenken zusätzlich von besonderer Bedeutung. Da in diesen Dis-

ziplinen die Möglichkeit zum Experimentieren nur in sehr eingeschränk-
tem Maße zur Verfügung steht, so können Modellkonstruktionen als Ersatz
für das Laboratorium des Naturwissenschaftlers aufgefaßt werden. Eine
weitere Funktion sozialwissenschaftlicher Modelle besteht im Beitrag,
den sie zur Messung von Phänomenen leisten können. Als Beispiel hierfür
sei an dieser Stelle die in Kapitel 3 zur Behandlung gelangende Theorie
konkurrierender Risiken genannt. Sie gestattet, demographische Ereignisse
von störenden Einflüssen zu befreien und führt sie so einer echten Messung zu. Es ist die Überzeugung des Autors, daß demographische Meßziffern ihre volle Interpretation nur im Rahmen eines Modells besitzen
können, und daß durch die konsequente Einhaltung dieser Auffassung eine
Reihe von Ungereimtheiten ausgemerzt bzw. vermieden werden können.

Im jetzigen Zeitalter der Bevölkerungsexplosion gilt es durch die
Verwendung feinerer Methoden im Rahmen reichhaltigerer Modelle zu ver-
läßlicheren Vorausschätzungsmöglichkeiten der Bevölkerung und ihrer
Struktur zu gelangen, wenn bevölkerungspolitische Maßnahmen erfolgreich
sein sollen. Infolge der Kompliziertheit vieler demographischer Geschäh-
nisse stellt das Modelldenken für den praktisch arbeitenden Bevölkerungsstatistiker ein unentbehrliches Hilfsmittel dar. Modelle über die Interdependenz der wichtigsten demographischen Variablen spielen nebenher
aber auch in Soziologie, Biologie und Ökonomie eine steigende Rolle
(Beispiel für letztere: Messung der Belastung der zum Sozialprodukt bei-
tragenden Personen durch Nichterwerbspersonen).

Daß eine formale Durchleuchtung demographischer Prozesse gewinnbringend ist, läßt sich also mit guten Argumenten belegen. Problematischer
hingegen ist der Komplexitätsgrad der Modelle. Während man seit dem Al-
tertum beim mathematischen Studium physikalischer Prozesse beträchtliche
Fortschritte erzielt hatte, hat sich eine formale Bewältigung biologi-
scher, vor allem aber auch sozialer Vorgänge als schwieriger erwiesen.
Ob dies auf einer größeren Variabilität des biologischen Materials (vgl.
BAILEY, 1964, p. 1), auf der Willensfreiheit und auf der größeren Komplexität sozialer Phänomene (vgl. BARTHOLOMEW, 1967) beruht, das kann
hier nicht untersucht werden. Während allerdings in weiten Bereichen
der (klassischen) Physik der Zufallseinfluß über Beobachtungsirrtümer
hereinkommt, also dem Beobachter anzulasten sind, scheinen in biologischen und sozialen Kontexten die Objekte selbst stochastisches Verhalten aufzuweisen (Ein treffendes Beispiel hierfür liefern probabilistische Modelle der Lernpsychologie, vgl. BUSH und MOSTELLER, 1955). Be-

merkenswerterweise ist es für den Modellbau für manche Fragestellungen irrelevant, ob die behandelten Phänomene "an sich" stochastisch sind oder nicht. Mit dieser angeschnittenen, mehr philosophischen Problematik, die mit einem Abwägen deterministischer gegenüber stochastischen Modellen einhergeht, haben wir uns hier jedoch nicht zu beschäftigen; vielmehr wenden wir uns der Problematik stochastischer Modelle in der Demographie zu.

2. Stochastische Prozesse in der Demographie

2.1. Deterministische oder stochastische Analyse?

Die klassische Theorie des Bevölkerungswachstums, wie sie vor allem von A. J. LOTKA seit dem ersten Jahrzehnt dieses Jahrhunderts in einer Reihe von Untersuchungen entwickelt wurde (vgl. die Zusammenfassung, LOTKA, 1939), verwendet die deterministische Betrachtungsweise im folgenden präzisen Sinn:

Ist der Zustand der Bevölkerung (d. i. hier der nach Geschlecht und Alter gegliederte Bestand) zur Zeit t_o gegeben, so läßt sich der Zustand zu jedem künftigen Zeitpunkt $t > t_o$ aufgrund der Theorie exakt vorausberechnen (vgl. RHODES, 1940).

Die deterministischen Methoden, welche auf einer derartigen Auffassung beruhen, haben zu einer abgerundeten Theorie geführt, die heute bereits als klassisch angesehen werden kann und bedeutsame Anwendungen zuläßt. Über diese sogenannte stabile Bevölkerungstheorie und ihre numerische Auswertbarkeit gibt die Monographie KEYFITZ, 1968a, Aufschluß (vgl. auch die Übersicht im Teil III).

D. G. KENDALL hat in einer grundlegenden Arbeit 1949 dann wohl erstmals hervorgehoben, daß ein vertieftes Studium von Bevölkerungsprozessen die Wirkungen des Zufalls zu berücksichtigen hätte. Deterministische Modelle stellen ja nicht in Rechnung, daß man - ausgehend von einem Anfangszustand - zu verschiedenen Realisierungen der Bevölkerungsentwicklung kommen wird, falls der Prozeß die Möglichkeit hätte, mehrmals abzulaufen. Erst Wahrscheinlichkeitsmodelle bieten die Möglichkeit, zufällige Schwankungen von Wachstumspfaden abzuschätzen. Während bei determi-

nistischen Bestandsmodellen die zeitliche Entwicklung des Zustands einer Bevölkerung betrachtet wird, handelt es sich nun um den erwarteten
Verlauf und um die durch Wahrscheinlichkeitsgesetze näher beschriebenen
zufälligen Abweichungen um einen mittleren Zustand.

Es soll allerdings nicht verschwiegen werden, daß in einem Teil der
bevölkerungsmathematischen Probleme (insbesondere bei den sogenannten
Makromodellen) die Anzahl der Individuen meist so groß ist, daß die
Entwicklung eines deterministischen Rumpfmodells genügt. Denn da die
statistischen Fluktuationen hierbei im Verhältnis zum Durchschnittsbe-
stand klein genug sind, um vernachlässigbar zu sein, liefert das entsprechende deterministische Modell in vielen Fällen eine brauchbare Annäherung. Nichtsdestoweniger führt oftmals auch bei den Bestandsmodellen die stochastische Betrachtungsweise zu Resultaten, die ohne eine
solche nicht erzielbar wären (Beispiel: Extinktion bei Geburts- und Todesprozessen). Von entscheidender Bedeutung sind probabilistische Modelle in der sogenannten Mikrotheorie, wo individuelle Verschiedenheiten
nur durch Einbeziehung von Zufallsbetrachtungen in den Griff zu bekommen sind (siehe Teil I). Auch wird sich immer dann, wenn die betrach-
tete Bevölkerungsgruppe klein ist, also z. B. bei einer Familie, eine
stochastische Behandlung als gewinnbringend erweisen (vgl. BAILEY, 1964,
p. 2). Zu einem historischen Artikel hat FELLER 1939 erstmals auch ein
Beispiel für einen stochastischen Bevölkerungsprozeß gebracht, wo die
Erwartungsstruktur des Zufallsmodells vom deterministischen Rumpf ab-
weicht.[*)]

Schließlich kann eine andere Rechtfertigung einer stochastischen
demographischen Analyse im weiten Anwendungsfeld gesehen werden, welches die Bevölkerungslehre einer Reihe verschiedenartiger Zufallsprozesse bietet (Verzweigungsprozesse, Geburts- und Todesprozesse, absorbierende Markoffketten, Semimarkoffprozesse u. a.).

Zusammenfassend ergibt sich, daß Zufallsmodelle - obwohl sie meist
schwieriger zu analysieren sind als die korrespondierenden deterministi-

---

[*)] Es handelt sich dabei um den sogenannten logistischen Wachstums-
prozeß; siehe dazu auch KENDALL, 1949, p. 244 - 246.

schen Modelle - oft ein passendes Beschreibungsmittel in der Demographie
sind. Darüber hinaus sind sie für eine feinere Analyse in vielen Fällen
sogar unerläßlich.

2.2. Grundlagen stochastischer Analysen

Ein stochastischer Prozeß ist eine Familie von Zufallsvariablen. Die
Art und Weise, in welcher sich diese Variablen gegenseitig beeinflussen,
wird durch die gemeinsamen Verteilungsfunktionen aller endlichen Mengen
von Zufallsgrößen aus der Familie spezifiziert. Faßt man den Familienin-
dex als Zeit auf, so kann man in etwas salopper Form sagen, daß ein stochastischer Prozeß ein solcher sei, der sich im Zeitablauf gemäß Wahr-
scheinlichkeitsgesetzen entwickelt.

Dynamische demographische Phänomene - das sind solche von evolutio-
närem Charakter - können einer stochastischen Prozeß-Analyse unterworfen werden. Die Einführung von Zufallsgrößen und das Studium ihrer Verteilungen bewirken nicht nur eine klarere und elegantere Formulierung
demographischer Begriffsbildungen, sondern ermöglichen oft erst die Behandlung neuer Problemstellungen. Ein erwünschtes Resultat dieses im
folgenden anzustrebenden "approach" wird die Darstellung klassischer
demographischer Kenngrößen als stochastische Prozeßparameter sein. Beispielsweise lassen sich Reproduktionsraten als Erwartungswerte gewisser
mit Markoffprozessen verknüpften Zufallsvariablen interpretieren.

Bezüglich der Parameterschätzung und des Modelltestens muß allerdings eingestanden werden, daß die statistische Inferenz für die verwendeten stochastischen Prozesse noch keineswegs ihren Endausbau erreicht hat (vgl. dazu auch BARTHOLOMEW, 1967, p. 9). Dies dürfte mit
ein Grund sein, daß stochastische Modelle demographischer Prozesse erst
in den letzten 10 - 15 Jahren, teilweise sogar erst in jüngster Zeit
erfolgreich benutzt worden sind. Hervorgehoben seien die Untersuchungen
von GOODMAN (1968), CHIANG (1968) und HOEM (1968, 1969). Die in der
vorliegenden Schrift gegebenen Beiträge sind daher keineswegs als End-
phase einer Entwicklung anzusehen, sie sind vielmehr als Art Aufbruch
gedacht und wollen weitere Studien anregen.

3. Motivierung von Aufbau und Darstellung

3.1. Vorhaben

Das angestrebte Ziel der vorliegenden Abhandlung kann darin erblickt werden, demographische Vorgänge als stochastische Prozesse zu beschreiben und mit deren Instrumentarium zu analysieren. Um den Einblick in den Ablaufmechanismus demographischer Prozesse zu vertiefen, werden sie einer stochastischen Analyse unterworfen. Durch diese Behandlungsweise wird eine solide Basis auch für künftige Fragestellungen angestrebt.

An formalen Darstellungen von Bevölkerungsproblemen herrscht ein fühlbarer Mangel. Zwar existieren seit kurzem (1968) zwei inhaltsreiche Monographien von CHIANG und KEYFITZ, aber in der deutschsprachigen Literatur gibt es beispielsweise kein Buch, das auch neuere Entwicklungen berücksichtigt. Nach einem Ausspruch des berühmten französischen Demographen L. HENRY ist "Demographie viel mehr Geschichte als Physik" (HENRY, 1964, p. 5). In dieser Arbeit soll versucht werden, einen kleinen Beitrag zur Abänderung der Gültigkeit des obigen Zitats zu leisten.

3.2. Wahl der Darstellungsweise

3.2.1. Inhaltliche contra methodologische Darstellung

Vor die Wahl gestellt, die Abhandlung nach inhaltlichen oder nach methodischen Gesichtspunkten aufzubauen, habe ich mich für die zweite Möglichkeit entschieden. Mit verschiedenen methodischen Werkzeugen werden einige wenige, aber typische Bevölkerungsphänomene einer Analyse zugeführt. Da der stochastische demographische Modellbau erst ziemlich am Anfang zu stehen scheint, so dürfte m. E. diese methodologische Behandlungsweise eher adäquat sein als eine inhaltlich ausgerichtete Darstellung. Zudem wird sich noch zeigen, daß manche inhaltlich verschiedene Fragestellungen durch formal ähnliche Modelle beschreibbar sind (z. B. Heirat und Fruchtbarkeit).

Durch Herausschälung des formalen Skeletts soll dem angewandten Mathematiker der Zutritt zur Demographie attraktiver gestaltet werden; dem Bevölkerungswissenschaftler wird dadurch andererseits verdeutlicht,

daß einige seiner Konzeptionen auch in anderen Disziplinen auftreten
(etwa in der Biologie und in der Zuverlässigkeitstheorie).

3.2.2. Heuristische Darstellungsweise

Beim Betreten des Niemandslandes zwischen zwei etablierten Disziplinen (Demographie und mathematische Statistik) besteht für einen Autor
die Gefahr, mit beiden Seiten in Kommunikationskonflikte zu geraten.
Während es der mathematischen Statistik auf die Herleitung von Resultaten unter möglichst allgemeinen Voraussetzungen ankommt, ist Demographie als Sozialwissenschaft auf Ursachenforschung aus und damit
anwendungsbezogen (vgl. PRESSAT, 1969). Da es meine primäre Absicht
ist, Statistik für Demographen zu schreiben, so wird eine heuristische,
der angewandten Mathematik zurechenbare Darstellungsweise benützt, in
der Art vergleichbar etwa mit BAILEY (1964), CHIANG (1968) oder auch
JOSHI (1954). Falls strenge Beweise auf dem zugrunde gelegten Niveau
möglich sind, so werden sie meist präsentiert, ansonsten wird unter
Verzicht auf mathematische Strenge mit intuitiven Argumenten operiert.
Diese Vorgangsweise dürfte sich für Anwendungsmöglichkeiten stochastischer Prozesse als optimal erwiesen haben; sie ist etwa mit den Darstellungen der Unternehmensforschung vergleichbar. Den Modellanwendern
kommt es eben eher auf eine übersichtliche Darstellung unter Verwendung
eines klar abgegrenzten Instrumentariums an, als auf möglichst allgemein formulierte Theoreme. Denn nur dann besteht die Gewähr, daß Kern-
ideen der Probleme nicht durch technische Details verdunkelt werden.

Ähnlich wie bei SCHAICH (1969) soll der Schwerpunkt auf jene Überlegungen gelegt werden, die bei Modellierung konkreter Umweltsituatio-
nen zusätzlich neben der mathematischen Analyse anzustellen sind.
Darunter ist die Übersetzung der Annahmen über demographische Prozesse
in die wahrscheinlichkeitstheoretische Sprache gemeint. Eine durch-
gehende strenge probabilistische Behandlung brächte einerseits gewisse
Schwierigkeiten mit sich und würde zum Teil auf ungelöste Probleme
führen (z. B. bei der stochastischen Behandlung des kontinuierlichen
Altersaufbaus), andrerseits wäre eine solche wohl aber auch der
Anschaulichkeit der anwendungsbezogenen Modelle abträglich. Eine weitere schwerwiegende Eingrenzung sei ebenfalls erwähnt: Wir beschränken
uns auf analytisch handhabbare Modelle und legen weniger Wert auf numerische Modellrechnungen und mathematische Simulationen als auf Einsicht-

nahme in die Funktionsweise des Modellmechanismus.

Auf den relevanten Kalkül stochastischer Prozesse wird jeweils an Ort und Stelle kurz eingegangen werden. Gewisse grundlegende Tatsachen aus der Theorie stochastischer Prozesse werden als bekannt vorausgesetzt und nicht extra begründet, etwa die Technik erzeugender Funktionen. Auf allgemeine formale Resultate wird nur dann näher, d. h. auch mit Beweis eingegangen, wenn die Sätze in der einschlägigen Literatur kaum oder gar nicht auftreten, oder aber wenn die Tatsache aus gewissen Gründen von zentraler Bedeutung ist (Beispiele: bedingte Momente von Zufallsvariablen, Zeit bis zur Absorption in einem b e s t i m m t e n Zustand).

Mit diesen Bemerkungen soll der Wert rein mathematischer Modelle keineswegs herabgemindert werden; sie sollen vielmehr verhindern, daß mit Kanonen auf Spatzen geschossen wird. Zudem ist die Theorie des statistischen Schließens im Bereich stochastischer Prozesse wie erwähnt noch nicht so weit ausgebaut, um das mächtige Rüstzeug der Zufallsprozesse immer wirkungsvoll auszunützen.

Nach dieser Standortabgrenzung wenden wir uns der weiteren Aufbaugestaltung zu.

3.3. Klassifikation der Modelle

Die dargebotenen Modelle können nach dreierlei Gesichtspunkten klassifiziert werden, nämlich je nachdem

a) ob einzelne Individuen oder Bestände von solchen untersucht werden (Mikro/Makrotheorie),

b) ob die zugrundegelegte Zeitskala stetig oder diskontinuierlich behandelt wird (diskrete/stetige Modelle)

und

c) ob die Analyse deterministisch oder stochastisch angesetzt wird (deterministische/stochastische Modelle).

Die Anordnung der Modelle innerhalb dieser Klassifikation wurde
nach steigender Wirklichkeitsnähe getroffen, indem von mehr elementaren
zu differenzierten reichhaltigeren Modellen vorangeschritten wird
(Beispiel: Berücksichtigung der Altersstruktur für das Bevölkerungswachstum).

3.3.1. Mikro- und Makromodelle

Im Anschluß an eine fundamentale Unterteilung der Volkswirtschaftslehre in Makro- und Mikroökonomie soll im folgenden versucht werden,
demographische Modelle nach ähnlichen Gesichtspunkten zu klassifizieren. Während die Mikroökonomie bekanntlich etwa Einkommen und Ausgaben
des Einzelverbrauchers untersucht (Theorie der Haushalte), werden in
der Makrotheorie Aggregate solcher Einzelgrößen betrachtet. Nur die
Zukunft kann zeigen, ob sich ein derartiger, für die Bevölkerungsstatistik unorthodoxer Aufbau, wie er im Vorwort bereits angedeutet wurde,
bewähren wird.

Im Rahmen der Mikro- oder Individualmodelle werden demographische
Vorgänge gleichsam durchs Vergrößerungsglas studiert. Eine typische
zugehörige Fragestellung ist jene, nach der durchschnittlichen Wartezeit einer ledigen x-jährigen Person bis zur Erstheirat (falls sie
überhaupt einmal heiratet).

Die Mikrodemographie handelt also von den individuellen Komponenten
für globale Bestandsmodelle. Diese geben den theoretischen Hintergrund
für Bevölkerungsprojektionen ab und bilden den Themenkreis der Makro-
demographie. Sie läßt sich aus der Mikrotheorie durch Erweiterung der
Modellannahmen gewinnen, indem anstatt nur eines Individuums ganze
Kohorten durch Zustandsfolgen hindurchgeschleust werden, deren Umfänge
von Besetzungszahlen der Zustände abhängen. Auf diese Weise kann beispielsweise das LESLIEsche Matrizenmodell der Bevölkerungsmathematik
aus den Markoffschen Mikromodellen erhalten werden. Ein charakteristi-
sches Studienobjekt ist die künftige Entwicklung der Bevölkerungsstruktur in Abhängigkeit von einer gegebenen Altersverteilung und unter
gewissen Annahmen über die Vitalitätsraten.

Die organische Entfaltung von der Mikro- zur Makrotheorie ordnet
sich um d e n klassischen Untersuchungsgegenstand der Bevölkerungs-

mathematik. Gemeint sind die demographischen Tafeln, die einerseits als Statistiken für Mikromodelle aufzufassen sind, andrerseits als einfachste Bestandsmodelle, nämlich als stationäre, am Ausgangspunkt der Makrotheorie stehen.

Dieser Zusammenhang sei kurz anhand eines Beispiels skizziert:

Versteht man unter der Parität einer Frau die Anzahl der Lebendgeburten, die sie bisher gehabt hat, so können als Zustände eines Mikro-Fruchtbarkeitsmodells jene Merkmalsausprägungen genommen werden, die durch die Kreuzgliederung Alter - Parität entstehen. Die Fruchtbarkeitsgeschichte einer Frau wird dabei als Realisation eines stochastischen Prozesses interpretiert, bei welcher der Durchfluß eines Individuums durch eine Kette von Zuständen protokolliert wird. Ein typischer Prozeßparameter ist die erwartete Gesamtzahl an Kindern, die eine Frau im Laufe ihrer reproduktiven Periode lebend zur Welt bringt. Um diesen und ähnliche Parameter zu schätzen, denkt man sich parallel laufende Zufallsexperimente ausgeführt, indem man die Kohorte einer Frauengeneration bezüglich ihres Fruchtbarkeits- und Überlebensverhaltens verfolgt (Fruchtbarkeitstafel als Statistik zum Mikromodell). Denkt man sich den Bestand durch Geburten laufend ergänzt, so gelangt man vom Dekrementmodell zu einem (offenen) Bestandsmodell. Nimmt man dabei die stochastische Struktur des Modells zusätzlich als zeitlich unbeschränkt gültig an, so handelt es sich um ein Paritätsmodell der stabilen Bevölkerungstheorie, in welchem die weibliche Bevölkerung neben ihrem Alter zusätzlich auch nach der Parität fortgeschrieben wird. Eine interessante Frage wäre jene nach dem Grenzverhalten dieses strukturierten Bestandsmodells.

3.3.2. Diskreter oder kontinuierlicher Zeitparameter?

Eine der wesentlichen demographischen Variablen ist die Zeit (vgl. PRESSAT, 1969, p. 75).

Ob die Zeitskala stetig oder diskontinuierlich gewählt werden soll, das ist eine Frage, deren Beantwortung vorwiegend von der formalen Wendung der jeweiligen inhaltlichen Problemstellung abhängig ist. Zeitlich diskrete Modelle besitzen meist den Vorteil größerer Praxisnähe und der unmittelbaren (numerischen) Rechenbarkeit. Sie können oft auch als Approximationen feinerer kontinuierlicher Modelle aufgefaßt werden.

Während in manchen Situationen vom Modellinhalt der Charakter der Zeitvariablen nahegelegt wird (beispielsweise wird man Schulflußmodelle als zeitlich diskret ansetzen mit einem Schuljahr bzw. Semester als Zeiteinheit), bleibt bei vielen anderen Problemen die Wahl des Zeitparameters dem Geschmack des Modellbaumeisters weitgehend überlassen. Neben inhaltlichen Gründen der Adäquanz wird sie dann durch die Eleganz des jeweiligen Formalismus und durch das verfügbare Datenmaterial motiviert.

Die meisten bevölkerungsstatistischen Probleme sind sowohl diskret als auch kontinuierlich behandelbar. Wenn es uns aus Vergleichsgründen bedeutsam erscheint, so werden wir gelegentlich auch beide Arten der Analyse parallel durchziehen. Obwohl öfters stetige Modelle eleganter sein können, so ziehen wir meist die diskrete Formulierung aus didaktischen Gründen vor (Anwendungsbezogenheit!). Teil II ist sogar vollständig der diskontinuierlichen Analyse gewidmet.

3.3.3. Deterministische und stochastische Modelle

Den Ausführungen unter 2.1. haben wir an dieser Stelle nur mehr wenig hinzuzufügen. In der Makrotheorie werden wir der stochastischen Analyse jeweils das deterministische Rumpfmodell vorausschicken, um die Berechtigung deterministischer Bestandsmodelle zu betonen.

Stochastische Modelle erlauben noch eine wichtige Einteilung, nämlich in Markoffsche Modelle und in solche, welche die Markoffeigenschaft nicht besitzen. Die Markoffeigenschaft besagt, daß die Wahrscheinlichkeit einer künftigen Prozeßentwicklung nur von der Kenntnis des gegenwärtigen Zustands abhängt und durch Informationen über die Vergangenheit nicht geändert wird. Der Grund für die allgemein große Bedeutung von Markoffprozessen liegt im weit entwickelten diesbezüglichen mathematischen Apparat. Prozesse mit komplizierterem Abhängigkeitsverhalten brauchen die Markoffeigenschaft nicht zu besitzen; durch Erweiterung des Zustandsraumes läßt sie sich allerdings manchmal mit erträglichem Aufwand zurückholen. Mag die Markoffannahme gelegentlich unrealistisch sein, so kann die Modellierung als Markoffprozeß zumindest als brauchbares Approximationsmittel benutzt werden.

Wir werden uns im folgenden nahezu ausschließlich mit <u>Markoffprozes-</u>
<u>sen</u> beschäftigen (vgl. dazu etwa FERSCHL, 1970). Nur bei den Reproduk-
tionsmodellen im Teil I spielen auch <u>Semimarkoffprozesse</u> eine größere
Rolle.

Die folgenden Untersuchungen stellen keine "vollständige stochastische Theorie" dar, sondern nur eine sogenannte <u>Theorie 2. Ordnung.</u>
Damit ist gemeint, daß von den interessierenden Zufallsvariablen im
wesentlichen nur die ersten beiden Momente untersucht werden. Damit
werden einerseits die statistischen Fluktuationen in den Griff bekommen;
andererseits ist die Analyse noch traktabel, was bei einer vollständigen Verteilungstheorie meist nicht mehr der Fall ist.

3.4. Gliederung

Abschließend sei die Gliederung grob skizziert. Im Text wird eine
möglichst tiefe Aufgliederung angestrebt, um die Lesbarkeit zu erleich-
tern. Die dargebotenen Modelle sind zum Teil recht inhomogen bezüglich
des Grades ihrer Ausgereiftheit und praktischen Erprobung: Neben der
klassischen Theorie des stabilen Bevölkerungswachstums steht etwa als
eigener Beitrag ein Ansatz zu einer Mikrotheorie, die als moderne Grundlage der Kohortenanalyse und von demographischen Tafeln gedacht ist.

Die Schrift ist in drei Teile gegliedert: <u>Mikro-/ Tafel-/ Makromo-</u>
<u>delle.</u> Der prinzipielle Unterschied von Makro- und Mikromodellen wurde
zwar von einigen Autoren erwähnt (vgl. HYRENIUS, 1965, p. 13 ff; LEDER-
MANN, 1967, p. 237; WINKLER, 1969, p. 347), die vorliegende Untersuchung
ist aber meines Wissens die erste, wo er zur Grundlage des Aufbaus erhoben wurde. <u>Teil I</u> beginnt mit einem Kapitel über die Modellierung
demographischer <u>Mikroprozesse</u> mittels <u>absorbierender Markoffketten.</u> Die
Analyse erfolgt dabei nach Dekrement- und Mehrtypenphänomenen getrennt
und wird im Anschluß jeweils ausführlich durch <u>Beispiele</u> belegt. Demographische Phänomene zeigen sich kaum im Reinzustand, sondern sind meist
durch die Überlagerung anderer Erscheinungen gestört. Kapitel 3 enthält
eine <u>stochastisch</u> begründete Einführung in die <u>Theorie konkurrierender</u>
<u>Risken,</u> die sich mit der Isolierung dieser demographischen <u>Interferen-</u>
<u>zen</u> beschäftigt. In Kapitel 4 wird ein zentrales demographisches Phä-
nomen, nämlich die Fruchtbarkeit, anhand verschiedener Modelle diskutiert. Der <u>II. Teil</u> ist der statistischen Analyse demographischer Ta-

feln gewidmet. Nach einer genauen Beschreibung von Dekrementtafeln und ihrer natürlichen Verallgemeinerung zu Mehrtypentafeln (Kapitel 5) werden diese Protokollschemata in Kapitel 6 vom Standpunkt der statistischen Schätztheorie aus untersucht. Dabei zeigt sich, daß Tafelfunktionen - als Schätzfunktionen interpretiert - eine Reihe wünschenswerter Eigenschaften im Sinne der mathematischen Statistik besitzen. In Teil III wird die Analyse, die sich bis hierher auf das Verhalten bei Abgang bzw. Typenwechsel bezogen hatte, durch Einbeziehung von Zugangsmöglichkeiten (Geburten) bereichert. Zunächst wird erläutert, in welcher Weise man vom Mikromodell über die Kohortenbetrachtungsweise bei Tafeln zu Makromodellen gelangen kann. Unter Voraussetzung zeitlich konstanter Vitalitätsverhältnisse bietet Kapitel 7 eine Einführung in die deterministische und stochastische diskrete stabile Bevölkerungstheorie, während sich das abschließende 8. Kapitel mit der kontinuierlichen Version des stabilen Bevölkerungswachstums beschäftigt.

3.5.   Der formale Rahmen

Ein Motiv für das Entstehen der vorliegenden Untersuchung ist der Wunsch nach Erstellung eines formalen Rahmens der demographischen Analyse, der genügende Tragfähigkeit für die Behandlung der meisten demographischen Phänomene aufweist. Einen sauberen Beginn hat hierbei PRESSAT gesetzt (vgl. 1969, p. 9/10, aber auch einen lesenswerten Aufsatz von WUNSCH, 1968). Unsere Untersuchung will einen kleinen Beitrag zum oben gesetzten Ziel leisten, indem sie versucht, zum Teil auf ganz verschiedenem Niveau stehende Techniken der demographischen Analyse unter stochastischen Prozeß-Gesichtspunkten zu begreifen und zu vereinheitlichen. Man vergleiche dazu auch den Übersichtsartikel von JOSHI (1967). Der dabei benutzte Modellrahmen besteht im wesentlichen aus endlichen Markoffschen Ketten, deren Verwendung von RYDER (1964, p. 455) empfohlen wird. Die Einschränkung auf diskrete Prozesse stellt zwar einen fühlbaren Mangel dar, wird aber als vorläufiger praxisorientierter Schritt in Richtung auf eine Zufallsprozeß-Analyse bewußt in Kauf genommen. Es war nicht immer einfach, bestehende Modelle zu einem befriedigenden Ganzen zusammenzuschweißen bzw. auf diesen Grundlagen neuen Fragestellungen nachzugehen und neue Modelle zu entwerfen; es ist ferner klar, daß hier skizzierte Ideen gelegentlich auch nur vorläufigen Charakter haben können, was jedoch mit den Intentionen der "Lecture Notes" nicht im Widerspruch steht. Vielleicht kann die Situation der demographischen Analyse mit jener der Ökonometrie zu Beginn der 30er Jahre verglichen werden.

3.6.   Bemerkungen zur Notation

Die Wahl der Notation wurde durch gewisse uneinheitliche Bezeichnungsweisen in der demographischen Literatur und durch das Bestreben erschwert, gewisse historisch gewachsene Bezeichnungen (z. B. die Sterbetafelfunktionen) möglichst beizubehalten. Wir haben uns entschlossen, Zufallsgrößen durch Unterstreichung kenntlich zu machen. Matrizen werden durch Großbuchstaben der Le Corbusier-Schrift gekennzeichnet, während Vektoren durch Kleinbuchstaben dieser Schriftart, in Kapitel 6 hingegen durch kleine lateinische Buchstaben mit einem Pfeil darüber symbolisiert werden. Vektoren sind als Spaltenvektoren aufzufassen, ihre Transponierung zu Zeilenvektoren bzw. die Vertauschung von Zeilen und Spalten einer Matrix wird durch einen zusätzlichen Strich bezeichnet. Die Umschlingung der Vektorkomponenten mit geschweiften Klammern verweist auf Spaltenvektoren, während sich eckige Klammern in diesem Zusammenhang auf Zeilenvektoren beziehen. Bestandsgrößen werden durchweg mit lateinischen Großbuchstaben bezeichnet. Formeln sind innerhalb der in der Dezimalklassifikation einstelligen Abschnitte durchnummeriert; so bedeutet z. B. (2.53) die Formel 53 in § 2 des laufenden Kapitels, etwa des 2. Wird hingegen in einem anderen Kapitel auf diese Formel Bezug genommen, dann wird darauf mit (K 2, 2.53) verwiesen. Das Literaturverzeichnis ist zwar relativ reichhaltig, stellt aber keinerlei Vollständigkeitsansprüche. Die Literaturhinweise erfolgen mit dem Namen des Verfassers und der Jahreszahl der Veröffentlichung, mehrere Aufsätze eines Verfassers innerhalb eines Jahres werden durch a, b, u.s.w. unterschieden.

«Une des variables essentielles
en démographie est le temps.»

R. PRESSAT, L'Analyse Démographique, 1969, p. 75

T E I L   I

M I K R O M O D E L L E

Einleitung und Überblick

Klassifiziert man Individuen nach bevölkerungsstatistischen Merkma-
len, so gelangt man zum demographischen Zustandsbegriff. Im Lauf ihres
Lebens oder eines Abschnitts davon werden einer Person verschiedene
Ausprägungen demographischer Merkmale zukommen: Ausgehend von einem
Anfangszustand durchläuft das Individuum mit fortschreitender Zeit eine
Folge von Zuständen (Dynamik). Da für eine Einzelperson der künftige
Verlauf eines solchen Zustandspfades mit prognostischer Ungewißheit
belastet ist, so wird angenommen, daß die Durchquerung des Zustandsraumes auf diesen Pfaden nach probabilistischen Gesetzmäßigkeiten geschieht (Stochastik). Durch die Spezifizierung derartiger Gesetze ist
also nicht die Trajektorie selbst, sondern nur ihre Wahrscheinlichkeit
festgelegt. Als Beispiel für diese Betrachtungsweise sei der Durchlauf
einer Person durch die verschiedenen Stadien ihres Familienstandes erwähnt.

Zum Studium derartiger individueller, dynamischer demographischer
Phänomene bieten sich stochastische Prozesse an. Auf Vorteile einer
stochastischen Prozeß-Betrachtungsweise wurde in Kap. 1, § 2.2 kurz
eingegangen. Neben einer verbesserten Einsicht in die Ablaufmechanismen
und der Erstellung einer fundierten Schätztheorie liegt das Hauptgewicht

auf der Herleitung und der Interpretation demographischer Kennziffern als Charakteristiken stochastischer Prozesse.

Mit einer Ausnahme beschränken wir uns in Teil I auf Zufallsprozesse mit diskretem Zeitparameter. Die Berechtigung zu dieser fühlbaren Einschränkung leiten wir davon ab, daß wir einen soliden stochastischen Zugang zum Sterbetafelkonzept und jenen verwandten diskreten Schemata ansteuern, welche seit jeher und nicht nur aus historischen Gründen den zentralen bevölkerungsmathematischen Themenkreis darstellen. Bei den verwendeten diskontinuierlichen Zufallsprozessen handelt es sich um Markoffketten 1. Ordnung mit endlich vielen Zuständen.

Entsprechend dem evolutionären Charakter des menschlichen Lebens spielen bei der formalen Beschreibung einer Reihe inhaltlich verschiedener demographischer Vorgänge absorbierende Markoffsche Ketten die Hauptrolle (Kapitel 2). Nach ROLAND PRESSAT besteht eine wesentliche Aufgabe der demographischen Analyse darin, demographische Phänomene in den Reinzustand zu isolieren (vgl. PRESSAT, 1969, Introduction). Die Theorie konkurrierender Risken dient zur Entflechtung interferierender, d. h. sich wechselseitig beeinflussender Vorgänge (z. B. Heirat und Tod). Sie wird im 3. Kapitel soweit als nötig entwickelt und in der Folge auf demographische Kettenmodelle angewendet. Kapitel 4 bringt eine Behandlung von Fruchtbarkeitsprozessen durch absorbierende Matrizenmodelle. Wiederholbare demographische Ereignisse eines bestimmten Lebensabschnittes können durch reguläre Markoffketten beschrieben werden. Da es sich hierbei im wesentlichen um Reproduktionsvorgänge handelt, so geben wir in Kapitel 4 auch eine Analyse derartiger sektoraler Fruchtbarkeitsmodelle. Ein detaillierteres Studium von Reproduktionsprozessen erfordert nicht nur die Zugrundelegung einer kontinuierlichen Zeitskala, sondern auch die Aufgabe der Markoffeigenschaft. Dies wird anschließend im Semimarkoff-Prozeßmodell von SHEPS und PERRIN dargestellt.

Zum Abschluß dieses Überblicks sei auf zwei potentielle Einwände gegenüber der dargebotenen Mikrotheorie hingewiesen. Zunächst wird (mit der erwähnten Ausnahme der Semimarkoff-Prozeßmodelle) angenommen, daß die Prozesse die Markoffeigenschaft besitzen. Damit ist gemeint, daß die Wahrscheinlichkeit des künftigen Prozeßverlaufs ausschließlich durch den gegenwärtig eingenommenen Zustand bestimmt sein soll; zusätzliche Informationen über die vergangene Entwicklung, etwa über die Zeit-

dauer seit dem letzten Zustandswechsel, sind dabei ohne prognostische
Relevanz. Die etwas opportunistische Begründung für diese scharfe und
oft wohl auch unrealistische Einschränkung kann in der relativ einfachen
Handhabbarkeit der daraus entspringenden mathematischen Analyse gesehen
werden. Wenn man will, so kann man die benutzten Markoffketten 1. Ordnung als erste Approximationen für kompliziertere Modellgebilde auffassen.

Der andere Einwand bezieht sich auf die Schätzung der Modellparameter, konkreter gesprochen also auf die Ermittlung der jeweiligen
Übergangswahrscheinlichkeiten. Meistens kann die Grundgesamtheit, aus
welcher zur Parameterschätzung eine Zufallsstichprobe zu entnehmen ist,
bezüglich der untersuchten demographischen Variablen als nicht homogen
genug aufgefaßt werden. Bei einer feineren Analyse müßten die Parameter
also ihrerseits als über die Grundgesamtheit verteilt angenommen werden (vgl. SHEPS, 1964; POTTER und PARKER, 1964). Dieser Vorwurf der
Heterogenität besteht m. E. teilweise zu Recht; die vorliegenden Modelle verstehen sich also nur als erste Versuche, Ordnung in eine teilweise noch unerschlossene Vielfalt demographischer Phänomene hinein-
zutragen. Eine gewisse Berechtigung der untersuchten Rumpfgebilde läßt
sich daraus herleiten, daß die klassische Bevölkerungsmathematik bei
Ermittlung demographischer Tafeln prinzipiell vor denselben Heteroge-
nitätsschwierigkeiten steht, und eine Homogenisierung durch Aufspaltung
in Teilgesamtheiten aus erhebungs- und aufbereitungstechnischen Gründen
bekanntlich ziemlich bald ein Ende hat.

Zusammenfassend kann gesagt werden, daß der Wert der zu konstruie-
renden Modelle unter pragmatischen Gesichtspunkten zu beurteilen ist:
Sie beschreiben und erklären unter Verwendung eines möglichst einfachen
mathematischen Apparats mit hinreichender Genauigkeit individuelle demographische Vorgänge.

Kapitel 2

DEMOGRAPHISCHE PARADIGMEN
ABSORBIERENDER MARKOFFKETTEN

1. Demographische Phänomene

Dieser einleitende Abschnitt bringt die konstituierenden Begriffsbildungen für Mikromodelle. Er ist Grundlage aller Modelle des I. Teils
und somit der ganzen Arbeit.

Anschaulich gesprochen sind demographische Phänomene solche, die
einen direkten Einfluß auf die Bevölkerungserneuerung und -entwicklung
besitzen (vgl. PRESSAT, 1966, p. 59), also Sterblichkeit, Fruchtbarkeit
und damit Eheschließung und Ehelösung u. a. Um über derartige Phänomene eine fundiertere Vorstellung zu gewinnen, verwenden wir das Instrumentarium der elementaren statistischen Methodenlehre (vgl. z. B.
FERSCHL, 1969).

Objekte der Bevölkerungsstatistik nennen wir demographische Einheiten.
Sie entsprechen den ‹unités concrètes› von CROZE, 1965, p. 3. Eine demographische Einheit ist entweder ein menschliches Wesen (auch als Individuum oder Person bezeichnet) oder eine ausgezeichnete kleine Gruppe
von solchen (Ehepaar, Familie, Haushalt). Während wir uns in den letzten
beiden Teilen in statistischer Manier mit Grundgesamtheiten solcher
demographischer Einheiten beschäftigen, wird in Teil I das Schicksal
individueller Einheiten untersucht (Mikro- oder Individualmodelle).

Unter einer demographischen Variablen verstehen wir ein Merkmal im Sinne der statistischen Methodenlehre, also eine Prädikatenfamilie derart, daß jeder Einheit ein und nur ein Prädikat aus der Familie zukommt. Einige wohlbekannte Beispiele für demographische Variable sind: Alter, Geschlecht, Familienstand, Rasse, Schulbildung, Gesundheitszustand, Beruf, Ehedauer, Wohnort, Konfession, Nationalität, Geburtsort u. s. w. Demographische Variable sind vorwiegend qualitativer Art; quantitativ sind hingegen: Alter, Haushaltsgröße, Parität (Anzahl der Lebendgeborenen pro Mutter). Ferner sei die Merkmalsklassifikation diskret (z. B. Parität) und stetig (z. B. exaktes Alter) in Erinnerung gerufen. Jede demographische Variable (Merkmal) bewirkt eine Klasseneinteilung der Grundgesamtheit. Ordnet man mehrdimensionale Merkmale zu, so ist daran eine kombinierte Zerlegung der Gesamtheit gebunden (Beispiel: Personen nach Alter, Geschlecht und Familienstand gegliedert).

Die Merkmalsausprägungen (Prädikate) einer oder mehrerer demographischer Variablen nennen wir demographische Zustände. Ein Individuum befindet sich also in einem bestimmten (demographischen) Zustand, falls ihm eine gewisse Merkmalsausprägung bzw. eine Kombination von solchen zukommt. Beispiele dafür wären: Gesundheitszustand, weiblich, 30 Jahre alt, $3\frac{1}{2}$ Jahre verheiratet u. s. w. Wenn von einem demographischen Ereignis die Rede sein wird, dann ist in diesem Zusammenhang stets ein Zustandswechsel gemeint.

Die Anzahl möglicher demographischer Variablen ist praktisch unbegrenzt. Die Kunst der demographischen Analyse besteht eben auch darin, jene herauszufinden, die für die Bevölkerungsentwicklung relevant sind. Solche sind vor allen andern Alter und Geschlecht, welche wegen ihrer dominierenden Rolle von BOGUE, 1969, p. 147 auch als demographische Charakteristika bezeichnet werden.

Die folgende Wendung lenkt das Interesse in eine bestimmte Richtung der demographische Analyse, nämlich auf dynamische Phänomene. Untersuchungsgegenstand soll die zeitliche Veränderung von Variablen sein, soweit sie demographischen Einheiten bzw. Gesamtheiten von solchen zukommen. Das Studium der Aufeinanderfolge demographischer Zustände ist natürlich nicht für alle Variablen sinnvoll; z. B. nicht für Geburtsort oder Geschlecht, wohl aber für Familienstand und Parität. Wie erwähnt ist es gerade dieser dynamische Aspekt in Verbindung mit der probabi-

listischen Betrachtungsweise, auf welchem die stochastische Prozeß-
Begründung der Bevölkerungsmathematik basiert.

Nach diesen Vorbereitungen sind wir in der Lage, den Begriff des
demographischen Phänomens zu präzisieren. Dazu sind zunächst die demographischen Variablen und damit die entsprechenden demographischen Zustände zu spezifizieren, bezüglich derer die Einheiten zu klassifizieren
sind. Ferner hat man in sinnvoller Weise einen Beobachtungszeitraum zu
definieren. Demographische Phänomene manifestieren sich erst nach dem
Eintreten eines damit verknüpften Ereignisses; so bildet für eine Untersuchung der Ehelösung die Verheiratung den Ausgangspunkt. Zweckmäßiger-
weise wird man den Beobachtungsbeginn mit dem Eintreten dieses sogenannten Ursprungsereignisses (événement-origine bzw. antérieur bei PRESSAT,
1966, p. 42) festsetzen und ab da die Zeit messen, die bis zu den Rea-
lisationen der Ereignisse des studierten Phänomens verstreicht. Die Wahl
des Beobachtungsendes kann hingegen weitgehend willkürlich geschehen:
neben der Möglichkeit eines Beobachtungsabbruches kann auch ein ausge-
zeichnetes Ereignis die Rolle dieses Zeitpunkts übernehmen (z. B. Tod).
Durch das Begriffstripel: demographische Einheit, demographische Variable, Ursprungsereignis ist der Rahmen des betreffenden demographischen
Phänomens abgesteckt.

Nachdem wir eine Vorstellung über demographische Phänomene gewonnen
haben, gehen wir daran, diese Konzeption zu strukturieren. Die fundamentale Variable aller dynamischen Modelle ist die Zeit, genauer die Zeitdauer seit dem Ursprungsereignis. Die Modelle in Kapitel 2 enthalten
jeweils nur e i n e weitere demographische Modellvariable (z. B. den
Familienstand), deren Ausprägungen als Typen bezeichnet werden sollen
(z. B. ledig, verheiratet u. s. w.). Je nachdem, ob das Ausscheiden von
Einheiten aus einem Typ oder die zeitliche Entwicklung der Typen im
Vordergrund stehen, unterscheiden wir zwei Kategorien demographischer
Phänomene:

a) Dekrementphänomene: Ausgehend vom Ursprungsereignis befindet
   sich die demographische Einheit in einem bestimmten Zustand,
   der im Zeitablauf von anderen Ausprägungen der Modellvariablen
   abgelöst werden wird. Die dem Dekrementvorgang unterworfenen
   Einheiten werden früher oder später von den Risken ereilt oder
   aber entwischen ihm schließlich. Man interessiert sich nur für
   den Verlust einer anfänglichen besetzten Merkmalsausprägung und

die Ursachen für diesen Abgang; eventuelle nachfolgende Entwicklungen bleiben außer Betracht.

b) <u>Mehrtypen-Phänomene</u>: Während wir uns unter a) jeweils auf eine einzige Ausprägung der Modellvariablen und deren zeitlichen Verlauf konzentrieren (Eintypenmodelle), handelt es sich nun um die Gesamtheit der Typen und deren zeitlichen Wechsel. Dekrementmodelle können als Sektoren von Globalmodellen der Kategorie b) aufgefaßt werden. Neben Ausscheideproblemen, die auch bei a) untersucht werden, geht es nun beispielsweise um die zeitliche Entwicklung der Typenquoten. Bei Modellen der Kategorie b) müssen im Laufe der Zeit mindestens zwei Typen der Modellvariablen besetzt werden.

PRESSAT (1969, p. 70) teilt demographische Phänomene in einmalige (non renouvelables) und wiederholbare (renouvelables) ein. Beispiele hierfür sind Sterblichkeit bzw. Fruchtbarkeit. Diese Gliederung steht mit der unserigen in folgendem Zusammenhang:

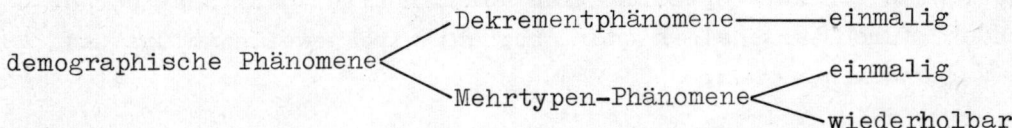

Aus formalen Gründen ziehen wir jedoch die ursprünglich angegebene Unterteilung vor. Im folgenden seien einige Beispiele für demographische Phänomene angegeben (vgl. PRESSAT, 1969, p. 71):

Dekrementphänomen	demographische Einheit	Ursprungsereignis	in Verlust geratende Merkmalsausprägung
Sterblichkeit	Person	Geburt	lebendig
Erstheirat	Person	Überleben bis zum Heiratsmindestalter	ledig
Ehelösung	Ehepaar	Heirat	verheiratet
Wiederverheiratung Verwitweter	Person	Verwitwung	verwitwet
Geschiedener	Person	Scheidung	geschieden
Fruchtbarkeit h-ten Ranges	Frau	(h-1)te Geburt	Parität h-1

Mehrtypen-Phänomen	demographische Einheit	Ursprungsereignis	demographische Modellvariable
Familienstand	Person	Geburt	Familienstand
Erwerbstätigkeit	Person	Überleben bis zum Mindestalter für den Eintritt in die Erwerbstätigkeit	Erwerbstätigkeit
allgemeine Fruchtbarkeit	Frau	Erreichen des reproduktiven Mindestalters	Parität
eheliche Fruchtbarkeit	Ehepaar	Heirat	Parität

Weitere Phänomene werden im Verlaufe der Untersuchung zur Diskussion gelangen. Eine genauere Spezifikation der Einheiten oder des Beobachtungsendes (durch Ausscheiden oder Abbruch) wird jeweils an Ort und Stelle vorgenommen werden.

Nach PRESSAT (1969, p. 70) besitzt j e d e s demographische Phänomen zwei Charakteristika, nämlich die Intensität seines Eintretens sowie die zeitliche Verteilung der demographischen Ereignisse, die mit dem Phänomen verknüpft sind.

Die _Intensität_ (intensité) wird erklärt als mittlere Anzahl der Ereignisse, an denen sich das Phänomen zeigt, pro demographischer Einheit.

Unter dem _Kalender_ (calendrier) verstehen wir das zeitliche Schema des Eintretens der Ereignisse, wie es durch die statistische Verteilung der Ereignisse innerhalb des Beobachtungszeitraumes geliefert wird. —

Im folgenden wird eine _diskrete Zeitskala_ zugrundegelegt; als Zeiteinheit dient dabei das Jahresintervall, gelegentlich auch ein Monat. Die an sich kontinuierliche Variable "Dauer seit dem Eintritt des Ursprungsereignisses" ist also einer Diskretisierung zu unterziehen. Der Ungewißheit, welche Zustände der demographischen Variablen fernerhin von einer Einheit angenommen werden, wird durch den stochastischen Prozeßzutritt Rechnung getragen. Die für die Ketten geforderte _Markoffeigenschaft 1. Ordnung_ besagt, daß die Wahrscheinlichkeit dafür, welcher demographische Zustand in einer bestimmten Periode besetzt wird, nur von dem in der unmittelbar vorangehenden Periode realisierten Zustand abhängt; die vergangene Entwicklung beeinflußt natürlich zwar auch die Zukunft, sie kann dies aber nur über die Gegenwart tun.

Die Tatsache, daß kein Mensch ewig lebt, und daß auch im Leben alles vergänglich ist, bewirkt, daß absorbierende Markoffketten bei der Modellierung demographischer Phänomene eine gewichtige Rolle spielen. Ihrem Studium wenden wir uns in der Folge zu. Als Zustände für die Markoffschen Ketten dienen die oben eingeführten demographischen Zustände. Aus formalen Gründen wird die diskrete Zeitdauer $x = 0, 1, 2, \ldots$, die seit dem Ursprungsereignis verstrichen ist, einerseits als Zeitparameter der Kette gedeutet, andererseits aber auch als Merkmalsausprägung der demographischen Variablen "Alter der Einheit" (beispielsweise Lebensalter, aber auch Ehedauer).[*) Welche von den demographischen Zuständen als absorbierende oder transiente Kettenzustände fungieren sollen, hängt teilweise von der jeweiligen Problemstellung ab.

Nach Festlegung dieser (z. T. neuartigen) Terminologie, die uns zur Vorbereitung einer stochastischen Analyse unerläßlich erschien, können wir uns endlich dem eigentlichen Themenkreis zuwenden.

2. Dekrementmodelle

2.1. Modellbeschreibung

Es sei x die in ganzen Jahren gemessene Zeitdauer seit einem Ursprungsereignis; später werden wir gelegentlich auch Ein-Monatsintervalle als Zeiteinheit verwenden. Wir beschreiben Dekrementphänomene durch Eintypenmodelle und identifizieren deshalb die Menge der trans-

---

*) Diese Idee – nämlich den Zeitparameter als Zustand zu benutzen – erweist sich für den Formalismus der Mikrotheorie als zentral; durch sie wird die zeitliche Homogenität der Markoffketten gewährleistet.

ienten Zustände T mit der Menge $\{x \mid x=0, 1, 2, \ldots, w\}$. Dabei ist w
zunächst noch eine unspezifizierte natürliche Zahl. Ferner sei eine
Menge A = $\{r \mid r = I, II, \ldots, a\}$ von absorbierenden Zuständen gegeben.
Darunter fallen

(i)   jene Ausprägungen (Typen) der demographischen Modellvariablen,
       die vom ursprünglich besetzten Typ aus unmittelbar erreichbar
       sind (z. B. "verheiratet" ausgehend von "ledig");

(ii)   der Tod, eventuell gegliedert nach Todesursachen

       und

(iii) der unechte absorbierende Zustand s "w + 1 Jahre nach dem Ein-
       tritt des Ursprungsereignisses noch keinem 'echten' Abgangs-
       risiko zum Opfer gefallen zu sein", der durch das Ereignis
       s = $\{x \mid x \geqq w + 1\}$ repräsentiert werden kann.

In anschaulicher Sprechweise sind die absorbierenden Zustände die
Abgangsrisken, denen eine demographische Einheit beim Durchlauf durch
die transiente Zustandsmenge T unterworfen ist. Letztere bedeutet das
"Alter" der Einheit in vollendeten Jahren, gerechnet ab dem ursprünglichen Ereignis.

Die Übergangsmatrix $\mathbf{A}$ der zu definierenden absorbierenden Markoffkette gestattet nach KEMENY und SNELL (1960, p. 44) folgende kanonische
Blockdarstellung:

$$\mathbf{A} = \begin{matrix} & a & w+1 \\ & \begin{bmatrix} \mathbf{I} & \mathbf{O} \\ \mathbf{Q} & \mathbf{P} \end{bmatrix} & \begin{matrix} a \\ w+1 \end{matrix} \end{matrix} \tag{2.1}$$

Die Blöcke von (2.1) sollen folgende Form besitzen: Ordnet man T in
natürlicher Reihenfolge, so ist die transiente Matrix $\mathbf{P} = [\,p_{xy}\,]$ von
Superdiagonalgestalt, nämlich

$$p_{xy} = \begin{cases} p_x & \text{für } x \in T' = \{0, 1, \ldots, w-1\} \quad \text{und } y = x+1 \\ 0 & \text{sonst;} \end{cases} \tag{2.2}$$

$\mathbf{Q} = [\,q_{xr}\,]$ heißt einstufige Absorptionsmatrix; $\mathbf{I}$ ist die Einheitsmatrix a-ter Ordnung und $\mathbf{O}$ die a×(w+1) Nullmatrix.

Die Parameter p_x(x∈T′) nennen wir <u>einjährige Verbleibswahrschein-</u>
<u>lichkeiten</u>, während die q_{xr} (x∈T, r∈A) als <u>einjährige risikospezi-</u>
<u>fische Abgangswahrscheinlichkeiten</u> bezeichnet werden. Die Abhängigkeit
der Modellparameter von x nennt man alters- bzw. genauer <u>verweildauer-</u>
<u>spezifisch</u>. Es soll gelten

$$0 < p_x < 1 \quad \text{und} \quad p_x + q_x = 1 \quad \text{mit} \quad q_x = \sum_r q_{xr} \tag{2.3}$$

Der Prozeß startet mit einer in einem Zustand x∈T befindlichen
demographischen Einheit und läuft gemäß der Zeitskala t = 0, 1, 2, ...
ab. An jedem Jahrestag des Ursprungsereignisses (t = 0) wird für die
Einheit festgestellt, ob sie vom studierten Phänomen schon ereilt wurde, oder ob sie ihm bisher entwischt ist. Im transienten Zustand
y∈T′ (y ⪈ x) fällt die Einheit mit der Wahrscheinlichkeit q_{yr} dem Risiko r zum Opfer (was einem Abgang nach r entspricht) oder aber sie ent-
geht mit der Wahrscheinlichkeit p_y sämtlichen a Ausscheideursachen und
wird zum nächstfolgenden Zustand y+1 befördert. Im Zustand w unterliegt
die Einheit mit Sicherheit innerhalb eines Jahres der Absorption. Die
endliche absorbierende Markoffkette (2.1) ist <u>hierarchisch</u> in dem
Sinne, daß ein einmal verlassener transienter Zustand nicht mehr wieder
besetzt werden kann. Darüber hinaus werden eben erreichte Zustände stets
nach genau einem Jahr verlassen. Dies rührt natürlich von der Benutzung
der Ausprägungen der Zeitvariablen x als transiente Zustandsmenge her.
Der Supersiagonalgestalt von $\mathbf{P}$ entspricht ein synchroner Zeitablauf
der x- und der t-Skala, solange sich die Einheit noch in T befindet.
Man vergleiche dazu die Grundidee beim Lexisdiagramm (siehe etwa bei
PRESSAT, 1969, p. 76). Ist die Einheit einmal in r∈A eingetreten,
so bleibt sie dort für immer gefangen. Dies erkennt man an den ersten
r Zeilen der Markoffmatrix $\mathbf{A}$.

In den demographischen Anwendungen des eben skizzierten Abgangs-
schemas sind vor allem folgende drei Spezialfälle von Bedeutung.

a) $r = 1$:

$$\mathbf{A}_1 = \begin{bmatrix} & I & 0 & 1 & 2 & \cdots & w \\ 1 & 0 & 0 & 0 & \cdots & 0 \\ q_0 & 0 & p_0 & 0 & \cdots & 0 \\ q_1 & 0 & 0 & p_1 & \cdots & 0 \\ & \cdots & & & \ddots & \\ q_{w-1} & 0 & \cdot & \cdot & \cdots & p_{w-1} \\ 1 & 0 & \cdot & \cdot & \cdots & 0 \end{bmatrix} \begin{matrix} I \\ 0 \\ 1 \\ \vdots \\ w-1 \\ w \end{matrix} \qquad (2.4)$$

Schematisch kann der Durchfluß durch die Stationen des Systems (2.4) folgenderweise skizziert werden:

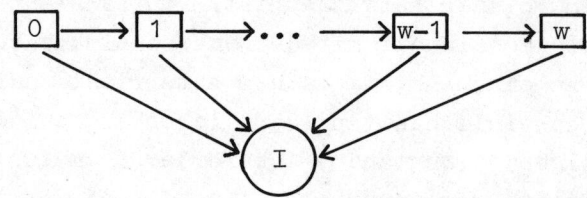

b) $r = 2$, $II = s$:   s kann direkt (d. h. in einem Schritt) nur von w aus erreicht werden. Die Gründe für die Einführung des absorbierenden Zustandes s sind praktische: Nach Verstreichen einer (in gewissen Grenzen willkürlich wählbaren) Zeitspanne seit dem Ursprungsereignis treten die Ereignisse untersuchter demographischer Phänomene zu selten auf, um eine befriedigende Schätzung der Übergangsraten zu gestatten. Oft interessiert man sich dabei auch gar nicht für den weiteren Prozeßverlauf, sodaß man die Beobachtungen bei w+1 abbricht. Dieses Modell ist insofern realistischer als jenes unter a), als maximale Zeitspannen w+1 für das Auftreten demographischer Phänomene streng genommen gar nicht zu definieren sind.

$$
\mathbf{A}_2 =
\begin{array}{c}
\begin{array}{ccccccc}
\mathrm{I} & s & 0 & 1 & 2 & \cdots & w
\end{array} \\
\left[
\begin{array}{ccccccc}
1 & 0 & & & & & \\
0 & 1 & & & \mathbf{0} & & \\
q_0 & 0 & 0 & p_0 & 0 & \cdots & 0 \\
q_1 & 0 & 0 & 0 & p_1 & \cdots & 0 \\
& \cdots & & & & \ddots & \\
q_{w-1} & 0 & 0 & \cdot & \cdot & \cdots & p_{w-1} \\
q_w & p_w & 0 & \cdot & \cdot & \cdots & 0
\end{array}
\right]
\end{array}
\begin{array}{c}
\mathrm{I} \\ s \\ 0 \\ 1 \\ \vdots \\ w-1 \\ w
\end{array}
\qquad (2.5)
$$

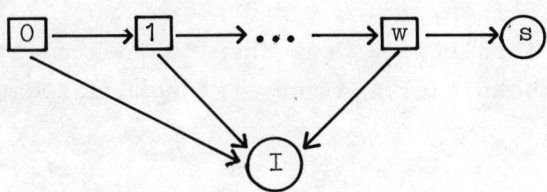

c) **r = 3, III = s :**   Dieses Modell unterscheidet sich vom vorigen nur dadurch, daß neben dem "Verbleibszustand" s zwei "echte" Abgangsrisiken als absorbierende Zustände vorkommen.

$$
\mathbf{A}_3 =
\begin{array}{c}
\begin{array}{cccccccc}
\mathrm{I} & \mathrm{II} & s & 0 & 1 & 2 & \cdots & w
\end{array} \\
\left[
\begin{array}{cccccccc}
1 & 0 & 0 & & & & & \\
0 & 1 & 0 & & & \mathbf{0} & & \\
0 & 0 & 1 & & & & & \\
q_{0\mathrm{I}} & q_{0,\mathrm{II}} & 0 & 0 & p_0 & 0 & \cdots & 0 \\
q_{1\mathrm{I}} & q_{1,\mathrm{II}} & 0 & 0 & 0 & p_1 & \cdots & 0 \\
& \cdots & & & & & \ddots & \\
q_{w-1,\mathrm{I}} & q_{w-1,\mathrm{II}} & 0 & 0 & \cdot & \cdot & \cdots & p_{w-1} \\
q_{w\mathrm{I}} & q_{w,\mathrm{II}} & p_w & 0 & \cdot & \cdot & \cdots & 0
\end{array}
\right]
\end{array}
\begin{array}{c}
\mathrm{I} \\ \mathrm{II} \\ s \\ 0 \\ 1 \\ \vdots \\ w-1 \\ w
\end{array}
\qquad (2.6)
$$

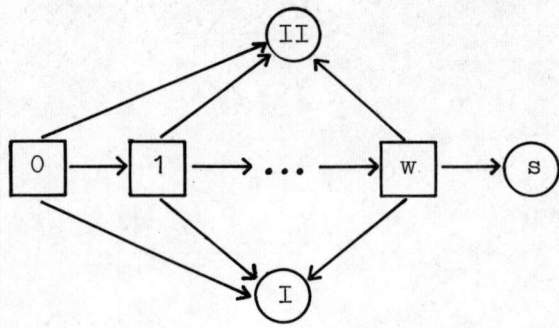

Um praktisch bedeutungslose Sonderfälle auszuschließen, nehmen wir
an, daß alle Übergangswahrscheinlichkeiten, die in diesen drei Modellen
parametrisch aufscheinen, im o f f e n e n (0, 1)-Intervall liegen.
Bevor wir uns auf inhaltliche Deutungen des Dekrementschemas einlassen,
wenden wir uns zunächst der Analyse des zugrundeliegenden Markoffmodells
(2.1), (2.2) zu.

2.2. Modellanalyse

In § 1 wurde erwähnt, daß jedes demographische Phänomen durch seine
Intensität und seinen Kalender beschrieben werden kann. Zur Ermittlung
dieser Charakteristiken aus den Übergangswahrscheinlichkeiten der Pro-
zeßmatrix verwenden wir den eleganten Matrizenformalismus von KEMENY
und SNELL (1960); die Endlichkeit der Kette ist ja gewährleistet. Mit
Ausnahme der Resultate über bedingte Absorptionszeiten, die neu sein
dürften, stehen die allgemeinen Sätze und Beweise in der Monographie
von KEMENY und SNELL (1960, Chapter III). Durch die auferlegten Zusatz-
bedingungen (Superdiagonalgestalt der transienten Matrix) kommen allerdings spezifische Ergebnisse zustande, die sich auch vorteilhaft als
Illustration in einer anwendungsorientierten Vorlesung über stochastische Prozesse verwenden lassen dürften. In § 2.2.1 wird unter alleiniger
Verwendung der transienten Matrix **P** die Zeitdauer bis zur Absorption
untersucht. Zur Ermittlung der Intensität des Phänomens benötigt man
zusätzlich die Absorptionsmatrix **Q** (§ 2.2.2). Danach werden kurz einige
Anwendungsmöglichkeiten der Technik erzeugender Funktionen erwähnt. Im
anschließenden Abschnitt über sogenannte transformierte Prozesse wird
der Kalender des Phänomens studiert. Darüberhinaus liefert er Grundlagen

zu einer ersten Möglichkeit der Risikoelimination und ist für den weiteren Verlauf fundamental.

2.2.1. Die Verweildauer bis zur Absorption

2.2.1.1. Die Fundamentalmatrix der absorbierenden Kette

Aufgrund der Superdiagonalgestalt (2.2) von $\mathbf{P}$ gilt

$$\mathbf{P}^t = 0 \qquad \text{für } t > w \tag{2.7}$$

also

$$\mathbf{P}^t \to 0 \qquad \text{für } t \to \infty . \tag{2.8}$$

Folglich (vgl. KEMENY und SNELL, 1960, p. 22) existiert die Matrix

$$\sum_{t=0}^{\infty} \mathbf{P}^t = (\mathbf{I} - \mathbf{P})^{-1} \underset{df}{=} \mathbf{N} = \left[n_{xy} \right] \tag{2.9}$$

Wegen ihrer zentralen Rolle in der Theorie endlicher absorbierender
Markoffketten wird $\mathbf{N}$ als _Fundamentalmatrix_ bezeichnet. Bedeutet δ_{xy}
das Kroneckersymbol, also

$$\delta_{xy} = \begin{cases} 1 & \text{für } x=y \\ 0 & \text{sonst ,} \end{cases} \tag{2.10}$$

und beachtet man die spezielle Gestalt (2.2) von $\mathbf{P}$, so erhält man für
den (x, y)-Eingang von $\mathbf{I} - \mathbf{P}$

$$\left[\mathbf{I} - \mathbf{P} \right]_{xy} = \delta_{xy} - p_{xy} = \begin{cases} 1 & \text{für } x = y \\ -p_x & \text{für } x \in T', \ y = x+1 \\ 0 & \text{sonst} \end{cases} \tag{2.11}$$

Definiert man für $x, y \in T$ die (globale) <u>Verbleibswahrscheinlichkeit</u> P_{xy} durch

$$P_{xy} = \begin{cases} p_x \ p_{x+1} \cdots p_{y-1} & \text{für } x < y \\ 1 & \text{für } x = y \\ 0 & \text{für } x > y \end{cases} \tag{2.12}$$

und invertiert die Matrix $\mathbf{I} - \mathbf{P}$ mit den Elementen (2.9), so liefert das für die Eingänge n_{xy} der Fundamentalmatrix $\mathbf{N}$

$$n_{xy} = P_{xy} \tag{2.13}$$

Für $x, y \in T$ definieren wir nun die Zufallsgröße $\underline{n}_{xy}$ als Anzahl der Jahre, in denen sich die demographische Einheit im Zustand y befindet, falls der Prozeß in x startet (dabei und im folgenden werden Zufallsgrößen stets durch Unterstreichung hervorgehoben). Für $x > y$ gilt klarerweise $\underline{n}_{xy} = 0$.

Die Erwartungswerte der so eingeführten Zählvariablen $\underline{n}_{xy}$ sind nun aber gerade durch die entsprechenden Eingänge der Fundamentalmatrix gegeben:

$$n_{xy} = E \, \underline{n}_{xy} \tag{2.14}$$

Ein einfacher Beweis für diese Tatsache läuft folgendermaßen (vgl. p. 46 bei KEMENY und SNELL, 1960): Offenbar gilt

$$E\underline{n}_{xy} = \delta_{xy} + \sum_{z \in T} p_{xz} \, E\underline{n}_{xy} \tag{2.15}$$

(2.15) schreibt sich in Matrizenform als

$$[E\underline{n}_{xy}] = \mathbf{I} + \mathbf{P} \, [E\underline{n}_{xy}]$$

also

$$[E\underline{n}_{xy}] = (\mathbf{I} - \mathbf{P})^{-1} = \mathbf{N} \, ,$$

in Übereinstimmung mit (2.14).

Vermöge ihrer Erwartungswertinterpretation (2.14) kann man die Eingänge der Fundamentalmatrix allerdings auch ohne den (hier noch bescheidenen) Rechenaufwand der Invertierung von (2.11) direkt gewinnen: Da nämlich infolge der speziellen hierarchischen Struktur des transienten Teiles des Prozesses der Zustand y h ö c h s t e n s e i n m a l f ü r e i n J a h r besucht wird, so kann $\underline{n}_{xy}$ nur die Werte 0 oder 1 annehmen, und zwar entsprechend (2.12) mit den Wahrscheinlichkeiten

$$P\left\{\underline{n}_{xy} = 0\right\} = 1 - P_{xy} \;, \quad P\left\{\underline{n}_{xy} = 1\right\} = P_{xy} \tag{2.16}$$

Für die Erwartung der Verteilung (2.16) gilt folglich

$$E\underline{n}_{xy} = 0 \cdot (1 - P_{xy}) + 1 \cdot Pxy = P_{xy} \;,$$

weswegen (2.14) mit (2.13) übereinstimmt.

Man beachte, daß sich $\mathbf{N}$ auf das infinitäre Prozeßverhalten bezieht: n_{xy} ist die durchschnittliche Anzahl an Jahren, in denen sich der Prozeß künftighin j e m a l s im Zustand y befindet, falls er ursprünglich in x stand. Im folgenden benützen wir die Fundamentalmatrix $\mathbf{N} = \left[P_{xy}\right]$ zur Berechnung wichtiger Prozeßcharakteristiken.

2.2.1.2. Die durchschnittliche Dauer bis zur Absorption

Falls der Prozeß in $x \in T$ startet, so ist die Dauer $\underline{n}_x$ bis zur Absorption zunächst gegeben durch die Gesamtzahl der Jahre, in denen sich der Prozeß in irgendeinem transienten Zustand (einschließlich des Ausgangszustandes x) befindet:

$$\underline{n}_x = \sum_{y \in T} \underline{n}_{xy} \tag{2.17}$$

Im allgemeinen verlaufen nun demographische Prozesse nicht stufenweise, sondern eher kontinuierlich (Ausnahme: Schulflußmodell). Das zugrundegelegte diskrete Markoffkettenmodell ist also als Annäherung einer im

Hintergrund stehenden stetigen Version zu verstehen. Da Absorptionen
(z. B. in den Tod) tatsächlich natürlich nicht gerade nur zu den diskreten Takten t = 0, 1, 2, ... geschehen, sondern sich irgendwie über
die Zeit- bzw. Altersintervalle verteilen, so überschätzt man mit $\underline{n}_x$
die "wahre" Verweildauer einer Einheit im transienten System. Nimmt man
etwa an - und wir wollen dies im folgenden tun - daß sich die Abgänge
gleichmäßig in den Intervallen verteilen, so muß man $\underline{n}_x$ um 1/2 korri-
gieren, um zur echten Verweildauer $\underline{z}_x$ zu kommen:

$$\underline{z}_x = \underline{n}_x - 1/2 \tag{2.18}$$

Da die Erwartungen $E\underline{n}_{xy}$ existieren, so ist auch die durchschnittliche
Zahl der Jahre $n_x = E\underline{n}_x$ bis zur Absorption endlich, und es gilt aufgrund
von (2.17), (2.13) und (2.12)

$$E\underline{n}_x = n_x = \sum_{y \in T} n_{xy} = \sum_{y=x}^{w} P_{xy} \tag{2.19}$$

Aus (2.18) und (2.19) folgt sofort für die <u>korrigierte Absorptionszeit</u> $\underline{z}_x$

$$\boxed{E\underline{z}_x = \sum_{y=x}^{w} P_{xy} - 1/2} \tag{2.20}$$

Faßt man die Erwartungen n_x zu einem Spaltenvektor

$$\mathbf{n} = \{n_x\} \tag{2.21}$$

zusammen und definiert ferner $\mathbf{e}$ als Spaltenvektor mit lauter Einsen als
Komponenten $\mathbf{e} = \{1, 1, ..., 1\}$, so läßt sich (2.19) in Matrixform darstellen als

$$\mathbf{n} = \mathbf{N}\mathbf{e} \tag{2.22}$$

2.2.1.3. Ermittlung der Varianzen der Verweilzeiten

Im Anschluß an KEMENY und SNELL (1960) definieren wir für beliebige
quadratische Matrizen $\mathbf{M} = [m_{ij}]$ zwei Matrizen $\mathbf{M}_{dg}$ und $\mathbf{M}_{sq}$:

$\mathbf{M}_{dg}$ ist jene Matrix, die mit $\mathbf{M}$ in der Hauptdiagonale übereinstimmt,
sonst aber aus lauter Nullen besteht. $\mathbf{M}_{sq} = [m_{ij}^2]$ entsteht durch ele-

mentweises Quadrieren der Eingänge m_{ij} von $\mathbf{M}$.

Die zweiten Momente der Verweilzeiten $\underline{n}_{xy}$ existieren (vgl. KEMENY und SNELL, 1960, p. 54), und die Varianzen $\text{Var } \underline{n}_{xy}$ können – wieder gemäß KEMENY und SNELL (1960, p. 50) – mittels folgender Matrizengleichung ermittelt werden:

$$\left[\text{Var } \underline{n}_{xy}\right] = \mathbf{N}\,(2\,\mathbf{N}_{dg} - \mathbf{I}\,) - \mathbf{N}_{sq} \tag{2.23}$$

In unserem Falle gilt nach (2.13)

$$\mathbf{N}_{dg} = \mathbf{I} \qquad \text{und} \qquad \mathbf{N}_{sq} = \left[\text{P}^2_{xy}\right],$$

also

$$\left[\text{Var } \underline{n}_{xy}\right] = \mathbf{N} - \mathbf{N}_{sq} \tag{2.24}$$

d. h. elementweise

$$\text{Var } \underline{n}_{xy} = \text{P}_{xy}\,(1 - \text{P}_{xy}) \tag{2.25}$$

Dieses Resultat folgt mit etwas weniger Aufwand natürlich auch direkt aus der Tatsache, daß die Zufallsvariable $\underline{n}_{xy}$ der Zweipunktverteilung (2.16) gehorcht:

$$\text{Var } \underline{n}_{xy} = \text{E}\underline{n}^2_{xy} - (\text{E}\underline{n}_{xy})^2 = \text{P}_{xy} - \text{P}^2_{xy}$$

Man erkennt daraus, daß die Streuung von $\underline{n}_{xy}$ für $x \geqq y$ verschwindet.

Ordnet man die Varianzen der in (2.17) definierten Absorptionszeit $\underline{n}_x$ im Spaltenvektor $\{\text{Var } \underline{n}_x\}$ an, so gilt für diesen nach KEMENY und SNELL (1960, p. 51)

$$\{\text{Var } \underline{n}_x\} = (2\,\mathbf{N} - \mathbf{I}\,)\,\mathfrak{n} - \mathfrak{n}_{sq} \tag{2.26}$$

mit $\mathfrak{n}$ aus (2.21) und (2.22). (2.26) liefert unter Beachtung von (2.13), (2.19) komponentenweise

$$\text{Var } \underline{n}_x = 2\sum_{y=x}^{w} \text{P}_{xy}\,n_y - n_x - n_x^2 = 2\sum_{y=x}^{w} \text{P}_{xy} \sum_{z=y}^{w} \text{P}_{yz} - n_x - n_x^2 \tag{2.27}$$

Wir benötigen nun eine einfache Umformung für Doppelsummen. Da wir sie auch später gelegentlich benutzen werden, so formulieren wir sie als

Lemma. Es gilt

$$\sum_{i=c}^{n} \sum_{j=i}^{n} \alpha_j = \sum_{i=c}^{n} (i - c + 1) \alpha_i \qquad (2.28)$$

Beweis. Wir definieren

$$\beta_{ij} = \begin{cases} \alpha_j & \text{für } i \leq j \\ 0 & \text{für } i > j \end{cases}$$

Dann gilt

$$\sum_{i=c}^{n} \left(\sum_{j=i}^{n} \alpha_j \right) = \sum_{i=c}^{n} \left(\sum_{j=1}^{n} \beta_{ij} \right) = \sum_{j=1}^{n} \left(\sum_{i=c}^{n} \beta_{ij} \right)$$

$$= \sum_{j=1}^{n} \left(\sum_{i=c}^{j} \alpha_j \right) = \sum_{j=1}^{n} (j - c + 1) \alpha_j$$

Unter Verwendung der per definitionem geltenden Relationen

$$P_{xz} = P_{xy} P_{yz} \qquad \text{für } x \leq y \leq z , \qquad (2.29)$$

läßt sich die Doppelsumme in (2.27) gemäß des eben bewiesenen Lemmas umformen:

$$\sum_{y=x}^{w} P_{xy} \sum_{z=y}^{w} P_{yz} = \sum_{y=x}^{w} \sum_{z=y}^{w} P_{xz} = \sum_{y=x}^{w} (y - x + 1) P_{xy} \qquad (2.30)$$

Setzt man (2.30) in (2.27) ein und berücksichtigt die aufgrund von (2.18) geltende Gleichheit

$$\text{Var } \underline{z}_x = \text{Var } \underline{n}_x , \qquad (2.31)$$

so folgt

$$\text{Var } \underline{z}_x = \sum_{y=x}^{w} [2(y - x) + 1] P_{xy} - n_x^2 \qquad (2.32a)$$

$$= 2 \sum_{y=x}^{w} (y - x) P_{xy} - n_x (n_x - 1) \qquad (2.32b)$$

Dabei ist n_x durch (2.19) gegeben.

2.2.2. Die Wahrscheinlichkeiten für eine Absorption

2.2.2.1. Absorptionsverhalten innerhalb eines Zeitraumes

Wir fragen nach den Wahrscheinlichkeiten, daß innerhalb eines gewissen Zeitintervalls eine Absorption in einem bestimmten Zustand eintritt. Für t = 1, 2, ... sei b_{xr} (t) die Wahrscheinlichkeit einer demographischen Einheit im Zustand $x \in$ T, i n n e r h a l b von t Jahren vom Zustand $r \in$ A absorbiert zu werden.

Für b_{xr} (t) gilt die Rekursionsbeziehung

$$b_{xr} (t + 1) = q_{xr} + \sum_{y \in T} p_{xy} \, b_{yr} (t) \qquad (2.33)$$

Die Möglichkeiten, in denen eine Einheit in $x \in$ T den absorbierenden Zustand r in h ö c h s t e n s t + 1 Schritten erreicht, können gemäß der Situation nach einem Jahr folgenderweise unterteilt werden. In einem Schritt kann die Einheit mit Wahrscheinlichkeit q_{xr} in r landen, oder aber sie geht in einen transienten Zustand y über und erreicht von da aus r in maximal t Schritten. Die Wahrscheinlichkeit für letzteres Ereignis ist durch den zweiten Summanden in (2.33) gegeben. Ordnet man die Wahrscheinlichkeiten b_{xr} (t) in einer (w + 1)×r Matrix $\mathbb{B}$ (t) an, so schreibt sich (2.33) als

$$\mathbb{B} (t + 1) = \mathbb{Q} + \mathbb{P} \, \mathbb{B} (t) \quad , \quad t = 1, 2, \ldots \qquad (2.34)$$

Wir lösen die Differenzengleichung (2.34) unter Beachtung der Anfangsbedingung $\mathbb{B}$ (1) = $\mathbb{Q}$ und erhalten

$$\mathbb{B}(t) = \sum_{n=0}^{t-1} \mathbb{P}^n \mathbb{Q} \qquad (2.35)$$

bzw.

$$\mathbb{B}(t) = (\mathbb{I} - \mathbb{P})^{-1} (\mathbb{I} - \mathbb{P}^t) \mathbb{Q} = \mathbb{N} (\mathbb{I} - \mathbb{P}^t) \mathbb{Q} \qquad (2.36)$$

Der (x, y) -Eingang der Matrix $\sum_{n=0}^{t-1} \mathbb{P}^n$ ist gegeben durch

$$\left[\sum_{n=0}^{t-1} \mathbb{P}^n \right]_{xy} = \begin{cases} P_{xy} & \text{für } x \in T', \; y \leq x+t-1 \\ 0 & \text{sonst} \end{cases} \qquad (2.37)$$

(2.35) liefert zusammen mit (2.37)

$$b_{xr}(t) = \sum_{x=y}^{x+t-1} P_{xy} q_{yr} \qquad (2.38)$$

2.2.2.2. Schließliche Absorptionswahrscheinlichkeiten

Aus der Theorie endlicher Markoffketten ist bekannt, daß man – ausgehend von einem transienten Zustand – mit Sicherheit einmal in einem der absorbierenden Zustände landen wird (vgl. etwa KEMENY und SNELL, 1960, p. 43). Die damit auftauchende Frage nach der Wahrscheinlichkeit b_{xr}, daß der Prozeß f r ü h e r o d e r s p ä t e r in einem bestimmten absorbierenden Zustand r zum Stehen kommt, falls er in x gestartet ist, läßt sich abermals über die Fundamentalmatrix behandeln.

Dazu definiert man die schließliche Absorptionsmatrix $\mathbb{B}$ durch

$$\mathbb{B} = \left[b_{xr} \right] = \left[\lim_{t \to \infty} b_{xr}(t) \right] = \lim_{t \to \infty} \mathbb{B}(t) \qquad (2.39)$$

Wir lassen nun in (2.36) t über alle Grenzen wachsen und beachten (2.8). Das ergibt für (2.39)

$$\mathbf{B} = \mathbf{N\underline{Q}} \tag{2.40}$$

(2.13) liefert für die Eingänge von (2.40)

$$\boxed{b_{xr} = \sum_{y=x}^{w} p_{xy} q_{yr}} \tag{2.41}$$

Unter Ausnutzung der Beziehung (2.7) bekommt man sogar

$$\mathbf{B} = \mathbf{B}\,(t) \qquad \text{für} \quad t > w \quad, \tag{2.42}$$

also elementweise $b_{xr} = b_{xr}(t)$ für alle t größer als w, in Übereinstimmung mit (2.38) und (2.41). Ähnlich wie $\mathbf{N}$ bezieht sich auch $\mathbf{B}$ auf den infinitären Prozeßverlauf.

(2.41) läßt sich auch leicht mittels vollständiger Induktion aufgrund der Relationen

$$b_{xr} = q_{xr} + p_x b_{x+1,\ r} \qquad \text{für} \quad x \in T'$$

$$b_{wr} = q_{wr} \tag{2.43}$$

erhalten; für spätere Verallgemeinerungen kam es uns jedoch auf den Zusammenhang von $\mathbf{B}$ mit der Fundamentalmatrix $\mathbf{N}$ an. Dazu ist prinzipiell zu bemerken, daß die Resultate auch ohne Matrizenformalismus gewonnen werden können. Dieser dient zur eleganten Behandlungsweise, welche bei den Mehrtypenmodellen zum Tragen kommen wird.

Wie bereits erwähnt, tritt der Prozeß mit Wahrscheinlichkeit 1 früher oder später in die absorbierende Menge A ein, natürlich ohne dieselbe jemals wieder zu verlassen. Dazu hat man $\sum\limits_{r \in A} b_{xr} = 1$ zu zeigen, bzw. in Matrizenform

$$\mathbf{Be} = \mathbf{e} \tag{2.44}$$

Setzt man (2.40) in (2.44) ein, so erhält man

$$(\mathbf{I} - \mathbf{P})^{-1}\,\underline{\mathbf{Q}}\,\mathbf{e} = \mathbf{e} \quad , \quad \text{also} \quad \underline{\mathbf{Q}}\mathbf{e} = (\mathbf{I} - \mathbf{P})\mathbf{e}$$

bzw.

$$\sum_{r \in A} q_{xr} = 1 - \sum_{y \in T} P_{xy} \qquad (2.45)$$

Da A stochastisch ist, so ist (2.45) und somit (2.44) gewährleistet.

2.2.2.3. Bemerkungen über Anwendungsmöglichkeiten erzeugender Funktionen

Interessiert man sich nicht nur für die Wahrscheinlichkeiten, ausgehend von $x \in T$ früher oder später in einem absorbierenden Zustand zu landen, sondern genau nach n Jahren dorthin zu kommen, so können erzeugende Funktionen verwendet werden. (Eine Zusammenstellung über die Technik erzeugender Funktionen findet man etwa bei CHIANG, 1968, Chapter 2). So kann man sich beispielsweise überlegen, daß für die wahrscheinlichkeitserzeugende Funktion

$$U_x(s) = \sum_{n=0}^{\infty} u_x(n) s^n \quad \text{der Folge} \quad u_x(n) = P\{\underline{n}_x = n\} \qquad (2.46)$$

die rekursive Beziehung

$$U_x(s) = s\left[q_x + p_x U_{x+1}(s)\right] \quad , \ x \in T' \qquad (2.47)$$

gilt mit der Anfangsbedingung $U_w(s) = s$. Aus (2.47) folgt

$$U_x(s) = \sum_{y=x}^{w} P_{xy} q_y s^{y-x+1} = \sum_{n=1}^{w-x+1} P_{x, \, x+n-1} \, q_{x+n-1} \, s^n \qquad (2.48)$$

Durch Differenzieren von $U_x(s)$ an der Stelle $s = 1$ erhält man Differenzengleichungen für die Momente der Absorptionszeit $\underline{n}_x$. Es gilt nämlich (vgl. CHIANG, 1968, p. 25)

$$E\underline{n}_x = U_x'(1) \qquad (2.49a)$$

$$\text{Var } \underline{n}_x = U_x''(1) + U_x'(1) - \left[U_x'(1)\right]^2 \qquad (2.49b)$$

Auf (2.48) angewendet liefert das

$$n_x = 1 + p_x n_{x+1} \quad \text{für} \quad x \in T' \quad \text{und} \quad n_w = 1 \qquad (2.50a)$$

und

$$\text{Var } \underline{n}_x = p_x \text{ Var } \underline{n}_{x+1} + p_x q_x n_{x+1}^2 \quad \text{für} \quad x \in T' \quad \text{und Var } \underline{n}_w = 0 \qquad (2.50b)$$

Selbstverständlich gewinnt man aus (2.50) die expliziten Formeln (2.19) bzw. (2.32) für Erwartungswert und Varianz der Absorptionszeit $\underline{n}_x$.

In ähnlicher Weise kann man den risikospezifischen Abgang mittels erzeugender Funktionen studieren. Dazu hat man Wahrscheinlichkeiten

$$u_{xr}(n) = P\{\text{Abgang einer Einheit im Zustand x}$$
$$\text{nach genau n Jahren in den Zustand r}\} \qquad (2.51)$$

einzuführen, welche mit den globalen Absorptionswahrscheinlichkeiten zusammenhängen durch

$$b_{xr}(t) = \sum_{n=1}^{t} u_{xr}(n) \quad , \quad b_{xr} = \sum_{n=1}^{\infty} u_{xr}(n) = \sum_{n=1}^{w-x+1} u_{xr}(n) \qquad (2.52)$$

Wir gehen im weiteren Verlauf auf derartige spezielle Absorptions- und Erstdurchlaufsprobleme jedoch nicht näher ein, denn es scheint uns, daß die Wahrscheinlichkeit, daß ein Ereignis in g e n a u n Jahren stattfindet, praktisch nur von geringem Wert ist im Vergleich zu Wahrscheinlichkeiten, daß bestimmte Ereignisse innerhalb eines gewissen Zeitraumes oder überhaupt stattfinden. Für letztere Fragen haben wir aber die Matrizentechnik als geeignetes Untersuchungsmittel erkannt. Im Gegensatz dazu spielen bei manchen verwandten Modellen erzeugende Funktionen die Hauptrolle (vgl. etwa KAMAT, 1968).

2.2.3. Transformierte Prozesse

2.2.3.1. Ermittlung der transformierten Übergangswahrscheinlichkeiten

Jeder Teilmenge D der absorbierenden Zustandsmenge A der Markoffkette (2.1) kann in folgender Weise eine neue Kette zugeordnet werden. Man startet in einem transienten Zustand und modifiziert die ursprünglichen Prozeßwahrscheinlichkeiten aufgrund der Annahme (des bedingenden Ereignisses)

B(D)... "der ursprüngliche Prozeß wird <u>schließlich</u>
in einem $r \in D$ absorbiert" $\hspace{3cm}$ (2.53)

Die neue, sogenannte <u>transformierte Markoffkette</u> besitzt die ursprüngliche Menge T als transiente, hingegen $D \subset A$ als neue absorbierende Zustandsmenge.

Matrizen und Wahrscheinlichkeiten des transformierten Prozesses sollen stets in charakteristischer Weise mit dem Schlangensymbol gekennzeichnet werden. Die Matrix der transformierten Kette sei also

$$\tilde{\mathbf{A}} = \begin{bmatrix} \tilde{\mathbf{I}} & \tilde{\mathbf{O}} \\ \tilde{\mathbf{Q}} & \tilde{\mathbf{P}} \end{bmatrix} \hspace{3cm} (2.54)$$

mit $\tilde{\mathbf{P}} = [\tilde{p}_{xy}]$ und $\tilde{\mathbf{Q}} = [\tilde{q}_{xr}]$; x, y $\in$ T, r $\in$ D. $\tilde{\mathbf{I}}$ und $\tilde{\mathbf{O}}$ unterscheiden sich von $\mathbf{I}$ bzw. $\mathbf{O}$ nur durch die Dimensionen. Will man die vorhandene Abhängigkeit von D explizite zum Ausdruck bringen, so wird dies durch die Notation $\tilde{\mathbf{A}}$ (D), $\tilde{p}_{xy}$(D) und $\tilde{q}_{xr}$(D) für obige Matrix und Wahrscheinlichkeiten angedeutet. Analoges gilt auch für die im weiteren Verlauf zu definierenden Modellgrößen, beispielsweise also für $\underset{\tilde{}}{\tilde{n}}_x$(D) und $\underset{\tilde{}}{z}_x$(D).

Bezeichnet man mit $\{\underline{X}_t$, t = 0, 1, 2, ..$\}$ den ursprünglichen Markoffprozeß, so lassen sich die <u>einstufigen transformierten Übergangswahrscheinlichkeiten</u> von (2.54) wie folgt als bedingte Wahrscheinlichkeiten ermitteln:

$$\tilde{p}_{xy} = P\left\{\underline{X}_{t+1} = y \mid \underline{X}_t = x, \ B(D)\right\} = \frac{P\left\{B(D), \ \underline{X}_{t+1} = y, \ \underline{X}_t = x\right\}}{P\left\{B(D), \ \underline{X}_t = x\right\}}$$

$$= \frac{P\left\{B(D) \mid \underline{X}_{t+1} = y, \ \underline{X}_t = x\right\} P\left\{\underline{X}_{t+1} = y \mid \underline{X}_t = x\right\} P\left\{\underline{X}_t = x\right\}}{P\left\{B(D) \mid \underline{X}_t = x\right\} \ P\left\{\underline{X}_t = x\right\}} \quad (2.55)$$

Dabei ist B(D) das in (2.53) definierte Ereignis. Wegen der Markoffeigenschaft 1. Ordnung gilt für $x, y \in T$

$$P\left\{B(D) \mid \underline{X}_{t+1} = y, \ \underline{X}_t = x\right\} = P\left\{B(D) \mid \underline{X}_{t+1} = y\right\} \quad (2.56)$$

In Verallgemeinerung zu der am Beginn von § 2.2.2.2 gegebenen Erklärung
der schließlichen Absorptionswahrscheinlichkeiten b_{xr} definieren wir
nun b_{xD} als Wahrscheinlichkeit einer im Zustand x befindlichen Einheit,
jemals von einem Zustand der Menge D absorbiert zu werden. Offenbar gilt

$$b_{xD} = \sum_{r \in D} b_{xr} \quad , \quad D \subset A \quad (2.57)$$

Aufgrund von (2.53) und (2.57) hat man

$$P\left\{B(D) \mid \underline{X}_{t+1} = y\right\} = b_{yD}$$

$$P\left\{B(D) \mid \underline{X}_t = x\right\} = b_{xD} \quad (2.58)$$

Berücksichtigt man (2.56) und (2.58) in (2.55), so liefert das

$$\underline{\tilde{p}_{xy} = b_{xD}^{-1} \ p_{xy} \ b_{yD}} \qquad x, y \in T \ ; \ D \subset A \quad (2.59)$$

Analog schließt man

$$\tilde{q}_{xr} = P\left\{\underline{X}_{t+1} = r \mid \underline{X}_t = x, \ B(D)\right\} = \frac{P\left\{B(D) \mid \underline{X}_{t+1} = r\right\} P\left\{\underline{X}_{t+1} = r \mid \underline{X}_t = x\right\}}{P\left\{B(D) \mid \underline{X}_t = x\right\}}$$

Für $r \in D$ gilt $P\left\{B(D) \mid \underline{X}_{t+1} = r\right\} = 1$ und es folgt

$$\tilde{q}_{xr} = b_{xD}^{-1} \, q_{xr} \qquad\qquad x \in T, \; r \in D \subset A \qquad\qquad (2.60)$$

(Für $r \notin D$ ergibt sich $P\{B(D) \mid \underline{X}_{t+1} = r\} = 0$ und somit $\tilde{q}_{xr} = 0$, wie es sein muß).

$\tilde{A}$ ist eine stochastische Matrix. Zum Nachweis dieser Tatsache ziehe man die aus (2.33) für $t \to \infty$ folgende Beziehung

$$b_{xr} = q_{xr} + \sum_{y \in T} p_{xy} \, b_{yr} \qquad\qquad (2.61)$$

heran. Gemäß (2.59), (2.60), (2.57) und (2.61) gilt nämlich

$$\sum_{y \in T} \tilde{p}_{xy} + \sum_{r \in D} \tilde{q}_{xr} = b_{xD}^{-1} \sum_{y \in T} p_{xy} \, b_{yD} + b_{xD}^{-1} \sum_{r \in D} q_{xr} =$$

$$= b_{xD}^{-1} \sum_{r \in D} \left(\sum_{y \in T} p_{xy} \, b_{yr} + q_{xr} \right) = b_{xD}^{-1} \, b_{xD} = 1$$

Während sich bis hierher die Überlegungen auf beliebige absorbierende Markoffketten bezogen haben, wird ab nun wieder die besondere Dekrementstruktur (2.2) ausgenützt. Danach und gemäß (2.59) verschwindet $\tilde{p}_{xy}$ nur für $x \in T'$ und $y = x+1$ nicht. Setzt man deswegen vereinfachend $\tilde{p}_{x,x+1} = \tilde{p}_x$, so ergibt sich schließlich für die nicht trivialen Eingänge von $\tilde{A}$

$$\boxed{\begin{aligned} \tilde{p}_x &= b_{xD}^{-1} \, p_x \, b_{x+1,D} & \text{für} \quad x \in T' \\[2ex] \tilde{q}_{xr} &= b_{xD}^{-1} \, q_{xr} & \text{für} \quad x \in T, \; r \in D \,, \end{aligned}} \qquad (2.62)$$

von denen die $\tilde{q}_{xr}$ unmittelbar anschaulich als bedingte Wahrscheinlichkeiten interpretierbar sind.

Analog zu (2.12) führen wir auch bedingte globale Verbleibswahrscheinlichkeiten $\tilde{P}_{xy}(D) = \tilde{P}_{xy}$ ein. Gemäß (2.12), (2.62) gilt

$$\tilde{P}_{xy} = \prod_{z=x}^{y-1} \tilde{p}_z = b_{xD}^{-1} \, P_{xy} \, b_{yD} \qquad\qquad \text{für} \quad x < y \qquad (2.63)$$

Transformierte absorbierende Markoffketten finden sich bereits bei KEMENY und SNELL (1960, p. 64) für einelementige Mengen D; HOEMs Konstruktion bereinigter ("purged") Markoffprozesse **mit** stetigem Zeitparameter leistet im wesentlichen dasselbe wie das transformierte Kettenmodell. HOEM kommt das Verdienst zu, die Bedeutung derartiger Prozesse für retrospektive demographische Untersuchungen erkannt und analysiert zu haben (HOEM, 1968c, 1969). Unabhängig von HOEMs vorbildlichen Ausführungen und aufbauend auf den KEMENY - SNELL - Formalismus hat der Autor im Rahmen der 2. Oberwolfacher Tagung "Mathematische Methoden in den Wirtschaftswissenschaften" derartige stochastische Ketten (damals bedingte Prozesse genannt) eingeführt und im Zusammenhang mit demographischen Tafeln (Heirats- und Ehedauertafeln) diskutiert (FEICHTINGER, 1970).

2.2.3.2. Die Fundamentalmatrix transformierter absorbierender Ketten

Im Anschluß an KEMENY und SNELL (1960, p. 64, 65) kann man die Fundamentalmatrix $\tilde{\mathbf{N}} = (\tilde{\mathbf{I}} - \tilde{\mathbf{P}})^{-1}$ der transformierten Kette (2.54) durch folgende Überlegung erhalten.

Vermöge der Diagonalmatrix $\mathbf{D} = \left[\delta_{xy} b_{xD}\right]$ läßt sich $\tilde{\mathbf{P}}$ wegen (2.59) schreiben als

$$\tilde{\mathbf{P}} = \mathbf{D}^{-1} \mathbf{P} \mathbf{D} \qquad (2.64)$$

Aus (2.9) und (2.64) folgt

$$\tilde{\mathbf{N}} = \sum_{t=0}^{\infty} \tilde{\mathbf{P}}^t = \mathbf{D}^{-1} \sum_{t=0}^{\infty} \mathbf{P}^t \mathbf{D} = \mathbf{D}^{-1} \mathbf{N} \mathbf{D} \qquad (2.65)$$

Die Fundamentalmatrix des transformierten Prozesses entsteht also aus $\mathbf{N}$ durch die gleiche Substitution, die $\mathbf{P}$ in $\tilde{\mathbf{P}}$ überführt. Setzt man $\tilde{\mathbf{N}} = \left[\tilde{n}_{xy}\right]$, so gilt elementweise

$$\tilde{n}_{xy} = b_{xD}^{-1} \, n_{xy} \, b_{yD} \qquad (2.66)$$

Für $D \in A$ definieren wir nun die zufällige Absorptionszeit $\underline{\tilde{n}}_x$, welche die Anzahl der Jahre mißt, die eine anfänglich im Zustand x befindliche Einheit bis zu ihrer <u>Absorption in (einem Zustand aus) D</u> verbringt. Man sieht, daß $\underline{\tilde{n}}_x$ sowohl in der ursprünglichen Kette (nämlich als bedingte Absorptionszeit, falls man weiß, daß der Prozeß schließlich in D zum Stehen kommt) als auch im Rahmen des transformierten Prozesses (als Zeitdauer bis zum Ausscheiden schlechthin) erklärt ist.

Analog zu (2.19) ergibt sich, daß $\tilde{n}_x = E\underline{\tilde{n}}_x$ durch Summation der x-ten Zeile von $\tilde{N}$ entsteht:

$$\tilde{n}_x = \sum_{y \in T} \tilde{n}_{xy} \qquad (2.67)$$

Die Menge D bestehe nun aus nur einem Element r, welches über ganz A variieren soll: $D = \{r\}$ mit $r \in A$. Da D somit nicht mehr fest ist, haben wir die bereits erwähnte explizite Notation zu verwenden, also

$$\tilde{n}_{xy}(D) = \tilde{n}_{xy}(r) \qquad \text{für } \tilde{n}_{xy} \text{ und } \tilde{n}_x(r) \text{ anstatt } \tilde{n}_x .$$

Die erwartete Absorptionszeit n_x läßt sich als gewogenes Mittel dieser bedingten durchschnittlichen Verweilzeiten $\tilde{n}_x(r)$ darstellen mit den Absorptionswahrscheinlichkeiten b_{xr} als Gewichten:

$$\underline{n_x = \sum_{r \in A} b_{xr} \, \tilde{n}_x(r)} \qquad (2.68)$$

<u>Beweis:</u> Gemäß (2.67), (2.66), (2.44) und (2.19) gilt

$$\sum_r b_{xr} \tilde{n}_x(r) = \sum_r b_{xr} \sum_y \tilde{n}_{xy}(r) = \sum_r b_{xr} \sum_y b_{xr}^{-1} n_{xy} b_{yr} =$$

$$= \sum_y n_{xy} \sum_r b_{yr} = n_x$$

Die Erwägungen dieses Abschnitts gelten allgemein für endliche absorbierende Markoffketten. Durch Verwendung der Superdiagonalgestalt von $\mathbf{P}$ erhält man zusätzliche Resultate, deren Herleitung wir uns jetzt zuwenden.

2.2.3.3. Erwartungswert und Varianz der Zeitspanne bis zur
Absorption in einer Teilmenge von absorbierenden Zuständen

Wir setzen (2.66) und (2.13) in (2.67) ein und bekommen

$$\tilde{n}_x = \sum_{y \in T} b_{xD}^{-1} n_{xy} b_{yD} = b_{xD}^{-1} \sum_{y=x}^{w} P_{xy} b_{yD} \tag{2.69}$$

Berücksichtigt man die besondere Form (2.41) der schließlichen Absorptionswahrscheinlichkeiten und (2.57), so folgt aus (2.69)

$$\tilde{n}_x = b_{xD}^{-1} \sum_{y=x}^{w} P_{xy} \sum_{z=y}^{w} P_{yz} q_{zD} \;, \tag{2.70}$$

wobei entsprechend zu (2.57)

$$q_{zD} = \sum_{r \in D} q_{zr} \tag{2.71}$$

definiert wurde. Gemäß (2.28) und (2.29) kann die in (2.70) aufscheinende Doppelsumme ausgewertet werden, und es folgt

$$\tilde{n}_x = b_{xD}^{-1} \sum_{y=x}^{w} (y-x+1) P_{xy} \, q_{yD}$$

$$= b_{xD}^{-1} \sum_{y=x}^{w} (y-x) P_{xy} \, q_{yD} + 1 \tag{2.72}$$

Definiert man analog (2.18) eine 'echte', d. h. korrigierte bedingte Verweildauer $\underline{\tilde{z}}_x$ mittels

$$\underline{\tilde{z}}_x = \tilde{n}_x - 1/2 \;, \tag{2.73}$$

so ergibt sich aus (2.73) und (2.72) für die durchschnittliche Zeit einer Einheit im Zustand **x** bis zur Absorption in D

$$E\tilde{\underline{z}}_x = b_{xD}^{-1} \sum_{y=x}^{w} (y-x) P_{xy}\, q_{yD} + 1/2 \qquad (2.74)$$

Übrigens ist klar, daß sich die Relation (2.68) sinngemäß auf $E\underline{z}_x$ und $E\tilde{\underline{z}}_x$ überträgt.

Die Varianzen der abgangsspezifischen Absorptionszeiten Var $\tilde{n}_x$ = = Var $\tilde{\underline{z}}_x$ kann man aus (2.26) erhalten, indem man n_{xy} durch $\tilde{n}_{xy}$ und n_x durch $\tilde{n}_x$ ersetzt. Einfacher ist es jedoch, gleich (2.32a) auf den transformierten Fall zu übertragen:

$$\text{Var } \tilde{\underline{z}}_x = \sum_{y=x}^{w} \left[2(y-x) + 1 \right] \tilde{P}_{xy} - \tilde{n}_x^2 \qquad (2.75)$$

Setzt man (2.63) in (2.75) ein, so liefert das

$$\text{Var } \tilde{\underline{z}}_x = b_{xD}^{-1} \sum_{y=x}^{w} \left[2(y-x) + 1 \right] P_{xy}\, b_{yD} - \tilde{n}_x^2 \qquad (2.76)$$

Aufgrund der Identität

$$2(y-x) + 1 = (y+1-x)^2 - (y-x)^2$$

läßt sich die Summe des ersten Terms in (2.76) schreiben als

$$\sum_{y=x}^{w} \left[2(y-x) + 1 \right] P_{xy}\, b_{yD} =$$

$$= \sum_{y=x}^{w} (y+1-x)^2\, P_{xy} b_{yD} - \sum_{y=x-1}^{w-1} (y+1-x)^2\, P_{x,\,y+1}\, b_{y+1,D} \qquad (2.77)$$

Summiert man in der Rekursion (2.43) über $r \in$ D und erklärt zusätzlich sinngemäß $b_{w+1,\,D} = 0$, so ergibt sich aus (2.77)

$$\sum_{y=x}^{w} \left[2(y-x) + 1 \right] P_{xy} b_{yD} = \sum_{y=x}^{w} (y+1-x)^2 P_{xy} (b_{yD} - p_y b_{y+1,D}) =$$

$$= \sum_{y=x}^{w} (y+1-x)^2 P_{xy} q_{yD} \tag{2.78}$$

(2.78) liefert gemeinsam mit (2.76) die Formel für die Varianz der bedingten Absorptionszeit

$$\boxed{\text{Var } \widetilde{\underline{z}}_x = b_{xD}^{-1} \sum_{y=x}^{w} (y+1-x)^2 P_{xy} q_{yD} - \widetilde{n}_x^2} \tag{2.79}$$

$\widetilde{n}_x$ wurde zuvor in (2.72) ermittelt. Setzt man die Formel in (2.79) ein, so folgt

$$\text{Var } \widetilde{\underline{z}}_x = b_{xD}^{-1} \sum_{y=x}^{w} (y-x)^2 P_{xy} q_{yD} - (\widetilde{n}_x - 1)^2$$

und

$$\text{Var } \widetilde{\underline{z}}_x = b_{xD}^{-1} \sum_{y=x}^{w} (y-x)^2 P_{xy} q_{yD} - \left[b_{xD}^{-1} \sum_{y=x}^{w} (y-x) P_{xy} q_{yD} \right]^2 \tag{2.80}$$

2.2.4. Der Spezialfall eines Ausscheiderisikos mit Verbleibsmöglichkeit

In den Anwendungen ist jener Spezialfall des allgemeinen Dekrementmodells von Bedeutung, der in § 2.1 unter b) eingeführt wurde (r = 2, II = s). Wir wenden nun bisher erzielte Resultate auf dieses Schema an und erinnern zunächst an eine in § 2.1 getroffene Annahme, nämlich daß die Übergangswahrscheinlichkeiten p_x und q_x für alle $x \in T$ echt zwischen Null und Eins liegen sollen.

Zunächst folgt unmittelbar aus (2.5) und (2.41)

$$b_{xs} = P_{xw} q_{ws} = P_{x,w+1}$$

$$\text{(2.81)}$$

$$b_{xI} = 1 - P_{x,w+1}$$

Die einjährigen Übergangswahrscheinlichkeiten der transformierten Kette $\tilde{\mathbf{A}}(I)$ ergeben sich aus (2.62) und (2.81)

$$\tilde{p}_x(I) = b_{xI}^{-1} p_x b_{x+1,I} = p_x \frac{1 - P_{x+1,w+1}}{1 - P_{x,w+1}} \quad , \; x \in T' \qquad \text{(2.82)}$$

Zur Berechnung von $\tilde{n}_x(I) = E\tilde{n}_x(I)$ verwenden wir (2.69). Setzt man (2.81) in (2.69) ein, so folgt

$$\tilde{n}_x(I) = b_{xI}^{-1} \sum_{y=x}^{w} P_{xy} b_{yI} = b_{xI}^{-1} \sum_{y=x}^{w} P_{xy}(1 - P_{y,w+1}) \qquad \text{(2.83)}$$

$$= b_{xI}^{-1} \left[\sum_{y=x}^{w} P_{xy} - \sum_{y=x}^{w} P_{x,w+1} \right]$$

$$E\tilde{n}_x(I) = E\tilde{z}_x(I) + 1/2 = \frac{\sum_{y=x}^{w} P_{xy} - (w-x+1) P_{x,w+1}}{1 - P_{x,w+1}} \qquad \text{(2.84)}$$

Die durchschnittliche Zeit bis zum Eintreffen in s ist natürlich gegeben durch

$$\tilde{n}_x(s) = b_{xs}^{-1} \sum_{y=x}^{w} P_{xy} b_{ys} = P_{x,w+1}^{-1} \sum_{y=x}^{w} P_{xy} P_{y,w+1} = w-x+1 \qquad \text{(2.85)}$$

Aufgrund von (2.19) und wegen (2.81) und (2.85) erweist sich (2.84) als äquivalent mit der Relation

$$n_x = b_{xI} \tilde{n}_x(I) + b_{xs} \tilde{n}_x(s) \quad , \qquad \text{(2.86)}$$

die sich ihrerseits aus (2.68) ergibt. Da mit $P_{x,w+1} < P_{y,w+1}$ für $x < y$ wegen (2.81) auch

$$\frac{b_{yI}}{b_{xI}} = \frac{1 - P_{y,w+1}}{1 - P_{x,w+1}} < 1 \qquad \text{für } x < y$$

gilt, so folgt durch Vergleich von (2.83) mit (2.19)

$$\tilde{n}_x(I) < n_x \qquad \text{für} \quad x \in T' \tag{2.87}$$

(2.87) liefert gemeinsam mit (2.86)

$$\tilde{n}_x(s) > n_x$$

Schließlich wollen wir noch die Varianz der Zeitdauer bis zu einer Absorption <u>im Zustand I</u> gemäß (2.76) ermitteln. Aufgrund von (2.81) gilt

$$\text{Var } \tilde{\underline{n}}_x(I) = b_{xI}^{-1} \sum_{y=x}^{w} \left[2(y-x) + 1\right] P_{xy}(1 - P_{y,w+1}) - \tilde{n}_x(I)^2 \tag{2.88}$$

Die Summe im ersten Term der rechten Seite von (2.88) läßt sich aufgrund der Identität

$$1 + 3 + 5 + \ldots + 2(w-x) + 1 = (w-x+1)^2$$

umformen zu

$$\sum_{y=x}^{w} \left[2(y-x) + 1\right] P_{xy} - \sum_{y=x}^{w} \left[2(y-x) + 1\right] P_{xy} P_{y,w+1} =$$

$$= \sum_{y=x}^{w} \left[2(y-x) + 1\right] P_{xy} - (w-x+1)^2 P_{x,w+1}$$

Es folgt

$$\text{Var } \tilde{\bar{z}}_x(I) = b_{xI}^{-1}\left\{ \sum_{y=x}^{w} \left[2(y-x) + 1\right] P_{xy} - (w-x+1)^2 P_{x,w+1}\right\} - \tilde{n}_x(I)^2,$$

$$(2.89)$$

wobei die Größen b_{xI} und $\tilde{n}_x(I)$ zuvor unter (2.81) und (2.84) berechnet worden sind.

2.3. Modellinterpretationen

Das formale Dekrementschema gestattet für eine Reihe inhaltlich verschiedener demographischer Phänomene Anwendungsmöglichkeiten (vgl. § 1), denen wir uns nun zuwenden. Die Resultate werden dabei hauptsächlich durch Hinweise auf bundesrepublikanische Verhältnisse illustriert. Wir verwenden dazu Veröffentlichungen des Statistischen Bundesamts in Wiesbaden; neben der Zeitschrift Wirtschaft und Statistik (WiSta) vor allem einige Sonderbeiträge zur Fachserie A (Bevölkerung und Kultur), Reihe 2 (Natürliche Bevölkerungsbewegung) (StBA, Fs A). Wie man prinzipiell zu Schätzungen für Modellparameter und -variable kommen kann, davon wird im Teil II noch ausführlich die Rede sein.

2.3.1. Altersprozeß

In der wohl einfachsten inhaltlichen Deutung des formalen Rahmens (2.1) ist x das Lebensalter, gemessen in Geburtstagen eines Individuums. Je nach Spezifikation der absorbierenden Zustände erhält man verschiedene Modelle: Wird das Überleben bis zum endgültigen Ausscheiden untersucht, so handelt es sich um Modell (a) von § 2.1 (w+1 ist dabei das erreichbare Höchstalter). Interessiert man sich hingegen nur für den Abgang bis zu einem gewissen Grenzalter, so hat man den "Überlebenszustand" s einzuführen (Modell b). Schließlich kann das allgemeine Schema (2.1) als Sterbemodell mit a Todesursachen interpretiert werden.

Eine Illustration über den Verlauf einjähriger Sterbewahrscheinlichkeiten q_x für die Bundesrepublik Deutschland (Allgemeine Sterbetafel 1960/62) findet man - für Männer und Frauen getrennt - in StBA, Fs A, 1965 (p. 9). Über ursachenspezifische einjährige Sterbewahrscheinlich-

keiten q_{xr} geben Graphiken auf Seite 16 und 26 Aufschluß. Aus q_x lassen
sich ohne weiteres vermöge (2.12) die globalen Überlebenswahrscheinlichkeiten P_{xy} berechnen. Über die bundesrepublikanischen Werte (1960/62)
von P_{ox} in Abhängigkeit vom Alter x erhält man (wieder getrennt nach
Geschlechtern) aus dem Diagramm 2 auf Seite 11 in StBA, Fs A (1969 a)
Auskunft.

Die Wahrscheinlichkeiten $b_{or}(x)$ eines Neugeborenen, bis zum Alter x
aufgrund der Ursache r zu sterben (siehe § 2.2.2.1 für ihre Ermittlung),
sind in StBA, Fs A, 1965 (p. 28) angegeben (risiko- und altersspezifische
Intensitäten). Als Todesursachen werden dabei ausgewiesen: Krankheiten
der Kreislauforgane, bösartige Neubildungen, Gefäßstörungen des Zentral-
nervensyytems, natürliche Todesursachen, übrige Todesursachen (undifferenziert). Durch Vergleich der beiden zuletzt zitierten Schaubilder des
StBA ersieht man übrigens den aus (2.38) folgenden Zusammenhang

$$P_{ox} = 1 - \sum_{r \in A} b_{or}(x)$$

zwischen Überlebenswahrscheinlichkeit P_{ox} und den Absorptionswahrscheinlichkeiten $b_{or}(x)$. Die ursachenspezifischen Sterbeintensitäten (schließlichen Absorptionswahrscheinlichkeiten) b_{or} erhält man unter Beachtung
von $b_{or} = b_{or}(100)$.

Die Zufallsgröße $\underline{z}_x$ beschreibt die fernere Lebensdauer einer x-jährigen Person. Ihre Erwartung und Varianz wurden in (2.20) bzw. (2.32) in
Abhängigkeit von den Überlebenswahrscheinlichkeiten ermittelt. Die durchschnittliche fernere Lebensdauer $E\underline{z}_x$ in Abhängigkeit vom erreichten Alter x wird traditionellerweise in der letzten Sterbetafelspalte geschätzt; siehe dazu etwa StBA, Fs A, 1965 (p. 30 ff). PRESSAT (1969, p.
23, fig. 2) bringt für die französische Frauengeneration des Jahres 1820
den Graph der ferneren Lebenserwartung $E\underline{z}_x$. Man erkennt daraus, daß damals (infolge der hohen Säuglings- und Kindersterblichkeit) die Gesamt-
Lebenserwartung $E\underline{z}_o$ einer Neugeborenen ebenso groß ist wie die durchschnittliche Lebensdauer, die eine 22-jährige noch v o r sich hat.
Das Maximum von $E\underline{z}_x$ liegt in diesem Beispiel zwischen 4 und 5 Jahren.

Die durchschnittliche fernere Lebenserwartung $E(\underline{\tilde{z}}_x(r))$ einer dem
Todesrisiko r zum Opfer fallenden x-jährigen Person kann gemäß (2.74)
über transformierte Markoffketten bestimmt werden. Dadurch erhält man

z. B. Antwort auf die Frage, wie lange ein 30-jähriger Mann bis zu seinem Krebstod noch zu leben hat, falls es zu einem solchen überhaupt kommt. Wir weisen schon jetzt darauf hin, daß $E(\tilde{z}_x(r))$ n i c h t gleich der ferneren Lebenserwartung ist, wenn man sich alle Todesrisken außer r eliminiert denkt (siehe Kap. 3).

Ohne hier darauf näher einzugehen, erwähnen wir in diesem Zusammenhang ein Auswanderungs-Mikromodell. Die in Verlust geratende demographische Merkmalsausprägung ist dabei ein bestimmter geographischer Ort (etwa der Geburtsort). Daneben spielt auch der Abgang durch Tod eine Rolle.

2.3.2.   Erstheiratsmodelle

2.3.2.1. Nettoheiratsmodell

Wir betrachten Modell (c) von § 2.1 mit der speziellen Interpretation

$$\left.\begin{array}{l} \text{I...''Heirat vor Tod'' (verheiratet oder als verheiratete} \\ \quad\text{Person gestorben)} \\[4pt] \text{II...''Tod als Junggeselle'' (ledig gestorben)} \\[4pt] \text{s...''im Alter w+1 noch ledig''} \end{array}\right\} \quad (2.90)$$

für die absorbierenden Zustände und

$$x...\text{''im Alter x ledig zu sein''}$$

für die transienten Zustände $x = 0, 1,...,w$. Bei der Konstruktion eines Modells für Erstheiraten hat man den durch Verbalformulierungen angestrebten Sinngehalt genau zu beachten: z. B. bedeutet der Zustand "ledig", daß man unverheiratet und am Leben ist. Der Vorteil einer formalen Analyse besteht nicht zuletzt darin, daß sie zur Bewältigung sprachlicher Unzulänglichkeiten beiträgt. Einer x-jährigen ledigen Person stehen im Altersintervall $x- = (x, x+1)$ drei Möglichkeiten offen. Sie kann

$$\text{mit Wahrscheinlichkeit } q_{xI} \text{ in x- heiraten,} \qquad (2.91)$$

mit Wahrscheinlichkeit $q_{x,II}$ in x- a l s
J u n g g e s e l l e sterben und (2.92)

mit Wahrscheinlichkeit p_x a l s L e d i g e r
das Alter x+1 erreichen (2.93)

Vermöge der Zustandsdefinitionen (2.90) lassen sich die einjährigen
Wahrscheinlichkeiten (2.91) bis (2.93) folgenderweise als bedingte Wahrscheinlichkeiten schreiben

$$q_{xI} = P \{ \text{Zustand I zur Zeit t+1} \mid \text{Zustand x zur Zeit t} \} \quad (2.94)$$

$$q_{x,II} = P \{ \text{Zustand II zur Zeit t+1} \mid \text{Zustand x zur Zeit t} \} \quad (2.95)$$

$$p_x = P \{ \text{Zustand x+1 in t+1} \mid \text{Zustand x in t} \} \quad (2.96)$$

Setzt man die einstufigen Wahrscheinlichkeiten (2.94) bis (2.96) in
(2.6) ein, so erhält man ein Markoffsches Kettenmodell für den Prozeß
der Erstheirat, das als Mikromodell für Nettoheiratstafeln dienen kann
(bezüglich Netto- und Bruttoheiratstafeln vgl. man Kapitel 5, siehe auch
BOGUE, 1969, p. 626 ff, SPIEGELMAN, 1969, p. 224 ff und FLASKÄMPER, 1962,
p. 253 ff).

Die (abhängigen) Heiratswahrscheinlichkeiten q_{xI}, sowie die Todeswahrscheinlichkeiten $q_{x,II}$ für Junggesellen entnimmt man der Heiratstafel für Ledige 1960/62 in StBA, Fs A, 1969 b, p. 23,24. Die Parameter
sind dabei geschlechts- und altersspezifisch ausgewiesen. Ihr Verlauf
ist im 1. Teil der Figur 5 auf p. 22 des zitierten Sonderbeitrags angegeben. Daneben bildet ein Aufsatz von SCHWARZ (1965) in WiSta die Haupt-
quelle für die Modellillustrationen.

Wir wählen nun das Grenzalter w hinreichend groß (etwa w = 70 Jahre),
so daß alle Erstheiraten bis dahin realisiert sind. Das Statistische
Bundesamt hat die Wahrscheinlichkeiten von x-jährigen ledigen Personen
ermittelt, innerhalb eines bestimmten Lebensabschnitts zu heiraten oder
ledig zu sterben (siehe StBA, Fs A, 1969 b, Tabelle auf p. 25). Faßt
man die Frist (x,x+t) ins Auge, dann stimmen diese Wahrscheinlichkeiten
im Markoffmodell mit den Absorptionswahrscheinlichkeiten $b_{xI}(t)$, $b_{x,II}(t)$
überein (siehe § 2.2.2.1, insbesondere (2.38). Die Wahrscheinlichkeiten
einer x-jährigen ledigen Person, ü b e r h a u p t einmal in ihrem

ferneren Leben zu heiraten bzw. als Junggeselle zu sterben, sind gegeben
durch

$$b_{xr} = \lim_{t \to \infty} b_{xr}(t) \; ; \; r = I, II \qquad (2.97)$$

und können gemäß (2.41) aus den einjährigen Wahrscheinlichkeiten (2.94)
bis (2.96) berechnet werden. In StBA, Fs A, 1969 b, p. 16 wird ein
Schaubild (Figur 2) gezeigt, welches gerade die b_{xI} ("Heiratserwartung")
in Abhängigkeit von x ausweist (siehe dazu auch die Tabelle auf p. 27
dieses Sonderbeitrages). Daraus erkennt man, wie rasch sich Heiratsaus-
sichten der ledigen Frauen bzw. Männer im Laufe ihres Lebens vermindern.
Als Beispiel erwähnen wir, daß nach den Heiratstafeln 1960/62 eine erst
31-jährige ledige Frau nur mit einer Wahrscheinlichkeit von 50 % noch
einen Ehepartner finden wird. Für die Überlebenswahrscheinlichkeiten
P_{ox} lediger Personen gilt die offenkundige Beziehung $P_{ox} =$
$1 - b_{oI}(x) - b_{o,II}(x)$. Man beachte, daß bei Erstheiratsmodellen wahl-
weise das Überleben bis zum Heiratsmindestalter oder die Geburt als Ursprungsereignis angesetzt werden kann und auch wird. Die Intensität des
demographischen Phänomens "Erstheirat" ist gegeben durch die schließliche Absorptionswahrscheinlichkeit b_{oI} (Wahrscheinlichkeit, daß überhaupt einmal eine Heirat erfolgt).

Die Absorptionszeit $\underline{z}_x$ mißt die fernere Dauer des Junggesellendaseins
eines x-jährigen Ledigen. Erwartungswert und Varianz wurden in § 2.2
berechnet. Betreffs der (nichttrivialen) Abhängigkeit von $E\underline{z}_x$ von x
verweisen wir auf SAVELAND und GLICK (1969, p. 257), wo die Abgangsordnung der Ledigen bezüglich der Jahre 1958/60 für die Vereinigten Staaten
analysiert wird. Die eigentlich interessante Größe ist jedoch die Warte-
zeit $\underline{\tilde{z}}_x$ eines x-jährigen Junggesellen bis zu seiner Heirat, f a l l s
e r ü b e r h a u p t e i n m a l h e i r a t e t . Diese Zeitdauer
kann man nun wieder über die transformierte Markoffkette in den Griff
bekommen (§ 2.2.3), wobei als Bedingung die schließliche Absorption im
Zustand I (d. h. Beschränkung auf jemals Heiratende) zu fordern ist.
Gemäß (2.74) gilt

$$E\underline{\tilde{z}}_x = b_{xI}^{-1} \sum_{y=x}^{w} (y-x) P_{xy} q_{yI} + 1/2 \qquad (2.98)$$

mit b_{xI} aus (2.97). Die von den eheschließenden Ledigen bis zur Heirat verbrachten Jahre nach der Heiratstafel 1960/62 wurden in StBA, Fs A, 1969 b, p. 18 veranschaulicht. Obwohl das durchschnittliche Heiratsalter $x + E\tilde{z}_x$ eines x-jährigen mit dem erreichten Lebensalter steigt, entwikkeln sich Lebensalter und Heiratsalter nicht parallel. Die Wartefrist $E\tilde{z}_x$ fällt zunächst bis zu einem Minimum in den Zwanzigern, steigt danach auf ein relatives Maximum an (bei 50 Jahren für die Männer, 1960/62) und geht hierauf wieder zurück. Der Kalender der "Erstheirat" kann berechnet werden durch

$$E\tilde{z}_o = b_{oI}^{-1} \sum_{y=0}^{w} {}_yP_{xy} q_{yI} + 1/2 \; .$$ (2.99)

Aus diesen Überlegungen erkennt man, daß Intensität und Kalender k e i n e unabhängigen Größen sind. Die Allgemeinheit dieser Tatsache, die sich aus dem Formelapparat ergibt, wird bei PRESSAT erläutert (1969, p. 44).

2.3.2.2. Bruttoheiratsmodell

Das Nettoheiratsmodell bezieht sich auf eine Abgangsordnung der Ledigen mit den Ausscheideursachen (2.90). Um die e c h t e Neigung der Ledigen zur Erstheirat zu messen, hat man das S t ö r p h ä n o m e n "Tod als Junggeselle" zu eliminieren, so daß also ein Junggeselle nur mehr dem Heiratsrisiko I ausgesetzt ist (sowie dem unechten Risiko s). Ein reines Heiratsmodell - wir schließen uns der traditionellen Bezeichnung "Brutto-" (engl.: gross) dafür an - besitzt also die absorbierenden Zustände

      I..."verheiratet" (genauer: jemals geheiratet zu haben)

      s..."im Alter w+1 noch unverheiratet"

und die transienten Zustände

      x..."ledig und x Jahre alt".

Das zugehörige Markoffsche Mikromodell ist das in § 2.2.4 behandelte Modell (b). Die Parameter des Bruttoheiratsmodells sind

$\overline{q}_{xI}$, die Wahrscheinlichkeit, daß eine ledige

x-jährige Person in x- heiratet ;
(2.100)

$\overline{p}_x = 1 - \overline{q}_{xI}$, die Wahrscheinlichkeit, daß ein

x-jähriger Junggeselle in x- dem Heiratsrisiko

nicht zum Opfer fällt, bei Abwesenheit des Todes-
(2.101)

risikos.

Wir ordnen sie analog zur Matrix (2.5) an. Die Querstriche signalisie-
ren dabei, daß es sich um sogenannte u n a b h ä n g i g e oder
r e i n e Wahrscheinlichkeiten handelt, mit denen wir uns in Kapitel 3
über konkurrierende Risken auseinandersetzen werden. Mittels dort ge-
wonnener Resultate erhält man sofort einen Zusammenhang zwischen Netto-
und Bruttoheiratsmodell. Sind beispielsweise die einjährigen Wahrscheinlichkeiten (2.94) bis (2.96) des Nettomodells gegeben, so kommt man
vermöge (K 3, 2.49) zu den unabhängigen Wahrscheinlichkeiten durch

$$\overline{q}_{xI} = 1 - p_x^{\frac{q_{xI}}{q_{xI} + q_{xII}}}$$
(2.102)

bzw. approximativ gemäß (K 3, 2.54)

$$\overline{q}_{xI} = q_{xI}(1 + q_{xII}/2) .$$
(2.103)

In Kapitel 3 wird gezeigt, unter welchen Voraussetzungen diese Formeln
Gültigkeit besitzen.

Bruttoheiratsmodelle sind Grundlage für Bruttoheiratstafeln (siehe
dazu Teil II, Kap. 5, sowie BOGUE, 1969, MERTENS, 1965). In diesen werden einjährige unabhängige Heiratswahrscheinlichkeiten ausgewiesen.
Letztere wurden auch vom Statistischen Bundesamt ermittelt, zum letzten
Mal anläßlich der Heiratstafeln 1960/62 ; siehe dazu etwa StBA, Fs A,
1969 a, p. 13.

Nach seiner Identifikation mit dem Bruttoheiratsmodell läßt sich
Modell (b) von § 2.2.4 dazu benützen, um Intensität und Kalender des
(vom interferierenden Todesrisiko) bereinigten Phänomens "Heirat der
Ledigen" anzugeben. Die reine Heiratsintensität ist gemäß (2.81)

$$\overline{b}_{oI} = 1 - \overline{P}_{o,w+1} \, , \qquad\qquad (2.104)$$

d.i. die Gegenwahrscheinlichkeit zu $\overline{P}_{o,w+1}$, wobei allgemein $\overline{P}_{xy}$ die Wahrscheinlichkeit eines x-jährigen Junggesellen bedeutet, mindestens bis zum Alter y ledig zu bleiben. Die Wahrscheinlichkeiten $\overline{P}_{ox}$ sind in StBA, Fs A, 1969 b, p. 16 (Schaubild 1) abgebildet. Das <u>erwartete Alter für eine Erstheirat</u> beträgt für einen Neugeborenen nach (2.84)

$$E\underset{\sim}{\underline{z}}_o = \frac{\sum\limits_{y=0}^{w} \overline{P}_{oy} - (w+1)\overline{P}_{o,w+1}}{1 - \overline{P}_{o,w+1}} - 1/2 \qquad\qquad (2.105)$$

Wir weisen extra auf die Verschiedenheit von $E\underset{\sim}{\underline{z}}_o$ in (2.105) und der entsprechenden Modellgröße $E\underline{z}_o$ in (2.99) hin. Die Tatsache, daß die <u>Durchschnittsalter bei der Erstheirat</u> im Netto- und Bruttoheiratsmodell v e r s c h i e d e n sind, hat zur Folge, daß diese oft gebrauchte demographische Kennziffer für sich allein, d. h. aus dem Modellzusammenhang gerissen, mehrdeutig ist. Dieser, in der demographischen Literatur häufig verschleierte, Sachverhalt verdeutlicht die Notwendigkeit, statistische Kenngrößen stets im Bezug auf ein zugrundeliegendes Modell zu sehen. Die einzige mir bekannte Stelle, wo auf den erwähnten Unterschied hingewiesen wird, findet sich bei PRESSAT (1967, p. 105). Für die Varianz des Erstheiratsalter folgt aus (2.89)

$$\text{Var } \underset{\sim}{\underline{\tilde{z}}}_o = \overline{b}_{oI}^{-1} \left[\sum\limits_{y=0}^{w} (2y+1)\overline{P}_{oy} - (w+1)^2 \overline{P}_{o,w+1} \right] - \left[E\underset{\sim}{\underline{\tilde{z}}}_o + 1/2 \right]^2 \qquad (2.106)$$

und gibt ein Maß für die Streuung um den Durchschnitt (2.105) an. Vergleicht man die zeitliche Entwicklung von Mittel und Varianz des Erstheiratsalters, wie sie tatsächlich in den letzten Jahrzehnten stattgefunden hat, so fällt ein fallender Trend des erwarteten Alters für Erstheiraten auf (Frühehen!), während es gleichzeitig zu einer Abnahme der Streuung gekommen ist (vgl. SAVELAND und GLICK, 1969).

Analog wie beim Nettomodell können eine Reihe weiterer Informationen gewonnen werden, so etwa die Wahrscheinlichkeit $\overline{b}_{xI}(t)$ eines x-jährigen Junggesellen, innerhalb von t Jahren zu heiraten, falls das Todesrisiko außer Kraft gesetzt ist. Wir erwähnen noch die Zufallsgröße $\overline{z}_x$, welche die Dauer des ferneren Junggesellendaseins mißt, falls im Alter w+1 die Beobachtung abgebrochen wird und wieder das Todesrisiko unwirksam sein soll.

2.3.3. Ehelösungsmodelle

Ein illustratives Beispiel der Dekrementtheorie, in dem es um die
Haltbarkeit von Ehen geht, bilden Ehelösungs- oder -dauermodelle, deren
Beschreibung wir uns nun zuwenden. Es kommt uns in diesem Zusammenhang
auf die Darstellung des logischen Gerüstes derartiger Modelle als Grundlage von Ehedauertafeln an; auf Methoden zur Erstellung solcher Tafeln
wird hier nicht eingegangen (siehe hierfür die hervorragenden Veröffentlichungen des StBA). Es ist allerdings meine Ansicht, daß es für die
Verständlichkeit unbedingt von Vorteil ist, den <u>logischen vom techni-</u>
<u>schen Teil</u> m ö g l i c h s t <u>getrennt</u> zu behandeln (siehe dazu auch
PRESSAT, 1966, p. 5).

Eine Ehe kann innerhalb eines Zeitraums von w+1 Jahren nach ihrer
Schließung folgendes Schicksal erleiden: Sie kann gelöst werden durch

$$\text{(a) den Tod des Mannes}$$
$$\text{(b) den Tod der Frau} \qquad (2.107)$$
$$\text{(c) Scheidung}$$

oder

$$\text{(d) sie besteht mindestens w+1 Jahre fort.} \qquad (2.108)$$

Wir definieren - nun schon gewohntermaßen - absorbierende Zustände

$$I = (a), \; II = (b), \; III = (c), \; \text{sowie} \; s = (d) \qquad (2.109)$$

und transiente Zustände

$$x \ldots \text{"die Ehe besteht bisher genau x Jahre"} (x = 0,1,\ldots,w) \; .$$
$$(2.110)$$

Der Fortbestand einer Ehe läßt sich nun als Dekrementphänomen interpretieren. Ausgehend von der Eheschließung als Ursprungsereignis durchläuft eine Ehe Zustände aus der Menge (2.110) und ist dabei den Abgangs-

risken (2.107) ausgesetzt. Für x = w sind die Ausscheideursachen aus formalen Gründen um (2.108) vermehrt.

Eine für die Praxis entscheidende Komplikation liegt in der Variabilität des Heiratsalters u, v der beiden Partner. Während in den bisher besprochenen Dekrementmodellen das Ursprungsereignis mit der Geburt zusammenfiel, oder zumindest sein Eintreten als zeitlich konstant angesehen werden konnte (etwa bei Erstheiratsmodellen), kann das beiderseitige Heiratsalter der Partner als zweidimensionale Zufallsgröße (u,v) aufgefaßt werden.

2.3.3.1. Das Grundmodell

Die relevanten Modellparameter sind die bisherige Ehedauer x, sowie das Alter u des Mannes und v seiner Ehepartnerin bei der Eheschließung. Unter einer (u,v,x)-Ehe wollen wir eine bisher x Jahre bestehende Ehe verstehen, wobei u und v obige Bedeutung besitzen sollen. Entsprechend der oben getroffenen Zustandsklassifikation führen wir nun einjährige Übergangswahrscheinlichkeiten ein, nämlich

$p_x(u,v)$...Wahrscheinlichkeit einer (u,v,x)-Ehe,

ein Jahr zu überdauern ;   (2.111)

$q_{xr}(u,v)$...Wahrscheinlichkeit, daß eine (u,v,x)-Ehe

in x- durch r gelöst wird (r = I, II, III).   (2.112)

Die einstufigen Wahrscheinlichkeiten (2.111), (2.112) werden analog § 2.1 in einer Transitionsmatrix angeordnet:

$$\mathbf{A}(u,v) = \begin{bmatrix} \mathbf{I} & \mathbf{0} \\ \underset{\sim}{\mathbf{0}}(u,v) & \mathbf{P}(u,v) \end{bmatrix} \qquad (2.113)$$

(Man vermehre dazu das Modell (2.6) um einen absorbierenden Zustand III). Als Ergebnis dieser Modellformulierung erhalten wir sofort Intensität und Kalender des Phänomens Ehelösung, nämlich vermöge (2.41) die

Wahrscheinlichkeit $b_{xr}(u,\mathbf{v})$, daß eine (u,v,x)-Ehe

schließlich durch r gelöst wird ,   (2.114)

und aufgrund von (2.20) und (2.32) den Kalender (Erwartungswert und Varianz) von

$$\underline{z}_x(u,v), \text{ der ferneren Dauer einer } (u,v,x)\text{-Ehe.} \qquad (2.115)$$

Als weitere berechenbare Modellgrößen erwähnen wir die Wahrscheinlich-keit $1 - \sum\limits_{r=I}^{III} b_{xr}(u,v,t)$ einer (u,v,x)-Ehe, nach weiteren t Jahren noch fortzubestehen, welche die Aussicht einer bisher x Jahre währenden Ehe mißt, weitere t Jahre zu überdauern (vgl. 2.38), sowie lösungsspe-zifische Wartefristen $\underline{\widetilde{z}}_x(u,v,r)$ (Ehedauer bis zur Verwitwung bzw. Schei-dung), die durch transformierte Ketten beherrscht werden (§ 2.2.3.3).

Bisher war die Ehe selbst als demographische Einheit aufgefaßt wor-den. Betrachtet man jedoch eine Ehe vom Standpunkt eines der Partner aus, so kann dem Grundmodell folgende Wendung gegeben werden: Wir neh-men eine (u,v,x)-Ehe und versetzen uns in die Situation des Ehemannes. Dieser hat mit u Jahren geheiratet und ist nun x Jahre verheiratet; sein jetziges Alter beträgt also $y = u+x$, die Altersdifferenz zu seiner Ehefrau $u-v$ Jahre. Unter diesem Gesichtspunkt läßt sich

$$q_{xr}(u,v) \text{ für } y = u+x \text{ auffassen als Wahrscheinlichkeit,}$$
daß ein y-jähriger Mann, der im Alter u eine damals $\qquad\qquad$ (2.112a)
v-jährige geheiratet hat, in $y-$ stirbt ($r = I$), Witwer
wird ($r = II$) oder geschieden wird ($r = III$) .

Symmetrisch dazu ist die Situation für nun z-jährige Ehepartnerinnen mit $z = v+x$. Man erkennt daraus, daß das Grundmodell nicht nur verweil-(ehe-)dauerspezifisch, sondern infolge der skizzierten Abhängigkeit von y,z auch altersspezifisch bezüglich beider Ehegatten ist.

Eine Illustration zum Grundmodell liefert StBA, Fs A, 1969 b, p. 33, wo Ehescheidungen nach der Ehedauer und dem beiderseitigen Heiratsalter ausgewiesen werden. Die Ordinatenwerte der dort aufscheinenden Kurven sind gerade die Wahrscheinlichkeiten $b_{o,III}(u,v,t)$ mit dem Faktor 1000 multipliziert, wobei t die Kalenderjahre seit der Eheschließung zählt. Wir erwähnen ferner die Wahrscheinlichkeiten

$$1 - b_{o,III}(u,v,t)$$

einer (u,v,o)-Ehe, mindestens t Jahre einer Scheidung zu
widerstehen ; sie werden in Schaubild 5, p. 74 in WiSta, 1969, für
verschiedene Heiratsaltersgruppen u,v ausgewiesen.

Das skizzierte Grundmodell für Ehelösungen ist genügend reichhaltig,
um die interessanten Fragen betreffs Haltbarkeit von Ehen beantworten
zu können. In der demographischen Praxis der Bundesrepublik werden jedoch aus erhebungstechnischen Gründen weniger aussagekräftige Modelle
geschätzt; so weitgehenden Differenzierungen, wie sie im Grundmodell
gefordert werden, sind wegen zunehmender Zersplitterung des Materials
bald Grenzen gesetzt (vgl. StBA, Fs A, 1969 b). Das Statistische Bundesamt in Wiesbaden ermittelt im wesentlichen zwei Arten von Ehedauermo-
dellen. Die Allgemeinen Ehedauertafeln sind nach der bisherigen Ehedauer, nicht aber nach dem Alter der Ehegatten aufgebaut. Demgegenüber werden Spezielle Ehedauertafeln berechnet, die geschlechts- und altersspezifisch sind. Sie sind zwar nicht ehedauerspezifisch, wohl aber (grob)
nach dem Altersunterschied der Eheleute gegliedert. Wir betrachten im
folgenden Mikromodelle für diese beiden - vom StBA übernommenen - Tafelarten und gehen dabei auch auf Zusammenhänge zum Modell von § 2.3.3.1
ein.

2.3.3.2. Allgemeines Ehedauermodell

Dieses Modell entsteht aus dem Grundmodell durch Verzicht auf die
explizite Angabe des beiderseitigen Heiratsalters (u,v). Anstelle von
(2.112) treten nun folgende ehedauerspezifischen Ehelösungswahrscheinlichkeiten als Modellparameter auf:

$$q_{xr}...\text{Wahrscheinlichkeit einer bislang x Jahre} \tag{2.116}$$
währenden Ehe, in x- durch r gelöst zu werden .

Diese Wahrscheinlichkeiten sind ehedauerspezifisch, nehmen aber im Unterschied zu (2.112) auf das Alter der Ehegatten keinen Bezug. Um
(2.116) auf die Parameter (2.112) zurückzuführen, definieren wir die
Ereignisse

$$E_x...\text{"bisherige Ehedauer von x Jahren"} \tag{2.117}$$

$$A(r)...\text{"Ehelösung innerhalb eines Jahres durch r"} \tag{2.118}$$

$\{\underline{u} = u\}$... "der Ehepartner heiratet im Alter von $\qquad$ (2.119)

u Jahren"

$\{\underline{v} = v\}$... "das Heiratsalter der Frau beträgt v Jahre" (2.120)

Durch Konditionierung der Wahrscheinlichkeit (2.116) mit dem Durchschnitt der Ereignisse (2.119) und (2.120) erhält man

$$q_{xr} = P\{A(r)|E_x\} = \sum_{u,v} P\{A(r)|E_x, \underline{u} = u, \underline{v} = v\} P\{\underline{u} = u, \underline{v} = v|E_x\}$$

$$\boxed{q_{xr} = \sum_{u,v} q_{xr}(u,v)\ P\{\underline{u} = u,\ \underline{v} = v|E_x\}} \qquad (2.121)$$

Dabei haben wir von der Darstellung

$$q_{xr}(u,v) = P\{A(r)|E_x, \underline{u} = u, \underline{v} = v\} \qquad (2.122)$$

Gebrauch gemacht; die Summation in (2.121) erstreckt sich über alle möglichen Kombinationen (u,v) des beiderseitigen Heiratsalters. Aus (2.121)
erkennt man, daß man die q_{xr} aus den $q_{xr}(u,v)$ durch Gewichtung mit der
bedingten Verteilung

$$P\{\underline{u} = u,\ \underline{v} = v|E_x\} \qquad (2.123)$$

erhalten kann. (2.123) stellt die gemeinsame Verteilung des beiderseitigen Heiratsalters dar für eine bisherige Ehedauer von x Jahren. Der Zusammenhang ist zunächst von theoretischem Interesse, da über (2.123)
nur schwer direkt Aufschluß zu erhalten sein dürfte. Man beachte, daß
das vermöge (2.121) von der Abhängigkeit von $\underline{u}$ und $\underline{v}$ befreite Ehelösungsmodell nur Durchschnittsresultate bezüglich des Alters und des Alters-
unterschiedes der Ehepartner liefern kann.

Aufgrund der Allgemeinen Ehedauertafel (StBA, Fs A, 1969 b, p. 34/35)
läßt sich nun mit Hilfe der Parameter (2.116) und $p_x = 1 - \sum_r q_{xr}$ ein
Mikromodell schätzen. Die durchschnittliche fernere Ehedauer $E_{\underline{z}_x}$ einer
bislang x Jahre bestehenden Ehe kann dabei über die Fundamentalmatrix
gemäß (2.20) berechnet werden; einen Eindruck vom Verlauf von $E_{\underline{z}_x}$ in
Abhängigkeit von x vermittelt die Abbildung auf p. 29 des obigen Sonder-

beitrags. Die schließlichen Absorptionswahrscheinlichkeiten b_{xr} ($r = I$, II, III) aus (2.41) liefern den Anteil der noch zu erwartenden Ehelösungen nach Art r der Ehelösung und bisheriger Ehedauer x. Wählt man dabei w wieder genügend groß, so daß die Ehe mit Sicherheit w+1 nicht überdauert, dann gilt $\sum_{r=I}^{III} b_{xr} = 1$. Zur Illustration ziehe man eine Abbildung auf p. 30 des zitierten Sonderbeitrages heran. Wir übernehmen im folgenden eine Tabelle des Statistischen Bundesamtes (StBA, Fs A, 1969 b, p. 29), in welcher neben $E\underline{z}_x$ und den b_{xr} auch die Wahrscheinlichkeiten

$$P_{ox} = 1 - \sum_{r=I}^{III} b_{or}(x) \qquad (2.124)$$

für bundesrepublikanische Ehen des Jahres 1961 aufscheinen, mindestens x Jahre nach ihrer Schließung noch fortzubestehen. Es werden dabei Fünf-Jahresintervalle für x verwendet.

Bisherige Ehedauer in Jahren	Nach nebenstehender Ehedauer noch bestehende Ehen in % des Ausgangsbestandes	Durchschnittliche fernere Ehedauer bei nebenstehender bisheriger Ehedauer	Von 100 nach nebenstehender bisheriger Ehedauer noch zu erwartende Ehelösungen werden erfolgen durch		
			Tod		Scheidung
			des Mannes	der Frau	
x	$100\ P_{ox}$	$E\underline{z}_x$	$100\ b_{xI}$	$100\ b_{x,II}$	$100\ b_{x,III}$
5,5	93,7	30,71	62,8	29,8	7,4
10,5	88,5	27,37	64,3	30,8	4,9
15,5	83,4	23,90	65,3	31,6	3,1
20,5	77,0	20,66	65,9	32,5	1,8
25,5	70,6	17,33	66,0	33,0	1,0
3o,5	62,9	14,12	65,9	33,7	0,4
35,5	53,3	11,19	65,2	34,6	0,2
40,5	41,6	8,60	64,0	35,9	0,1
45,5	27,9	6,62	61,9	38,1	0,0
50,5	15,8	4,83	59,9	40,1	0,0

Diese Ergebnisse zeigen, wie die Bedeutung der Scheidung für die Ehelösungen mit zunehmender Ehedauer abnimmt, während der Tod der Frau relativ an Bedeutung gewinnt. Der Tod des Mannes aber ist bei jeder Ehedauer bei mehr als der Hälfte aller Ehen der auflösende Faktor. Bei
Eheschließung werden 60,4 % aller Ehen durch Tod (b_{oI}), 28,5 % durch
Tod der Frau ($b_{o,II}$) und 11,1 % durch Scheidung ($b_{o,III}$) gelöst. Über
71 % aller Ehepaare können das Silberne Hochzeitsjubiläum (25 Jahre
Ehedauer) und 17 % sogar noch das Goldene begehen (50 Jahre Ehedauer),
aber nur rund 2 % bzw. 0,25 % haben Aussicht, die Diamantene (60 Jahre)
bzw. die Eiserne Hochzeit (65 Jahre) zu feiern. Die Hälfte aller Ehen
erreicht eine Ehedauer von rund 37 Jahren; der <u>Median</u> liegt damit um
drei Jahre über der <u>mittleren Ehedauer von 34 Jahren</u>, weil es sich bei
letzterer um einen gewogenen Durchschnitt handelt, bei dem die kurz-
fristigen Ehen ins Gewicht fallen (vgl. dazu StBA, Fs A, 1969 b, p. 30).

2.3.3.3. Spezielles Ehedauermodell

Wir hatten bei Konstruktion des allgemeinen Ehedauermodells erkannt,
daß hierbei Alter und Altersunterschied der Eheschließenden nicht explizit, sondern nur in Durchschnittswerten vorkamen. Diese für die Ehedauer
jedoch sehr ausschlaggebenden Merkmale werden in sogenannten Speziellen
Ehedauertafeln untersucht (vgl. StBA, Fs A, 1969 b, p. 30-33, 36-41),
denen daher eine größere Aussagekraft zukommt. Demographische Einheit
ist nun nicht mehr die Ehe, sondern einer der Ehepartner. Im Gegensatz
zu (2.116) sind die relevanten Modellparameter nun <u>altersspezifisch</u>:

$q^{*}_{yr}(d)$...Wahrscheinlichkeit, daß die Ehe eines

y-jährigen verheirateten Mannes, der zu seiner

Gattin in der Altersdifferenz d steht, in y-   (2.125)

durch r endet (r = I, II, III).

Man beachte, daß das Heiratsalter in (2.125) nicht vorkommt: Spezielle
Ehedauermodelle sind n i c h t ehedauerspezifisch. Der Stern dient
dabei zur Unterscheidung von (2.116). Es ist aber plausibel, daß man
auf das Heiratsalter eher verzichten kann als auf das Lebensalter. Jenes beeinflußt nämlich nur die Scheidungshäufigkeit; Scheidungen spielen jedoch, besonders mit zunehmender Ehedauer, eine relativ unbedeutende Rolle für die Ehelösung. Einjährige ursachen- und altersspezifi-

sche Ehelösungswahrscheinlichkeiten q^*_{yr} werden z. B. in StBA, Fs A, 1969 a, p. 18 graphisch in Abhängigkeit vom Lebensalter y ausgewiesen (für einen Durchschnittswert von d).

Um den Zusammenhang des speziellen Ehedauermodells mit dem Grundmodell herzustellen, definieren wir das Ereignis

$$M_y \ldots \text{"der Mann ist y Jahre alt und verheiratet".} \qquad (2.126)$$

Gemäß (2.125), (2.118), (2.119), (2.120) und (2.126) gilt nun

$$q^*_{yr}(d) = P\{A(r) \mid M_y, \underline{u} - \underline{v} = d\}. \qquad (2.127)$$

Durch Einschieben des bedingenden Ereignisses $\{\underline{u} = u\}$ erhält man aus (2.127)

$$q^*_{yr}(d) = \sum_{u=o}^{y} P\{A(r) \mid M_y, \underline{u} - \underline{v} = d, \underline{u} = u\} \, P\{\underline{u} = u \mid M_y, \underline{u} - \underline{v} = d\} \,.$$

Nun gilt offenbar (vgl. (2.117))

$$M_y \cap \{\underline{u} - \underline{v} = d\} \cap \{\underline{u} = u\} = \{\underline{u} = u\} \cap \{\underline{v} = u-d\} \cap E_{y-u} \,,$$

und wir erhalten

$$q^*_{yr}(d) = \sum_{u=o}^{y} P\{A(r) \mid \underline{u} = u, \underline{v} = u-d, E_{y-u}\} \, P\{\underline{u} = u \mid M_y, \underline{u} - \underline{v} = d\} \,,$$

bzw. gemäß (2.121)

$$\boxed{q^*_{yr}(d) = \sum_{u=o}^{y} q_{y-u}(u,u-d) \, P\{\underline{u} = u \mid M_y, \underline{u} - \underline{v} = d\}} \qquad (2.128)$$

Die altersspezifischen Ehelösungswahrscheinlichkeiten in Abhängigkeit von der Altersdifferenz der Ehepartner lassen sich danach aus den ehedauer- und altersspezifischen Wahrscheinlichkeiten erhalten, indem man letztere mit der bedingten Verteilung

$$P\{\underline{u} = u \mid M_y, \ \underline{u} - \underline{v} = d\} \qquad\qquad (2.129)$$

gewichtet. (2.129) ist die Verteilung des Heiratsalters eines y-jährigen verheirateten Mannes mit einer um d Jahre jüngeren Frau. Ähnlich wie der Zusammenhang (2.121), so ist auch (2.128) im Augenblick nur von theoretischer Bedeutung.

Wir bilden nun mit den Wahrscheinlichkeiten $q^*_{yr}(d)$ als Konstituenten eine Markoffkette gemäß (2.1):

$$\mathbf{A}(d) = \begin{bmatrix} \mathbf{I} & \mathbf{0} \\ \underline{\mathbf{Q}}(d) & \mathbf{P}(d) \end{bmatrix} \qquad\qquad (2.130)$$

Als Ursprungsereignis hat das Statistische Bundesamt dabei 20 Jahre gewählt. Eine symmetrische Modellfamilie läßt sich unter Zugrundelegung der Ehepartnerin erhalten. Eine wesentliche Modellvariable ist $E\underline{z}^*_y(d)$, die durchschnittliche fernere Ehedauer eines y-jährigen, mit einer d Jahre jüngeren Frau verheirateten Mannes. Das Statistische Bundesamt weist die durchschnittliche fernere Ehedauer nach dem Alter der Ehefrau und dem Altersunterschied zum Ehemann (d = -6, -4,...,6) aus; vgl. StBA, Fs A, 1969 b, p. 31. In derselben Veröffentlichung des StBA werden auch eine Reihe von Betrachtungen über die Haltbarkeit von Ehen angestellt (z. B.: Welche Altersdifferenz ist für die Ehedauer am günstigsten?).

Neben dem Kalender des Ehelösungsphänomens können die schließlichen Absorptionswahrscheinlichkeiten $b^*_{yr}(d)$ in Betracht gezogen werden, d. i. die Wahrscheinlichkeit, daß die Ehe eines y-jährigen, mit einer um d Jahre jüngeren Partnerin verheirateten Mannes früher oder später durch r gelöst wird. Derartige Intensitäten bezüglich eventueller Verwitwung bzw. Scheidung wurden (in Abhängigkeit von y und d) vom StBA, Fs A, 1969 b, p. 32 erhoben. Daraus erkennt man etwa, daß bei gleichaltrigen Ehegatten die Scheidungsquote am geringsten ist, während sie sich am ungünstigsten für Ehepaare mit d = -6 beläuft.

Zum Abschluß geben wir zusammenfassend folgende Übersicht:

Modell	Einheit	Modellvariable	es wird ge-mittelt über	Parameter
Grund-	Ehe, Ehepart-ner	bisherige Ehe-dauer x, Heirats-alter u des Man-nes, Heiratsalter v der Frau	- - -	$q_{xr}(u,v)$
Allge-meines	Ehe	bisherige Ehe-dauer x	u,v und damit über das bei-derseitige Lebensalter y,z	q_{xr}
Spezi-elles	ein Ehe-partner	Lebensalter y des Mannes (oder z der Frau)	u und damit über die Ehe-dauer x	$q^*_{yr}(d)$

2.3.4. Ein Wiederverheiratungsmodell

In § 2.3.2 hatten wir uns auf die Heirat Lediger beschränkt; jetzt betrachten wir die Wiederverheiratung verwitweter Männer (Für Frauen und Geschiedene verläuft die Behandlung ganz analog). Als Wiederverhei-ratungsmodell nehmen wir Modell (b) von § 2.2.4 mit der Interpretation

x... "bisherige Dauer seit der Verwitwung in vollendeten Jahren"

I... "Heirat"

s... "Erreichen des Grenzalters w+1 als Witwer"

Es bedeute ferner u das Alter des Mannes bei seiner Verwitwung und $\overline{q}_{xI}(u)$ die einjährige Wiederverheiratungswahrscheinlichkeit. Wir weisen auf die Abhängigkeit von x (Verweildauerspezifität bezüglich des Zustan-des "verwitwet") und vom Modellparameter u hin. Dabei haben wir uns von vornherein auf ein r e i n e s , d. h. vom Todesrisiko befreites Modell beschränkt (Querstrich); ein abhängiges Wiederverheiratungsmodell wird bei PRESSAT (1967, Sujet 16) diskutiert.

Um das Phänomen der Wiederverheiratung durch westdeutsche Ziffern zu

belegen, hat man - ähnlich wie in § 2.3.3 - ein weniger reichhaltiges
Modell zu betrachten. Das StBA ermittelt nämlich keine verweildauer-
(hier: verwitwungsdauer-) spezifischen, sondern altersspezifische Wiederverheiratungswahrscheinlichkeiten $\bar{q}_{yI}$. Dabei bedeutet y das Lebensalter eines verwitweten Mannes (Mindestalter: 22 bzw. 25 Jahre). Es
handelt sich hierbei um u n a b h ä n g i g e einjährige, a l t e r s-
s p e z i f i s c h e Wiederverheiratungswahrscheinlichkeiten, siehe
StBA, Fs A, 1969 a, p. 13 und die 2. Hälfte des Schaubildes 5 auf p. 22
in StBA, Fs A, 1969 b.

Der Zusammenhang dieses gröberen Modells mit dem eingangs erwähnten
läßt sich durch Überlegungen ähnlich denen in § 2.3.3.3 herstellen. Man
zeigt nämlich leicht, daß gilt

$$\bar{q}_{yI} = \sum_{u=0}^{y} q_{y-u,\,I}(u)\,P\{\underline{u} = u \mid W_y\}\,, \tag{2.131}$$

wobei $\underline{u}$ nun das (zufällige) Alter bei der Verwitwung bedeutet und W_y
das Ereignis "die Person ist y Jahre alt und verwitwet" (vgl. 2.126)
darstellt. Die bedingte Verteilung $P\{\underline{u} = u \mid W_y\}$, mit welcher die $q_{xI}(u)$
zu gewichten sind, gibt dabei Aufschluß über das Alter bei der Ehelö-
sung für eine y-jährige verwitwete Person.

Von den Modellvariablen interessieren vor allem die durchschnittliche
Zeit $E\underline{\bar{z}}_y$, die eine y-jährige verwitwete Person bis zu ihrer Wiederverheiratung warten muß, und die Wahrscheinlichkeit $\bar{b}_{yI}$ einer solchen Person, sich in ihrem weiteren Leben nochmals zu verheiraten. Für a b -
h ä n g i g e Wahrscheinlichkeiten ist die Heiratserwartung b_{yI} Verwitweter und Geschiedener, sowie die bis zur Heirat durchschnittlich
verlebte Frist $E\underline{\bar{z}}_y$ in StBA, Fs A, 1969 b, p. 27 tabelliert; man vgl.
auch Schaubild 6 auf p. 22. Eine Fülle inhaltlicher Bemerkungen zur
Wiederverheiratung Verwitweter und Geschiedener bringt ein Artikel in
WiSta 1962 (p. 19-22).

2.3.5. Zur Wirksamkeitsmessung kontrazeptiver Mittel

In einem vorläufig letzten Anwendungsbeispiel der Dekrementtheorie
wollen wir zeigen, daß die Verwendbarkeit derartiger Modelle nicht nur

auf die klassischen demographischen Phänomene Heirat, Fruchtbarkeit und
Tod beschränkt ist. In den letzten Jahren hat man in zunehmendem Maße
erkannt, daß die Geburtenregelung zum brennensten demographischen Problem geworden ist. Dies hat zur Gründung von Gremien geführt, welche
sich derartiger bevölkerungspolitischer Ziele annehmen, wie etwa die
International Planned Parenthood Federation (IPPF) in London mit ihrem
Organ IPP News. Im Laufe des letzten Jahrzehnts sind auch eine Reihe
von Familienplanungsprogrammen angelaufen, und dies hat dazu geführt,
daß man begonnen hat, sich mit den methodisch-formalen Hintergründen
derartiger Programme zu beschäftigen.

Zur Messung der Effektivität empfängnisverhütender Mittel haben
POTTER und seine Mitarbeiter aus der Versicherungsmathematik stammende
Techniken benutzt, nämlich multiple Dekrementtafeln (siehe auch Kap. 5).
Im folgenden skizzieren wir POTTERs Modell (vgl. POTTER, 1966, 1967)
und geben eine Formulierung als stochastisches Mikromodell. Dabei wird
sich zeigen, daß die Wirksamkeit von Kontrazeptiva als Absorptionswahrscheinlichkeit in einer assoziierten Markoffschen Kette gedeutet werden
kann.

2.3.5.1. Die Unzulänglichkeit der PEARLschen Rate

Üblicherweise wird die Wirksamkeit kontrazeptiver Mittel (im folgenden als KM abgekürzt) durch die PEARLsche Schwangerschaftsrate P gemessen. In dieser wird die Anzahl der (ungewollten) Schwangerschaften auf
die Gesamtzahl jener Monate bezogen, in welchen das KM verwendet wurde,
und mit 1200 multipliziert. P gibt also an die Anzahl von Schwangerschaften pro 100 Jahre kontrazeptiven Ausgesetztseins. Die Unzulänglichkeiten des PEARL-Index sind öfters diskutiert worden (vgl. POTTER, 1966).
P ist nur dann ein adäquates Wirksamkeitsmaß eines KM, falls jede Be-
nutzerin des KM eine individuell und zeitlich konstante monatliche Wahrscheinlichkeit zu einer (unerwünschten) Schwangerschaft besitzt. Nur in
diesem homogenen Fall, der beispielsweise schon bei unregelmäßiger Verwendung des KM nicht gewährleistet ist, schätzt $P/1200$ die monatliche
Konzeptionswahrscheinlichkeit.

Gegeben sei eine Kohorte von Frauen, welche das KM benützen. Da sich
Frauen in ihrer Empfängnisbereitschaft unterscheiden (fruchtbarere Frau-
en eine höhere Neigung zu einer Schwangerschaft besitzen), so wird sich

die Zusammensetzung der Kohorte im Laufe der Zeit dahingehend ändern,
daß der Anteil der weniger fruchtbaren Frauen steigt. Empfängnisberei-
tere Frauen werden nämlich eher unerwünschte Schwangerschaften erleiden
und deshalb eher aus dem Bereich der Kontrazeptoren ausscheiden. Diese
wechselnde Zusammensetzung der Kohorte hat zur Folge, daß P i. a. als
Wirksamkeitsmaß eines KM ungeeignet ist: Je länger eine Kohorte von
Kontrazeptoren verfolgt wird, desto niedriger wird P; denn es verbleiben
die erfolgreichen Kontrazeptoren, die mehr schwangerschaftsfreie Monate
zum Nenner von P beitragen und deshalb P im Laufe der Zeit verkleinern.
Aus diesem Grund hängt die PEARL-Rate vom gewählten Beobachtungszeitraum
ab. Aber auch wenn man sich etwa auf die 12 Anfangsmonate beschränken
würde, so bliebe noch immer die Tatsache bestehen, daß manche der Kontrazeptoren den Gebrauch des KM aus verschiedenen anderen Gründen abbrechen, die zwar nichts mit der Wirksamkeit zu tun haben, bei der Einschätzung derselben aber wohl zu berücksichtigen sind.

2.3.5.2. Ein multiples Dekrementmodell

Die Konstruktion eines adäquaten Wirksamkeitsmaßes erfordert die
Kenntnis der Anteile der erfolgreichen Benutzer in Abhängigkeit von der
seit der Annahme des KM verstrichenen Zeit, sowie die Aufgliederung
der Beendigungen nach Zeit und Ursache derselben. Die Einschätzung des
KM würde also unproblematisch sein, wenn man für jeden Kontrazeptor den
Verwendungszeitraum und die Umstände, die zum Abbruch der Benutzung
führten, wüßte. Die statistische Schätzung gestaltet sich jedoch aus
zwei Gründen verwickelter. Zunächst werden eine Reihe von Kontrazeptoren
die Empfängnisverhütung aus einer Reihe von Gründen abbrechen, welche
mit der "wahren" Wirksamkeit nichts zu tun haben (z. B. bei Planung eines Babys oder bei Entschwinden des Kontrazeptors aus dem Beobachtungs-
kreis der Interviewer). Derartige Probleme werden durch die Theorie
konkurrierender Risiken behandelt (s. u. und Kap. 3). Zum anderen liegen
aber infolge des begrenzten Beobachtungszeitraumes ($2\frac{1}{2}$ Jahre bei der
Taichung - Studie, vgl. POTTER et al., 1967) die erforderlichen Informationen nur für einen Bruchteil der Kontrazeptoren vor. Um Verzerrungen
zu verhindern und die vorhandenen Informationen vollständiger auszu-
schöpfen, empfiehlt es sich, die unvollständigen Protokolle ebenfalls
in die Analyse miteinzubeziehen. Ein hoher Anteil von Personen ist also
zu klassifizieren als

fortgesetzter Benutzer des KM zur Zeit der
letzten Befragung. (2.132)

Zur Behebung der statistischen Schwierigkeiten hat POTTER (1966,1967)
die Verwendung multipler Dekrementtafeln vorgeschlagen. Dazu wird ein
festes Zeitintervall J abgegrenzt und jedes Paar (= demographische Einheit), das ein bestimmtes KM annimmt, nach Verwendungsdauer und Endzustand klassifiziert. Als Kontrazeptionsmittel wurden Intra-Uterin-Pessare
(IUCD, vgl. POTTER et al., 1967) verwendet. Die Anordnung erhobener
Daten erfolgt dabei nach dem Muster von Sterbetafeln (vgl. Kap. 5), wobei als Ursprungsereignis die Annahme des IUCD dient. Es wird die Bei-
behaltung des KM unter Zugrundelegung einer Monatsskala untersucht,
welche den Zeitraum des Ausgesetztseins bezüglich folgender Abgangsrisken zählt:

I ... unfreiwillige Schwangerschaft

II... Entfernung des KM (removal)

III...Abstoßung des KM (expulsion)

IV... Kontakt verloren (aus dem Beobachtungsfeld   (2.133)

    entschwunden)

V ... andauernde Benutzung des KM bei Beobachtungs-

    schluß .

Dabei kann II nach Gründen unterteilt werden, die zur Entfernung führten, wie etwa: Wechsel zu einem anderen KM, ein Baby ist geplant, Kon-
trazeption nicht mehr nötig. Auf die Notwendigkeit der Ausscheideursache
V war schon bei (2.132) hingewiesen worden. Die Paare akzeptieren irgendwann in J das KM; da ein festes Ende des Beobachtungszeitraums vorliegt, so haben die Fruchtbarkeitsgeschichten verschiedene Länge. Falls
man Beibehaltungs- und Abgangsraten aus a l l e n vorhandenen Proto-
kollen schätzen will, so hat man einen erheblichen Teil derselben dem
Endzustand V zuzuordnen. Die Abgangsursachen IV und V entstehen also
durch Herausnahme eines Kontrazeptors aus dem Beobachtungsfeld (with-
drawal from observation).

Das mit diesem Dekrementschema verknüpfte Markoffmodell (2.1) besitzt die transienten Zustände

$$x...\text{"das KM wurde bisher x vollendete Monate}$$
$$\text{beibehalten" } (x = 0, 1,..., w; \; J = (0,w+1)) \qquad (2.134)$$

und die absorbierenden Zustände (2.133), zuzüglich

$$s...\text{"w+1 Monate nach Annahme des KM noch}$$
$$\text{Benutzer zu sein" .}$$

Die Übergangswahrscheinlichkeiten in der Matrix (2.1) sind <u>verweildau-erspezifisch,</u> weil sich die Zusammensetzung der Kohorte in der in § 2.3.5.1 skizzierten Weise ändert.

Die Wirksamkeit des Mittels kann nun gemäß § 2.2.2.1 durch die <u>kumu-lierte Absorptionswahrscheinlichkeit</u> $b_{oI}(12)$ berechnet werden (vgl. insbesondere (2.38); cumulative failure rate bei POTTER, 1966). $b_{oI}(12)$ ist die Wahrscheinlichkeit einer Schwangerschaft innerhalb von 12 Mona-ten nach Annahme des KM. Zur Messung der "wahren" Wirksamkeit des kon-trazeptiven Mittels hat man alle (mit der unerwünschten Schwangerschaft) konkurrierenden Risken - mit Ausnahme von I - zu eliminieren (vgl. Kap. 3). Man erhält auf diese Weise ein Modell vom Typ (b) in § 2.2.4 und als Ersatz für den PEARL - Index die <u>(reine) Wahrscheinlichkeit</u>

$$\overline{b}_{oI}(12) = 1 - \overline{P}_{o,12} \qquad (2.135)$$

<u>einer ungewollten Schwangerschaft binnen eines Jahres, falls alle übri-gen Risken II bis V ausgeschaltet sind.</u> Wir weisen darauf hin, daß (2.135) n i c h t die bedingte Wahrscheinlichkeit einer Absorption in I innerhalb von 12 Monaten ist, unter der Bedingung, daß keine Ab-sorption in II bis V eintritt (vgl. Kap. 3).

POTTER et al. (1967, p. 51-69) geben Schätzverfahren für die diver-sen rohen und reinen Modellwahrscheinlichkeiten aufgrund von Tafelpro-tokollen an (vgl. auch Kap. 6). Insbesondere werden dabei auch Stich-probenvarianzen der rohen und der reinen kumulativen Absorptionswahr-scheinlichkeiten näherungsweise ermittelt, so daß eine Abschätzung des Stichprobenfehlers möglich wird. - Weitere Anwendungen von Dekrement-Mikromodellen auf Fruchtbarkeitsphänomene findet man in Kap. 4.

3. Mehrtypenmodelle

3.1. Das allgemeine Modell und einige Spezialfälle

3.1.1. Ein Mikromodell für multiple Tafeln

Wie in § 2 bedeute x die in ganzen Jahren (Monaten) gemessene Dauer seit einem Ursprungsereignis ("Alter" der demographischen Einheit). Wir setzen $X = \{x \mid x = 0, 1, \ldots, w\}$. Ferner sei eine Variable h – die sogenannte demographische Modellvariable – mit den Ausprägungen (Typen) $H = \{h \mid h = 1, 2, \ldots, g\}$ spezifiziert. Während bei Dekrement- oder Eintypenphänomenen die transiente Zustandsmenge T mit X identifiziert wurde, soll T für die nun einzuführenden Mehrtypenmodelle das kartesische Produkt $T = H \times X = \{(h,x) \mid h \in H, x \in X\}$ sein. Ferner sei eine Menge $A = \{r \mid r = I, II, \ldots, a\}$ von absorbierenden Zuständen gegeben.

Ausgehend von den in natürlicher Reihenfolge angeordneten Mengen A und T ist das Mehrtypenmodell durch die stochastische Matrix

$$\mathbf{A} = \begin{bmatrix} \mathbf{I} & \mathbf{0} \\ \mathbf{0} & \mathbf{P} \end{bmatrix} \qquad\qquad (3.1)$$

gegeben, wobei wieder (vgl. § 2.1) von der kanonischen KEMENY-SNELL-Schreibweise Gebrauch gemacht wurde. In (3.1) bedeuten dabei

$\mathbf{P}$ die transiente Matrix mit der Blockdarstellung $\mathbf{P} = \begin{bmatrix} \mathbf{P}^{hk} \end{bmatrix}$ für $h,k \in H$, bestehend aus den Superdiagonalblöcken $\mathbf{P}^{hk} = \begin{bmatrix} p_{xy}^{hk} \end{bmatrix}$ mit

$$p_{xy}^{hk} = \begin{cases} p_x^{hk} & \text{für } x \in X' = \{0, 1, \ldots, w-1\}, \; y = x+1 \\ 0 & \text{sonst ;} \end{cases} \qquad (3.2)$$

$\mathbf{Q}$ die <u>einstufige Absorptionsmatrix</u> in der Blockform

$$\mathbf{Q} = \begin{bmatrix} \mathbf{Q}^h \end{bmatrix} \quad \text{mit} \quad \mathbf{Q}^h = \begin{bmatrix} q_{xr}^h \end{bmatrix} \; ; \qquad (3.3)$$

$\mathbf{I}$ die Einheitsmatrix a-ter Ordnung und $\mathbf{O}$ die $a \times [g(w+1)]$ Null-matrix.

Dabei und im folgenden wurde die Notation so gewählt, daß Typen mit Superskript bezeichnet werden, während sich tiefgestellte Indizes stets auf die Altersvariable x bzw. Abgangsursachen r beziehen. Wir nennen eine im Zustand (h,x) befindliche Einheit <u>(h,x)-Person</u> (wir beschränken uns bei Mehrtypenmodellen auf Individuen als Einheiten). Interessiert man sich nur für den Typ, nicht aber für das Alter, so spricht man von <u>Typ h-Personen</u>.

Die Parameter der Übergangsmatrix $\mathbf{A}$ besitzen folgende Wahschein-lichkeitsinterpretation:

p_x^{hk} Wahrscheinlichkeit, daß ein sich momentan im Zustand (h,x) befindliches Individuum ein Jahr danach eine (k,x+1)-Person ist (<u>einjährige Verbleibswahrscheinlichkeiten</u>, nach Typen aufgegliedert)

q_{xr}^h Wahrscheinlichkeit, daß eine (h,x)-Person nach Ablauf eines Jahres vom Risiko r ereilt worden sein wird (<u>einjährige Ab-gangswahrscheinlichkeiten</u>, nach Risken unterschieden)

Diese Modellparameter sind zwar typen- und altersspezifisch, es wird jedoch angenommen, daß sie unabhängig sind von der Zeit, die seit dem Eintritt in den jeweils besetzten Typ h verstrichen ist. In diesem Sinn ist das Mehrtypenmodell n i c h t verweildauer-spezifisch, eine Eigenschaft, die dem gewöhnlichen Dekrementschema noch zukam.

Ferner definieren wir undifferenzierte einjährige Verbleibs-bzw. Abgangswahrscheinlichkeiten einer (h,x)-Person durch

$$p_x^h = \sum_{k \in H} p_x^{hk} \qquad \text{und} \qquad q_x^h = \sum_{r \in A} q_{xr}^h \qquad (3.4)$$

<u>Bemerkung</u>: Man beachte, daß nach Definition von q_{xr}^h zugelassen ist, daß
eine sich zum Zeitpunkt t im Zustand (h,x) befindende Person vor
ihrem Abgang nach r im Intervall (t,t+1) noch eventuell ihren Typ
h wechselt. Die Wahrscheinlichkeit einer (h,x)-Person, vor Erreichen des Alters x+1 <u>als Typ k-Individuum</u> nach r abzugehen, werde
sinngemäß mit q_{xr}^{hk} bezeichnet. Es gilt

$$q_{xr}^h = \sum_{k \in H} q_{xr}^{hk} \qquad (3.5)$$

q_{xr}^h ist also i. a. verschieden von der Wahrscheinlichkeit q_{xr}^{hk} einer
(h,x)-Person, binnen Jahresfrist als Person vom Typ k dem Risiko r
zum Opfer zu fallen.

Diese Bemerkung ist deshalb von Bedeutung, weil sich die Typenwechsel nur in Ausnahmefällen gerade zu den diskreten Zeitpunkten
t = 0, 1, 2, ... der zugrundeliegenden Zeitskala vollziehen werden.
Während nun aber mehr als einmalige Typenänderungen in einem Jahr
praktisch bedeutungslos sind und deshalb ausgeschlossen werden,
spielen Typenwechsel und unmittelbar (d. h. im gleichen Jahresintervall) folgende Abgänge tatsächlich wohl eine Rolle.

Der Prozeß startet mit einer Person im Zustand $(h,x) \in T$ und läuft
gemäß den in $\mathbf{A}$ zusammengefaßten stochastischen Gesetzen ab. Aufgrund
der Verwendung der Altersvariablen x ist die so definierte Kette <u>hierar-
chisch</u> im Sinne von § 2.1. Das eben skizzierte Individualmodell bildet
die Grundlage sogenannter multipler (Mehrtypen-) Tafeln, mit denen wir
uns in Teil II beschäftigen werden. Dort wird auch näher auf den Unterschied zwischen Dekrement- und Mehrtypenmodellen eingegangen werden.

3.1.2. Streng hierarchische Typen

Die in § 3.1.1. eingeführte Modellstruktur ist für die Gewinnung analytischer Aussagen vielfach noch zu allgemein. Eine erste Spezialisierung
wird erhalten, wenn man bezüglich der transienten Matrix $\mathbf{P}$ verlangt,
daß auch die <u>Typen hierarchisch geordnet</u> sind. Damit ist gemeint, daß
bei natürlicher Anordnung 1, 2, ..., h, ..., g der Typen eine Typ h-Person nur in Typen $k \geq h$ aufsteigen kann, Abstiege also ausgeschlossen sein

sollen. In diesem Falle besitzt $\mathbf{P}$ eine Blockdarstellung als obere Dreiecksmatrix.

Legt man wieder die natürliche Reihenfolge zugrunde und fordert zusätzlich, daß Typenübergänge von h aus nur in den u n m i t t e l b a r e n Nachfolger h+1 möglich sind, so kommt man zu einer streng hierarchischen Rangordnung. Zur Anwendung hierarchischer Strukturen in Soziologie und Unternehmensforschung vergleiche man BARTHOLOMEW (1967) und SCHAICH (1969). Die transiente Matrix $\mathbf{P}$ streng hierarchischer Mehrtypenprozesse besitzt die charakteristische Blockform

$$\mathbf{P} = \left[\mathbf{P}^{hk}\right] \text{ mit } \mathbf{P}^{hk} = \mathbf{0} \text{ für } k \neq h, \ k \neq h+1 \qquad (3.6)$$

Für k = h und k = h+1 sei $\mathbf{P}^{hk}$ wieder von der in (3.2) angedeuteten Gestalt. Derartig aufgebaute Matrizen sollen ebenfalls streng hierarchisch heißen. Da nach Definition von T die Typen primäre Ausprägungen vor den Altersklassen sind, so könnte man formal die Typenhierarchie auch als "Hierarchie im Großen" und die (strenge) Hierarchie bezüglich der Altersintervalle x auch als solche "im Kleinen" bezeichnen.

Der für die Anwendungen wichtigste Spezialfall ist das Mikromodell für hierarchische Zweitypenprozesse, ihnen kommt natürlich automatisch das Attribut der Strenge zu. Als Beispiel für eine strenge Typenhierarchie sei die Parität einer Frau erwähnt; ihre Behandlung erfolgt im Rahmen der Fruchtbarkeitsprozesse in Kap. 4.

3.1.3. Annahmen über die Absorptionsmatrix

Die Festlegung der absorbierenden Zustände hat in Abhängigkeit von den interessierenden Fragestellungen zu geschehen. Eine solche, die sich z. B. für die Untersuchung des transienten Verhaltens der Typenquoten als passend erweist, ist die folgende Festsetzung von A:

$$I = \text{"Tod"}$$

$$II = s_1, \quad III = s_2, \ \ldots, \quad a = s_g, \qquad (3.7)$$

wobei s_h erklärt ist als Zustand "w+1 Jahre nach dem Ursprungsereignis vom Typ h zu sein". Wir legen ferner eine strenge Typenhierarchie zugrunde. Aufgrund der g unechten absorbierenden Zustände s_h und des "echten" (d. h. auf jeder Stufe wirksamen) Todesrisikos I haben die einjährigen Absorptionsblöcke (3.3) folgende spezielle Gestalt

$$
\textcircled{Q}^h = \begin{bmatrix}
\begin{array}{ccccccccc}
I & s_1 & \cdots & s_{h-1} & s_h & s_{h+1} & s_{h+2} & \cdots & s_g \\
q_{0I}^h & 0 & \cdots & 0 & 0 & 0 & 0 & \cdots & 0 \\
& \cdots & & \cdots & & & & \cdots & \\
q_{w-1,I}^h & 0 & \cdots & 0 & 0 & 0 & 0 & \cdots & 0 \\
q_w^h & 0 & \cdots & 0 & p_w^{hh} & p_w^{h,h+1} & 0 & \cdots & 0
\end{array}
\end{bmatrix}
\begin{array}{l}
(h,0) \\ \vdots \\ (h,w-1) \\ (h,w)
\end{array}
$$

$$(3.8)$$

Unter Verwendung von (3.7) ergibt sich insbesondere für hierarchische Zweitypenmodelle folgendes Prozeßdiagramm:

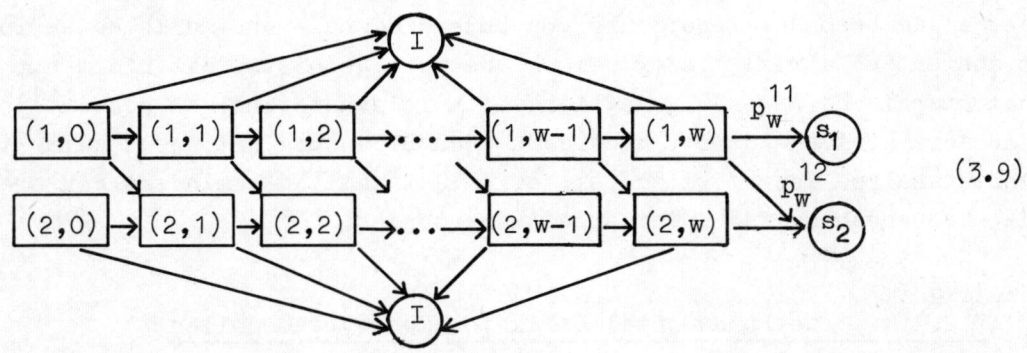

$$(3.9)$$

Interessiert man sich in erster Linie für das Absorptionsverhalten, so kann man den Zustand I ("Tod") unterteilen in g Zustände I_1, I_2, ..., I_g mit der Interpretation

$$I_h = \text{"Tod als Typ h-Person"} \qquad (3.10)$$

(man vgl. dazu den absorbierenden Zustand "Tod als Junggeselle" im Nettoheiratsmodell). Zum Studium des Absorptionsverhaltens scheint es jedoch operabler zu sein, sektorale Dekrementmodelle abzutrennen, so daß die Aufgliederung (3.10) hier nicht weiter verfolgt wird.

3.2.   Einige Resultate im Matrizenformalismus

In § 1 wurde gesagt, daß jedes demographische Phänomen durch Intensität und Kalender beschrieben werden kann. In § 2 hatten wir gesehen,
daß der KEMENY-SNELL-Formalismus bei Eintypenmodellen einen geeigneten
Rahmen abgab zur Ermittlung dieser Kenngrößen. Wir werden nun untersuchen, inwieweit sich diese Resultate mit Erfolg auf Mehrtypen-Phänomene
übertragen lassen. Während beim Dekrementmodell naturgemäß Absorptions-
phänomene im Vordergrund des Interesses standen, verlagert sich das
Schwergewicht jetzt allerdings auf andere Fragestellungen. So handelt
es sich im folgenden etwa um die Ermittlung altersspezifischer Typenquoten oder um die Untersuchung der Zeitspanne, die eine Person benötigt, um einen bestimmten Typ zu erreichen.

Es zeigt sich dabei bald, daß man zur Gewinnung analytisch handhab-
barer Resultate ohne die in § 3.1.2 und 3.1.3 gemachten Zusatzvoraussetzungen nicht auskommt. Die Ausnützung besonderer Prozeßstrukturen
(etwa die besondere Anordnung von Superdiagonal- und Nullblöcken in der
transienten Matrix) liefert einige nette Ergebnisse, die nicht nur für
demographische Anwendungsmöglichkeiten relevant sind. Es scheint jedoch,
daß der Matrizen-Zutritt auch dann noch Bedeutung hat, wenn keine traktable Analyse mehr möglich ist; er bildet nämlich zumindest ein operab-
les Rechenschema für numerische Auswertungen.

3.2.1.   Die Fundamentalmatrix von Mehrtypenmodellen

3.2.1.1.   Die Verweildauer bis zur Absorption

Bei der Analyse von Mehrtypen-Matrizenmodellen empfiehlt es sich,
von beliebigen absorbierenden Markoffketten auszugehen. Es sei also
(3.1) die Übergangsmatrix einer endlichen absorbierenden Kette (ohne
Zusatzvoraussetzungen). Wir wissen bereits, daß man die Absorptionszeit
$\underline{n}_x$ bzw. $\underline{z}_x$ mit der Fundamentalmatrix $\mathbf{N} = [n_{xy}]$ in den Griff bekommen
kann. Nach (2.19) und (2.26) gilt nämlich allgemein

$$E\underline{n}_x = n_x = \sum_{y \in T} n_{xy} \qquad\qquad (3.11)$$

$$\text{Var } \underline{n}_x = 2 \sum_{y \in T} n_{xy} n_y - n_x - n_x^2 \tag{3.12}$$

Kennt man also $\mathbf{N}$, so bildet die Ermittlung der beiden ersten Momente von $\underline{n}_x$ kein Problem mehr.

Da die t-stufigen transienten Übergangswahrscheinlichkeiten $p_{xy}^{(t)}$ (Wahrscheinlichkeit, von $x \in T$ nach $y \in T$ in genau t Schritten zu gelangen; t = 0, 1, 2, ...) die Elemente der t-ten Potenz $\mathbf{P}^t$ sind, so gilt gemäß (2.9)

$$n_{xy} = \sum_{t=0}^{\infty} p_{xy}^{(t)} \tag{3.13}$$

Wir setzen (3.13) in (3.11) und (3.12) ein und erhalten mit

$$n_x = \sum_{t=0}^{\infty} \sum_{y \in T} p_{xy}^{(t)} \tag{3.14}$$

$$\text{Var } \underline{n}_x = 2 \sum_{t=0}^{\infty} \sum_{y \in T} p_{xy}^{(t)} n_y - n_x - n_x^2 \tag{3.15}$$

Relationen, die wir später zu verwenden haben. Die mehrstufigen Übergangswahrscheinlichkeiten erfüllen die CHAPMAN-KOLMOGOROFF-Gleichungen

$$p_{xz}^{(t+\tau)} = \sum_{y \in T} p_{xy}^{(t)} \; p_{yz}^{(\tau)} \tag{3.16}$$

Wir wenden uns nun dem allgemeinen Mehrtypenmodell zu und geben dazu zunächst einige Definitionen. Wir bezeichnen mit

$$\mathbf{V}^{hk} = \left[v_{xy}^{hk} \right] = (\mathbf{I} - \mathbf{P}^{hk})^{-1} \tag{3.17}$$

die Fundamentalmatrix der Submatrix $\mathbf{P}^{hk}$ von $\mathbf{P}$ und mit

$$\mathbf{N} = \left[n_{xy}^{hk} \right] = (\mathbf{I} - \mathbf{P})^{-1} = \sum_{t=0}^{\infty} \mathbf{P}^t \tag{3.18}$$

jene von $\mathbf{P}$ selbst. Die Größen n_{xy}^{hk} sind gemäß (2.14) als Erwartungs-werte zu interpretieren. Danach gibt n_{xy}^{hk} die durchschnittliche Anzahl der Jahre an, in denen eine (h,x)-Person künftighin im Zustand (k,y) ist. Für die erwartete Zahl der Jahre, in welchen sich eine (h,x)-Person im Typ k befindet, gilt offenbar

$$n_x^{hk} = \sum_{y \in X} n_{xy}^{hk} \tag{3.19}$$

Die erwartete Dauer n_{xy}^{h} einer (h,x)-Person in der Zustandsmenge $y = \{(k,y) \mid k \in H\}$, also im "Alter" y (ohne Rücksichtnahme auf den Typ) ist gegeben durch

$$n_{xy}^{h} = \sum_{k \in H} n_{xy}^{hk} \tag{3.20}$$

Schließlich erhält man die durchschnittliche Dauer n_x^{h} einer (h,x)-Person bis zur Absorption schlechthin durch totale Summation

$$n_x^{h} = \sum_{(k,y) \in T} n_{xy}^{hk} \tag{3.21}$$

Wir definieren ferner

P_{xy}^{hk} als Wahrscheinlichkeit einer (h,x)-Person,

das Alter y zu erreichen und dann vom Typ k zu sein $(x \leq y)$

Für $x > y$ setzen wir $P_{xy}^{hk} = 0$

$$\tag{3.22}$$

Die t-stufigen transienten Übergangswahrscheinlichkeiten $p_{xy}^{hk}(t)$ sind die Eingänge der t-ten Potenz der Matrix $\mathbf{P}$ des Mehrtypenmodells: $\mathbf{P}^t = \left[p_{xy}^{hk}(t) \right]$. Da zufolge (3.2) alle Submatrizen $\mathbf{P}^{hk}$ von $\mathbf{P}$ Super-diagonalgestalt haben, so gilt

$$p_{xy}^{hk}(t) = \begin{cases} P_{xy}^{hk} & \text{für } t = y-x \\ & \hspace{2em} t = 0, 1, 2, \ldots \\ 0 & \text{sonst} \end{cases} \tag{3.23}$$

(3.13) lautet also für Mehrtypenmodelle

$$n_{xy}^{hk} = \sum_{t=0}^{\infty} p_{xy}^{hk}(t) = P_{xy}^{hk} \; ; \qquad (3.24)$$

vgl. auch (3.18). (3.24) folgt direkt auch aus der Tatsache, daß die Anzahl der Jahre, in denen sich eine (h,x)-Person im Zustand (k,y) befindet, eine Null-Eins-Zufallsvariable ist, deren Erwartungswert n_{xy}^{hk} dann gleich der Wahrscheinlichkeit (3.22) ist.

Unter Verwendung von (3.16) und (3.23) überlegt man sich leicht, daß für beliebige $x \leq y \leq z$ aus X und $h, j \in H$ nach CHAPMAN und KOLMOGOROFF zu benennende Beziehungen gelten:

$$P_{xz}^{hj} = \sum_{k \in H} P_{xy}^{hk} P_{yz}^{kj} \qquad (3.25)$$

Wir berücksichtigen nun (3.24), (3.22), (3.25) und (2.28) in (3.11) bzw. (3.12) und erhalten

$$E n_{\underline{x}}^{h} = n_{x}^{h} = \sum_{(k,y) \in T} n_{xy}^{hk} = \sum_{y=x}^{w} \sum_{k \in H} P_{xy}^{hk} \qquad (3.26)$$

$$\text{Var } n_{\underline{x}}^{h} = 2 \sum_{(k,y) \in T} n_{xy}^{hk} n_{y}^{k} - n_{x}^{h} - (n_{x}^{h})^{2}$$

$$= 2 \sum_{y=x}^{w} \sum_{z=y}^{w} \sum_{j \in H} \sum_{k \in H} P_{xy}^{hk} P_{yz}^{kj} - n_{x}^{h} - (n_{x}^{h})^{2}$$

$$= 2 \sum_{j \in H} \sum_{y=x}^{w} \sum_{z=y}^{w} P_{xz}^{hj} - n_{x}^{h} - (n_{x}^{h})^{2}$$

$$= 2 \sum_{y=x}^{w} (y-x+1) \sum_{j \in H} P_{xy}^{hj} - n_{x}^{h} - (n_{x}^{h})^{2} \qquad (3.27)$$

(3.26) kann man auch aus (3.21) und (3.24) erhalten. Analog zu (3.4)

bilden wir nun (nach Typen) <u>undifferenzierte globale Verbleibswahrschein-
lichkeiten</u>

$$P_{xy}^h = \sum_{k \in H} P_{xy}^{hk} \, ,$$

(3.28)

d. i. die Wahrscheinlichkeit einer (h,x)-Person, das Alter y zu erreichen. Unter Verwendung dieser Definition folgt aus (3.26) und (3.27)
für die ersten beiden Momente der korrigierten Absorptionszeit

$$\underline{z}_x^h = \underline{n}_x^h - 1/2$$

(3.29)

$$E\underline{z}_x^h = \sum_{y=x}^w P_{xy}^h - 1/2$$

(3.30)

$$\text{Var } \underline{z}_x^h = 2 \sum_{y=x}^w (y-x) P_{xy}^h - n_x^h (n_x^h - 1)$$

(3.31)

Hinweis: Natürlich lassen sich aus (3.11) und (3.12) auch die entsprechenden Formeln für das Dekrementmodell gewinnen. Dazu hat man die aus
(3.13) und der Relation

$$p_{xy}^{(t)} = \begin{cases} P_{xy} & \text{für } t = y-x \\ 0 & \text{sonst} \end{cases} \quad t = 0,1,2,\ldots$$

(3.32)

folgende Beziehung (2.13) zu beachten.

3.2.1.2. Die Fundamentalmatrix streng hierarchischer Mehrtypen-prozesse

Im vorigen Abschnitt wurde bemerkt, daß die Kenntnis der Fundamentalmatrix $\mathbf{N}$ zur Beherrschung des Prozesses wesentlich ist. Es sind gerade
die Relationen (3.18) und (3.24), auf denen die Brauchbarkeit des Matri-
zenkalküls für Mehrtypenmodelle beruht. Für das allgemeine Mehrtypenmodell konnte $\mathbf{N}$ leider nicht explizite ermittelt werden. Hingegen
existiert im Falle einer strengen Typenhierarchie eine brauchbare For-
mel, welche die Fundamentalmatrix $\mathbf{N}$ durch die Blöcke $\mathbf{P}^{hk}$ und deren

Fundamentalmatrizen V^{hk} ausdrückt. Ihrer Herleitung wenden wir uns jetzt zu.

Satz. Die Fundamentalmatrix einer streng hierarchischen transienten Matrix P besitzt die Blockdarstellung $N = \left[N^{hk} \right]$ mit

$$
N^{hk} = \begin{cases}
V^{hh} \displaystyle\prod_{i=h}^{k-1} P^{i,i+1} \, V^{i+1,i+1} & \text{für } h < k & (3.33a) \\[3ex]
V^{hh} & \text{für } h = k & (3.33b) \\[2ex]
0 & \text{für } h > k & (3.33c)
\end{cases}
$$

Beweis. Es ist zu zeigen, daß für das durch (3.33) definierte N die Beziehung

$$
N \, (\, I - P \,) = I \tag{3.34}
$$

gilt. (3.34) bedeutet für die Submatrizen

$$
\sum_{j=1}^{g} N^{hj} (\delta_{jk} I - P^{jk}) = \delta_{hk} I \tag{3.35}
$$

Dabei ist δ_{il} das in (2.10) eingeführte Kroneckersymbol. Berücksichtigt man die strenge Hierarchie, nämlich

$$
P^{jk} \neq 0 \quad \text{nur für } j = k-1 \text{ und } j = k , \tag{3.6}
$$

so folgt aus (3.35) die Relation

$$
N^{hk} (\, I - P^{kk}) = \delta_{hk} \, I + N^{h,k-1} P^{k-1,k} \tag{3.36}
$$

Nun kann man leicht direkt zeigen, daß die unter (3.33) angegebenen N^{hk} die Matrizengleichung (3.36) erfüllen. Zur Nachprüfung empfiehlt es sich, in (3.33) zusätzlich das Produkt von $i = h$ bis $h-1$ formal als Matrix V^{hh} zu definieren; man hat dann nur die Fälle $h \leq k$ und $h > k$ zu unterscheiden.

Konstruktiver ist folgendes Vorgehen: Aus der Erwartungswertinterpretation (2.14) der Eingänge der Fundamentalmatrix und der hierarchischen Prozeßstruktur kann zunächst inhaltlich sofort auf (3.33c) geschlossen werden. Für $k \geq h$ läßt sich (3.36) als lineare Differenzengleichung 1. Ordnung in N^{hk} auffassen. Als Anfangsbedingung erhält man

$$N^{hh} = V^{hh} \qquad\qquad (3.33b)$$

Die Differenzengleichung lautet dann wegen (3.36)

$$N^{hk} = N^{h,k-1} P^{k-1,k} V^{kk} \qquad \text{für } k > h \qquad (3.37)$$

Ihre Lösung liefert unmittelbar (3.33a)

<u>Bemerkungen</u>: Man beachte, daß das Resultat (3.33b) die durchschnittlichen Verweilzeiten innerhalb des Typs h ergibt und natürlich schon vom Dekrementmodell in § 2.2.1.1 geliefert wurde ($P^{hh} = P$, $V^{hh} = N$). In Formel (3.33) tritt die Eleganz des Matrizenkalküls klar zu Tage. In dieser Notation wird der Altersprozeß in die Blöcke gepackt; während das Altern innerhalb eines Typs durch die Fundamentalmatrizen V^{ii} erfaßt wird, beherrschen die $P^{i,i+1}$ den Typenwechsel:

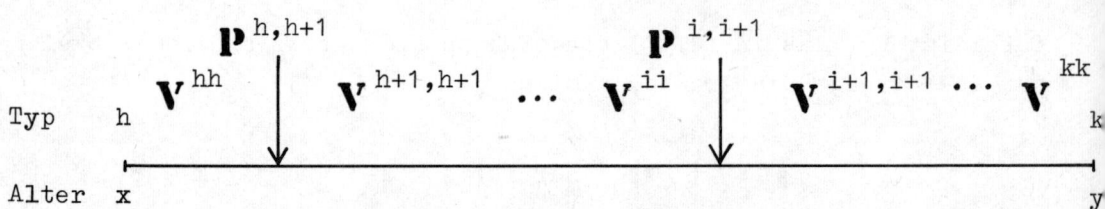

3.2.2. Schließliche Absorptionswahrscheinlichkeiten

Faßt man die Wahrscheinlichkeiten b_{xr}^{h} dafür, daß eine (h,x)-Person früher oder später einmal vom Zustand r absorbiert wird, gemäß KEMENY und SNELL in der <u>schließlichen Absorptionsmatrix</u> B der Dimension $g(w+1) \times a$ zusammen, so gilt

$$B = N Q \qquad\qquad (3.38)$$

Zerlegt man die Fundamentalmatrix $\mathbf{N}$ in quadratische Blöcke $\mathbf{N}^{hk}$ der Ordnung w+1, die einstufige Absorptionsmatrix $\mathbf{Q}$ in Submatrizen $\mathbf{Q}^h$ der Dimension (w+1)$\times$a und $\mathbf{B}$ in Blöcke eben dieser Dimension, dann läßt sich (3.38) schreiben als

$$\left[\mathbf{B}^h\right] = \mathbf{B} = \mathbf{N}\mathbf{Q} = \left[\mathbf{N}^{hk}\right]\left[\mathbf{Q}^k\right] = \left[\sum_{k=1}^{g} \mathbf{N}^{hk}\mathbf{Q}^k\right]$$

also

$$\mathbf{B}^h = \sum_{k=1}^{g} \mathbf{N}^{hk}\mathbf{Q}^k \qquad (3.39)$$

$\mathbf{B}^h$ beinhaltet die schließlichen Absorptionswahrscheinlichkeiten einer Typ h-Person.

Für $\underline{\text{streng hierarchische Mehrtypenmodelle}}$ hatten wir im vorhergehenden Abschnitt die Fundamentalmatrix $\mathbf{N}$ in der Blockdarstellung (3.33) ermittelt. Daraus und aus (3.39) ergibt sich die geschlossene Formel

$$\mathbf{B}^h = \mathbf{V}^{hh}\mathbf{Q}^h + \sum_{k=h+1}^{g} \left\{\mathbf{V}^{hh} \prod_{i=h}^{k-1} \mathbf{P}^{i,i+1} \mathbf{V}^{i+1,i+1}\right\}\mathbf{Q}^k \qquad (3.40)$$

Nun nehmen wir zusätzlich an, daß $\mathbf{Q}^h$ von der Form (3.8) sein soll. Gemäß (3.39), (3.24) und (3.22) gilt

$$b_{xr}^h = \left[\mathbf{B}^h\right]_{xr} = \left[\sum_k \mathbf{N}^{hk}\mathbf{Q}^k\right]_{xr}$$

$$= \sum_k \left[\mathbf{N}^{hk}\mathbf{Q}^k\right]_{xr} = \sum_{k\in H}\sum_y n_{xy}^{hk}q_{yr}^k = \sum_{k\in H}\sum_{y=x}^{w} P_{xy}^{hk}q_{yr}^k \qquad (3.41)$$

Nutzt man die spezielle Form (3.8) der $\mathbf{Q}^h$ aus, so erhält man für r = I:

$$b_{xI}^h = \sum_{k\in H}\sum_y n_{xy}^{hk}q_{yI}^k = \sum_{k\in H}\sum_{y=x}^{w} P_{xy}^{hk}q_{yI}^k \qquad (3.42)$$

und für $r = s_j$:

$$b^h_{xs_j} = n^{h,j-1}_{xw}p^{j-1,j}_w + n^{hj}_{xw}p^{jj}_w \, , \qquad (3.43)$$

weil $q^k_{ys_j}$ höchstens für $y = w$ und $k = j-1,j$ nicht verschwindet. Aus (3.43) und (3.24) folgt

$$b^h_{xs_j} = P^{h,j-1}_{xw}p^{j-1,j}_w + P^{hj}_{xw}p^{jj}_w \qquad (3.44)$$

Beachtet man nun, daß

$$P^{hk}_{x,x+1} = p^{hk}_x \qquad (3.45)$$

gilt (einstufige Wahrscheinlichkeiten) und setzt in (3.25) $y = w$ und $z = w+1$, so kommt man schließlich von (3.44) zu

$$b^h_{xs_j} = P^{hj}_{x,w+1} \, , \qquad (3.46)$$

wie es sein muß.

Ist die Fundamentalmatrix $\mathbf{N}$ schon gemäß (3.33) berechnet worden, so gestatten (3.42) und (3.43) die Ermittlung der schließlichen Absorptionswahrscheinlichkeiten.

3.2.3. Anwendungsmöglichkeiten transformierter absorbierender Ketten

3.2.3.1. Noch einmal: Transformierte Markoffsche Ketten

Ausgehend von einer beliebigen Markoffkette hatten wir in § 2.2.3 einer jeden Teilmenge D absorbierender Zustände dadurch einen transformierten Prozeß zuordnen können, daß wir die Übergangswahrscheinlichkeiten durch Einschieben des bedingenden Ereignisses (2.53) abänderten. Bei festem D hatten wir dabei die neuen Prozeßparameter von den ursprünglichen durch das Schlangensymbol unterschieden. Da wir uns damals möglichst rasch dem Dekrementschema zuwenden wollten, so wurde der allgemeine Fall dort ein wenig stiefmütterlich behandelt. Von den damaligen allgemeinen Resultaten sei insbesondere an die Formeln (2.59), (2.60), (2.66), (2.67) und (2.68) erinnert.

Zur Anwendung des transformierten Kettenkalküls auf Mehrtypenmodelle empfiehlt es sich, zunächst wieder auf beliebige absorbierende Markoffketten zu rekurrieren.

Wir setzen zunächst (3.13) für die Eingänge von $\mathbf{N}$ in (2.40) ein und bekommen

$$b_{xr} = \sum_{y \in \mathbb{T}} n_{xy} q_{yr} = \sum_{t=0}^{\infty} \sum_{y \in \mathbb{T}} p_{xy}^{(t)} q_{yr} \tag{3.47}$$

Nun berücksichtigen wir die Reihe nach (2.66), (3.13), (3.47), (2.57), (2.71) und (3.16) in der Gleichung (2.67) und kommen so auf folgende Beziehungen für die durchschnittliche bedingte Zeitdauer bis zur Absorption in D unter der Bedingung (2.53)

$$\tilde{n}_x = b_{xD}^{-1} \sum_{y \in \mathbb{T}} n_{xy} b_{yD} = b_{xD}^{-1} \sum_{y \in \mathbb{T}} \sum_{t=0}^{\infty} p_{xy}^{(t)} \sum_{\tau=0}^{\infty} \sum_{z \in \mathbb{T}} p_{yz}^{(\tau)} q_{zD} =$$

$$= b_{xD}^{-1} \sum_{z \in \mathbb{T}} \sum_{t=0}^{\infty} \sum_{\tau=0}^{\infty} p_{xz}^{(t+\tau)} q_{zD} = b_{xD}^{-1} \sum_{z \in \mathbb{T}} \sum_{t=0}^{\infty} (t+1) \, p_{xz}^{(t)} q_{zD} \tag{3.48}$$

also

$$\underline{E \tilde{\underline{z}}_x = b_{xD}^{-1} \sum_{t=0}^{\infty} (t+1) \sum_{z \in \mathbb{T}} p_{xz}^{(t)} q_{zD} - 1/2} \tag{3.49}$$

Zur Ermittlung von $\mathrm{Var}\, \tilde{\underline{z}}_x = \mathrm{Var}\, \tilde{\underline{n}}_x$ wenden wir die allgemein gültige Formel (3.15) speziell auf transformierte Ketten an und erhalten so

$$\mathrm{Var}\, \tilde{\underline{n}}_x = 2 \sum_{t=0}^{\infty} \sum_{y \in \mathbb{T}} \tilde{p}_{xy}^{(t)} \tilde{n}_y - \tilde{n}_x - \tilde{n}_x^2 \tag{3.50}$$

mit $\tilde{n}_x$ aus (3.48). Für die t-stufige transformierte Übergangswahrscheinlichkeit ergibt sich aufgrund von (2.64)

$$\tilde{p}_{xy}^{(t)} = \left[\tilde{P}^t\right]_{xy} = \left[(D^{-1}PD)^t\right]_{xy} = \left[D^{-1}P^tD\right]_{xy} = b_{xD}^{-1}p_{xy}^{(t)}b_{yD}$$

(3.51)

Wir setzen (3.51) und (3.48) in (3.50) ein und bekommen unter Verwendung von (3.16)

$$\text{Var } \tilde{\underline{n}}_x = 2b_{xD}^{-1} \sum_{t=0}^{\infty} \sum_{y\in T} p_{xy}^{(t)} \sum_{z\in T} \sum_{\tau=0}^{\infty} (\tau+1)p_{yz}^{(\tau)}q_{zD} - \tilde{n}_x - \tilde{n}_x^2$$

$$= 2b_{xD}^{-1} \sum_{z\in T} \sum_{t=0}^{\infty} \sum_{\tau=0}^{\infty} (\tau+1)p_{xz}^{(t+\tau)}q_{zD} - \tilde{n}_x - \tilde{n}_x^2 =$$

$$= b_{xD}^{-1} \sum_{z\in T} \sum_{t=0}^{\infty} (t+1)(t+2)p_{xz}^{(t)}q_{zD} - \tilde{n}_x - \tilde{n}_x^2$$

$$\text{Var } \tilde{\underline{z}}_x = b_{xD}^{-1} \sum_{t=0}^{\infty} (t+1)^2 \sum_{z\in T} p_{xz}^{(t)}q_{zD} - \tilde{n}_x^2$$

(3.52)

Definiert man nun noch in Analogie zu (2.51) die Größe $u_{xD}(t)$ als Wahrscheinlichkeit einer Einheit, im Zustand x nach genau t Zeiteinheiten nach D abzugehen, dann gilt offenbar

$$u_{xD}(t) = \sum_{z\in T} p_{xz}^{(t-1)}q_{zD} \,,$$

(3.53)

und wir können (3.49) und (3.52) auch in folgender, unmittelbar interpretierbarer Form schreiben

$$E\tilde{\underline{z}}_x = \tilde{n}_x - 1/2 = b_{xD}^{-1} \sum_{t=1}^{\infty} t\, u_{xD}(t) - 1/2$$

(3.54)

$$\text{Var } \tilde{\underline{z}}_x = b_{xD}^{-1} \sum_{t=1}^{\infty} t^2 u_{xD}(t) - \tilde{n}_x^2$$

(3.55)

Dekrementmodell: (3.32) und (3.53) liefern

$$u_{xD}(t) = \begin{cases} \sum_{z \in T} P_{xz} q_{zD} & \text{für } t = z-x+1 \\ \\ 0 & \text{sonst} \end{cases} \qquad (3.56)$$

Aus (3.56) und (3.54) folgt

$$E\tilde{\underline{z}}_x = \tilde{n}_x - 1/2 = b_{xD}^{-1} \sum_{z=x}^{w} (z-x+1) P_{xz} q_{zD} - 1/2 \qquad (2.74)$$

Aus (3.56) und (3.55) ergibt sich

$$\text{Var } \tilde{\underline{z}}_x = b_{xD}^{-1} \sum_{z=x}^{w} (z-x+1)^2 P_{xD} q_{zD} - \tilde{n}_x^2 \qquad (2.79)$$

Mehrtypenmodell: (3.23) und (3.53) liefern

$$u_{xD}^h(t) = \begin{cases} \sum_{(k,z) \in T} P_{xz}^{hk} q_{zD}^k & \text{für } t = z-x+1 \\ \\ 0 & \text{sonst} \end{cases} \qquad (3.57)$$

Aus (3.57) und (3.54) bzw. (3.55) folgt

$$E\tilde{\underline{z}}_x^h = \tilde{n}_x^h - 1/2 = (b_{xD}^h)^{-1} \sum_{z=x}^{w} (z-x+1) \sum_{k \in H} P_{xz}^{hk} q_{zD}^k - 1/2 \qquad (3.58)$$

$$\text{Var } \tilde{\underline{z}}_x^h = (b_{xD}^h)^{-1} \sum_{z=x}^{w} (z-x+1)^2 \sum_{k \in H} P_{xz}^{hk} q_{zD}^k - (\tilde{n}_x^h)^2 \qquad (3.59)$$

Wir ersetzen in (3.57) t durch z-x+1 und erhalten

$$u_{xD}^h(z-x+1) = \sum_{k \in H} \sum_{y=x}^{w} P_{xy}^{hk} q_{yD}^k \qquad \text{für } z-x+1 = y-x+1, \text{ d. h. für } y = z$$

also

$$u_{xD}^h(z-x+1) = \sum_{k \in H} P_{xz}^{hk} q_{zD}^k \qquad (3.60)$$

Gemäß (3.53) ist (3.60) die Wahrscheinlichkeit einer (h,x)-Person, nach genau z-x+1 Jahren nach D abzugehen. Vermöge (3.60) lassen sich (3.58) und (3.59) kürzer schreiben als

$$E\tilde{z}_x^h = \tilde{n}_x^h - 1/2 = (b_{xD}^h)^{-1} \sum_{z=x}^W (z-x+1) u_{xD}^h(z-x+1) - 1/2 \qquad (3.61)$$

$$\text{Var } \tilde{z}_x^h = (b_{xD}^h)^{-1} \sum_{z=x}^W (z-x+1)^2 u_{xD}^h(z-x+1) - (\tilde{n}_x^h)^2 \qquad (3.62)$$

Bemerkung: Die unmittelbar einleuchtenden Formeln (3.54), (3.55), (3.61) und (3.62) legen nun den Einwand nahe, ob denn die Ableitungen nicht unnötigerweise in die Länge gezogen worden seien. So ließe sich etwa (3.62) direkt als bedingte Varianz anschreiben. Dieser potentielle Vorwurf wird aber sofort dadurch entkräftet, daß bei unserer Herleitung etwa die relevanten Wahrscheinlichkeiten $u_{xD}^h(z-x+1)$ via (3.60), (3.24) und (3.33) effektiv ermittelt wurden. M. E. ist hier ein geschlossener Kalkül Ad hoc-Betrachtungen vorzuziehen.

3.2.3.2. Über die Erreichbarkeit von Typen

Es sei

$$J = \{(j,x) \mid x \in X\} \qquad (3.63)$$

die Menge der Zustände vom Typ j eines Mehrtypenmodells. Das Schicksal, das eine (h,x)-Person vor ihrer Absorption in A erleidet, kann folgenden Verlauf nehmen: Entweder erreicht die Person n i e m a l s einen Typ j - Zustand, oder aber sie tritt irgendwann einmal in die Menge J ein (um J später wieder zu verlassen und eventuell abermals zu besuchen u. s. w.).

Eine natürliche Problemstellung bei Mehrtypenmodellen ist somit die

Frage nach der

$$\begin{array}{l}\text{Wahrscheinlichkeit einer (h,x)-Person, den} \\ \text{Typ j j e m a l s zu erreichen.}\end{array} \qquad (3.64)$$

Im Zusammenhang damit interessiert ferner die

$$\begin{array}{l}\text{Zeit, welche eine (h,x)-Person bis zum} \\ \text{e r s t m a l i g e n Eintritt in den} \\ \text{Typ j braucht, unter der}\end{array} \qquad (3.65)$$

$$\begin{array}{l}\text{Bedingung, daß sie überhaupt jemals die} \\ \text{Zustandsklasse J erreicht.}\end{array} \qquad (3.65a)$$

Man beachte, daß - unterschiedlich zur Sachlage bei ergodischen Markoff-ketten - die Bedingung (3.65a) notwendig ist (vgl. auch FERSCHL, 1970).

Wir führen die Ermittlung der Wahrscheinlichkeiten (3.64) und der beiden ersten Momente der bedingten Absorptionszeit (3.65) für beliebige absorbierende Markoffketten vor.

Gegeben sei also eine absorbierende Kette (3.1) mit der transienten Zustandsmenge T und der Menge A aller absorbierender Zustände. Weiters seien $J \subset T$ und $x \in T-J$ ausgezeichnet. Wir interessieren uns für die

$$\begin{array}{l}\text{Wahrscheinlichkeit, daß ausgehend von x} \\ \text{j e m a l s ein Zustand aus J erreicht wird}\end{array} \qquad (3.66)$$

Ferner fragen wir,

$$\begin{array}{l}\text{wie lange es dauert, bis e r s t m a l s} \\ \text{ein Zustand aus J besetzt wird, falls man} \\ \text{in x startet, und unter der}\end{array} \qquad (3.67)$$

$$\begin{array}{l}\text{Bedingung, daß der Eintritt in J früher} \\ \text{oder später stattfindet}\end{array} \qquad (3.67a)$$

Die Lösung der angeschnittenen Probleme erfolgt in zwei Stufen. In einem 1. Schritt bilden wir eine neue Markoffsche Kette (mit gesternten Symbolen bezeichnet), indem wir die Zustände aus J in absorbierende Zustände umfunktionieren:

$$T^* = T - J \ , \quad A^* = A \cup J \tag{3.68}$$

und ferner definieren:

$$\mathbf{A}^* = \begin{bmatrix} \mathbf{I}^* & \mathbf{O}^* \\ \mathbf{Q}^* & \mathbf{P}^* \end{bmatrix} \begin{matrix} A^* \\ T^* \end{matrix} \tag{3.69}$$

mit

$$p^*_{uv} = p_{uv} \qquad \text{für } u,v \in T^* \tag{3.70}$$

$$q^*_{u\mathbf{g}} = \begin{cases} q_{u\mathbf{g}} & \text{für } u \in T^* \text{ und } \mathbf{g} \in A \\ p_{u\mathbf{g}} & \text{für } u \in T^* \text{ und } \mathbf{g} \in J \end{cases} \tag{3.71}$$

$\mathbf{I}$ * bzw. $\mathbf{O}$ * unterscheiden sich von $\mathbf{I}$ und $\mathbf{O}$ nur in den Dimensionen.

Im Stern-Prozeß kann man nun gemäß (3.47) schließliche Absorptionswahrscheinlichkeiten $b^*_{u\mathbf{g}}$ ermitteln. Die analog zu (2.57) definierte Wahrscheinlichkeit

$$b^*_{xJ} = \sum_{\mathbf{g} \in J} b^*_{x\mathbf{g}} \quad , \ x \in T - J \tag{3.72}$$

ist nun gerade die gesuchte Wahrscheinlichkeit (3.66).

Zur Ermittlung der ersten beiden Momente der Zeitdauer (3.67) ordnen wir in einem 2. Schritt dem Sternprozeß eine transformierte Kette zu (siehe § 2.2.3 und § 3.2.3.1), indem wir

$$D = J \subset A^* \tag{3.73}$$

setzen. Analog zu (2.54) erhalten wir eine Kette mit Schlangensymbolen (J denken wir uns dabei festgehalten)

$$\tilde{\mathbf{A}}^* = \begin{bmatrix} \tilde{\mathbf{I}}^* & \tilde{\mathbf{0}}^* \\ \tilde{\mathbf{0}}^* & \tilde{\mathbf{P}}^* \end{bmatrix} \tag{3.74}$$

Uns interessieren nun weniger die transformierten Übergangswahrscheinlichkeiten, also etwa

$$\tilde{\mathbf{P}}^* = (\mathbf{D}^*)^{-1} \mathbf{P}^* \mathbf{D}^* \quad \text{mit } \mathbf{D}^* = \left[\delta_{uv} b_{uJ}^*\right], \tag{3.75}$$

sondern eher die bedingte Absorptionszeit $\underline{\tilde{z}}_x^*$ bei einem Start in $x \in T^*$.
Ihre Untersuchung wurde unter (3.67) gefordert. Man erhält die ersten
beiden Momente von $\underline{\tilde{z}}_x^*$ sofort, d. h. ohne weiteren Aufwand aus (3.54),
(3.55):

$$E\underline{\tilde{z}}_x^* = \tilde{n}_x^* - 1/2 = (b_{xJ}^*)^{-1} \sum_{t=1}^{\infty} t\, u_{xJ}^*(t) - 1/2 \tag{3.76}$$

$$\text{Var } \underline{\tilde{z}}_x^* = (b_{xJ}^*)^{-1} \sum_{t=1}^{\infty} t^2 u_{xJ}^*(t) - (\tilde{n}_x^*)^2 \tag{3.77}$$

Für $u_{xJ}^*(t)$ gilt nach (3.53), (3.70), (3.71) und (2.71)

$$u_{xJ}^*(t) = \sum_{z \in T^*} p_{xz}^{*(t-1)} q_{zJ}^* = \sum_{z \in T^*} p_{xz}^{(t-1)} \sum_{g \in J} p_{zg} \tag{3.78}$$

Definiert man $p_{zJ} = \sum_{g \in J} p_{zg}$, so folgt aus (3.78) nach der CHAPMAN-
KOLMOGOROFF-Gleichung (3.16), daß sich $u_{xJ}^*(t)$ als <u>Tabuwahrscheinlichkeit</u>
darstellen läßt

$$u_{xJ}^*(t) = \sum_{z \in T^*} p_{xz}^{(t-1)} p_{zJ} = {}_J p_{xJ}^{(t)} \tag{3.79}$$

Nach (3.79) ist also $u_{xJ}^*(t)$ die Wahrscheinlichkeit, in genau t Schritten
von x nach einem Zustand aus J zu gelangen, wobei zwischendurch die
Menge J g e m i e d e n werden soll; vgl. CHUNG, 1960.

Zugeschnitten auf den uns insbesondere interessierenden Fall der
Mehrtypenmodelle ergibt sich eine leichte Vereinfachung dadurch, daß
die Menge (3.63) in e i n e n   e i n z i g e n absorbierenden Zustand
j umgewandelt werden kann. Dies liegt darin begründet, daß - ausgehend
von $(h,x) \in T^*$ $(h \neq j)$ - in einem Jahr höchstens e i n Zustand aus J
erreichbar ist, nämlich $(j,x+1)$. Wir ziehen also den Sternprozeß (3.69)
heran mit

$$J = \{j\} \tag{3.63a}$$

Nach (3.72) ist dann die Wahrscheinlichkeit (3.64) gegeben durch b_{xj}^{h*}.
Zur Untersuchung der bedingten Absorptionszeit

$$\underaccent{\sim}{z}_x^{h*}(j) = \underaccent{\sim}{z}_x^{h*} \qquad (j \neq h) \tag{3.65}$$

ziehe man die transformierte Kette (3.74) heran. Die ersten beiden
Momente von (3.65) erhält man am einfachsten aus (3.61) bzw. (3.62)
unter Beachtung von $T^* = T-J = (H \times X) - J$ mit J aus (3.63), also

$$T^* = H^* \times X \quad \text{mit } H^* = H - \{j\} \tag{3.80}$$

$$E\underaccent{\sim}{z}_x^{h*} = \tilde{n}_x^{h*} - 1/2 = (b_{xj}^{h*})^{-1} \sum_{z=x}^{w} (z-x+1) u_{xj}^{h*}(z-x+1) - 1/2 \tag{3.81}$$

$$\text{Var } \underaccent{\sim}{z}_x^{h*} = (b_{xj}^{h*})^{-1} \sum_{z=x}^{w} (z-x+1)^2 u_{xj}^{h*}(z-x+1) - (\tilde{n}_x^{h*})^2 \tag{3.82}$$

Gemäß (3.60) gilt dabei

$$u_{xj}^{h*}(z-x+1) = \sum_{k \in H^*} P_{xz}^{hk*} q_{zj}^{k*} \tag{3.83}$$

Wir beachten nun (3.70) und (3.71) und erhalten schließlich nach (3.25)
für

$$u_{xj}^{h*}(z-x+1) = \sum_{k \in H^*} P_{xz}^{hk} p_{z,z+1}^{kj} = \sum_{k \in H^*} P_{xz}^{hk} P_{z,z+1}^{kj} = {}_j P_{x,z+1}^{hj} \ , \tag{3.84}$$

die Tabuwahrscheinlichkeit einer (h,x)-Person, im Alter z+1 zum ersten Mal in den Typ j einzutreten.

3.2.3.3. Zur Ermittlung der altersspezifischen Typenquoten

Eine weitere, für Mehrtypenmodelle charakteristische Fragestellung, die ebenfalls bei Dekrementmodellen noch nicht auftreten konnte, ist die Ermittlung altersabhängiger Typenquoten.

Dazu legen wir einen Anfangszustand fest. In den praktisch interessanten Fällen (Erwerbstätigkeitsmodell, Familienstandsmodell) ist (1,0) dieser Ausgangszustand. Die altersspezifische Typenquote a_x^h einer (h,x)-Person ist dann definiert als Wahrscheinlichkeit einer x-jährigen Person, vom Typ h zu sein. Die Typenanteile sind bedingte Wahrscheinlichkeiten, nämlich

$$a_x^h = P\left\{\text{vom Typ h zu sein} \mid \text{bis zum Alter x zu überleben}\right\} =$$

$$= \frac{P\left\{\text{eine (h,x)-Person zu sein}\right\}}{P\left\{\text{das Alter x zu erreichen}\right\}} \tag{3.85}$$

Zur Ermittlung der a_x^h in Abhängigkeit von den Parametern der Matrix (3.1) wählen wir die absorbierenden Zustände gemäß (3.7) und stutzen die Matrix (3.1) in Abhängigkeit von x jeweils so zurecht, daß man alle Altersklassen größer als x einfach wegläßt. Formal kann man das erreichen, indem man (für festes x) x-1 = w setzt. Wir kennzeichnen die Parameter der in dieser Weise reduzierten Kette durch ein zusätzliches <x>. So bedeute etwa

$b^1_{0s_h}$<x> die schließliche Absorptionswahrscheinlichkeit

einer (1,0)-Person in s_h (im eingeschränkten Modell) $\tag{3.86}$

Es sei $s = A - \left\{I\right\} = \left\{s_1,\ldots,s_h,\ldots,s_g\right\}$;

$$b^1_{0s}\text{<x>} = \sum_{h=1}^{g} b^1_{0s_h}\text{<x>} = 1 - b^1_{0I}\text{<x>} \tag{3.87}$$

ist dann die Wahrscheinlichkeit, bis zum Alter x zu überleben. Offenbar besteht mit der am Beginn von § 2.2.2.1 eingeführten Wahrscheinlichkeit $b_{xr}(t)$ folgender Zusammenhang:

$$b_{0r}^1 \langle x \rangle = b_{0r}^1(x) \quad \underline{\text{für} \quad x = w+1} \tag{3.88}$$

In der Notation "$\langle x \rangle$" soll zum Ausdruck kommen, daß für jedes x ein anderes Modell vorliegt. Aus (3.85), (3.86) und (3.87) folgt

$$a_x^h = \frac{b_{0s_h}^1 \langle x \rangle}{b_{0s}^1 \langle x \rangle} = \frac{P_{0x}^{1h}}{\sum\limits_{h \in H} P_{0x}^{1h}} \tag{3.89}$$

Formel (3.89) liefert vermöge (3.24) und (3.18) den Zusammenhang zwischen Typenanteilen und einjährigen Übergangswahrscheinlichkeiten. Nach (3.46) gilt nämlich für die Wahrscheinlichkeiten (3.86) (w+1 = x)

$$b_{0s_h}^1 \langle x \rangle = P_{0x}^{1h} \tag{3.90}$$

Aus (3.87), (3.42) bzw. (3.90) folgt ferner

$$b_{0I}^1 \langle x \rangle = 1 - \sum_{k \in H} \sum_{y=0}^{x-1} P_{0y}^{1k} q_{yI}^k = \sum_{h \in H} P_{0x}^{1h} \tag{3.91}$$

(3.91) ist die Überlebenswahrscheinlichkeit einer (1,0)-Person bis zum Alter x.

3.3. Das hierarchische Zweitypenmodell

besitzt gemäß (3.6) die Übergangsmatrix

$$A = \begin{bmatrix} I & 0 & 0 \\ Q^1 & P^{11} & P^{12} \\ Q^2 & 0 & P^{22} \end{bmatrix}, \tag{3.92}$$

deren transiente Blöcke $\mathbf{P}^{hk}$ die Eingänge (3.2) besitzen. Für die Absorptionsmatrizen $\mathbf{Q}^h$ soll gelten (vgl. 3.8)

$$
\mathbf{Q}^1 = \begin{array}{cc} & \begin{array}{ccc} \mathrm{I} & \mathrm{s}_1 & \mathrm{s}_2 \end{array} \\ \left[\begin{array}{ccc} q^1_{0\mathrm{I}} & 0 & 0 \\ & \cdots & \\ q^1_{w-1,\mathrm{I}} & 0 & 0 \\ q^1_{w\mathrm{I}} & p^{11}_w & p^{12}_w \end{array} \right] & \begin{array}{c} (1,0) \\ \vdots \\ (1,w-1) \\ (1,w) \end{array} \end{array} \; , \quad \mathbf{Q}^2 = \begin{array}{cc} & \begin{array}{ccc} \mathrm{I} & \mathrm{s}_1 & \mathrm{s}_2 \end{array} \\ \left[\begin{array}{ccc} q^2_{0\mathrm{I}} & 0 & 0 \\ & \cdots & \\ q^2_{w-1,\mathrm{I}} & 0 & 0 \\ q^2_{w\mathrm{I}} & 0 & p^{22}_w \end{array} \right] & \begin{array}{c} (2,0) \\ \vdots \\ (2,w-1) \\ (2,w) \end{array} \end{array} \quad (3.93)
$$

Zur Modellanalyse benötigt man die <u>Fundamentalmatrizen</u> $\mathbf{V}^{hk}$ der Submatrizen $\mathbf{P}^{hk}$ (vgl. 3.17). Infolge (3.33) ist die Fundamentalmatrix $\mathbf{N}$ der transienten Matrix

$$
\mathbf{P} = \begin{bmatrix} \mathbf{P}^{11} & \mathbf{P}^{12} \\ \mathbf{0} & , \; \mathbf{P}^{22} \end{bmatrix} \tag{3.94}
$$

von $\mathbf{A}$ gegeben durch

$$
\mathbf{N} = \begin{bmatrix} \mathbf{V}^{11} & \mathbf{V}^{11}\mathbf{P}^{12}\mathbf{V}^{22} \\ \mathbf{0} & \mathbf{V}^{22} \end{bmatrix} \tag{3.95}
$$

Aus (3.38) und (3.95) erhält man für die <u>schließliche Absorptionsmatrix</u>

$$
\mathbf{B} = \begin{bmatrix} \mathbf{B}^1 \\ \mathbf{B}^2 \end{bmatrix} = \begin{bmatrix} \mathbf{V}^{11}\mathbf{Q}^1 + \mathbf{V}^{11}\mathbf{P}^{12}\mathbf{V}^{22}\mathbf{Q}^2 \\ \mathbf{V}^{22}\mathbf{Q}^2 \end{bmatrix} \tag{3.96}
$$

3.3.1. Intensitäten

Für die Wahrscheinlichkeit einer (1,0)-Person, früher oder später im Zustand I absorbiert zu werden bzw. als Typ h-Person das Alter w+1 zu erreichen gilt nach (3.42) und (3.46)

$$
b^1_{0\mathrm{I}} = \sum_{k=1}^{2} \sum_{y=0}^{w} p^{1k}_{0y} \, q^k_{y\mathrm{I}}
$$

bzw.

$$
b^1_{Os_h} = P^{1h}_{0,w+1} = \begin{cases} P^{11}_{0,w+1} & \text{für } h = 1 \\[2ex] \sum_{z=0}^{w} P^{11}_{0z}\, p^{12}_z\, P^{22}_{z+1,w+1} & \text{für } h = 2 \end{cases} \tag{3.97}
$$

Die Wahrscheinlichkeit b^{1*}_{02}, daß eine (1,0)-Person früher oder später den Typ 2 annimmt, kann nach den Überlegungen von § 3.2.3.2 ermittelt werden. Sie stimmt mit der schließlichen Absorptionswahrscheinlichkeit einer 0-jährigen Person im Typ (= absorbierenden Zustand) 2 überein und ist im zugeordneten Dekrementprozeß "Verlust des Typs 1" berechenbar (vgl. § 2.2.2.2).

Die altersspezifischen Anteile der Typen an der Gesamtbevölkerung (Typenquoten) sind nach (3.89) gegeben durch

$$
a^1_x = \frac{P^{11}_{0x}}{P^{11}_{0x} + P^{12}_{0x}} \quad , \quad a^2_x = 1 - a^1_x \quad , \tag{3.98}
$$

wobei

$$
P^{12}_{0x} = \sum_{z=0}^{x-1} P^{11}_{0z}\, p^{12}_z\, P^{22}_{z+1,x} \tag{3.99}
$$

gilt.

3.3.2. Kalender

3.3.2.1. Die Zeitspanne bis zum erstmaligen Eintritt in den Typ 2

wurde in § 3.2.3.2 allgemein behandelt. Die ersten beiden Momente dieser zufälligen Zeit findet man unter (3.81) und (3.82). Es gilt dabei $H^* = \{1\}$. Im assoziierten Dekrementschema "Verlust von Typ 1" ist die gefragte Zeitdauer gleich der bedingten Absorptionszeit einer x-jährigen Person bis zum Typ (=absorbierenden Zustand) 2; vgl. § 2.2.3.3.

3.3.2.2. Die Anzahl der von einer (1,x)-Person im Typ 2 durchschnittlich verbrachten Jahre

Die Eingänge n_{xy}^{hk} der Fundamentalmatrix (3.95) geben die erwartete Anzahl an Jahren an, in denen ein (h,x)-Person fernerhin im Zustand (k,y) ist (siehe § 3.2.1.1). Aus (3.24) und (3.33) folgt

$$n_{xy}^{11} = P_{xy}^{11} \, , \qquad n_{xy}^{22} = P_{xy}^{22} \tag{3.100}$$

$$\left[n_{xy}^{12} \right] = \left[v_{xu}^{11} \right] \left[p_{uz}^{12} \right] \left[v_{zy}^{22} \right] = \left[P_{xu}^{11} \right] \left[p_{uz}^{12} \right] \left[P_{zy}^{22} \right] \tag{3.101}$$

Wegen (3.2) ergibt sich

$$n_{xy}^{12} = \sum_{z=x}^{y-1} P_{xz}^{11} \, p_z^{12} \, P_{z+1,y}^{22} \tag{3.102}$$

Gemäß (3.19) gilt für die erwartete Anzahl n_x^{12} an Jahren einer (1,x)-Person im Typ 2

$$n_x^{12} = \sum_{y=x+1}^{w} n_{xy}^{12} = \sum_{y=x+1}^{w} \sum_{z=x}^{y-1} P_{xz}^{11} \, p_z^{12} \, P_{z+1,y}^{22} \tag{3.103}$$

Daneben spielt noch die durchschnittliche Verweildauer

$$n_x^{11} = \sum_{y=x}^{w} P_{xy}^{11} \tag{3.104}$$

einer (1,x)-Person im Typ 1 und die erwartete Zeit bis zur Absoption

$$n_x^1 = n_x^{11} + n_x^{12} \tag{3.105}$$

eine Rolle.

3.4. Kombination von Dekrement- zu Mehrtypenmodellen

3.4.1. Die sektoralen Modelle

Definition: Eine (h,u,x)-Person ist eine (h,x)-Person, die im Zeitpunkt u in den Typ h eingetreten ist und diesen bis zum Alter x nicht mehr gewechselt hat. Es seien die Parameter folgender Dekrementmodelle bekannt; x- bedeutet dabei im folgenden das Altersintervall (x,x+1):

$p_x^h(u)$ ... Wahrscheinlichkeit einer (h,u,x)-Person, x- im Typ h zu überleben;

$q_{xr}^h(u)$ ... Wahrscheinlichkeit einer (h,u,x)-Person, in x- nach r abzugehen.

Hierbei sei $r \in A = \{I\} \cup H_h$ und $H_h = \{k | k \in H, k \neq h\}$ und der Interpretation I ... "Tod"; k durchlaufe dabei die von h verschiedenen Typen aus H. Der Parameter u (= Eintrittszeitpunkt in h) soll in $X = \{0,1, ..., w\}$ variieren; ferner möge $u \leq x \leq w$ gelten.

Um aus diesen Teilmodellen ein Mehrtypenmodell aufzubauen, benötigt man zusätzliche Informationen. Zunächst muß für k aus H_h die Wahrscheinlichkeit $q_{xk}^h(u)$ einer Typenänderung in x- in einer nach dem Überlebensverhalten gespaltenen Form vorliegen:

$$q_{xk}^h(u) = p_x^{hk}(u) + q_{xI}^{hk}(u) , \quad k \in H_h . \tag{3.106}$$

Dabei ist

$p_x^{hk}(u)$ } die Wahrscheinlichkeit einer (h,u,x)-Person in x- in den Typ k überzugehen { und das Alter x+1 (als Typ k-Person) zu erreichen (3.107)

$q_{xI}^{hk}(u)$ } { und anschließend in x- zu sterben

Die Wahrscheinlichkeiten (3.107) können durch Überlegungen ähnlich zu denen in Kap. 5, § 2.1.3 unter Verwendung reiner Wahrscheinlichkeiten geschätzt werden. Neben den Wahrscheinlichkeiten (3.107) sollen ferner die Wahrscheinlichkeitsverteilungen des Ursprungsereignisses für Personen eines jeden Alters und Typs verfügbar sein; gemeint sind sämtliche bedingten Verteilungen

$$\psi_u(h,x) = P\{\underline{u} = u | (h,x)\} \tag{3.108}$$

des Zeitpunkts $\underline{u}$, in dem eine (h,x)-Person in den jetzt besetzten Typ eigetreten ist (im Altersintervall (u,u+x) kommt es zu keinen weiteren Typenänderungen).

3.4.2. Der Zusammenbau zum Mehrtypenmodell

Aus den Angaben von § 3.4.1 kann ein Mehrtypen-Modell mit den Typen $h \in H$ und der Altersvariablen $y \in X$ konstruiert werden. Setzt man $y = u+x$ und erinnert sich an die in § 3.1.1 gegebenen Definitionen der einjährigen Wahrscheinlichkeiten, so lassen sich die typenverweildauer- und altersspezifischen Wahrscheinlichkeiten der Dekrementmodelle folgenderweise zu den altersspezifischen Wahrscheinlichkeiten eines Mehrtypenmodells gewichten:

$$q_{yI}^{hh} = \sum_{u=0}^{y} q_{y-u,I}^{h}(u)\, \psi_u(h,y-u) \tag{3.109}$$

$$p_{y}^{hh} = \sum_{u=0}^{y} p_{y-u}^{h}(u)\, \psi_u(h,y-u) \tag{3.110}$$

$$p_{y}^{hk} = \sum_{u=0}^{y} p_{y-u}^{hk}(u)\, \psi_u(h,y-u) \tag{3.111}$$

$$q_{yI}^{hk} = \sum_{u=0}^{y} q_{xI}^{hk}(u)\, \psi_u(h,y-u) \tag{3.112}$$

Die Wahrscheinlichkeit einer (h,y)-Person, in $y-$ in den Typ k überzugehen ist die Summe von (3.111) und (3.112) also gemäß (3.106) gleich

$$\sum_{u} q_{y-u,k}^{h}(u)\, \psi_u(h,y-u)$$

Umgekehrt können die Dekrementschemata als sektorale Modelle eines gegebenen globalen Mehrtypenmodells aufgefaßt werden. Wie in § 3.4.1 deutlich wurde, ist dieses jedoch reicher an Information als die einzelnen Modellsektoren zusammengenommen.

3.5.   Illustration der Theorie

3.5.1. Zweitypenmodelle

3.5.1.1. Das reduzierte Familienstandsmodell

Wir betrachten die Typen "ledig" (h = 1) und "jemals verheiratet" (h = 2). Es sei

p_x^{11} ...   Wahrscheinlichkeit eines x-jährigen Junggesellen, das (x+1)-te Lebensjahr als Junggeselle zu erreichen;

p_x^{12} ...   Wahrscheinlichkeit einer solchen Person, in x- zu heiraten u n d   das Alter x+1 zu erleben;

p_x^{22} ...   Überlebenswahrscheinlichkeit einer jemals verheirateten x-jährigen Person;

q_x^{1} ...   Wahrscheinlichkeit einer (1,x)-Person, in x- zu sterben;

q_x^{11} ...   Wahrscheinlichkeit, in x- ledig zu sterben;

q_x^{12} ...   Wahrscheinlichkeit, in x- als jemals verheiratete Person zu sterben.

Man beachte, daß dabei in den letzten drei Wahrscheinlichkeiten der Index I der Einfachheit halber weggelassen wurde. Die Einfachheit des Modells beruht darauf, daß Verheiratete, Verwitwete und Geschiedene in einer einzigen Klasse zusammengefaßt werden. Wie in § 3.3 ausgeführt, stimmen Heiratsintensität und durchschnittliches Heiratsalter mit den entsprechenden Variablen des Nettoheiratsmodells überein (§ 2.3.2.1). Der altersspezifische Anteil der Junggesellen ist durch (3.98) gegeben, während die erwartete Dauer des "Nicht-ledig-Seins" in anschaulicher Weise gemäß (3.103) ermittelt werden kann. Die altersspezifischen Familienstandsquoten a_x^h können in Abhängigkeit von den einstufigen Wahrscheinlichkeiten und vom Alter x diskutiert werden. Beispielsweise erhält man für ein von der Sterblichkeit bereinigtes Modell (Querstrich!) gemäß (3.99)

$$\bar{a}_x^2 = \sum \bar{p}_{0z}^{11}\, \bar{p}_z^{12}\, \bar{p}_{z+1,x}^{22} \tag{3.113}$$

und

$$\delta_x = \bar{a}_{x+1}^2 - \bar{a}_x^2 = \bar{a}_x^2(\bar{p}_x^{22} - 1) + \bar{p}_{0x}^{11}\, \bar{p}_x^{12} \tag{3.114}$$

Sei x das Heiratsmindestalter, also $\overline{a}_x^h \approx 0$. Dann ist $\delta_x > 0$. Für hohe x gilt hingegen $\overline{p}_x^{12} \approx 0$ und wir erhalten $\delta_x < 0$. Der Anteil der Verheirateten steigt anfänglich, um später wieder zu fallen. Falls nur ein Maximum von $\overline{a}_x^2$ existiert (in der Realität ist dies der Fall), so wird dies erreicht, wenn sich Eheschließungen und -lösungen die Waage halten:

$$\overline{p}_{0x}^{11} \, \overline{p}_x^{12} = \overline{a}_x^2 (1 - \overline{p}_x^{22}) \qquad (3.115)$$

3.5.1.2. Ein Erwerbstätigkeitsmodell

Deutet man h = 1 als "noch nicht erwerbstätig" und h = 2 als "erwerbstätig", so kann man ein Mikromodell einer Erwerbstätigkeitstafel (working life table) erhalten; siehe Kap. 5, § 3.2.2. Formal analog zum reduzierten Familienstandsmodell erhält man gemäß § 3.3 die Intensität der Erwerbstätigkeit $b_{0s_2}^1$ nach (3.97), die altersspezifischen Erwerbsquoten a_x^2 nach (3.98), das erwartete Alter bei Eintritt ins Erwerbsleben aus § 3.3.2.1 und die durchschnittliche Erwerbslebenserwartung für noch nicht erwerbstätige Personen gemäß (3.103).

In StBA, FsA, 1969a, p. 24 werden die altersspezifischen Erwerbsquoten nach Geschlecht (bei Frauen nach Familienstand getrennt) für die Bevölkerung der Bundesrepublik zum Stichtag vom 6. 6. 1961 dargestellt. Man beachte, daß sie sich auf den Altersaufbau einer Bevölkerung zu einem festen Zeitpunkt beziehen und nicht auf eine Generation, wie wir dies ursprünglich bei Mehrtypenmodellen angenommen haben.

3.5.1.3. Ein Kontrazeptionsmodell nach MASNICK & POTTER

Ein Hauptziel von Familienplanungsprogrammen besteht darin, jene Paare mit hoher Fruchtbarkeit, die keine Kontrazeptiva benutzen, über die Verwendung von solchen zu informieren, bevor sich ihr gesamtes reproduktives Potential realisiert hat. Dabei taucht folgendes Problem auf: Wenn das Familienplanungsprogramm das Paar nicht bald nach einer Geburt erreicht, dann kann es für eine Annahme des Verhütungsmittels schon ‚zu spät' sein, weil die Frau eben schon wieder schwanger ist. MASNICK & POTTER (1969) haben kürzlich ein Modell betrachtet, in welchem

<u>Schwangerschaft und Annahme des kontrazeptiven Mittels</u> als konkurrieren-
de Risken angesehen werden. Wir zeigen hier, wie man derartige Modelle
mittels des Mehrtypenschemas in den Griff bekommen kann. Dazu betrachten
wir eine Zeitskala x von Ein-Monatsintervallen, gerechnet ab dem Zeitpunkt einer Entbindung als Ursprungsereignis. Als Typen fungieren die
Zustände "<u>nicht empfängnisbereit</u>" (anovulatory, h = 1) und "<u>empfängnis-
bereit</u>" (fecund, h = 2). Eine (1,x)-Frau kann in x- in den empfängis-
bereiten Zustand übergehen, oder sie landet in einem der beiden absorbierenden Zustände:

I ... "Annahme des kontrazeptiven Mittels" (contracepting);

II ... "schwanger" (pregnant).

Der Weg zu diesen absorbierenden Zuständen steht natürlich auch empfängnisbereiten Frauen offen. Es wird nun eine Markoff-Matrix (3.92)
spezifiziert, wobei MASNICK & POTTER über die Abhängigkeit der einmona-
tigen Übergangswahrscheinlichkeiten von x folgende, von der Erfahrung
gestützte Annahmen treffen: Die Annahmeraten des kontrazeptiven Mittels
sollen mit wachsendem x zunächst monoton abnehmen und später gleichbleiben. Das Ovulationsrisiko, das für den Übergang vom Typ 1 in den
empfängnisbereiten Zustand verantwortlich ist, soll mit zunehmendem x
anfänglich ebenfalls steigen und dann gleichbleiben. Die monatliche
Konzeptionswahrscheinlichkeit (vgl. auch Kap. 4, § 2.2) wird als konstant
vorausgesetzt.

Die interessanten Modellvariablen sind die <u>schließlichen Absorptions-
wahrscheinlichkeiten</u> b_{0r}^1, das Kontrazeptivum   v o r   einer neuen
Schwangerschaft zu akzeptieren (r = I) bzw. einer neuen Schwangerschaft
(r = II), in ihrer Abhängigkeit von den einjährigen Übergangswahrscheinlichkeiten. Ein Nachteil dieser Modellierung besteht darin, daß sie
zwar verweildauerspezifisch ist, solange man sich in Typ 1 befindet,
hingegen diese Eigenschaft bezüglich des zweiten Typs nicht mehr besitzt. MASNICK & POTTER (1969, p. 274 ff) zeigen, wie man die Verweildauerspezifität auch für h = 2 retten kann; zum Ausgleich geht allerdings die explizite Abhängigkeit der Wahrscheinlichkeiten von der Dauer
x seit der letzten Geburt für die empfängnisbereiten Zustände verloren.
Da die Verweildauerspezifität demographischer Phänomene der Altersabhängigkeit manchmal vorzuziehen ist, so würde eine weitere Analyse solcher   Modelle sicherlich auch vom allgemeinen Standpunkt gewinnbringend sein.

3.5.2. Das verallgemeinerte Familienstandsmodell

entsteht durch Kombination der beiden demographischen Variablen
"Lebensalter" und "Familienstand" mit den vier Ausprägungen "ledig"
(h = 1), "verheiratet" (h = 2), "verwitwet" (h = 3), "geschieden"
(h = 4). Die transiente Matrix $\mathbf{P}$ des Familienstandsmodells baut sich
folgendermaßen aus Superdiagonalblöcken auf

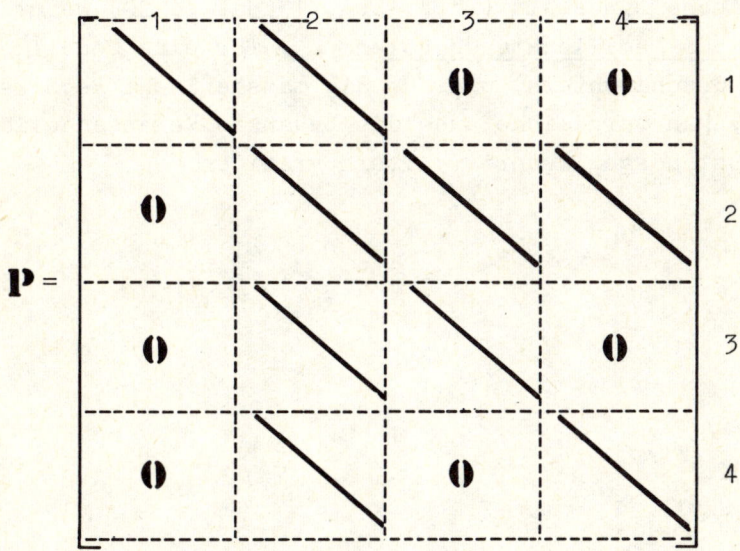

Die Übergangswahrscheinlichkeiten eines derartigen globalen Familien-
standsmodelles sind altersspezifisch, hingegen - wie schon mehrmals
erwähnt - (mit Ausnahme der Heiratswahrscheinlichkeiten)   n i c h t
verweildauerspezifisch. Ehelösungs- und Wiederverheiratungswahrscheinlichkeiten sind zwar von der bisherigen Ehedauer bzw. von der Frist
seit der Ehelösung mitbestimmt, das Familienstandsmodell besitzt jedoch seinen Aussagewert als Durchschnittsmodell. Der für die Fruchtbarkeit entscheidende Familienstandsprozeß wurde in § 2.3
s e k t o r a l   untersucht (Heirat der Ledigen, Ehelösungsmodell,
Wiederverheiratung Verwitweter und Geschiedener). Die Verweildauerspezifität der beiden letzten Modelle wurde durch Einführung des
Parameters u erreicht, der angibt, wann die demographische Einheit in
den jeweiligen Typ eingetreten war. So erhielten wir beispielsweise

für jedes Heiratsalter u eines Partners ein gesondertes ehedauer-
spezifisches Ehelösungsmodell, welches die Haltbarkeit der Ehe x Jahre
nach Eheschließung (also im Lebensalter u+x) beschreibt . Zur Bildung
bloß altersspezifischer Ehelösungswahrscheinlichkeiten hat man die ehedau-
er- und altersspezifischen Lösungswahrscheinlichkeiten mit der Verteilung der bisherigen Ehedauer zu gewichten. So entsteht in der in
§ 3.4 allgemein ausgeführten Weise aus den einzelnen Dekrementsektoren
ein globales Familienstandsmodell.

Das Statistische Bundesamt (StBA, FsA, 1969a, p. 20) weist die
<u>altersspezifischen Familienstandsquoten</u> a_x^h für eine Modellgeneration
(getrennt nach Geschlechtern) und für die tatsächliche Bevölkerung am
6. 6. 1961 aus. Man vergleiche auch die bekannte Veranschaulichung
anhand familienstandsgegliederter Alterspyramiden.

4. Ein verwandtes Modell aus der Erziehungsplanung

THONSTAD (1967, 1969) hat ein mathematisches Modell für den Durchgang von Schülern durch ein Schulsystem und den Output an Graduierten gegeben. Da sein Modell eine Verallgemeinerung der in § 2 und 3 behandelten Prozesse darstellt, so referieren wir kurz über seine Analyse mittels absorbierender Markoffketten. Während sich unsere bisherigen Modelle durch die spezielle Struktur der transienten Matrix auszeichneten, wird nun auf die Superdiagonalstruktur ("Leiter"-System) verzichtet.

4.1. Das Modell von THONSTAD

Ein Individuum werde nach Schulaktivitäten der Länge eines Jahres (z. B. ein Gymnasialjahr) und in Kategorien der vollendeten Erziehung (Erziehungsgrad beim Austritt aus dem Schulsystem) klassifiziert. Es bezeichne S die Menge der Schulaktivitäten und E jene der erreichten Erziehungsgrade (in E sei die Sterblichkeit eingeschlossen). Der Fluß durchs Schulsystem wird durch eine absorbierende Markoffkette beherrscht,

$$\mathbf{A} = \begin{bmatrix} \mathbf{I} & \mathbf{0} \\ \mathbf{Q} & \mathbf{P} \end{bmatrix} \tag{4.1}$$

mit der transienten Matrix $\mathbf{P} = [p_{ij}]$, $i,j \in S$,

der absorbierenden Matrix $\mathbf{Q} = [q_{ie}]$, $i \in S$, $e \in E$,

der Einheitsmatrix $\mathbf{I}$ und der Nullmatrix $\mathbf{0}$.

Dabei bedeutet

p_{ij} die Wahrscheinlichkeit, daß ein Schüler in der Schulaktivität i ein Jahr später in der Aktivität j sein wird,

q_{ie} die Wahrscheinlichkeit, daß ein Schüler der Aktivität i ein Jahr später das Schulsystem mit der Ausbildung e verläßt.

Abweichend zu unseren früheren Modellen ist nun die Hauptdiagonale von $\mathbf{P}$ besetzt; die Diagonalelemente sind die Wiederholungsraten. $\mathbf{Q}$ kann in jeder Spalte mehrere positive Eingänge haben, d. h. verschiedene Pfade durchs Schulsystem können zum selben Abschluß e $\in$ E führen. Ferner soll man von einer Schulstufe i $\in$ S zu verschiedenen Graduierungen kommen können, was mehrere positive Elemente in den Zeilen von $\mathbf{Q}$ bewirkt. Wir legen eine diskrete Zeitskala t = 0,1,2,... mit einem Schuljahr als Einheit zugrunde und bezeichnen Schüler in der Aktivität i abkürzend als i-Schüler.

4.2. Modellimplikationen

Im Anschluß an THONSTAD (1969, p. 28 ff.) erwähnen wir einige Problemstellungen für dieses Schulflußmodell.

4.2.1. Übergangswahrscheinlichkeiten

Problem: Wie groß ist die Wahrscheinlichkeit $p_{ij}^{(t)}$ eines i-Schülers, t Jahre später in der Aktivität j zu sein?

Antwort: Die gefragten Wahrscheinlichkeiten sind gegeben als Eingänge der t-ten Potenz der transienten Matrix

$$\mathbf{P}^t = \left[p_{ij}^{(t)} \right] . \tag{4.2}$$

Die Summe der i-ten Zeile von $\mathbf{P}^t$, nämlich

$$p_i^{(t)} = \sum_{j \in S} p_{ij}^{(t)} \tag{4.3}$$

heißt Beibehaltungsrate (retention rate) und mißt die Neigung eines i-Schülers, t Jahre später noch im Schulsystem zu sein.

4.2.2. Durchschnittliche Verweilzeiten

Problem: Wie groß ist die durchschnittliche Zeitdauer n_{ij}, die ein i-Schüler künftighin in der Aktivität j verbringt?

Antwort: Dieser Erwartungswert ist gegeben durch die <u>Fundamentalmatrix</u>

$$\mathbf{N} = \left[n_{ij} \right] = (\mathbf{I} - \mathbf{P})^{-1} \tag{4.4}$$

des Prozesses; vgl. § 2.2.1. Die erwartete Verweildauer eines i-Schülers bis zum Austritt aus dem Schulsystem beträgt (vgl. (2.19))

$$n_i = \sum_{j \in S} n_{ij} \tag{4.5}$$

4.2.3. Absorptionsverhalten

Problem: Wie groß ist der Anteil $u_{ie}(n)$ unter den augenblicklichen i-Schülern, die <u>genau</u> n Jahre später mit der Erziehung e abschließen? $u_{ie}(n)$ heißt <u>zeitspezifische Graduierungsrate.</u>

Antwort: Es gilt (vgl. auch (2.52))

$$\mathbf{U}(n) = \left[u_{ie}(n) \right] = \mathbf{P}^{n-1} \mathbf{Q} \tag{4.6}$$

Der Anteil $b_{ie}(t)$ der i-Schüler, welche <u>innerhalb</u> von t Jahren mit der Erziehung e graduieren, beträgt gemäß (2.35) und (4.6)

$$\mathbf{B}(t) = \left[b_{ie}(t) \right] = \sum_{n=1}^{t} \mathbf{U}(n) = \sum_{n=1}^{t} \mathbf{P}^{n-1} \mathbf{Q} \tag{4.7}$$

Problem: Wie groß ist die Wahrscheinlichkeit b_{ie} eines i-Schülers, früher oder später einmal die Erziehung e zu erlangen?

<u>Antwort:</u> In Analogie zu (2.40) gilt

$$\mathbf{B} = \left[b_{ie} \right] = \mathbf{N} \mathbf{Q} \tag{4.8}$$

mit $\mathbf{N}$ aus (4.4).

Obwohl im skizzierten Schulflußmodell noch keine Optimierungsprobleme betrachtet werden, besitzt es doch praktischen Wert in der Erziehungs-planung. Es zeigt, wohin der Fortbestand gegebener gegenwärtiger Tenden-zen führt (vgl. THONSTAD, 1969). - Wir verlassen nun die verfolgte Linie, werden aber im weiteren Verlauf gelegentlich darauf zurückkommen (siehe den Abschnitt über Markoffsche Input-Output-Modelle).

Kapitel 3

KONKURRIERENDE RISKEN

1. Einführung

1.1. Interferenz demographischer Phänomene

Wir beginnen mit einem Beispiel, welches an das Heiratsmodell in Kap. 2, § 2.3.2 anknüpft (vgl. auch den Abschnitt über Heiratstafeln im II. Teil).

Um die altersspezifische Neigung lediger Personen (eines Geschlechts) zur Heirat zu erfassen, scheint es zunächst naheliegend zu sein, die Anzahl der Ersteheschließungen n_x einer Kohorte (= Gruppe von Personen eines Geschlechts und eines Geburtsjahrgangs) im Altersintervall $(x,x+1)$ auf den Bestand l_x an x-jährigen Ledigen zu beziehen. Nun hängt n_x aber vom Sterblichkeitsniveau ab. Dies erkennt man, wenn man zwei gleichartige, sich nur bezüglich der Mortalität unterscheidende Bevölkerungen betrachtet: Bevölkerung A mit niedriger und Bevölkerung B mit hoher Sterblichkeit. In A wird es vergleichsweise zu B mehr Heiraten in $(x,x+1)$ geben, weil eine Reihe von Individuen, welche in B dem Tod zum Opfer fallen würden, infolge der geringeren Mortalität in A nicht sterben und deshalb zusätzlich dem Heiratsrisiko ausgesetzt sind. Anders interpretiert: Das erhöhte Todesrisiko in B verhindert einen Teil der in A geschlossenen Ehen, indem gewisse unter den potentiellen Heiratskandidaten vorzeitig aus dem Kreis der Ledigen vom Tod abberufen werden.

Das Schema, das diesem Beispiel zugrundeliegt, ist von allgemeiner

Bedeutung. Zur Illustration betrachten wir in einem abgegrenzten Zeit-intervall demographische Einheiten, die mehreren (mindestens zwei) Ab-gangsrisken I, II,... unterworfen sein sollen. Unter einem Abgangsrisi-ko wollen wir dabei eine potentielle Ausscheideursache verstehen. Könn-te man - rein theoretisch - sämtliche Abgangsrisken mit Ausnahme von Ursache I eliminieren, so wären dann alle Einheiten, die vor der Elimi-nation den Risken II, III,... zum Opfer gefallen sind, nun ausschließ-lich dem Risiko I ausgesetzt, und ein Teil von ihnen würde folglich durch I ausscheiden. Wir haben hier bisher von Kohorten bzw. Einheiten gesprochen, weil die zugrundeliegenden Wahrscheinlichkeiten durch rela-tive Häufigkeiten in homogenen Grundgesamtheiten geschätzt werden (siehe Teil II). Prinzipiell gehören derartige Problemstellungen aber zur Mi-krotheorie. Nach Ausschaltung aller Ausscheiderisken mit Ausnahme von I wird sich dabei also die Wahrscheinlichkeit, durch Ursache I abzuge-hen, erhöhen, weil im Gegensatz zur ursprünglichen Situation für die Einheit jetzt die Möglichkeit, durch eine Ursache aus $\{$ II, III,... $\}$ auszuscheiden, wegfällt.

Neben der Messung des wahren, d. h. von der Sterblichkeit bereinig-ten Heiratsverhaltens belegen wir das eben skizzierte Schema durch fol-gende Beispiele: Bei Betrachtung einer Todesursachenstatistik erhebt sich naturgemäß die Frage, in welchem Maße sich die Überlebenschancen bei Ausscheiden von Krebs als Todesursache erhöhen. Das Beispiel der Todesursachen zeigt in anschaulicher Weise, wie etwa Krebs und Kreis-lauferkrankungen im Wettbewerb um das menschliche Leben stehen (vgl. dazu das Beispiel bei CHIANG, 1968, p. 259 ff.). Ferner sei auf die sich gegenseitig beeinflussenden Phänomene der Fruchtbarkeit und der Sterblichkeit hingewiesen. Ein mehr kriegerisches Beispiel stammt von J. NEYMAN (1950); es handelt von Bombern, die in Gefahr laufen, von feindlichen Jägern oder von der Flak abgeschossen zu werden.

Da die Manifestation des Phänomens "Erstheirat" vom Phänomen "Sterb-lichkeit" in der eingangs dargestellten Weise abhängt, so bildet der Quotient $^{n}x/1_x$ keine Maßzahl für die "wahre" Heiratsneigung. Um eine solche zu finden, hat man das "reine" Heiratsphänomen von der überla-gerten Sterblichkeit zu isolieren. Demographische Phänomene manifestie-ren sich im allgemeinen selten im Reinzustand, d. h. die Häufigkeit des Eintritts von Ereignissen eines bestimmten Phänomens hängt in cha-rakteristischer Weise auch von anderen, meist als störend empfundenen Phänomenen ab (vgl. PRESSAT, 1967, Chap. IV). Der Begriff des Störphä-nomens ist relativ: Während bei einer Untersuchung des Heiratsphänomens die Sterblichkeit als störend erkannt wurde, würde bei einem Studium der Sterblichkeit von Junggesellen die Erstheirat die Rolle des Störfaktors übernehmen (vgl. auch PRESSAT, 1966, p. 41). Diese Interferenz demographischer Phänomene ist eine fundamentale Erscheinung in der Bevölkerungsstatistik. Da sich vorhandene Daten meistens auf gestörte Phänomene beziehen, und oft das Phänomen im Reinzustand wohl auch prinzipiell gar nicht direkt beobachtbar ist (Todesrisken sind kaum auszuschalten), so ist die Entwirrung dieser Interdependenzen und die Isolierung der reinen Phänomene ein Hauptziel der analytischen Demographie. Diese Arbeit ist von WUNSCH (1967, p. 2) treffend mit der chemischen Analyse eines Stoffes in seine Elemente verglichen worden.

Die Theorie konkurrierender Risken (competing risks), ein klassisches Thema der Bevölkerungs- und Versicherungsmathematik, beschäftigt sich mit der Messung von Phänomenen in Reinkultur. Sie hat den theoretischen Rahmen zu erstellen, der eine vernünftige Einschätzung ungestörter Phänomene ermöglicht. Die Theorie wettstreitender Risken gestattet weite Anwendungsmöglichkeiten in Versicherungs- und Bevölkerungsmathematik. Beispielsweise empfiehlt es sich für Vergleiche irgendwelcher Art, die Störphänomene zu eliminieren, um zu echten Vergleichsmöglichkeiten des studierten Phänomens zu gelangen.

1.2. Historisches

Untersuchungen über wettstreitende Risken sind mit einer Reihe berühmter Namen verknüpft. DANIEL BERNOULLI, D'ALEMBERT und LAPLACE haben in einer Reihe teilweiser kontroverser Arbeiten im Zusammenhang mit der Pockensterblichkeit und dem Wert von Pockenimpfungen das Konzept der konkurrierenden Risken aus der Taufe gehoben. Man vergleiche dazu die interessanten Ausführungen bei TODHUNTER (1965, Articles 398 - 407, 483, 487, 488, 1035). In der Folge ist MAKEHAM (1874) mit theoretischen Studien über multiple Abgangsmöglichkeiten und Anwendungen in der Versicherungsmathematik hervorzuheben. Dem damaligen Trend entsprechend hat sich auch DU PASQUIER (1913) mit der mathematischen Theorie konkurrierender Risken im Zusammenhang mit Versicherungsproblemen beschäftigt. Weitere Literaturhinweise findet man bei CHIANG (1968) und in den dort zitierten Arbeiten. FIX und NEYMAN (1951) haben das Überleben von Krebspatienten untersucht und die Diskussion über die "competing risks" durch die Verwendung von Markoffprozessen bereichert. Ihr Aufsatz bildet den Ausgangspunkt einer Reihe verschiedener Arbeiten, die von medizinischen Verfolgungsstudien (follow-up studies) bis hin zu soziologischen und betriebswirtschaftlichen Anwendungsmöglichkeiten reichen; wir erwähnen hier nur KIMBALL (1958), ZAHL (1955) und BARTHOLOMEW (1967, Chap. 4). SVERDRUP (1965) hat in einer schönen Arbeit die bei zeitlich kontinuierlichen Modellen auftretenden Schätzprobleme behandelt. Der stochastische Zutritt wurde von CHIANG ausgebaut (1961). Seine zusammenfassende Darstellung (1968) leidet unter dem Nachteil, daß er im 2. Teil keinen Gebrauch von Markoffprozessen macht. Durch ihre Verwendung ließe sich die Schätztheorie wesentlich vereinfachen (siehe Teil II der vorliegenden Schrift). Auf eine naheliegende Behandlung des Zusammenhanges zwischen multiplen Dekrementtafeln und Risikoelimination wird bei CHIANG (1968) ebenfalls verzichtet. In einer zweiten Auflage dieser hervorragenden Einführung in die stochastischen Prozesse der Biostatistik lassen sich diese Mängel sicher beheben. Im Vergleich zur angelsächsischen und skandinavischen Literatur nehmen sich Hinweise auf diesbezügliche deutschsprachige Veröffentlichungen bescheiden aus. Es handelt sich vor allem um schweizerische Autoren; von den Monographien seien jene von ZWINGGI (1958) und SAXER (1955) erwähnt.

Leider existiert meines Wissens bisher kein befriedigend einheitlicher und allgemeiner Zugang zur Theorie konkurrierender Risken. Noch immer werden in der Demographie Todesursachenstatistik und Heiratstafeln ohne Bezugnahme aufeinander behandelt, obgleich beide auf demselben formalen Konzept basieren (siehe z. B. bei FLASKÄMPER, 1962, wie auch bei SPIEGELMAN, 1969). Es scheint klar zu sein, daß ein hinreichend allgemeiner Aufbau über stochastische Prozesse zu geschehen hätte. Elemente einer solchen Darstellung liefert HOEM (1968 b, 1968 c). Andererseits müßte aber auch näher auf demographische Gegebenheiten eingegangen werden, etwa so wie bei PRESSAT (1969). Leider weist diese ausgezeichnete Monographie einen niedrigen Formalisierungsgrad auf. Wir können natürlich hier im Rahmen dieser Schrift keine derartige geschlossene Behandlung konkurrierender Risken anstreben und verfolgen die Elemente der Theorie nur soweit, als dies für den weiteren Aufbau unerläßlich scheint.

1.3. Überblick

Wir geben im folgenden eine Darstellung, welche durch zwei Merkmale gekennzeichnet ist. Erstens erfolgt sie im mikrotheoretischen Gewand und nicht, wie sonst meist üblich, im Rahmen multipler Dekrementtafeln. Zum anderen geben wir eine echt stochastische Behandlungsweise, welche sich vom Determinismus bei ZWINGGI, SAXER und auch PRESSAT unterscheidet. Die Darstellung hebt sich durch die erste Forderung von CHIANGs Behandlungsweise ab und ist am ehesten wohl mit jener von HOEM und NEYMAN vergleichbar.

In Abschnitt 2 wird gezeigt, in welcher Weise unter Zugrundelegung einer stetigen Version des Dekrementmodells ein Zugang zum Problemkreis der Risikoelimination erreicht wird. Während üblicherweise oft die bekannten Formeln über unabhängige Wahrscheinlichkeiten mittels anschaulicher Überlegungen gewonnen werden, erfolgt die Ableitung hier formal aus einigen wenigen Grundannahmen, insbesondere aus (2.10) und (2.29). Der 3. Abschnitt erläutert, wie die von uns in Kap. 2 eingeführten transformierten Markoffketten (vgl. FEICHTINGER, 1970) zur Risikoelimination ausgenützt werden können. Im Anschluß an KIMBALL (1969) erfolgt schließlich ein kritischer Vergleich beider Modellkategorien. Transformierte Ketten erweisen sich auch für die Modellierung retrospektiver demographischer Untersuchungen als bedeutsam (siehe § 3.2).

2. Ein Zugang über die risikospezifischen Ausscheideintensitäten

2.1. Kontinuierliche Version des Dekrementmodells

2.1.1. Allgemeine Bemerkungen

Auf seiner Reise von der Geburt bis zur Ewigkeit sieht sich ein Individuum einer Reihe verschiedenartiger Risiken ausgesetzt (Krankheiten,

Fruchtbarkeits-"Risiko", Todesrisiko u. dgl. mehr). Will man die Wirkungsweise gewisser Risken eliminieren, so erweist sich das bisher zugrundegelegte diskrete Altersschema x = 0, 1, 2,... als zu grob. Denn
zur Risikoausschaltung hat man die speziellen Eintrittszeitpunkte der
relevanten Ereignisse im k o n t i n u i e r l i c h e n Zeitfluß zu
berücksichtigen.

Wir gehen also aus von einer stetigen Altersskala x, die gleichzeitig
als Zeitskala fungiert. Bis auf weiteres sind Altersangaben ab nun exakt
gemeint. Im folgenden wird eine kontinuierliche stochastische Analyse
des Dekrementschemas mit mehreren Abgangsursachen gegeben. Es wurde bereits erwähnt, daß Dekrementmodelle das Fundament multipler Abgangstafeln bilden (vgl. Teil II). Demographische Tafeln wurden bisher fast
stets vom Standpunkt des Determinismus aus untersucht (vgl. ZWINGGI,
1958, SAXER, 1955, KEYFITZ, 1968a, p. 5 ff.). Eine echt stochastische
Analyse hat erstmals CHIANG (1961a) gegeben. Wir greifen sie hier auf
und zeigen, daß sich die entscheidenden Formeln und Approximationen
mindestens ebenso organisch herleiten lassen wie bei einem deterministischen Zutritt.

2.1.2. Das Modell

Es bezeichne Δ eine positive reelle Zahl. Die altersspezifische Ausscheideintensität (force of mortality) $\mu(x)$ einer x-jährigen Einheit
wird definiert wie folgt:

$$\mu(x)\,\Delta + o(\Delta) = \text{Wahrscheinlichkeit, daß eine x-jährige}$$
$$\text{Einheit im Zeitintervall } (x, x+\Delta) \text{ ausscheidet.} \tag{2.1}$$

Dabei ist das Symbol "o" wie folgt erklärt: Man schreibt $f(t) = o(g(t))$,
wenn gilt $\lim\limits_{t \to o} \dfrac{f(t)}{g(t)} = 0$. Das Symbol "o" ist jeweils für einen bestimmten Grenzübergang erklärt, der jedoch hier stets mit $t \to 0$ angenommen
wird. Wir halten ferner fest, daß der Intensitätsbegriff in diesem Zusammenhang verschieden ist von der in Kap. 2, § 1 eingeführten Intensität eines demographischen Phänomens.

In Verallgemeinerung zu (2.12) in Kap. 2 definieren wir nun für beliebige nicht negative reelle $x \leqq y$

P_{xy} als Wahrscheinlichkeit einer x-jährigen Einheit,
bis zum Alter y zu überleben. $\qquad$ (2.2)

Eine x-jährige Einheit (d. h. ja ab nun: <u>genau</u> x-jährig) überlebt genau dann (mindestens) bis zum Alter y + Δ, wenn sie zunächst das Alter y erreicht und auch im Intervall (y,y+Δ) nicht ausscheidet. Nach dem Multiplikationssatz der Wahrscheinlichkeitsrechnung gilt daher

$$P_{x,y+\Delta} = P_{xy}\left[1 - \mu(y)\Delta\right] + o(\Delta) \qquad (2.3)$$

und

$$\frac{P_{x,y+\Delta} - P_{xy}}{\Delta} = - P_{xy}\mu(y) + \frac{o(\Delta)}{\Delta} \qquad (2.4)$$

Geht man in (2.4) mit Δ gegen Null, so ergibt sich für P_{xy} die lineare Differentialgleichung

$$\frac{dP_{xy}}{dy} = - P_{xy}\mu(y) \qquad \text{bzw.} \qquad \frac{d \ln P_{xy}}{dy} = -\mu(y) \qquad (2.5)$$

mit der Anfangsbedingung

$$P_{xx} = 1 . \qquad (2.6)$$

(2.5) und (2.6) liefern als Lösung

$$P_{xy} = \exp\left\{-\int_x^y \mu(t)dt\right\} , \quad 0 \leqq x \leqq y, \text{ reell} . \qquad (2.7)$$

Aus (2.7) erkennt man, daß P_{xy} die Darstellung besitzt (vgl. Kap. 2, (2.29))

$$P_{xy} = P_{xz}P_{zy} \qquad \text{mit } 0 \leqq x \leqq z \leqq y \qquad (2.8)$$

Es sei A = $\{1, 2,..., a\}$ die Menge der Abgangsrisken r, denen die demographische Einheit unterworfen ist. Wir führen die <u>risiko- und</u>

<u>altersspezifische Ausscheideintensität</u> $\mu_r(x)$ ein, indem wir setzen

$$\mu_r(x)\Delta + o(\Delta) = \text{Wahrscheinlichkeit, daß ein}$$

Individuum, welches das Alter x erreicht hat,   (2.9)

in $(x,x+\Delta)$ <u>aufgrund der Ursache r</u> ausscheidet.

Da sich das Ereignis, im Intervall $(x,x+\Delta)$ überhaupt abzugehen, als disjunkte Vereinigung der Ereignisse in $(x,x+\Delta)$ durch r auszuscheiden darstellen läßt (erstreckt über alle $r \in A$), so folgt aus (2.1) und (2.9) nach dem Additionstheorem der Wahrscheinlichkeitsrechnung

$$\mu(x) = \sum_{r \in A} \mu_r(x) \qquad\qquad (2.10)$$

<u>Bemerkung</u>: Das Modell basiert auf der Annahme, daß die risikospezifischen Ausscheideintensitäten $\mu_r(x)$ voneinander unabhängige Modellparameter sind. Damit ist gemeint, daß die Abgangsintensität für irgendein Risiko r unabhängig davon ist, o b   u n d   w e l c h e anderen Risken existieren bzw. wie groß deren Intensität ist. Dieses <u>Unabhängigkeits-axiom</u> ist in der Praxis meist n i c h t erfüllt (Beispiel: Gewisse Krankheiten und Gebrechlichkeit erhöhen das Todesrisiko, vermindern jedoch die Heiratschancen). Da aber nicht die Mittel zur Verfügung stehen, derartige Abhängigkeiten zu präzisieren, und um überhaupt in der Analyse weiterzukommen, hat man sich bisher von der Unabhängigkeits-annahme nicht trennen können. Man vergleiche dazu die in Kap. 1 gemachten Bemerkungen zur Simplifikation bei Modellen und auch PRESSAT (1969, p. 49).

Es seien also a Abgangsgesetze, d. h. Funktionen $\mu_r(x)$, $r \in A$ <u>unabhängig</u> voneinander spezifiziert, wobei $\mu_r(x) > 0$ für alle x und r sein soll.

2.1.3. Reine und rohe Wahrscheinlichkeiten

Es sei $0 \leq x \leq y$ und $J = (x,y)$ das zugeordnete Alters- bzw. Zeitintervall. Wir erklären

$\overline{Q}_{xyr}$ als Wahrscheinlichkeit, daß eine x-jährige

Einheit in J durch r ausscheidet, <u>falls die Ein-</u>   (2.11)

<u>heit ausschließlich dem Risiko r ausgesetzt ist.</u>

Da die Einheit in J nur dem r-ten Abgangsrisiko unterworfen ist, und da man sich wegen der Unabhängigkeitsvoraussetzung um die Abgangsge-setze neben r gar nicht zu kümmern braucht, so gilt analog zu (2.7)

$$\overline{Q}_{xyr} = 1 - \overline{P}_{xy} = 1 - \exp\left\{-\int_x^y \mu_r(t)dt\right\}$$ (2.12)

Da in (2.11) die Situation von allen Risken (außer r) bereinigt wurde, so nennen wir $\overline{Q}_{xyr}$ <u>reine Abgangswahrscheinlichkeit</u>. Die in (2.12) auf-tretende Gegenwahrscheinlichkeit $\overline{P}_{xy}$ soll <u>reine Verbleibswahrschein-</u> <u>lichkeit</u> heißen. Der Querstrich dient dabei und im folgenden als Cha-rakteristikum für reine Wahrscheinlichkeiten. Im Gegensatz zu (2.11) bedeute

Q_{xyr} die Wahrscheinlichkeit, daß eine im Alter x

stehende Einheit im Intervall J durch r abgeht,

unter der Annahme, daß die Einheit der Einwir-   (2.13)

kung aller a Risken ausgesetzt ist.

Wir nennen Q_{xyr} <u>rohe</u> (crude) (risiko- und intervallspezifische) <u>Aus-</u> <u>scheidewahrscheinlichkeit.</u> Die Wahrscheinlichkeit, daß eine x-jährige Einheit in (t,t+dt) durch r abgeht für $t \in J$ ist gegeben durch

$$P_{xt} \mu_r(t)dt = \exp\left\{-\int_x^t \mu(\tau)d\tau\right\} \mu_r(t)dt$$ (2.14)

Der 1. Faktor in (2.14) ist die Wahrscheinlichkeit, von x bis t zu überleben. Da die Einheit in (x,t) a l l e n Risken ausgesetzt ist, so gelangt (2.7) zur Anwendung. $\mu_r(t)dt$ hingegen ist gemäß (2.9) die instantane Ausscheidewahrscheinlichkeit bezüglich r in (t,t+dt). Inte-griert man nun über alle möglichen $t \in J$, so ergibt sich für die rohe Ausscheidewahrscheinlichkeit

$$Q_{xyr} = \int_x^y \exp\left\{ -\int_x^t \mu(\tau)\,d\tau \right\} \mu_r(t)\,dt \qquad (2.15)$$

Während $\overline{Q}_{xyr}$ gemäß (2.12) nur von der Intensität $\mu_r(x)$ abhängt (von den übrigen Ausscheiderisken also unabhängig ist), so erkennt man aus (2.15) in Verbindung mit (2.10), daß die rohe Wahrscheinlichkeit Q_{xyr} von sämtlichen a Risken abhängig ist bzw. beeinflußt wird. Aus diesem Grunde ist es üblich, die rohen Wahrscheinlichkeiten auch als abhängig, beeinflußt (influenced) oder gemischt (mixed) zu benennen. Andere gebräuchliche Namen für reine Wahrscheinlichkeiten sind partielle, unabhängige, absolute oder Nettowahrscheinlichkeiten. In der Bezeichnungsweise herrscht hier keineswegs Einheitlichkeit. Nicht besonders glücklich scheint uns die CHIANGsche Benennung der reinen Wahrscheinlichkeiten als Nettowahrscheinlichkeiten, denn sie kommt mit etablierten demographischen Begriffen (z. B. Nettoheiratstafel, Nettoreproduktionsrate) in Konflikt, wo sich das Attribut "Netto" auf einen ganz verschiedenen Sachverhalt bezieht (vgl. dazu auch eine Bemerkung bei CORNFIELD, 1957). Wir haben die anschauliche Namensgebung "rein" und "roh" gewählt, werden die Wahrscheinlichkeiten aber gelegentlich auch mit "unabhängig" bzw. "abhängig" bezeichnen, obwohl dieser Benennung eine gewisse Inkonsistenz mit dem Unabhängigkeitsbegriff der Wahrscheinlichkeitsrechnung vorgeworfen wird.

Eine Verallgemeinerung zu (2.11) stellen die partiell rohen Wahrscheinlichkeiten dar (partial crude probabilities von CHIANG, 1968, p. 243):

$\overline{Q}_{xyr.E}$ = Wahrscheinlichkeit, in J durch r

auszuscheiden, falls die Risken aus der

Teilmenge E von A eliminiert sind.

2.1.4. Der Zusammenhang zwischen Intensitäten und rohen Wahrscheinlichkeiten

$\mu_r(y)$ und Q_{xyr} sind verbunden durch die Gleichung

$$Q_{x,y+\Delta,r} = Q_{xyr} + P_{xy}\,\mu_r(y)\,\Delta + o(\Delta) \qquad (2.16)$$

Aus (2.16) folgt

$$\mu_r(y) = \frac{1}{P_{xy}} \lim_{\Delta \to 0} \frac{Q_{x,y+\Delta,r} - Q_{xyr}}{\Delta} = \frac{1}{P_{xy}} \frac{dQ_{xyr}}{dy} \qquad (2.17)$$

Wir definieren nun

Q_{xy} als <u>rohe Wahrscheinlichkeit</u> einer x-jährigen

Einheit, in $J = (x,y)$ abzugehen

$\qquad (2.18)$

und erhalten analog zu (2.16) und (2.17)

$$\mu(y) = \frac{1}{P_{xy}} \lim_{\Delta \to 0} \frac{Q_{x,y+\Delta} - Q_{xy}}{\Delta} = \frac{1}{P_{xy}} \frac{dQ_{xy}}{dy} \quad . \qquad (2.19)$$

Man beachte den aufgrund der Beziehung $Q_{xy} = 1 - P_{xy}$ bestehenden Zusammenhang von (2.19) und (2.5).

Sind die rohen Abgangswahrscheinlichkeiten gegeben, so kann man die Intensitäten als Grenzwerte folgendermaßen schreiben:

$$\mu(y) = \lim_{\Delta \to 0} \frac{1 - P_{y,y+\Delta}}{\Delta} = \lim_{\Delta \to 0} \frac{Q_{y,y+\Delta}}{\Delta} \qquad (2.20)$$

$$\mu_r(y) = \lim_{\Delta \to 0} \frac{Q_{y,y+\Delta,r}}{\Delta} \qquad (2.21)$$

(2.20) und (2.21) folgen aus (2.19) bzw. (2.17) für $x = y$.

2.1.5. <u>Relationen zwischen rohen und reinen Wahrscheinlichkeiten</u>

<u>Hilfsatz.</u> Für $x \leq y$ gilt

$$\int_x^y \exp\left\{ - \int_x^t \mu(\tau)d\tau \right\} \mu(t)dt = 1 - \exp\left\{ - \int_x^y \mu(\tau)d\tau \right\} \qquad (2.22)$$

Beweis. Setzt man

$$u(t) = \exp\left\{- \int_x^t \mu(\tau)d\tau\right\} , \qquad (2.23)$$

so gilt

$$\frac{du(t)}{dt} = -\exp\left\{- \int_x^t \mu(\tau)d\tau\right\} \mu(t) ,$$

und die linke Seite von (2.22) kann geschrieben werden als

$$-\int_x^y \frac{du(t)}{dt}dt = u(t)\Big|_y^x = 1 - \exp\left\{- \int_x^y \mu(\tau)d\tau\right\} .$$

Die Wahrscheinlichkeiten (2.13) und (2.18) sind folgendermaßen additiv verbunden

$$Q_{xy} = \sum_{r\in A} Q_{xyr} \qquad (2.24)$$

Beweis: Aus (2.15), (2.10), (2.22) und (2.7) folgt sukzessive

$$\sum_r Q_{xyr} = \sum_r \int_x^y \exp\left\{- \int_x^t \mu(\tau)d\tau\right\} \mu_r(t)dt$$

$$= \int_x^y \exp\left\{- \int_x^t \mu(\tau)d\tau\right\} \mu(t)dt$$

$$= 1 - \exp\left\{- \int_x^y \mu(\tau)d\tau\right\} = 1 - P_{xy} = Q_{xy}$$

Auf die Voraussetzung (2.29) der relativen Proportionalität der Intensitäten, die CHIANG zur Ableitung von (2.24) benutzt, kann dabei natürlich (noch) verzichtet werden.

Nun zeigen wir die Beziehung

$$P_{xy} = 1 - Q_{xy} = \widetilde{\prod_{r \in A}} (1 - \overline{Q}_{xyr}) \qquad (2.25)$$

Beweis: Nach (2.12), (2.10) und (2.7) gilt

$$\widetilde{\prod_{r}} (1 - \overline{Q}_{xyr}) = \widetilde{\prod_{r}} \exp\left\{-\int_x^y \mu_r(t)dt\right\} = \exp\left\{-\int_x^y \sum_r \mu_r(t)dt\right\} =$$

$$= \exp\left\{-\int_x^y \mu(t)dt\right\} = P_{xy} = 1 - Q_{xy}$$

In Worten:

(2.24): Die totale rohe Ausscheidewahrscheinlichkeit ist gleich
der S u m m e der rohen Abgangswahrscheinlichkeiten.

(2.25): Die rohe Verbleibswahrscheinlichkeit ist gleich dem
P r o d u k t der reinen Verbleibswahrscheinlichkeiten.

Bemerkungen:

Es wäre naheliegend, (2.25) als Anwendung des Multiplikationstheorems der Wahrscheinlichkeitsrechnung aufzufassen und auch die Herleitung so aufzuziehen. Wir geben jedoch folgende Warnung: (2.25) gestattet ohne weiteres k e i n e Interpretation als Multiplikationssatz für unabhängige Ereignisse. Dies wird sofort klar, wenn man auf die zugrundeliegenden Ereignisse als Teilmengen von Stichprobenräumen zurückgreift. Der Faktor $1 - \overline{Q}_{xyr}$ der rechten Seite der Gleichung (2.25) bezieht sich nämlich auf das Ereignis, im Intervall J dem Risiko r zu entwischen, unter der Annahme, daß dieses Risiko das einzig vorhandene ist. Das so beschriebene Ereignis tritt aber als Teilmenge des Stichprobenraumes Ω des Modells, das der linken Seite zugrunde liegt, gar nicht auf. In diesem Modell liegen ja sämtliche a Risiken auf der Lauer. Letztlich beruht diese Tatsache auf den Modellannahmen, nämlich, daß die Elimination von Risiken durch Nullsetzen von Intensitäten kein Ereignis in Ω ist. Eine genauere Beachtung dieser Tatsache würde dazu beitragen, öfters begangene Irrtümer zu vermeiden (vgl. jedoch ZWINGGI, 1958, p. 28/29). Als Beispiel für einen derartigen Fehlgriff sei die Monographie von SAXER erwähnt (1955, p. 24, Fußnote), wo offenbar die stochastische Unabhängigkeit mit dem Disjunktheitsbegriff vermengt wird. Über derartige Verwechselungen lese man bei

MOSTELLER, ROURKE und THOMAS (1961) nach.

Das Ereignis, vom Alter x bis (mindestens) y zu überleben, ist
zwar gleich dem Durchschnitt aller Ereignisse, in J den Risken r
zu entwischen, nun auch tatsächlich unter der Modellvoraussetzung,
daß alle Risken einwirken. Wie aus (2.24) hervorgeht, gilt das Mul-
tiplikationstheorem für stochastisch unabhängige Ereignisse nun
jedoch nicht. Aus diesem Grund sind die Ereignisse abhängig, und
man nennt (etwas salopp) auch die Wahrscheinlichkeiten abhängig.

Aus (2.10) und der Bedeutung von $o(\Delta)$ folgt

$$1 - \mu(x)\Delta = \widetilde{\prod_r}\left[1 - \mu_r(x)\Delta\right] + o(\Delta) \tag{2.26}$$

In heuristischer Sprechweise kann der Sachverhalt etwa so umrissen
werden: "Im Kleinen" gilt der Multiplikationssatz für unabhängige
Ereignisse angenähert: (2.26). Je größer Δ wird, um so mehr stören
sich die Abgangsrisken gegenseitig (Interferenz). Die Konstruktion
reiner Wahrscheinlichkeiten ermöglicht es gewissermaßen, eine exakte multiplikative Beziehung auch für große Δ zu retten. Je
kleiner Δ ist, desto ähnlicher werden sich abhängige und unabhängige Wahrscheinlichkeiten; im Grenzfall sind sie nicht mehr zu unterscheiden.

Da bei Ausschaltung aller Risken bis auf r für jene Einheiten, die
bei Vorhandensein aller Risken durch eine Ursache aus $A - \{r\}$ ausgeschieden wären, nun nur mehr eine Möglichkeit besteht, durch r abzugehen, so wird man vermuten, daß

$$Q_{xyr} < \overline{Q}_{xyr} \tag{2.27}$$

gilt. Formal beweisen wir (2.27) wie folgt.
Da bei Vorhandensein mindestens zweier Risken für alle τ (siehe (2.10))

$$\mu_r(\tau) < \mu(\tau)$$

ist, so folgt

$$\exp\left\{-\int_x^t \mu(\tau)d\tau\right\} < \exp\left\{-\int_x^t \mu_r(\tau)d\tau\right\} \tag{2.28}$$

Aus (2.15), (2.28), (2.22) und (2.12) ergibt sich

$$Q_{xyr} < \int_x^y \exp\left\{-\int_x^t \mu_r(\tau)d\tau\right\} \mu_r(t)dt = 1 - \exp\left\{-\int_x^y \mu_r(t)dt\right\} = \overline{Q}_{xyr}$$

Unterschiedlich zur Vorgangsweise bei CHIANG (1968, p. 246) ist dabei von Zusatzannahmen noch nicht die Rede.

2.2. Herleitung der reinen aus den rohen Abgangswahrscheinlichkeiten

2.2.1. Die Annahme konstanter relativer Intensitäten

In vielen Fällen sind die rohen, risikospezifischen Ausscheidewahrscheinlichkeiten für ein Intervall $J = (x,y)$ gegeben, und man interessiert sich für die reinen, d. h. durch die Einwirkung anderer Risken ungestörten Abgangsverhältnisse. Sind die Intensitäten $\mu_r(x)$ gegeben, so kann man natürlich sowohl abhängige wie auch unabhängige Wahrscheinlichkeiten durch Integration (2.15) bzw. (2.12) ermitteln. Die Intensitäten werden jedoch als im Hintergrund stehende, theoretische Konstruktion nicht tatsächlich beobachtet, wie dies etwa für die rohen Wahrscheinlichkeiten Q_{xyr} der Fall sein kann. Man möchte also, ausgehend von letzteren, zu Formeln für die reinen Wahrscheinlichkeiten $\overline{Q}_{xyr}$ gelangen, ohne explizite auf die Intensitäten Bezug nehmen zu müssen.

Dabei kommt man ohne Zusatzannahme nicht aus. Es werde angenommen, daß das Verhältnis aus risikospezifischer Intensität zur Gesamtabgangsintensität innerhalb des Altersintervalls $J = (x,y)$ konstant ist:

$$\frac{\mu_r(t)}{\mu(t)} = c_r(x,y) \qquad \text{für alle } t \in J = (x,y) \qquad (2.29)$$

Bemerkung: Die Annahme (2.29), nämlich daß die abgangsspezifischen Intensitäten $\mu_r(t)$ im Altersintervall J zwar absolut variieren dürfen, zur Totalintensität jedoch in festen (von r und x,y abhängigen) Proportionen stehen sollen, ist in der Versicherungsmathematik

gängig (JORDAN, 1967) und auch in der Demographie geläufig (vgl. SPIE-
GELMAN, 1969, p. 137; CHIANG, 1968, p. 244). (2.29) stellt die wohl
schwächste Voraussetzung dar, welche bei der Gewinnung der unabhängigen
Wahrscheinlichkeiten zu treffen ist. Ihr Gebrauch dürfte auf CHIANG
(1961 b) zurückgehen. Durch (2.29) ist zwar mathematische Handhabbarkeit zugesichert; die Proportionalitätsannahme wurde jedoch kürzlich
von KIMBALL (1969) einer berechtigten Kritik unterzogen, da sie gelegentlich zu unrealistischen Folgerungen führt.

2.2.2. Die Linearitätsannahme für abhängige Wahrscheinlichkeiten

Eine andere, früher häufig benutzte - vgl. ZWINGGI (1958, p. 31) -
Zusatzannahme ist die des linearen Verlaufes der risikospezifischen
rohen Abgangswahrscheinlichkeiten innerhalb gewisser Altersintervalle:

$$Q_{xtr} = \frac{t - x}{y - x} Q_{xyr} \qquad \begin{array}{l} \text{für alle } t \in J = (x,y) \\ \text{und alle } r \in A \end{array} \qquad (2.30)$$

Aus (2.30) und (2.24) ergeben sich auch für die Funktionen Q_{xt} und P_{xt}
lineare Verläufe, nämlich

$$Q_{xt} = \frac{t - x}{y - x} Q_{xy} \quad , \quad P_{xt} = 1 - Q_{xt} \qquad (2.31)$$

Wir beweisen zunächst, daß (2.30) eine Verschärfung von Bedingung
(2.29) darstellt. Es sei dazu $t \in J$. Durch Division von (2.17) mit (2.19)
und unter Beachtung von (2.30) und (2.31) erhält man

$$\frac{\mu_r(t)}{\mu(t)} = \lim_{\Delta \to 0} \frac{Q_{x,t+\Delta,r} - Q_{xtr}}{Q_{x,t+\Delta} - Q_{xt}} = \frac{Q_{xyr}}{Q_{xy}} = c_r(x,y) \quad , \qquad (2.32)$$

wobei $c_r(x,y)$ unabhängig von t ist. Umgekehrt folgt (2.30) aus (2.29)
natürlich nicht, wie man etwa am Beispiel der quadratischen Funktion

$$Q_{xtr} = \left(\frac{t - x}{y - x}\right)^2 Q_{xyr} \qquad (2.33)$$

erkennt, aus welcher sich nämlich die Proportionalität (2.29) ebenfalls ergibt.

Satz. Die abhängige Wahrscheinlichkeit Q_{xt} ist im Intervall J genau dann
linear von der Form (2.31), wenn die Intensität $\mu(t)$ in J hyperbolischen Verlauf hat von der Gestalt

$$\mu(t) = \frac{Q_{xy}}{(y-x) - (t-x)Q_{xy}} \qquad (2.34)$$

Beweis: Falls (2.31) gilt, so folgt aus (2.19)

$$\mu(t) = \frac{1}{P_{xt}} = \frac{dQ_{xt}}{dt} = \frac{Q_{xy}}{(y-x) - (t-x)Q_{xy}}$$

Es sei umgekehrt

$$\mu(\tau) = \frac{c}{(y-x) - (\tau-x)c} \quad \text{mit } c = Q_{xy} \qquad (2.35)$$

Aus (2.32) folgt durch Integration

$$\int_{x}^{t} \mu(\tau)d\tau = -\ln \frac{(y-x) - (t-x)c}{y - x} \qquad (2.36)$$

Aus (2.7) ergibt sich in Verbindung mit (2.36)

$$P_{xt} = \exp\left\{ - \int_{x}^{t} \mu(\tau)d\tau \right\} = 1 - \frac{t - x}{y - x} c \ ,$$

woraus schließlich mit

$$Q_{xt} = 1 - P_{xt} = \frac{t - x}{y - x} Q_{xy}$$

das gewünschte Resultat (2.31) folgt.

Wir haben gesehen, daß die Linearität von Q_{xt} mit dem hyperbolischen
Verlauf von $\mu(t)$ äquivalent ist. Wir vergleichen nun diesen Fall mit
dem einfachsten denkbaren Fall, nämlich mit konstanter Ausscheideintensität

$$\mu(t) = \mu_0 \qquad \text{in J} \tag{2.37}$$

	Fall 1	Fall 2
Abgangsintensität	hyperbolisch	konstant
Überlebenswahrscheinlichkeit	linear	exponentiell

Aus (2.7) und (2.37) folgt

$$P_{xt} = \exp\left\{-\mu_0(t-x)\right\} \tag{2.38}$$

und daraus wieder

$$\mu_0 = \frac{1}{y-x} \ln \frac{1}{1-Q_{xy}} \tag{2.39}$$

Da gemäß (2.34) in J $\mu'(t) > 0$ und $\mu''(t) > 0$ gilt, und da aus der logarithmischen Reihenentwicklung (vgl. etwa v. MANGOLDT – KNOPP II, 1965, p. 203)

$$\ln \frac{1}{1-c} = c + \frac{c^2}{2} + \frac{c^3}{3} + \dots \qquad \text{für } -1 \leq c < 1 \tag{2.40}$$

die Relation

$$c < -\ln(1-c) < \frac{c}{1-c} \tag{2.41}$$

folgt , so haben die Intensitäten (2.34) und (2.39) in J folgenden Verlauf:

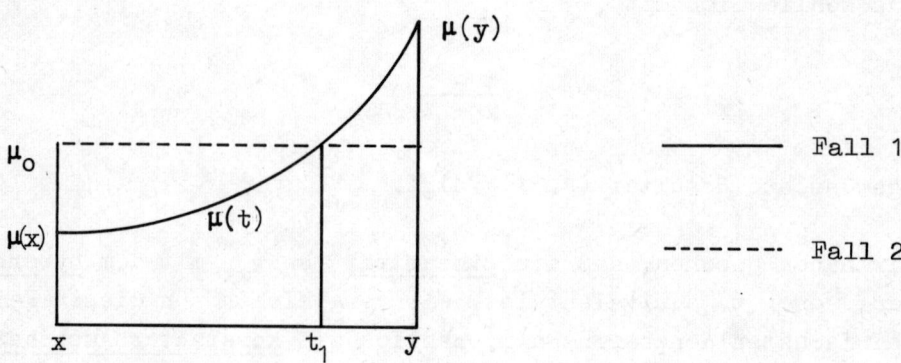

Dabei wurde, wie schon in (2.35), $Q_{xy} = c$ gesetzt. Nach (2.34) gilt

$$\mu(x) = c(y-x)^{-1} \qquad \text{und} \quad \mu(y) = c(1-c)^{-1}(y-x)^{-1} \qquad (2.42)$$

Aufgrund obiger Ausführungen überlegt man sich leicht, daß die Abszisse t_1 des Schnittpunktes als Lösung der Gleichung

$$\mu(t) = \mu_o$$

existiert und gegeben ist durch

$$t_1 = x + (y-x)\left[\frac{1}{c} + \frac{1}{\ln(1-c)}\right]. \qquad (2.43)$$

Aus (2.40), (2.41) und wegen $0 < c < 1$ folgt, daß der Ausdruck in der eckigen Klammer von (2.43) echt zwischen 0 und 1 liegt.

Infolge (2.31) und (2.38) haben die Überlebenswahrscheinlichkeiten P_{xt} in J folgende Form

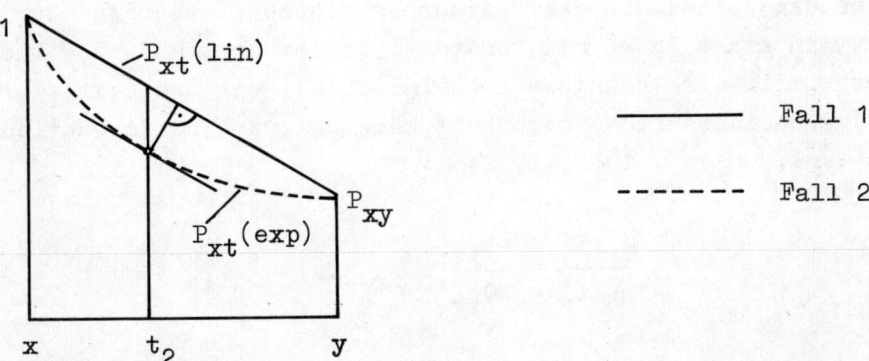

Für welchen Wert $t_2 \in J$ unterscheiden sich die beiden Funktionen P_{xt} am meisten? Zur Ermittlung von t_2 bestimmen wir jene Stelle, an welcher $P_{xt}(\exp)$ dieselbe Steigung wie $P_{xt}(\lin)$, nämlich $-c$, besitzt. Nach (2.38) und (2.39) ist also die Gleichung

$$\frac{d}{dt}P_{xt}(\exp) = \frac{d}{dt}\exp\left\{\frac{t-x}{y-x}\ln(1-c)\right\} = -c \qquad (2.44)$$

nach t zu lösen. Dies liefert

$$t_2 = x + (y-x)\frac{\ln c(y-x) - \ln\ln\frac{1}{1-c}}{\ln(1-c)} \qquad (2.45)$$

Die instantane Ausscheideintensität $\mu(t)$ ist im Fall 1 zunächst kleiner als μ_o, dementsprechend ist die Verbleibswahrscheinlichkeit $P_{xt}(\text{lin}) > P_{xt}(\exp)$. Die Intensität $\mu(t)$ steigt monoton an, kreuzt und übertrifft schließlich μ_o. $P_{xt}(\exp)$ nähert sich dabei $P_{xt}(\text{lin})$ wieder von unten, um es für $t = y$ zu erreichen.

2.2.3. Eine weitere Approximation mittels der Binomialreihe

Nach diesem linearen Zwischenspiel wenden wir uns wieder der Proportionalitätsannahme (2.29) zu und folgern daraus zusammen mit (2.15), (2.22) und (2.7)

$$Q_{xyr} = \int_x^y \exp\left\{ - \int_x^t \mu(\tau)d\tau \right\} \mu_r(t)dt = c_r(x,y) \int_x^y \exp\left\{ - \int_x^t \mu(\tau)d\tau \right\} \mu(t)dt$$

$$= c_r(x,y)\left[1 - \exp\left\{ - \int_x^y \mu(t)dt \right\} \right] = c_r(x,y)Q_{xy} \qquad (2.46)$$

Ist also das Verhältnis der risikospezifischen Intensität zur Totalintensität in einem Intervall konstant, so ist dort auch der Quotient aus risikospezifischer Abgangswahrscheinlichkeit zur unspezifizierten abhängigen Ausscheidewahrscheinlichkeit konstant, und beide Quotienten sind gleich (vgl. CHIANG, 1968, p. 245):

$$\frac{\mu_r(t)}{\mu(t)} = \frac{Q_{xyr}}{Q_{xy}} = c_r(x,y) \qquad , \qquad t \in J \qquad (2.47)$$

Man kann die Überlegungen, die zu (2.46) führten, auch für ein beliebiges $\tau \in J$ anstatt y als Obergrenze durchführen und erhält dann in Verallgemeinerung zu (2.47)

$$\frac{\mu_r(t)}{\mu(t)} = \frac{Q_{x\tau r}}{Q_{xr\tau}} = c_r(x,y) \qquad , \qquad t,\tau \in J \qquad (2.48)$$

Aus (2.12), (2.29), (2.7) und (2.47) ergibt sich

$$\overline{Q}_{xyr} = 1 - \exp\left\{ - \int_x^y \mu_r(t)dt \right\} = 1 - \exp\left\{ - c_r(x,y) \int_x^y \mu(t)dt \right\}$$

$$\boxed{\overline{Q}_{xyr} = 1 - P_{xy}{}^{Q_{xyr}/Q_{xy}}} \tag{2.49}$$

(2.49) drückt die reinen Abgangswahrscheinlichkeiten durch rohe Wahrscheinlichkeiten aus. Wir erinnern uns, daß wir bis hierher nur von der
Voraussetzung der Konstanz der relativen Intensitäten Gebrauch gemacht
haben. (2.49) folgt - wie wir in § 2.2.2 gezeigt hatten - auch aus
(2.30).

Wir setzen nun

$$\frac{Q_{xyr}}{Q_{xy}} = c_r(x,y) = b$$

und entwickeln (2.49) in eine Binomialreihe (vgl. v. MANGOLDT - KNOPP II,
1965, p. 203). Es gilt für $0 \leqq Q_{xy} < 1$

$$(1 - Q_{xy})^b = 1 - bQ_{xy} + \frac{b(b-1)}{2} Q_{xy}^2 \mp \ldots = 1 - Q_{xyr} - \frac{1}{2}Q_{xyr} \sum_{s \neq r} Q_{xys} + \ldots$$

$$\tag{2.50}$$

Bricht man in (2.50) nach dem 3. Glied ab, so folgt aus (2.49)

$$\boxed{\overline{Q}_{xyr} = Q_{xyr}\left(1 + \frac{1}{2} \sum_{s \neq r} Q_{xys}\right)} \tag{2.51}$$

als Approximation von (2.49). Für den einfachsten nichttrivialen Fall
von a = 2 Ausscheiderisken ergibt sich aus (2.51)

$$\boxed{\overline{Q}_{xy1} = Q_{xy1}\left(1 + \frac{Q_{xy2}}{2}\right) \quad , \quad \overline{Q}_{xy2} = Q_{xy2}\left(1 + \frac{Q_{xy1}}{2}\right)} \tag{2.52}$$

Setzt man insbesondere y = x+1 und setzt für die e i n s t u f i g e n
Wahrscheinlichkeiten (wie wir es bisher immer getan haben) Kleinbuchstaben, nämlich

$$Q_{xyr} = q_{xr} \quad \text{und} \quad \overline{Q}_{xyr} = \overline{q}_{xr} \quad \text{für } y = x+1, \tag{2.53}$$

so erhält man aus (2.53) die wohlbekannten Formeln (siehe etwa bei ZWINGGI, 1958, p. 32)

$$\boxed{\overline{q}_{x1} = q_{x1}\left(1 + \frac{q_{x2}}{2}\right) \quad , \quad \overline{q}_{x2} = q_{x2}\left(1 + \frac{q_{x1}}{2}\right)} \qquad (2.54)$$

2.3. Zur Ermittlung der rohen aus den reinen Ausscheidewahrscheinlichkeiten

Manchmal sind umgekehrt reine Wahrscheinlichkeiten bekannt, und man möchte daraus d i r e k t entsprechende rohe Wahrscheinlichkeiten gewinnen. Ein solcher Fall liegt unter Umständen bei retrospektiven Erhebungen vor, wo gelegentlich die unabhängigen Wahrscheinlichkeiten anfallen (siehe dazu § 3.2).

Es seien also die $\overline{Q}_{xyr}$ gegeben, und wir suchen die Q_{xyr}. Es zeigt sich, daß man nun mit den Annahmen (2.30) oder sogar (2.29) nicht zum gewünschten Ziel kommt, eine brauchbare einfache Näherungsformel zu erhalten, welche Q_{xyr} durch $\overline{Q}_{xyr}$ ausdrückt.

Wir gehen davon aus, daß man (2.15) unter Beachtung von (2.7) auch schreiben kann als

$$Q_{xyr} = \int_x^y P_{xt}\, \mu_r(t)\,dt \; . \qquad (2.55)$$

Für den 1. Faktor des Integranden schreiben wir gemäß (2.25)

$$P_{xt} = \widetilde{\prod_{r \in A}} (1 - \overline{Q}_{xtr}) \; . \qquad (2.56)$$

Für den 2. Faktor kann - analog zu (2.16) - angesetzt werden, daß

$$\overline{Q}_{x,t+\Delta,r} = \overline{Q}_{xtr} + (1 - \overline{Q}_{xtr})\mu_r(t)\,\Delta + o(\Delta) \; . \qquad (2.57)$$

Man beachte, daß dies möglich ist, weil $\overline{P}_{xt} = 1 - \overline{Q}_{xtr}$ gilt. Aus (2.57) folgt, daß $\mu_r(t)$ der Differentialgleichung genügt

$$\mu_r(t) = \frac{1}{1-\overline{Q}_{xtr}} \frac{d}{dt} \overline{Q}_{xtr} \quad . \tag{2.58}$$

Wir setzen (2.56) und (2.58) in (2.55) ein und bekommen

$$Q_{xyr} = \int_x^y \widetilde{\prod_{s \neq r}} (1-\overline{Q}_{xts}) \frac{d}{dt} \overline{Q}_{xtr} dt \tag{2.59}$$

Nach dem Vorbild von ZWINGGI (1958, p. 30/31) setzen wir nun

$$\widetilde{\prod_{s \neq r}} (1-\overline{Q}_{xts}) = 1 - \overline{g}_{xt} \tag{2.60}$$

und nehmen auf der Altersstrecke (x,y) sowohl für $\overline{g}_{xt}$ als auch für $\overline{Q}_{xtr}$ näherungsweise lineare Verläufe an, und zwar

$$\overline{g}_{xt} = \frac{t - x}{y - x} \overline{g}_{xy} \quad , \quad \text{wobei} \quad \overline{g}_{xy} = 1 - \widetilde{\prod_{s \neq r}} (1 - \overline{Q}_{xys}) \tag{2.61}$$

und

$$\overline{Q}_{xtr} = \frac{t - x}{y - x} \overline{Q}_{xyr} \quad . \tag{2.62}$$

Wir setzen (2.60), (2.61) und (2.62) in (2.59) ein und erhalten

$$Q_{xyr} = \frac{\overline{Q}_{xyr}}{y - x} \int_x^y (1 - \frac{t - x}{y - x} \overline{g}_{xy}) dt = \frac{\overline{Q}_{xyr}}{y - x} \left[t - \frac{(t-x)^2}{2(y-x)} \overline{g}_{xy} \right]_x^y$$

$$= \overline{Q}_{xyr} \left[1 - \frac{\overline{g}_{xy}}{2} \right] = \overline{Q}_{xyr} \left[1 - \frac{1 - \widetilde{\prod_{s \neq r}} (1 - \overline{Q}_{xys})}{2} \right] \tag{2.63}$$

Eine abermalige Approximation von der Art (2.26) liefert

$$\boxed{Q_{xyr} = \overline{Q}_{xyr} \widetilde{\prod_{s \neq r}} (1 - \frac{\overline{Q}_{xys}}{2})} \quad . \tag{2.64}$$

Für a = 2 Abgangsursachen erhält man (vgl. 2.52):

$$Q_{xy1} = \overline{Q}_{xy1}\left(1 - \frac{\overline{Q}_{xy2}}{2}\right) \quad , \quad Q_{xy2} = \overline{Q}_{xy2}\left(1 - \frac{\overline{Q}_{xy1}}{2}\right) \tag{2.65}$$

Beachtet man (2.53), so kommt man schließlich auf die oft verwendeten Formeln

$$q_{x1} = \overline{q}_{x1}\left(1 - \frac{\overline{q}_{x2}}{2}\right) \quad , \quad q_{x2} = \overline{q}_{x2}\left(1 - \frac{\overline{q}_{x1}}{2}\right) \tag{2.66}$$

<u>Bemerkungen</u>: Die relevanten Formeln (2.54) und (2.66) sind leicht einzuprägen, wenn man sich (2.27) vor Augen hält. Sie gehören zum klassischen Bestand der Bevölkerungsmathematik. Im II. Teil werden wir mit mehr intuitiven Mitteln eine Herleitung geben, welche nicht bis auf die Intensitäten zurückgreift. Die bei den Herleitungen von (2.54) bzw. (2.66) getroffenen <u>Ad-hoc-Zusatzannahmen</u> schließen genau genommen einander aus: An sich können nicht gleichzeitig die abhängigen und die unabhängigen Wahrscheinlichkeiten, sowie die Hilfsfunktion $\overline{g}_{xt}$ linearen Verlauf haben (vgl. ZWINGGI, 1958, p. 32). Die Annahmen, die zur Ermittlung der <u>Approximationen</u> führen, werden also nur für den gerade jeweils <u>vorliegenden</u> Fall getroffen bzw. als gültig betrachtet.

3. Zur Risikoausschaltung mittels transformierter Markoffketten

3.1. Die Elimination von Wahrscheinlichkeiten

3.1.1. Proportionale Aufteilung der Wahrscheinlichkeiten

Wir betrachten wieder ein Dekrementschema mit <u>diskreter</u> Zeit- und Altersskala und den Abgangsrisiken $A = \{I,\dots,r,\dots,a\}$. Es sei $J = (x,y)$ ein Altersintervall, wobei x,y natürliche Zahlen mit $0 \leq x < y \leq w$ sein sollen. In (2.13) bzw. (2.11) waren die abhängige Ausscheidewahrscheinlichkeit Q_{xyr} und die unabhängige Abgangswahrscheinlichkeit $\overline{Q}_{xyr}$ eingeführt worden. Letztere war in § 2.1.3 durch Risikoelimination in einem zugrundeliegenden kontinuierlichen Modell erhalten worden, nämlich durch Nullsetzen aller Intensitäten $\mu_s(z)$, $s \in A$, $s \neq r$, $z \in J$.

Es sei nun E eine Teilmenge von A und

$\tilde{Q}_{xyr}$ die Wahrscheinlichkeit einer x-jährigen Einheit, in J durch r auszuscheiden unter der <u>Bedingung, daß es in J zu keinem Abgang durch ein aus E stammendes Risiko kommt.</u> (2.67)

Weiters seien drei <u>Ereignisse</u> spezifiziert, nämlich

$C_J(E) = C(E)$..."die demographische Einheit scheidet in J durch keine Ursache aus E aus", d. h. "im Altersintervall J kommt es zu <u>keinem</u> Abgang aufgrund von E" ; (2.68)

$A_J(r) = A(r)$..."die demographische Einheit scheidet in J durch r aus" ; (2.69)

S_x..."die Einheit überlebt mindestens bis zum Alter x" . (2.70)

Vermöge der so eingeführten Ereignisse läßt sich (2.67) schreiben als

$$\tilde{Q}_{xyr} = P\left\{ A(r) \mid S_x \cap C(E) \right\} = \frac{P\left\{ C(E) \cap A(r) \cap S_x \right\}}{P\left\{ C(E) \cap S_x \right\}}$$

$$= \frac{P\left\{ C(E) \mid A(r) \cap S_x \right\} P\left\{ A(r) \mid S_x \right\} P\left\{ S_x \right\}}{P\left\{ C(E) \mid S_x \right\} P\left\{ S_x \right\}} \tag{2.71}$$

Das Ereignis $A(r)$ impliziert S_x, also $A(r) \subset S_x$. Ferner gilt

$$P\left\{ C(E) \mid A(r) \right\} = \begin{cases} 1 & \text{für } r \notin E \\ 0 & \text{für } r \in E \end{cases} , \tag{2.72}$$

$$P\left\{ A(r) \mid S_x \right\} = Q_{xyr} \quad \text{und} \quad P\left\{ C(E) \mid S_x \right\} = 1 - Q_{xyE} \text{ mit } Q_{xyE} = \sum_{r \in E} Q_{xyr} \tag{2.73}$$

Aus (2.72), (2.73) und (2.71) ergibt sich die bedingte Wahrscheinlichkeit

$$\tilde{Q}_{xyr} = \begin{cases} Q_{xyr}(1 - Q_{xyE})^{-1} & \text{für } r \notin E \\ 0 & \text{für } r \in E \end{cases} \qquad (2.74)$$

Für die

Wahrscheinlichkeit $\tilde{P}_{xy}$ einer x-jährigen demographischen
Einheit, mindestens bis y zu überleben unter der Bedingung, daß die Einheit in J keinem Risiko aus E zum
Opfer fällt,   (2.75)

gilt

$$\tilde{P}_{xy} = P\{S_y \mid S_x \cap C(E)\} = \frac{P\{C(E) \mid S_y \cap S_x\} \, P\{S_y \mid S_x\}}{P\{C(E) \mid S_x\}} \; . \qquad (2.76)$$

In (2.76) gilt $S_y \subset S_x$, $P\{C(E) \mid S_y\} = 1$ und $P\{S_y \mid S_x\} = P_{xy}$. Es folgt

$$\tilde{P}_{xy} = P_{xy}(1 - Q_{xyE})^{-1} \qquad (2.77)$$

Wir haben am Beginn dieses Kapitels bereits erwähnt, daß ein - nicht
nur in der Demographie - häufig angesprochenes Problem der statistischen
Datenanalyse in der Frage nach der Änderung risikospezifischer Ausscheide- und Überlebenswahrscheinlichkeiten besteht, falls gewisse Risken,
nämlich jene aus E, eliminiert werden sollen. Neben dem in § 2 gegebenen
Zugang über Intensitäten hat KIMBALL (1969, 1958) zur Einschätzung dieser bereinigten Wahrscheinlichkeiten einen anderen Weg vorgeschlagen.
Sein Modell (1969, p. 333, Modell II) läuft darauf hinaus, daß bei Ausschaltung der Risken aus E die Wahrscheinlichkeitsmasse $1 - Q_{xyE}$ für
einen Abgang in J aufgrund von E neu aufzuteilen ist, und zwar so, daß

1) sowohl die neue Überlebenswahrscheinlichkeit $\tilde{P}_{xy}$, als auch die
   neuen Ausscheidewahrscheinlichkeiten $\tilde{Q}_{xyr}$ ($r \in \overline{E}$) proportional
   zu den jeweiligen alten Wahrscheinlichkeiten sind, und

2) die Summe gleich eins sein soll.

Die zuvor (d. h. vor der Risikoausschaltung) bestehende Möglichkeit, aufgrund von E auszuscheiden, wird also den verbleibenden Möglichkeiten zugeschlagen, und zwar nach Maßgabe ihrer ursprünglichen Gewichte.

3.1.2. Vergleichende Diskussion der Modelle zur Risikoelimination

Ein Vorteil des Modells der proportionalen Wahrscheinlichkeitsaufteilung zur Risikoelimination besteht in seiner Einfachheit, die aus der Vermeidung eines Rückgriffes auf stetige Versionen des Dekrementmodells folgt. Jenes Modell ist auf den Fall zugeschnitten, daß man nichts Weiteres über die Sachlage weiß bzw. voraussetzen zu können glaubt. Die Annahme proportionaler Wahrscheinlichkeitsaufteilung vernachlässigt die verschiedene Wirkungsweise der risikospezifischen Intensitäten in J. Diese wird zwar im kontinuierlichen Modell von § 2 berücksichtigt, aber auch das Intensitätsmodell ist nicht bar jeder Kritik. KIMBALL hat nämlich gezeigt, daß unter gewissen Umständen das stetige Modell widersprüchliche Folgerungen zuläßt (1969, § 4). Dies dürfte auch daran liegen, daß die Annahme (2.29) konstanter relativer Intensitäten desto unrealistischer wird, je länger das Intervall J ist. KIMBALL hat beide Modelle für verschiedene Parameterwerte verglichen und hohe numerische Übereinstimmung gefunden. Dies spricht dafür, das Modell von § 3.1.1 als Approximation für jenes in § 2 aufzufassen.

Die beiden Modelle sind genaugenommen inkompatibel, da sie unter verschiedenen Voraussetzungen gewonnen wurden (vgl. auch die Bemerkung am Schluß von § 2.3). Dies wird durch die funktionale Verschiedenheit der beiden Formeln (2.74) und (2.49) unterstrichen. Man könnte nun geneigt sein, unter den beiden Modellen zwei - zwar mathematisch verschiedene - Wege zu sehen, die aber sachlogisch dieselbe Situation beschreiben (derartige Fragen bezüglich des Modellbaus klingen bei NEYMAN, 1950, p. 70, an). Vor dieser irrtümlichen Auffassung muß deshalb entschieden gewarnt werden, weil in der Demographie derartige Irrtümer leider gar nicht so selten sind. Bemerkenswert sind in diesem Zusammenhang Arbeiten von HOEM (1968 b,c), der klar gemacht hat, daß das exakte Auseinanderhalten derartiger Modelle nur im formalen Rahmen geschehen kann. Zur Verdeutlichung des inhaltlichen Unterschiedes der beiden Modelle vergleiche man die Aussage

"Es kommt in J zu keinem Abgang durch E = A - $\{r\}$" (2.78)

mit der Bedingung

"falls die Einheit ausschließlich dem Risiko r ausgesetzt ist".

(2.79)

Anschaulich ist (2.79) schärfer als (2.78), denn man kann verlangen, daß es zu keinem Abgang nach E kommen darf, obwohl die Einheit auch Risken aus E ausgesetzt ist. Die Ausschaltung der Risken aus E ist nur aufgrund der Forderung (2.79) gegeben; unter (2.78) wird nur gefordert, daß es tatsächlich zu keinem Abgang aus E kommt. Die Risken können hierbei wohl potentiell wirksam sein; sie sollen eben nur nicht zum Zuge kommen. Dieser Unterschied, der bei einer bloßen verbalen Formulierung ein wenig sophistisch aussehen könnte, wird im Kalkül dadurch verdeutlicht, daß die Bedingung

"in J sind alle Risken aus E = A - $\{r\}$ eliminiert" (2.79)

g a r n i c h t als Ereignis, d.h. Teilmenge im zugrundeliegenden Stichprobenraum darstellbar ist; vgl. auch die Bemerkung in § 2.1.5. Aus diesem Grunde kann die Wahrscheinlichkeit $\overline{Q}_{xyr}$ n i c h t als bedingte Wahrscheinlichkeit von Ereignissen aus dem zugrundeliegenden Stichprobenraum geschrieben werden, was aber für $\widetilde{Q}_{xyr}$ gemäß (2.71) der Fall ist.

3.1.3. Anwendung transformierter Ketten

Nach den Überlegungen von § 3.1.2 ist das erste Modell (§ 2) als adäquat für den zu beschreibenden Sachverhalt erkannt worden. Aufgrund der guten numerischen Approximation kann jedoch auch Modell 2 (§ 3.1.1) zur Risikoelimination verwendet werden. KIMBALL (1958) hat die Lebensspanne von Mäusen in Altersintervalle aufgeteilt, in jedem der Intervalle die proportionale Aufteilung (2.74) und (2.77) durchgeführt und ist auf diese Weise zu einer Einschätzung der Elimination von Ausscheiderisken gelangt.

Wir weisen hier auf eine andere, verwandte Möglichkeit zur totalen (d. h. über das ganze Leben erstreckten) Risikoausschaltung hin. Sind

die Abgangsursachen aus E zu eliminieren, so bilde man die transformierte Markoffkette bezüglich des ursprünglichen Dekrementschemas (vgl. Kap.
2, § 2) unter der Bedingung (vgl. (2.53) in Kap. 2)

$$B(\overline{E})\ldots\text{"es kommt schließlich zu einer Absorption in } \overline{E}\text{",}$$
$$\text{d. h. "der Prozeß wird niemals in E absorbiert".} \tag{2.80}$$

Durch Modifikation der Wahrscheinlichkeiten aufgrund von (2.80), d. h.
durch Übergang zum transformierten Prozeß, wird also die Möglichkeit,
überhaupt jemals einem Risiko aus E zum Opfer zu fallen, ausgeschaltet.
Dazu sind jedoch zwei Dinge zu beachten: Die Bedingung (2.80) ist wieder
schwächer als der eigentlich zu bedeckende Sachverhalt, nämlich, daß im
Laufe des ganzen Lebens die Risken aus E zu eliminieren sind. Im Unterschied zu KIMBALLs Modell, wo bedingte Wahrscheinlichkeiten für jedes
Altersintervall gesondert berechnet werden, handelt es sich nun um eine
globale Transformation mit den schließlichen Absorptionswahrscheinlichkeiten in $\overline{E}$.

3.2. Ein retrospektives Modell

3.2.1. Ein transformiertes Markoffsches Mehrtypenmodell zur Messung reiner Wahrscheinlichkeiten

Wir betrachten ein streng hierarchisches Mehrtypenmodell (siehe dazu
Kap. 2, § 3.1.2) mit zwei absorbierenden Zuständen, nämlich I ("Tod",
'echt' absorbierender Zustand) und $s = \{s_1,\ldots,s_g\}$ ("w+1 Jahre nach dem
Ursprungsereignis noch am Leben zu sein"; 'unechter' absorbierender
Zustand, d. h. s ist nur vom Alter w aus zu erreichbar). Eine (h,x)-
Person kann im Altersintervall x- = (x,x+1) dreierlei Schicksal erlei-
den, nämlich

Sterben   mit Wahrscheinlichkeit q_{xI}^h

Überleben als Typ (h+1)-Person mit Wahrscheinlichkeit $p_x^{h,h+1}$ $\left.\right\}$ (2.81)

Überleben als Typ h-Person   mit Wahrscheinlichkeit p_x^{hh}

Die einjährigen Übergangswahrscheinlichkeiten stammen dabei aus (3.1),

Kap. 2. In (2.81) sind Überlebensverhalten und Typenwechsel noch vermengt. Um die Theorie konkurrierender Risken anwenden zu können, haben wir (2.81) in ein "echtes" Dekrementschema umzuwandeln, in welchem die Risken unabhängig voneinander agieren. Die Situation einer (h,x)-Person in x- kann man nun so auffassen, daß dort zwei Risken im Wettbewerb um die Person stehen, nämlich das <u>Todesrisiko</u> und das <u>Risiko eines Typenwechsels.</u> Dazu teilen wir die in (2.81) erfaßten Schicksalsmöglichkeiten einer (h,x)-Person im Intervall x- neu auf (1. Spalte der folgenden Tabelle).

Möglichkeiten einer (h,x)-Person in x-	abhängige Wahrscheinlichkeiten	unabhängige Wahrscheinlichkeiten
1) Sterben als Typ h-Individuum	q_{xI}^{hh}	$\overline{q}_x$
2) Übergang in den Typ h+1	$p_x^{h,h+1} + q_{xI}^{h,h+1}$	$\overline{t}_x^h$
3) Überleben als Typ h-Person	p_x^{hh}	$1 - \overline{q}_x - \overline{t}_x^h$

$$(2.82)$$

Die dabei auftretenden Wahrscheinlichkeiten q_{xI}^{hk} wurden in der Bemerkung in Kap. 2, § 3.1.1 eingeführt. Gemäß (3.5), Kap. 2 gilt

$$q_{xI}^h = q_{xI}^{hh} + q_{xI}^{h,h+1} \quad . \tag{2.83}$$

Die Möglichkeiten 1) und 2) bilden die wettstreitenden Risken, denen die Person in x- ausgesetzt ist. Ferner sind die in (2.82) vorkommenden einjährigen unabhängigen Wahrscheinlichkeiten definiert durch (vgl. (2.11) und (2.53))

$\overline{q}_x$ Wahrscheinlichkeit, daß das Individuum in x- stirbt, falls die <u>Möglichkeit zu einem</u> (2.84) <u>Typenwechsel eliminiert</u> wurde ;

$\overline{t}_x^h$ Wahrscheinlichkeit, daß eine (h,x)-Person in x- ihren Typ ändert, unter der <u>Annahme, das</u> (2.85) <u>Todesrisiko sei ausgeschaltet.</u>

In der Notation von $\bar{q}_x$ haben wir auf den Typenindex h verzichtet. Dies wird ermöglicht durch die zusätzliche

Annahme, daß die <u>Sterblichkeit</u> vom jeweiligen <u>Typ unabhängig</u> ist. $\hfill$ (2.86)

<u>Bemerkung:</u> Die Voraussetzung (2.86), daß das Gesetz der Sterblichkeit für alle Typen identisch sei, ermöglicht zwar eine erfolgreiche mathematische Analyse, sie ist aber praktisch höchstens angenähert erfüllt (siehe auch die Diskussion in § 3.2.3). Es handelt sich bei (2.86) tatsächlich um eine Z u s a t z annahme, denn sie ist von den bisher gemachten Voraussetzungen unabhängig, insbesondere also von der Unabhängigkeitsforderung (2.10) der Abgangsgesetze. Man vgl. dazu PRESSAT (1967, p. 103) und SAXER (1955, p. 22,23: homogene Zerlegung).

Aus (2.86) folgt für die einjährige Sterbewahrscheinlichkeit schlechthin q_{xI}^h (vgl. (2.81) und (K 4, 3.54))

$$q_{xI}^h = \bar{q}_x \qquad (2.87)$$

Der Übergang von (2.81) zu (2.82) versetzt uns in die Lage, Ergebnisse der Theorie konkurrierender Risken anzuwenden, und zwar <u>gesondert</u> für jedes Intervall x-. Wir interessieren uns in diesem Zusammenhang dafür, wie man die in (2.81) angegebenen Wahrscheinlichkeiten durch die reinen Wahrscheinlichkeiten von (2.82) (3. Spalte) ausdrücken kann, und verwenden dazu in § 2 erzielte Resultate. Da das Überleben als Typ h-Person nun als Überleben schlechthin anzusehen ist, so gilt nach (2.25)

$$p_x^{hh} = \bar{p}_x(1 - \bar{t}_x^h) \qquad (2.88)$$

mit

$$\bar{p}_x = 1 - \bar{q}_x . \qquad (2.89)$$

Da die in (2.81) beschriebenen Ereignisse exklusiv und erschöpfend sind, so folgt ferner aus (2.88) und (2.87)

$$\underline{p_x^{h,h+1}} = 1 - p_x^{hh} - q_{xI}^h = \underline{\overline{p}_x \overline{t}_x^h} \tag{2.90}$$

<u>Bemerkung</u>: An diesem Modell sei die Anwendbarkeit der Formeln (2.66) illustriert. Danach und gemäß (2.82) gilt nämlich

$$q_{xI}^{hh} = \overline{q}_x(1 - \overline{t}_x^h/2) \tag{2.91}$$

$$p_x^{h,h+1} + q_{xI}^{h,h+1} = \overline{t}_x^h(1 - \overline{q}_x/2) \tag{2.92}$$

Aus (2.83), (2.87) und (2.91) folgt

$$q_{xI}^{h,h+1} = \overline{q}_x - q_{xI}^{hh} = \frac{\overline{q}_x \overline{t}_x^h}{2} \tag{2.93}$$

Setzt man (2.93) in (2.92) ein, so liefert das (2.90).

Bis jetzt haben wir also die einjährigen Übergangswahrscheinlichkeiten eines streng hierarchischen Mehrtypenmodells unter der Zusatzannahme (2.86) durch die reinen Überlebenswahrscheinlichkeiten $\overline{p}_x$ und die unabhängigen Typenänderungswahrscheinlichkeiten $\overline{t}_x^h$ ausgedrückt. Wir <u>transformieren</u> nun die Markoffsche Matrix des Mehrtypenmodells durch Einschieben des bedingenden Ereignisses

$$B(s) \ldots \text{"die Einheit überlebt bis zum Grenzalter w+1"} \tag{2.94}$$

(vgl. dazu Kap. 2, § 2.2.3, wo $D = \{s\}$ zu setzen ist). Insbesondere gilt gemäß Kap. 2 (2.62) für die aufgrund von B(s) modifizierten einjährigen Typenänderungswahrscheinlichkeiten

$$\tilde{p}_x^{h,h+1} = p_x^{h,h+1} \frac{b_{x+1,s}^{h+1}}{b_{xs}^h} \ . \tag{2.95}$$

Die Überlebenswahrscheinlichkeit b_{zs}^k einer (k,z)-Person bis zum Alter w+1 ist nun aber zufolge der Typenunabhängigkeit der Mortalität (2.86) gegeben durch

$$b_{zs}^k = \prod_{y=z}^w \overline{p}_y \quad \text{(unabhängig vom Typ k)} \ . \tag{2.96}$$

Wir berücksichtigen nun (2.90) und (2.96) in (2.95) und erhalten

$$\tilde{p}_x^{h,h+1} = \bar{p}_x \; \bar{t}_x^h \; \bar{p}_x^{-1} = \bar{t}_x^h \qquad\qquad (2.97)$$

3.2.2. Retrospektive Betrachtungen

Eine wichtige Möglichkeit zur Gewinnung demographischer Informationen bildet die retrospektive (rückschauende) Betrachtung der Subkohorte der mindestens bis zum "Alter" w+1 Überlebenden einer Ausgangskohorte. Das in § 3.2.1 erläuterte transformierte Markoffsche Kettenmodell greift gerade diese Überlebenden heraus und beschreibt ihr bisheriges Verhalten. Insbesondere gibt die Wahrscheinlichkeit $\tilde{p}_x^{h,h+1}$ die Neigung der Überlebenden zum Typenwechsel an, und (2.97) sagt gerade aus, daß bei Gültigkeit von Voraussetzung (2.86) das retrospektive Modell von § 3.2.1 adäquat ist zur Messung der reinen (d. h. von der Interferenz der Sterblichkeit befreiten) Übergangswahrscheinlichkeiten. Daneben liegt die Bedeutung von (2.97) in der Tatsache, daß damit reine Wahrscheinlichkeiten als bedingte Wahrscheinlichkeiten dargestellt worden sind. Dieses Ergebnis stellt k e i n e n Widerspruch zu HOEMs Bemerkung dar (1968 c, p. 5), daß reine Wahrscheinlichkeiten im ursprünglichen Modell keine Interpretation als (bedingte) Wahrscheinlichkeiten besitzen (vgl. auch die Bemerkung in § 2.1.4). Das scheinbare Dilemma löst sich sofort, wenn man beachtet, daß das Modell in § 3.2.1 als Mehrtypenmodell reichhaltiger ist im Vergleich zum zugrundeliegenden Dekrementmodell der konkurrierenden Risiken. Wir weisen ferner darauf hin, daß das Mehrtypenmodell (Markoffkette) (2.81) k e i n e Risikoelimination über die stetigen Ausscheideintensitäten im Sinne von § 2 gestattet. Dies liegt einfach daran, daß - wie wir gesehen haben - die Risiken "Tod in x-" und "Überleben als Typ (h+1)-Person" in (2.81) nicht mehr unabhängig sind, also die Grundannahme (2.10) verletzt ist.

3.2.3. Ein retrospektives Modell für Erstheiraten

In seiner «L' Analyse Démographique» (1969, p. 28 ff.) ermittelt R. PRESSAT die reine Heiratsneigung einer Kohorte dadurch, daß er jene Teilgesamtheit einer Kohorte von 10 000 15-jährigen Frauen bezüglich des Zeitpunkts ihrer Erstheirat klassifiziert, welche das 50. Lebensjahr

erreicht. Dieses Grenzalter wurde deshalb gewählt, weil es oberhalb
desselben kaum mehr zu Erstheiraten kommt. Um die unabhängigen Heiratswahrscheinlichkeiten zu schätzen und auf diese Weise zu einer Brutto-
heiratstafel zu gelangen, wurden also alle vor dem Alter von 50 Jahren
Gestorbenen aus der Betrachtung ausgeschieden, gleichgültig ob sie jemals geheiratet hatten.

Dieses retrospektive Verfahren zur Entflechtung der Interferenz von
Heirat und Tod scheint (anschaulich) nur dann gerechtfertigt, wenn sich
die Überlebenden bezüglich des Heiratsphänomens genauso verhalten, wie
die ganze Generation. Dies ist nur dann gewährleistet, falls Junggesellen und Verheiratete die gleiche Sterblichkeit aufweisen. Diese Voraussetzung ist nun bekanntlich gar n i c h t erfüllt: Die Heirat kann
als selektiver Prozeß innerhalb der Junggesellen angesehen werden, der
bewirkt, daß Junggesellen allemal eine höhere Mortalität besitzen als
Verheiratete (vgl. dazu auch SAXER, 1955, p. 22, wo erläutert wird, daß
Invalide ebenfalls eine größere Todeswahrscheinlichkeit haben als die
Aktiven). Nimmt man aber trotzdem vereinfachend an (und dies ist näherungsweise gestattet), daß die Sterblichkeit unabhängig vom Familienstand sei, so werden durch die Retrospektion reine Heiratswahrscheinlichkeiten geschätzt. Eine derartige Plausibilitätsüberlegung stellt
selbstverständlich keinen Beweis dar, und auch im Buch von PRESSAT ist
keiner zu finden.*) Ein einfacher Beweis wird durch ein transformiertes
hierarchisches Zweitypenmodell mit den Typen h = 1...ledig und h = 2...
(jemals) verheiratet geliefert. Dabei (wie auch beim erwähnten Beweis
von Professor PRESSAT) sind folgende zwei Voraussetzungen unerläßlich:

1) Todes- und Erstheiratsrisiko agieren unabhängig voneinander ;

2) Die Sterblichkeit der Junggesellen stimmt mit jener der Verheirateten überein .

Diese beiden Annahmen sind voneinander unabhängig, weil sich die erste
nur auf Junggesellen bezieht. (2.97) liefert: Die retrospektive (d. h.
durch das Überleben bis w+1 bedingte) einjährige Wahrscheinlichkeit

---

*) Für einen elementaren Beweis, den mir Professor PRESSAT brieflich
   gegeben hat, bin ich ihm zu Dank verpflichtet.

für eine Erstheirat $\tilde{p}_x^{12}$ ist gleich der <u>reinen</u> Heiratswahrscheinlichkeit $\bar{t}_x^1 = \bar{n}_x$ einer x-jährigen Person, wie unter (2.97) gezeigt wurde.

Bezüglich einer weiteren Anwendung des retrospektiven Schemas verweisen wir auf Kap. 4, § 3.1.6 über globale Fruchtbarkeitsmodelle.

Kapitel 4

REPRODUKTIONSMODELLE
=====================

1. Einführung

In den vorangegangenen beiden Kapiteln sind Methoden zur Analyse
demographischer Vorgänge dargelegt und - mehr oder minder ausführlich -
anhand inhaltlich verschiedener Beispiele belegt worden. Im Gegensatz
zum methodologisch orientierten Aufbau dieser und auch der nachfolgenden Kapitel nimmt das vorliegende gewissermaßen eine Sonderstellung
ein: es setzt sich die Aufgabe, ein einziges demographisches Phänomen,
nämlich die Fruchtbarkeit, von verschiedenen Seiten aus zu beleuchten.
Der Tatsache entsprechend, daß die Fruchtbarkeit ein wiederholbares
Phänomen ist (vgl. Kap. 2, § 1), spielen dabei neben nicht stationären
absorbierenden Prozessen rekurrente Zufallsprozesse eine zentrale Rolle
(reguläre Markoffsche Ketten und Semi-Markoffprozesse).

Es ist kein Zufall, daß ein vertieftes demographisches Studium der
Fertilität noch nicht lange zurückreicht. Richtung und Entwicklungs-
tendenzen der demographischen Analyse werden nämlich entscheidend von
bevölkerungspolitischen Erfordernissen mitbestimmt. Nun war in fast
allen Staaten die Fruchtbarkeit bis ungefähr zur Mitte des 19. Jahrhunderts stabil, und die Demographen des vorigen Jahrhunderts haben
ihr Interesse dementsprechend eher auf die sinkende Sterblichkeit
konzentriert. Infolge des Geburtenrückganges hat man sich dann vor
allem in der Zwischenkriegszeit mit der Ersetzung von Generationen
beschäftigt. Erst nach dem zweiten Weltkrieg und dem einsetzenden
Baby-Boom hat man sich in verstärktem Maße demographischen Analysen

der Fruchtbarkeit von Paaren zugewendet. Die mit dem Schlagwort
‚Bevölkerungsexplosion' umschriebene Entwicklung lenkte die Aufmerk-
samkeit auf Familienplanungsprogramme und brachte neue demographische
Erkenntnisse zur Fertilität. Man vergleiche dazu WUNSCH (1967, p.3 ff).
Die Fruchtbarkeit ist die Schlüsselvariable zur Bevölkerungsdynamik.
Neben der Wanderung stellt sie das am schwersten vorauszuschätzende
demographische Phänomen dar. Verbesserte Einsichten bezüglich ihrer
Messung gewährleisten deshalb zuverlässigere Bevölkerungsprognosen
(vgl. WUNSCH, 1967, p. 5). Einen knappen aber gediegenen Überblick
über das Fruchtbarkeitsphänomen findet man bei RYDER (1959, 1965).

In § 2 des vorliegenden Kapitels wird das Fertilitätsphänomen für
gewisse Abschnitte der reproduktiven Periode einer Frau untersucht
(sektorale Modelle). So werden in § 2.1 Fruchtbarkeitsmodelle für die
einzelnen Paritäten behandelt. In § 2.2 wird das reproduktive Geschehen
nach biologischen Merkmalen analysiert. Derartige ‚Familienbildungs-
modelle' haben nach SHEPS et al. (1969) u.a. den Zweck, Interdependenzen
zwischen den wichtigsten, die Fruchtbarkeit beeinflussenden Variablen
zu studieren. In § 3 wenden wir uns globalen Fruchtbarkeitsmodellen zu,
in welchen die gesamte reproduktive Periode erfaßt wird. Im Zentrum
steht dabei ein <u>alters- und paritätsspezifisches Mehrtypen-Matrizen-
modell,</u> das den Durchgang einer Frau durch die Paritätshierarchie
beschreibt und die Deutung von Fertilitätsmeßziffern als stochastische
Prozeß-Parameter ermöglicht. Als Ergebnis einer derartigen Modellierung werden Diskrepanzen zwischen der verbalen Definition und
üblichen Ermittlungsweisen der Reproduktionsraten deutlich (§ 3.3).

2. Sektorale Fruchtbarkeitsmodelle

2.1. Paritätssektorale Prozesse

Das bedeutendste wiederholbare demographische Phänomen ist die Fruchtbarkeit. Die globale Fruchtbarkeitsgeschichte einer Frau (d. i. das
zeitliche Muster der aufeinanderfolgenden Geburten) kann in natürlicher
Weise in Episoden aufgespalten werden, indem man sich auf den Zeitraum
zwischen (h-1)-ter und h-ter Geburt beschränkt (h = 1, 2,..., g). Beispiele für die eheliche Fruchtbarkeit ersten und dritten Ranges findet
man bei PRESSAT (1966, p. 49 - 51, vgl. auch 1969, p. 66). Unsere Aufgabe in § 2.1 besteht in der Entwicklung eines stochastischen Modells
für das einmalige Phänomen "Fruchtbarkeit h-ten Ranges". Dazu bietet
sich die Dekrementtheorie (Kap. 2, § 2) an. In Kap. 2, § 3.4 hatten
wir gezeigt, wie diese paritätssektoralen Modelle zu einem Globalmodell
vereinbar sind.

2.1.1. Die Fruchtbarkeit h-ten Ranges

Wir betrachten im folgenden nur Lebendgeburten und unterscheiden
nicht zwischen Einfach- und Mehrfachgeburten. Eine Frau ist von der
Parität (vom Fruchtbarkeitsrang) h, wenn sie bisher h Geburten hinter
sich hat. Als Ursprungsereignis für die Fruchtbarkeit h-ten Ranges fungiert die (h-1)-te Geburt (siehe auch die Tabelle auf Seite 25). Aus
Kap. 2 weiß man, daß der Verlust einer Merkmalsausprägung (hier: Parität h-1) mittels Dekrementmodellen beschreibbar ist. Das künftige
Schicksal einer Frau nach ihrer (h-1)-ten Geburt läßt sich klassifizieren in:

(a) es kommt zu einer Geburt h-ter Ordnung,
(b) die Frau stirbt im Laufe ihrer reproduktiven Periode in der
Parität h-1,

(c) sie erreicht die Menopause in der Parität h-1.

Während sich die bisherigen Ausgänge auf die allgemeine Fruchtbarkeit beziehen, kommen für eheliche Fruchtbarkeit noch die Möglichkeiten

    (d) Verwitwung in der Parität h-1,
    (e) Scheidung in der Parität h-1

hinzu. Dieses Schema läßt sich als Dekrementmodell (Kap. 2, § 2.1) iden-tifizieren mit den vier echten absorbierenden Zuständen r: I = (a), II = (b), III = (d), IV = (e) und den unechten s = (c). Als transiente Zustände wählen wir die Zeit x (in vollendeten Jahren), die seit der (h-1)-ten Geburt verstrichen ist (für h = 1: Zeit seit der Eheschließung bzw., bei allgemeiner Fruchtbarkeit, seit Eintritt in die reproduktions-fähige Periode). Nun hängt selbstverständlich das weitere reproduktive Verhalten, sowie auch die anderen Abgangscharakteristiken, vom Lebensal-ter u der Frau im Zeitpunkt ihrer (h-1)-ten Geburt ab (vgl. HOEM, 1968 b). Aus diesem Grunde führen wir u als Parameter in alle relevanten Wahrscheinlichkeiten ein; insbesondere geht die Systemmatrix (K (=Kap.) 2, 2.1) über in

$$\mathbf{A}(u) = \begin{bmatrix} \mathbf{I} & \mathbf{0} \\ \mathbf{Q}(u) & \mathbf{P}(u) \end{bmatrix} \tag{2.1}$$

mit dem transienten Teil $\mathbf{P}(u) = \left[p_{xy}(u) \right]$ und der absorbierenden Matrix $\mathbf{Q}(u) = \left[q_{xr}(u) \right]$.

2.1.2.   Anwendungen der Dekrementtheorie

Aus der Theorie der Dekrementmodelle (Kap. 2, § 2) lassen sich nun eine Reihe unmittelbarer Folgerungen ziehen. Dazu halten wir h fest und definieren eine [u,x]-Frau als eine (u+x)-jährige, in der Parität h-1 befindliche Frau, die ihre (h-1)-te Geburt im Alter u gehabt hat. Fer-ner bezeichnen wir mit w(u)- das letzte "Alters"intervall im Modell (2.1), in dem eine Geburt möglich ist, d. h. w(u)+1 Jahre nach der im Lebensalter u stattfindenden (h-1)-ten Geburt kommt es zur Menopause. Es gilt u+w(u)+1 = β (oberes Grenzalter der Reproduktivität; vgl. Kap. 8, § 3.1).

2.1.2.1. Kalender

Mit $\underline{z}_x(u)$ bezeichnen wir die zufällige <u>Zeitdauer, die eine $[u,x]$-</u> <u>Frau künftighin bis zu irgendeiner Absorption</u> verlebt. Das Alter der Frau, in welchem es zum Eintritt der Menopause o d e r zu einem der Abgänge I bis IV kommt, ist also gegeben durch $u + x + \underline{z}_x(u)$. Nach (K 2, 2.20) gilt

$$E(\underline{z}_x(u)) = \sum_{y=x}^{w(u)} P_{xy}(u) - 1/2 \ , \tag{2.2}$$

wobei die Verbleibswahrscheinlichkeiten $P_{xy}(u)$ sinngemäß zu (K 2, 2.12) erklärt sind. Für $x = 0$ ist $E(\underline{z}_0(u))$ die durchschnittliche Wartezeit von der $(h-1)$-ten Geburt bis zur h-ten Geburt oder bis zu einem Abgang durch Tod, Scheidung, Verwitwung oder bis zum Eintritt der Menopause. Vermöge (K 2, 2.32) kann man ferner die Varianzen Var $(\underline{z}_x(u))$ ermitteln. Während $u + E(\underline{z}_0(u))$ die erwartete Lage des <u>Kalenders der Fruchtbarkeit</u> <u>h-ter Ordnung</u> charakterisiert, beschreibt Var $(\underline{z}_0(u))$ die Streuung um diesen Durchschnittswert.

Eine wichtige Größe im Fruchtbarkeitsmodell h-ten Ranges ist die Wartezeit $\tilde{\underline{z}}_x(u,I)$ einer $[u,x]$-Frau bis zur h-ten Geburt. Da bei einer statistischen Schätzung dieser Frist ausschließlich über Frauen gemittelt wird, bei denen es schließlich zur h-ten Geburt kommt, so hat man zur <u>transformierten Kette</u> überzugehen, wobei insbesondere in (K 2, 2.53) $D = \{I\}$ zu setzen ist. Falls die Frau ihre $(h-1)$-te Geburt im Alter von u Jahren hatte, so ist dann zufolge (K 2, 2.74) <u>die durchschnittliche</u> <u>Wartezeit von der $(h-1)$-ten bis zur h-ten Geburt</u> gegeben durch

$$E(\tilde{\underline{z}}_0(u,I)) = b_{0I}(u)^{-1} \sum_{y=0}^{w(u)} yP_{0y}(u)q_{yI}(u) + 1/2 \ . \tag{2.3}$$

Var $(\tilde{\underline{z}}_0(u,I))$ kann aus (K 2, 2.79) abgeleitet werden. Die Wahrscheinlichkeit $b_{0I}(u)$ einer $[u,0]$-Frau, im Fruchtbarkeitsmodell h-ten Ranges früher oder später eine h-te Geburt zu haben, wird in (2.6) ermittelt.

2.1.2.2. Intensität

Wir interessieren uns nun für die Wahrscheinlichkeit $b_{xr}(u,t)$, daß eine $[u,x]$-Frau innerhalb von t Jahren nach der Geburt ihres $(h-1)$-ten Kindes dem Risiko r zum Opfer fällt $(r = I,\dots,IV)$. Gemäß (K 2, 2.38) gilt

$$b_{xr}(u,t) = \sum_{y=x}^{x+t-1} P_{xy}(u)q_{yr}(u) \; .\qquad(2.4)$$

Für $h = 1$ spiegelt ein Schaubild des StBA (WiSta 1962, p. 207) den Verlauf von $b_{oI}(u,1)$ in Abhängigkeit vom Heiratsalter u der Mutter wider. Man beachte jedoch, daß es sich dabei um Lebendgeborene und nicht -geburten handelt. Läßt man in (2.4) t über alle Grenzen wachsen, dann erhält man (vgl. K 2, 2.41) für die Wahrscheinlichkeit $b_{xr}(u)$ einer $[u,x]$-Frau, früher oder später aufgrund des Risikos r auszuscheiden,

$$b_{xr}(u) = \sum_{y=x}^{w(u)} P_{xy}(u)q_{yr}(u) \; .\qquad(2.5)$$

Setzt man insbesondere $r = I$ (Geburt h-ter Ordnung) und $x = 0$, so erhält man eine explizite Formel für die <u>Intensität der Fruchtbarkeit h-ter Ordnung</u>. Da es sich hierbei um ein e i n m a l i g e s demographisches Phänomen handelt, so ist die Intensität gleich der Wahrscheinlichkeit, daß eine Frau, die im Alter u die $(h-1)$-te Geburt hatte, die nächst höhere Paritätsstufe erreicht:

$$b_{oI}(u) = \sum_{y=0}^{w(u)} P_{oy}(u)q_{yI}(u)\qquad(2.6)$$

2.1.3. Zur Messung der reinen Fruchtbarkeit

Bisher haben wir ein r o h e s Modell mit abhängigen Wahrscheinlichkeiten betrachtet. Für jedes u,x hängen die Wahrscheinlichkeiten

$q_{xr}(u)$ für verschiedene r voneinander ab (vgl. K 3, 2.24), d. h. insbesondere: Todes-, Scheidungs- und Verwitwungsrisiko beeinflussen die Geburtswahrscheinlichkeiten. Unter Umständen (etwa für Vergleiche) interessiert man sich für ein feineres Modell, in welchem die Risken II, III und IV eliminiert sind. In einem solchen tritt anstelle der einjährigen Geburtswahrscheinlichkeit $q_{xI}(u)$ einer [u,x]-Frau die r e i n e Wahrscheinlichkeit $\overline{q}_{xI}(u)$ auf. Nach (K 3, 2.51) gilt hierfür

$$\overline{q}_{xI}(u) = q_{xI}(u) \left[1 + 1/2 \sum_{r=II}^{IV} q_{xr}(u) \right]. \qquad (2.7)$$

Weitere Parameter des r e i n e n Modells sind

$$\overline{p}_x(u) = 1 - \overline{q}_{xI}(u),$$ die reine einjährige Verbleibswahrscheinlichkeit in der Parität h-1 ;

$$\overline{P}_{xy}(u) = \prod_{z=x}^{y-1} \overline{p}_z(u),$$ die reine globale Verbleibswahrscheinlichkeit in der Parität h-1 .

Vermöge der Resultate von Kapitel 2, § 2.2.4 kann man nun die Wahrscheinlichkeit $\overline{b}_{xI}(u)$ einer [u,$\underline{x}$]-Person berechnen, früher oder später die Parität h zu erreichen, falls die Frau allein dem Geburtsrisiko ausgesetzt ist. Insbesondere ist $\overline{b}_{oI}(u)$ die reine Intensität der Fruchtbarkeit h-ten Ranges.

Aus den verfügbaren Parametern lassen sich nun auch in der in Kap. 2, § 2.2.4 vorgeführten Weise Erwartungswert und Varianz der Wartezeit $\overline{z}_x(u)$ einer [u,x]-Frau im reinen Modell bis zur h-ten Geburt o d e r Menopause ermitteln. Ebenso läßt sich die bedingte Wartezeit $\widetilde{\overline{z}}_x(u,I)$ einer [u,$\underline{x}$]-Frau bis zur h-ten Geburt mittels der transformierten Kette behandeln (Bedingung: schließlich Absorption in I und nicht in s). Insbesondere wird hierbei $E(\widetilde{\overline{z}}_o(u,I))$ von Interesse sein, die durchschnittliche Dauer von (h-1)-ter bis h-ter Geburt unter Eliminierung möglicher Störphänomene. Den Unterschied zwischen transformierten Größen und Parametern im reinen Modell hat man sorgfältig zu beachten; beispielsweise ist $E(\widetilde{z}_o(u,I)) \neq E(\widetilde{\overline{z}}_o(u,I))$. Man vgl. dazu HOEM (1968 b,c), der darauf hinweist, daß die reinen Wahrscheinlichkeiten i. a. k e i n e Interpretation als bedingte Wahrscheinlichkeiten im rohen Modell besitzen.

2.2. Einbeziehung biologischer Gegebenheiten (Konzeptionsmodelle)

2.2.1. Einleitende Bemerkungen

Heutzutage und in Zukunft besteht das dominierende Ziel der Bevölkerungspolitik in der Senkung der Geburtenziffern. Soziale, wirtschaftliche
und psychologische Faktoren beeinflussen die Geburtenraten, indem sie
die dem Reproduktionsprozeß zugrundeliegenden biologischen Verhältnisse
modifizieren (vgl. SHEPS, 1967). Ein genaueres Studium der menschlichen
Fruchtbarkeit hat also biologische Gesichtspunkte miteinzubeziehen. Das
Verständnis des Reproduktionsphänomens wird durch mathematische Modell-
bildung erhöht. Wir geben in diesem Abschnitt einen knappen Einblick in
den Gebrauch stochastischer Prozeßmodelle zur Untersuchung der Fruchtbarkeit in Verbindung mit ihren biologischen Determinanten. Der Tatsache
entsprechend, daß sich erfahrungsgemäß die Reproduktion vorteilhaft in
Kohortenbetrachtung studieren läßt (vgl. RYDER, 1959), handelt es sich
dabei um Individual- oder Mikromodelle.

2.2.1.1. Biologische Erwägungen

Für den Bau von Reproduktionsmodellen sind neben Beginn und Dauer
der reproduktiven Periode einer Frau folgende biologische Tatsachen von
Relevanz:

a) Empfängnisbereitschaft (fécondabilité, fecundability). Die Chan-
   ce für eine in sexueller Union lebende, nicht schwangere Frau,
   daß während eines Monatszyklus ein Ei befruchtet wird und sich
   einnistet, hängt offensichtlich von einer Reihe verschiedener
   Faktoren ab, wie etwa vom Eintreten der Ovulation, von der Benutzung kontrazeptiver Mittel u. v. a. Aus diesem Grund kann
   man das Eintreten einer Konzeption als zufälliges Ereignis auffassen; die Konzeptionswahrscheinlichkeit pro Monatszyklus nennen wir Empfängnisbereitschaft.

b) <u>Schwangerschaftsausgänge.</u> Eine Konzeption führt zu einer Schwangerschaft, deren Resultate folgendermaßen g r o b eingeteilt werden können: <u>Lebendgeburt</u> (live birth), <u>Totgeburt</u> (stillbirth), <u>Fehlgeburt</u> (abortion, fetal loss). Die Neigung zu den diversen Ausgängen ist abhängig von Alter und Gesundheitszustand der Mutter, der Parität, der Dauer seit der letzten Geburt u.s.w.

c) <u>Nicht-empfängnisbereite Periode</u> (nonsusceptible period, loss time). An eine Konzeption schließt sich eine Periode an, während welcher die Frau aufhört, dem Schwangerschaftsrisiko ausgesetzt zu sein. Diese "verlorene Zeit" setzt sich zusammen aus der <u>Dauer der Schwangerschaft</u> und dem Intervall von ihrer Beendigung bis zum Wiederbeginn der Ovulation (<u>Postpartum-Periode</u>). Die Schwangerschaftsdauer ist korreliert mit dem Ausgang der Schwangerschaft; beispielsweise ist die mittlere Schwangerschaftsdauer bei Fehlgeburten kürzer, die Varianz hingegen größer als bei Lebendgeburten. Die Länge des zweiten Teils der nicht-empfängnisbereiten Zeit, also die Dauer der Postpartum-Periode, hängt ebenfalls vom speziellen Ausgang der Schwangerschaft ab. Ferner spielen eine Rolle das Überlebensverhalten des Kindes, sowie soziale Gebräuche und psychologische Bedingungen (Stillzeit).

Nach Wiedereintritt der Ovulation kann die Empfängnisbereitschaft geringer sein als vor der Schwangerschaft, um dann erst allmählich das vorherige oder ein neues Niveau zu erreichen.

2.2.1.2. Beschreibung und Probleme des Konzeptionsprozesses

Das reproduktive Verhalten einer Frau im Laufe ihres Lebens läßt sich gemäß den biologischen Betrachtungen in § 2.2.1.1 als <u>Durchlauf</u> durch eine Reihe von exklusiven <u>Zuständen</u> auffassen. Am Beginn einer sexuellen Union ist die Frau nicht schwanger und empfängnisbereit (susceptible to conception). Nach einer gewissen Zeitdauer kommt es dann zu einer Konzeption, und damit verbunden zu einer Schwangerschaft, an deren Ende die Frau in einen der erwähnten Postpartum-Zustände eintritt. Nach Ablauf der Postpartum-Periode wird sie schließlich wieder empfängnisfähig, und das Geschehen kann von neuem beginnen. Unter der <u>reproduktiven Geschichte</u> einer Frau kann man sich ein Protokoll vorstellen,

bestehend aus der Folge der angenommenen Zustände, sowie den Zeitspannen,
welche die Frau in diesen Zuständen verbracht hat. Gesucht sind Modelle,
die das Zustandekommen möglicher Zustandspfade probabilistisch erklären.

Zwei Typen von wechselseitig abhängigen Modellvariablen stehen im
Vordergrund des Interesses: die _Intervalle_ zwischen den Ereignissen
(wie Geburten, Konzeptionen usw.) und die _Anzahlen_ derartiger Ereignisse
in einem Zeitintervall. Insbesondere verdienen Beachtung

- die Wartezeit bis zur ersten Konzeption oder Erstgeburt
  (Erstdurchlaufzeit) und die Intervalle zwischen aufeinanderfolgenden Geburten (Rekurrenzzeiten).

Die Anzahl von Ereignissen eines Typs im Laufe eines Intervalls ist
gleich der Anzahl der Eintritte in bzw. der Austritte aus bestimmten
Zuständen im zu definierenden dahinterstehenden stochastischen Prozeß.
Das Interesse konzentriert sich dabei auf

- die Verteilung der Anzahl der Ereignisse in einem Intervall,
  insbesondere Mittelwert und Varianz der Anzahl der entsprechenden Passagen,

- die Grenzwahrscheinlichkeiten für die einzelnen Zustände,

- Konzeptionsraten, Geburtsraten und dgl. mehr.

2.2.1.3.   Ein Klassifikationssystem

Die in der Literatur vorgeschlagenen Modelle unterscheiden sich im
Grad des Einbeziehens der biologischen Gegebenheiten.

SHEPS et al. (1969) haben vor kurzem in einem zusammenfassenden Überblick über Konzeptionsmodelle (dort als "family building models" bezeichnet) ein Klassifikationssystem für derartige Modelle vorgeschlagen.
Da es eine brauchbare Einteilung auch der hier diskutierten Modelle
liefert, so geben wir es im folgenden (gekürzt) wieder. Danach können
Konzeptionsmodelle gemäß folgender Kriterien eingeteilt werden:

(i) Behandlung des Zeitparameters: diskret oder kontinuierlich.

Für diskrete Analyse spricht die Länge des weiblichen Zyklus von ungefähr einem Monat; kontinuierliche Modelle vermeiden hingegen gewisse Schwierigkeiten, die ansonsten bei der eindeutigen Zuweisung von reproduktiven Zuständen auftauchen können. Die Analysen verlaufen (wie oftmals in der Demographie) weitgehend parallel. Extra sei auf die Möglichkeit gemischter Modelle hingewiesen, welche etwa die Konzeptionen zeitlich diskret, alle anderen Ereignisse hingegen kontinuierlich behandeln.

(ii) Variabilität der Schwangerschaftsausgänge: Mögliche Modelle lassen sich nach den zugelassenen Schwangerschaftsausgängen einteilen. Eine tiefere Gliederung als die unter b) in § 2.2.1.1 ist möglich; so kann man etwa Fehlgeburten zusätzlich in spontane und herbeigeführte aufgliedern.

(iii) Variabilität der Dauer der nicht empfängnisbereiten Periode: Schwangerschaftsdauer und/oder Postpartumperiode können als konstante oder zufällig schwankende Größen mit allgemeinen Verteilungsfunktionen aufgefaßt werden.

(iv) Variabilität innerhalb eines Individuums: Die Modellparameter können sich für eine Frau im Laufe der Zeit oder nach Maßgabe bisher besetzter Zustände (z. B. der Parität) ändern. Sind sie zeitlich konstant, so spricht man von zeitlicher Homogenität.

(v) Variabilität zwischen Individuen: Sind alle relevanten Modellparameter für jedes Individuum gleich, so handelt es sich um eine homogen zusammengesetzte Gesamtheit. Gegenteil: heterogene Population.

2.2.1.4. Historisches

Stochastische Prozesse, bei denen auf einen "Erfolg" eine Totzeit gewisser Länge folgt, während der kein weiterer Erfolg registrierbar ist, sind - ohne demographische Bezugnahme - von J. NEYMAN (1949) einem Modell zugrundegelegt worden, das sich mit der Einschätzung von Fischpopulationen aufgrund kleiner Stichproben beschäftigt. Ein Fischerboot

entdeckt mit konstanter Rate Fischschwärme; nach dem Auffinden eines
Schwarmes wird die Suche zur Einbringung des Fanges für eine fixe Zeitspanne unterbrochen und erst danach wieder aufgenommen. Dieses Fischer-
bootmodell ist eng verwandt mit dem Geiger-Zähler vom Typ I, welcher
für eine gewisse Periode nach dem Eintreffen eines Partikels für weitere
Registrationen gesperrt ist. Typ I-Zähler sind von W. FELLER mit Mitteln
der Erneuerungstheorie für stetigen (1948) und diskreten Zeitparameter
(1968) behandelt worden; siehe auch BHARUCHA – REID (1960, p. 299 ff).
Die ursprüngliche Entwicklung der Erneuerungstheorie (FELLER, 1941) wurde durch A. J. LOTKAs bahnbrechende Untersuchungen über das Bevölkerungswachstum stimuliert (LOTKA, 1939). Interessanterweise hat LOTKA seine
Erneuerungstechniken jedoch niemals auf individuelle Fruchtbarkeit oder
Kohortenphänomene angewendet; er war zu sehr den Makromodellen der stabilen Bevölkerungstheorie verhaftet (vgl. PERRIN & SHEPS, 1964, p. 30).
Diese Tatsache verdeutlicht m. E. die Wichtigkeit der im Rahmen der vorliegenden Arbeit vorgeschlagenen komplementären Gliederung in Individual-
(Mikro-) und aggregierte (Makro-) Modelle.

Unabhängig von diesen Entwicklungslinien haben sich bereits 1924
GINI und dann ab 1953 L. HENRY mit Konzeptionsmodellen befaßt. Obwohl
HENRY weitreichende Resultate erzielt hatte (1957, 1961), sind diese
relativ unbekannt geblieben (vgl. SHEPS et al., 1969, p. 165). Ungefähr
ab 1955 setzten dann Untersuchungen über Reproduktions- bzw. Familien-
bildungsmodelle plötzlich und teilweise unabhängig voneinander ein. Es
ist sicher kein Zufall, daß frühe Arbeiten aus dem bevölkerungsreichen
Indien stammen; wir erwähnen hier nur DANDEKAR (1955) und BASU (1955).
Einen Meilenstein bildet der bereits zitierte Aufsatz von PERRIN & SHEPS
(1964), wo expliziter Gebrauch von Erneuerungs- und Semimarkoffprozeß-
Theorie gemacht wurde. Seit damals geben diese stochastischen Prozeß-
typen den Rahmen für Konzeptionsmodelle ab.

Die historische Entwicklung wird im Übersichtsartikel von SHEPS et
al. (1969) nachgezeichnet. Die dabei erbrachte Leistung ist insofern
beachtlich, als eine Vielzahl verstreuter, oft äußerlich zwar verschiedener, sonst aber paralleler Arbeiten gesichtet werden mußte. Sie wurden dabei auf einen modernen wahrscheinlichkeitstheoretischen Stand gebracht und kritisch verglichen. Die Autoren beschränken sich auf analytisch traktable Reproduktionsmodelle, lassen also Simulationsmodelle
von vornherein außer Acht. Für einen derartigen Überblick schien die
Zeit reif zu sein: man ist gegenwärtig an eine gewisse Grenze der ana-

lytisch zu behandelnden Konzeptionsmodelle gelangt; vgl. dazu auch die
Konferenzpapiere des Londoner Kongresses der IUSSP (1969, Sektion: Si-
mulation Methods and the Use of Models in Fertility Analysis). Die Situ-
ation in diesem Teil der Bevölkerungsmathematik erinnert in gewissem
Sinne im verkleinerten Maßstab an die Entwicklung in der Theorie der
Warteschlangen.

Anstatt nun die bei SHEPS et al.(1969) gegebenen Ausführungen nachzu-
zeichnen, greifen wir in der Folge aus der Hierarchie der Modelle zwei
solche beispielhaft heraus, und zwar ein einfaches (§ 2.2.2) und ein
relativ kompliziertes (§ 2.2.3). Dieses Modellpaar scheint uns insofern
zur Belegung des Entwicklungsstandes geeignet, als sich dabei die Ab-
schwächung der Voraussetzungen und die damit verbundene steigende Komplexität der Analyse offenbart.

2.2.2. Ein Konzeptionsmodell mit konstanter Schwangerschaftsdauer und einfachem Schwangerschaftsausgang

Dieses Modell berücksichtigt von den biologischen Tatsachen nur, daß
im Laufe einer Schwangerschaft keine weitere Konzeption möglich ist. Es
ordnet sich im Klassifikationssystem von § 2.2.1.3 folgenderweise ein:

(i) diskrete Zeitskala; Zeiteinheit = Menstruationszyklus;

(ii) ein Schwangerschaftsausgang (Lebendgeburt);

(iii) feste Schwangerschaftsdauer der Länge d-1, verschwindende
Postpartum-Periode;

(iv) zeitliche Homogenität;

(v) homogene Population.

Die Empfängnisbereitschaft (= Wahrscheinlichkeit für eine monatliche
Konzeption) sei gleich p, falls in den unmittelbar vorangegangenen d-1
Monaten keine Konzeption stattgefunden hat oder eine solche gerade d-1
Monate zurückliegt. Falls es hingegen im Laufe der vorhergehenden d-2
Monate zu einer Empfängnis gekommen ist, so sei die Konzeptionswahr-
scheinlichkeit gleich Null. Als Anfangsbedingung verlangen wir, daß die

Frau im ersten Ehemonat empfängnisbereit sein soll.

2.2.2.1.   Ein reguläres Markoffkettenmodell

N. KEYFITZ hat das eben beschriebene Modell als Markoffkette formuliert (1968 a, p. 391). Es handelt sich dabei um den diskreten Typ I-Zähler, dessen Behandlung als Markoffsche Kette FELLER in einem Beispiel
(1968, p. 425) fordert. Vor allem um zu zeigen, daß in der Demographie
nicht nur absorbierende Ketten (vgl. Kap. 2), sondern auch reguläre
eine Rolle spielen, wiederholen wir zunächst die Überlegungen von KEY-
FITZ in leicht veränderter Form. Dazu denken wir uns die reproduktive
Geschichte einer Frau durch d Zustände beschrieben, je nachdem welchen
reproduktiven Status sie a m E n d e eines Monatszyklus annehmen
kann. Es bedeute

S_o ... die letzte Konzeption liegt mindestens d-1 (vollendete)
Monate zurück. D. h., eine Frau befindet sich in S_o,
wenn sie im selben Monat eine Geburt gehabt hat oder
mindestens d Monate lang nicht empfangen hat.

S_{1i} ... eine Konzeption liegt i (vollendete) Monate zurück,
i = 0,1,2,...,d-2. Der Zustand $S_1 = \{S_{1i} | i = 0,1,...$
...,d-2\} bedeutet, die Frau ist schwanger.

Die Abfolge der Zustände läßt sich im Zustandsdiagramm schematisie-
ren:

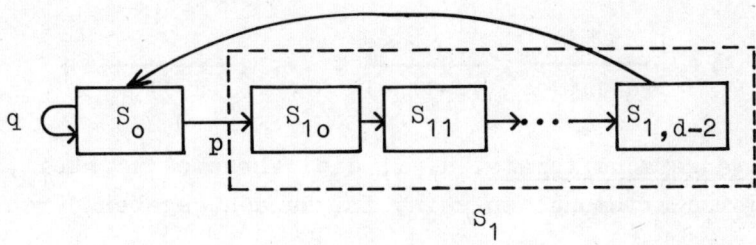

Die Transitionsmatrix lautet

$$
\mathbf{P} = \begin{array}{ccccccc} S_o & S_{1o} & S_{11} & S_{12} & \cdots & S_{1,d-2} \\ \left[\begin{array}{cccccc} q & p & 0 & 0 & \cdots & 0 \\ 0 & 0 & 1 & 0 & \cdots & 0 \\ & & & \cdot & & \\ & & & \cdot & & \\ 0 & \cdot & \cdot & \cdot & \cdots & 1 \\ 1 & 0 & \cdot & \cdot & \cdots & 0 \end{array}\right] & \begin{array}{c} S_o \\ S_{1o} \\ S_{11} \\ \vdots \\ S_{1,d-3} \\ S_{1,d-2} \end{array} \end{array} \tag{2.8}
$$

Da für $p > 0$ die Matrix $\mathbf{P}$ regulär ist (vgl. KEYFITZ, 1968 a, p. 391; KEMENY und SNELL, 1960, Chap. IV), so existiert die Grenzverteilung

$$
\mathbf{p} = \left[p_o,\ p_1, \ldots, p_{d-1} \right] \tag{2.9}
$$

und erfüllt die Gleichgewichtsbedingungen

$$
\mathbf{p} = \mathbf{p}\mathbf{P} \tag{2.10}
$$

mit

$$
\sum_{i=0}^{d-1} p_i = 1 \ . \tag{2.11}
$$

Ihre Lösung liefert die <u>stationäre Verteilung</u>

$$
\mathbf{p} = \left[\frac{1}{(d-1)p+1} \ , \ \frac{p}{(d-1)p+1} \ , \ \ldots \ , \ \frac{p}{(d-1)p+1} \right] \ . \tag{2.12}
$$

Die <u>Schwangerschaftsrate,</u> d. i. die Wahrscheinlichkeit, im ersten Schwangerschaftsmonat zu sein, ist danach gegeben durch

$$
p\left[(d-1)p+1 \right]^{-1} \ ; \tag{2.13}
$$

(2.13) ist auch der Wert der <u>Fruchtbarkeitsrate</u>. Die durchschnittliche Wartezeit vom Beginn einer sexuellen Union bis zur ersten Konzeption ist geometrisch verteilt mit dem Mittelwert $1 + qp^{-1} = p^{-1}$. Die durchschnittliche Wartezeit von der Heirat bis zur Erstgeburt beträgt also

$$d-1 + p^{-1} = d + qp^{-1} \qquad (2.14)$$

Monate. Da die geometrische Verteilung kein Gedächtnis besitzt, so ist (2.14) auch die mittlere Dauer von einer Konzeption bis zur nächstfolgenden oder auch von einer Geburt bis zur nächsten. Erstdurchlauf- und Wiederkehrzeiten können prinzipiell unter Verwendung der Fundamentalmatrix regulärer Markoffketten bestimmt werden (siehe KEMENY und SNELL, 1960, p. 75; man vergleiche dazu auch SCHAICH, 1969). Einfacher ist jedoch der Gebrauch erzeugender Funktionen, dem wir uns in den nächsten beiden Abschnitten zuwenden.

2.2.2.2. Verwendung erzeugender Funktionen

Es sei v_n die Wahrscheinlichkeit einer <u>Konzeption</u> (<u>Konzeptionsrate</u>) im n-ten Monat (gerechnet vom Beginn der Ehe). Zur Herleitung einer Differenzengleichung für v_n im Anschluß an BASU (1955) folgen wir einem Argument von SHARMA (zitiert nach KEYFITZ, 1968 a, p. 395). Wenn im nullten Monat keine Konzeption stattfindet (mit Wahrscheinlichkeit q), dann liegt im nächsten Monat wieder die Ausgangssituation vor. Kam es hingegen anfänglich zu einer Empfängnis (mit Wahrscheinlichkeit p), dann reproduziert sich die ursprüngliche Situation erst nach d Monaten wieder. Kombiniert man die drei Zeitskalen, so erhält man

$$v_n = qv_{n-1} + pv_{n-d} \qquad n = 2,3,\ldots \qquad (2.15)$$

Aufgrund der empfängnisbereiten Ausgangssituation ist zusätzlich $v_n = 0$ für $n \leqq 0$ und $v_1 = p$ zu definieren. Aus (2.15) folgt für die erzeugende Funktion

$$V(s) = \sum_{n=1}^{\infty} v_n s^n \qquad (2.16)$$

die Beziehung

$$V(s) - ps = qsV(s) + ps^d V(s)$$

$$V(s) = ps(1 - qs - ps^d)^{-1} \qquad (2.17)$$

Nun kann man sich überlegen (siehe z. B. KEYFITZ, 1968a, p. 395), daß 1 die dem Betrage nach k l e i n s t e Nullstelle des Nennerpolynoms von (2.17) ist. Diese Wurzel besitzt die algebraische Vielfachheit eins. Aus der Partialbruchentwicklung einer rationalen erzeugenden Funktion kann folgendes nützliche Ergebnis gewonnen werden (siehe bei FELLER, 1968, p. 277):

Lemma. Es sei $P(s) = U(s)/V(s)$ eine rationale Funktion und s_1 eine einfache Wurzel des Nennerpolynoms, dem Betrage nach kleiner als alle anderen Wurzeln. Dann ist der Koeffizient p_n von s^n asymptotisch gegeben durch

$$p_n \sim - \frac{U(s_1)}{V'(s_1)} \frac{1}{s_1^{n+1}} \qquad (2.18)$$

Aus (2.16), (2.17) folgt unter Verwendung des Hilfssatzes (2.18)

$$\lim_{n \to \infty} v_n = -ps\frac{d}{ds}(1 - qs - ps^d)\Big|_{s=1} = \frac{p}{dp + q} = \frac{p}{(d-1)p+1} \qquad (2.19)$$

in Übereinstimmung mit (2.13).

2.2.2.3. Formulierung als Erneuerungsprozeß

Die eleganteste Behandlung des einfachen Konzeptionsmodells erfolgt im Rahmen der (hier: diskreten) Erneuerungstheorie (vgl. FELLERs Theorie rekurrenter Ereignisse, 1968, Chap. XIII). Die Folge der Konzeptionen bildet einen sogenannten modifizierten Erneuerungsprozeß (vgl. COX, 1966). Es sei $\underline{X}_o$ die Länge des Intervalls vom Beginn bis zur ersten Konzeption, einschließlich des Monats der Empfängnis. Weiters sei $\underline{X}_i$ die Zahl der Monate von der i-ten bis zur (i+1)-ten Konzeption. Grundannahme der Erneuerungstheorie ist die wechselseitige Unabhängigkeit der für $i \geq 1$ identisch verteilten Zufallsgrößen $\underline{X}_i$. Wir setzen

$$P\{\underline{X}_o = n\} = b_n \quad \text{und} \quad P\{\underline{X}_i = n\} = f_n \quad \text{für } i \geq 1 \qquad (2.20)$$

und definieren

$$B(s) = \sum_{n=1}^{\infty} b_n s^n \qquad , \quad F(s) = \sum_{n=1}^{\infty} f_n s^n \tag{2.21}$$

Die Wartezeit $\underline{X}_o$ von der Eheschließung bis zur 1. Konzeption ist infolge der Modellannahmen geometrisch verteilt:

$$b_n = q^{n-1} p \qquad , \qquad n \geq 1 \tag{2.22}$$

Für $\underline{X}_i$ ($i \geq 1$) erhält man eine verzögerte geometrische Verteilung, da jenes Zeitintervall mit der Schwangerschaftsperiode der Länge d-1 beginnt:

$$f_n = \begin{cases} 0 & \text{für } n = 0,1,2,\ldots,d-1 \\ q^{n-d} p & \text{für } n = d,d+1,\ldots \end{cases} \tag{2.23}$$

Aus (2.22) und (2.23) folgt für die erzeugenden Funktionen

$$B(s) = ps + pqs^2 + pq^2 s^3 + \ldots = \frac{ps}{1 - qs} \tag{2.24}$$

$$F(s) = ps^d + pqs^{d+1} + pq^2 s^{d+2} + \ldots = \frac{ps^d}{1 - qs} \tag{2.25}$$

Die mittlere Rekurrenzzeit μ für Konzeptionen bzw. für Geburten ist gegeben durch

$$\mu = \sum_{n=1}^{\infty} n f_n = F'(1) = d + \frac{q}{p} = d - 1 + \frac{1}{p} \tag{2.26}$$

in Übereinstimmung mit (2.14).

Die Konzeptionen bzw. die Geburten bilden sogenannte verzögerte rekurrente Ereignisse (delayed recurrent events); nach FELLER (1969, p. 317) sind die erzeugenden Funktionen (2.21) und (2.16) verknüpft durch die (Erneuerungs-)gleichung

$$V(s) = \frac{B(s)}{1 - F(s)} \quad . \tag{2.27}$$

Setzt man (2.24) und (2.25) speziell in (2.20) ein, so erhält man

$$V(s) = \frac{ps}{1-qs-ps^d} \quad , \tag{2.17}$$

in Übereinstimmung zum weiter oben direkt ermittelten Resultat. Der Vorteil der jetzigen Herleitung besteht darin, daß eine Anwendung des Erneuerungstheorems (FELLER, 1968, p. 330, 313) für die asymptotische Konzeptionsrate sofort

$$v_n \to \mu^{-1} = (F'(1))^{-1} = \frac{p}{(d-1)p+1} \tag{2.28}$$

liefert. Während also (2.13) über die Grenzverteilung gewonnen wurde, haben wir bei der Herleitung von (2.28) darauf verzichtet, dafür aber vom Erneuerungstheorem Gebrauch gemacht.

Mittels der Technik erzeugender Funktionen lassen sich – auch schon im Rahmen dieses einfachen Modells – einige weitere Fragestellungen behandeln. Wir erwähnen etwa die Wartezeitverteilung von irgendeinem empfängnisbereiten Monat bis zum nächstfolgenden mit dieser Eigenschaft. Die wahrscheinlichkeitserzeugende Funktion für diese Rekurrenzzeit ist gegeben durch (vgl. FELLER, 1968, p. 315)

$$qs + qps^d + qp^2s^{2d-1} + \ldots = \frac{qs}{1 - ps^{d-1}} \tag{2.29}$$

2.2.2.4. Vorschläge für Verallgemeinerungen

Das behandelte Modell weist eine ganze Reihe von Simplifikationen des realen reproduktiven Verhaltens auf. Einige solcher Einschränkungen sind: nur Lebendgeburten, feste nicht empfängnisbereite Periode, keine Müttersterblichkeit; ferner die Unabhängigkeit der Parameter von Parität und Alter, sowie die Tatsache, daß die Konzeptionsbereitschaft nach einer Geburt sofort wieder auf ihr ursprüngliches Niveau ansteigt.

Eine Verallgemeinerungsmöglichkeit wird von KEYFITZ (1968 a, p. 392) vorgeschlagen, nämlich die Einbeziehung von Fehlgeburten durch Ersetzen der Einsen in (2.8) durch Wahrscheinlichkeiten für die Fortdauer einer Schwangerschaft und Einbringung der Gegenwahrscheinlichkeiten für eine Fehlgeburt in die erste Spalte. Eine ähnliche Verallgemeinerung läßt sich gemäß SHEPS und PERRIN (1963, 1966) unter Ausdehnung der oben gebotenen Analyse ohne Schwierigkeiten durchführen (vgl. auch SHEPS, 1967 und KEYFITZ, 1968 a, p. 396). Sie bezieht sich auf die Vermehrung der Schwangerschaftsausgänge, behält jedoch die Konstanz der jeweiligen sterilen Periode bei. Es wird ein Zustand S_O (empfängnisbereit) und Zustände L_i, F_j (i = 0,1,...,d-1; j = 0,1,...,f-1) betrachtet mit der Interpretation

$$\left.\begin{matrix} L_i \\ \\ F_i \end{matrix}\right\} \text{die Konzeption führt zu einer} \left\{\begin{matrix} \text{Lebendgeburt} \\ \\ \text{Fehlgeburt} \end{matrix}\right\} \text{und liegt i Monate zurück.}$$

Eine Frau im Zustand S_O gehe mit Wahrscheinlichkeit p in L_O, mit Wahrscheinlichkeit π in F_O über und verbleibe mit q = 1 - p - π für einen weiteren Monat in S_O. Von L_O bzw. F_O geht es dann deterministisch weiter zu einer Lebend- bzw. Fehlgeburt. Die Länge der zu einer Fehlgeburt führenden sterilen Periode ist dabei konstant gleich f-1 Monate.

2.2.3. Das Semi-Markoffmodell von SHEPS und PERRIN

Entsprechend den biologischen Betrachtungen in § 2.2.1.1 läßt sich das in § 2.2.2 dargebotene Modell vor allem in zwei Richtungen erweitern, nämlich durch die Annahme von

- mehreren möglichen Schwangerschaftsausgängen und von

- variablen nicht empfängnisbereiten Perioden.

Es ist das Verdienst von SHEPS und PERRIN[*], in einer Reihe theore-

---

[*] Für die bereitwillige Überlassung ihrer - oft in nur schwer greifbaren Zeitschriften verstreuten - Sonderdrucke sei beiden Autoren an dieser Stelle Dank abgestattet.

tischer und anwendungsbezogener Untersuchungen das Konzept der Semi-
Markoff-Prozesse auf derartige Phänomene angewendet zu haben. Im vorliegenden Abschnitt wird über einige ihrer theoretischen Ergebnisse
berichtet. Dabei kommt es uns weniger auf die Herleitung möglichst vieler analytisch erzielbarer Resultate an, als vielmehr auf eine Darle-
gung und Diskussion der Modellannahmen und eine bloß beispielhafte Belegung von Resultaten. Genauere Ausführungen findet man in der zitierten
Literatur.

2.2.3.1. Modellbeschreibung

Im Hinblick auf ihre Reproduktivität kann eine Frau als empfängnisbereit und vorübergehend steril klassifiziert werden. Im Anschluß an
PERRIN und SHEPS (1964) wollen wir eine Frau im Laufe ihrer reproduktiven Periode genau einem der folgenden fünf Zustände zurechnen

$$
\left.
\begin{array}{l}
S_0 \ \ldots \ \text{empfängnisbereit} \\[4pt]
S_1 \ \ldots \ \text{schwanger} \\[4pt]
S_2 \ \ldots \ \text{Postpartumperiode nach einer Fehlgeburt} \\[4pt]
S_3 \ \ldots \ \text{Postpartumperiode nach einer Totgeburt} \\[4pt]
S_4 \ \ldots \ \text{Postpartumperiode nach einer Lebendgeburt}
\end{array}
\right\} \quad (2.30)
$$

Der "Durchfluß" einer Frau durch diese reproduktiven Zustände (vgl.
§ 2.2.1.2) kann folgenderweise charakterisiert werden:

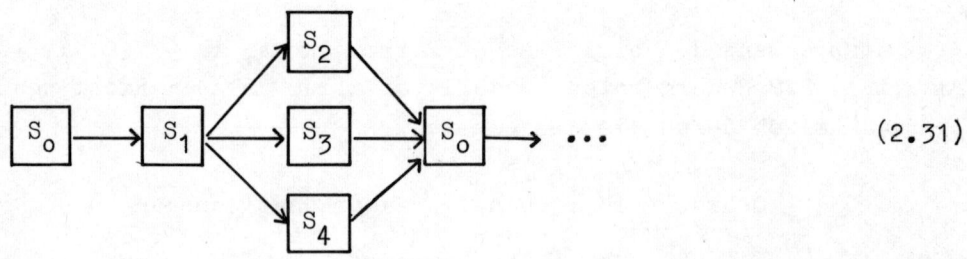

$$(2.31)$$

Ein stochastischer Prozeß, bei welchem die Verweildauer in jedem Zustand eine Zufallsgröße ist, deren Verteilung sowohl vom gerade besetzten, als auch vom nächstfolgenden Zustand abhängen kann, heißt Semi-
Markoffprozeß. Genauer ist ein Semimarkoffprozeß gegeben durch zwei
Matrizen

$$\mathbb{P} = \left[p_{ij} \right] \qquad \text{und} \qquad \mathbb{F}(t) = \left[F_{ij}(t) \right] \, , \qquad\qquad (2.32)$$

wobei $\mathbb{P}$ die Übergangsmatrix einer Markoffschen Kette ist und $F_{ij}(t)$ die Verteilungsfunktion der Verweildauer im Zustand i bedeutet, falls der Prozeß von i direkt nach j übergeht (vgl. BARLOW, 1962).

Biologische Betrachtungen legen es nun nahe, die Verweilzeiten einer Frau in jedem der fünf Zustände als zufällige Variable aufzufassen. Insbesondere soll die Aufenthaltsdauer einer Frau in S_1 (d. i. Schwangerschaftsdauer) vom Ausgang der Schwangerschaft abhängen dürfen. Desgleichen sei die Wartezeit einer eben in einen der drei Postpartum-Zustände eingetretenen Frau bis zum Verlassen dieses Zustands von der Art des Zustands abhängig. Nimmt man nun an, daß sämtliche auftretenden Modellparameter zeitlich homogen sind (vgl. (iv) im Klassifikationssystem), so erkennt man, daß sich das skizzierte Konzeptionsmodell als Semimarkoffprozeß formalisieren läßt. Insbesondere sei darauf hingewiesen, daß die Markoffeigenschaft i. a. verlorengeht; der Prozeß ist nur mehr in den Transitionszeitpunkten Markoffsch.

Die Übergangsmatrix $\mathbb{P}$ sei folgendermaßen spezifiziert (vgl. den Zustandsgraphen (2.31))

$$\mathbb{P} = \begin{array}{c} \begin{array}{ccccc} S_o & S_1 & S_2 & S_3 & S_4 \end{array} \\ \left[\begin{array}{ccccc} 0 & 1 & 0 & 0 & 0 \\ 0 & 0 & \Theta_2 & \Theta_3 & \Theta_4 \\ 1 & 0 & 0 & 0 & 0 \\ 1 & 0 & 0 & 0 & 0 \\ 1 & 0 & 0 & 0 & 0 \end{array} \right] \begin{array}{c} S_o \\ S_1 \\ S_2 \\ S_3 \\ S_4 \end{array} \end{array} \qquad (2.33)$$

Mit Θ_i bezeichnen wir also die Wahrscheinlichkeit, daß eine Schwangerschaft im Zustand S_i (i = 2,3,4) endet. Die beiden ersten Momente der Verteilungsfunktionen in $\mathbb{F}(t)$ sollen durch μ^*_{ij} und σ^{*2}_{ij} symbolisiert werden, also

$$\mu^*_{ij} = \int_o^\infty t\,dF_{ij}(t), \qquad \sigma^{*2}_{ij} = \int_o^\infty (t - \mu^*_{ij})^2 dF_{ij}(t) \qquad (2.34)$$

Bevor wir uns im nächsten Abschnitt den Folgerungen zuwenden, welche sich aus diesen Annahmen ziehen lassen, wollen wir die <u>Simplifikationen</u> herausstellen, von denen auch dieses Modell lebt.

Die einschneidenste Annahme dürfte wohl jene sein, daß zwischen ersten und darauffolgenden Besuchen der verschiedenen Zustände n i c h t unterschieden wird. Diese zeitliche Homogenität fordert, daß die Konzeptionswahrscheinlichkeit und alle anderen Parameter von Alter und Parität der Frau unabhängig seien. Es ist nun gerade diese Annahme der unbeschränkten, gleichartigen Wiederholbarkeit, welche die mathematische Handhabbarkeit ermöglicht. Da aber beispielsweise die Neigung zu Fehlgeburten alters- und paritätsgebunden ist, so ist das Modell jedenfalls nur für einen beschränkten Abschnitt der weiblichen reproduktiven Periode anwendbar (<u>sektorales</u> Modell; PERRIN und SHEPS, 1964, sprechen von einem Intervall von höchstens 10 bis 15 Jahren). Ferner wird bei der Semi-Markoff-Modellierung implizite angenommen, daß die Verweilzeiten in den einzelnen reproduktiven Zuständen <u>unabhängige</u> Zufallsvariable sind. Diese Voraussetzung ist jedoch praktisch höchstens näherungsweise erfüllt; man bedenke, daß vorzeitige Lebendgeburten eine höhere Säuglingssterblichkeit besitzen, welche ihrerseits eine verkürzte Postpartum-Periode zur Folge hat. Diesem Vorwurf läßt sich durch Aufspaltung von S_4 in zwei Postpartum-Zustände begegnen (vgl. SHEPS, 1967):

$$\left.\begin{array}{l} S'_4 \\ \\ S''_4 \end{array}\right\} \ldots\text{Postpartumperiode nach einer Lebendgeburt} \left\{\begin{array}{l} \text{mit anschließendem} \\ \text{frühen Tod des Kindes} \\ \\ \text{bei Überleben des} \\ \qquad\qquad\text{Kindes} \end{array}\right.$$

Eine weitere Einschränkung stellt die im Modell enthaltene Annahme dar, daß die Konzeptionswahrscheinlichkeit nach Beendigung der Postpartum-Periode sofort wieder ihr ursprüngliches Niveau erreichen soll (vgl. PERRIN & SHEPS, 1964, p. 34).

2.2.3.2. Erstdurchlauf- und Wiederkehrzeiten

Es sei $\underline{T}_{ij}$ die in Monaten gemessene zufällige Zeitdauer für eine Frau, die von ihrem Eintritt in den Zustand S_i bis zum <u>erstmaligen</u> Eintritt in S_j verstreicht (i,j = 0,1,2,3,4). Für i ≠ j heißt $\underline{T}_{ij}$ Erstdurchlaufzeit (first passage time), während die Zeit $\underline{T}_{ii}$ von einer Passage in S_i

bis zur nächstfolgenden in den selben Zustand S_i als Wiederkehrzeit bezeichnet wird. Zur Ermittlung der Momente der Zufallsgrößen $\underline{T}_{ij}$ hat man, ausgehend von der Matrix $\mathbf{F}^{*}(t)$ der Verteilungen der bedingten Übergangszeiten, die Laplace - Transformierten der Verteilungen der Erstdurchlauf- bzw. Rekurrenzzeiten von S_i nach S_j zu bilden (vgl. PYKE, 1961, über Markoffsche Erneuerungsprozesse, insbesondere seine Formel (4.6) auf p. 1248) und anschließend an der Stelle Null zu differenzieren; vgl. auch SHEPS, 1967. Da jede Passage-Zeit als Summe einer zufälligen Anzahl zufälliger Variablen mit bekannten Verteilungsfunktionen ausgedrückt werden kann, so lassen sich die beiden ersten Momente $\mu_{ij} = E\underline{T}_{ij}$, $\sigma_{ij}^2 =$ Var $\underline{T}_{ij}$ von $\underline{T}_{ij}$ auch direkt ermitteln. Da dies im vorliegenden Fall einfacher ist als der Umweg über den Laplace-Bereich, so schlagen wir hier diesen Weg ein (vgl. PERRIN & SHEPS, 1964).

Dazu benötigen wir die bedingte Übergangszeit $\underline{T}_{ij}^{*}$, welche die im Zustand S_i verbrachte Zeitdauer mißt, <u>falls S_j der nächstfolgende Zustand ist.</u> Es gilt: $P\{\underline{T}_{ij}^{*} \leq t\} = F_{ij}(t)$. $\underline{T}_{ij}^{*}$ ist nur für direkte Übergänge von S_i nach S_j definiert und i. a. ungleich $\underline{T}_{ij}$, da man von S_i startend vor dem ersten Eintritt in S_j möglicherweise vorher eine Reihe anderer Zustände zu passieren hat. So bedeutet etwa die Erstdurchlaufzeit $\underline{T}_{01}$ von S_0 nach S_1 die Wartezeit vom Beginn einer empfängnisbereiten Periode bis zur <u>nächsten</u> Konzeption. Es gilt $\underline{T}_{01} = \underline{T}_{01}^{*}$. $\underline{T}_{01}$ ist geometrisch verteilt mit der Erfolgswahrscheinlichkeit p. p ist die Konzeptionswahrscheinlichkeit einer Frau im Zustand S_0. Das liefert

$$E\underline{T}_{01} = \mu_{01} = qp^{-1} \tag{2.35}$$

$$\text{Var } \underline{T}_{01} = \sigma_{01}^2 = qp^{-2} \tag{2.36}$$

Für das folgende setzen wir zur Abkürzung für die bedingten Momente

$$E\underline{T}_{1j}^{*} = \mu_{1j}^{*} = \nu_j, \quad \text{Var } \underline{T}_{1j}^{*} = \sigma_{1j}^{*2} = \xi_j^2 \quad \text{für } j = 2,3,4 \tag{2.37}$$

und

$$\eta_j = \nu_j + \mu_{jo} \quad \text{für } j = 2,3,4 \tag{2.38}$$

$$\lambda_j^2 = \xi_j^2 + \sigma_{jo}^2 \quad \text{für } j = 2,3,4 \tag{2.39}$$

Es gilt nun

$$
\underline{T}_{00} = \begin{cases} \underline{T}_{01} + \underline{T}_{12}^{*} + \underline{T}_{20} & \text{mit Wahrscheinlichkeit } \Theta_2 \\[2ex] \underline{T}_{01} + \underline{T}_{13}^{*} + \underline{T}_{30} & \text{mit Wahrscheinlichkeit } \Theta_3 \\[2ex] \underline{T}_{01} + \underline{T}_{14}^{*} + \underline{T}_{40} & \text{mit Wahrscheinlichkeit } \Theta_4 \end{cases} \tag{2.40}
$$

Für die Rekurrenzzeit des empfängnisbereiten Zustandes S_0 gilt also nach (2.40), (2.38) und (2. 35)

$$
E\underline{T}_{00} = \mu_{00} = qp^{-1} + \sum_{j=2}^{4} \Theta_j \eta_j \tag{2.41}
$$

Analog erhält man

$$
\operatorname{Var} \underline{T}_{00} = \sigma_{00}^2 = qp^{-2} + \sum_{j=2}^{4} \Theta_j \lambda_j^2 + \sum_{j<k}^{4} \Theta_j \Theta_k (\eta_j - \eta_k)^2 \tag{2.42}
$$

In die Wartezeit $\underline{T}_{44}$ von einer Lebendgeburt bis zur nächsten Lebendgeburt gehen ein: die sterile Periode, eine zufällige Anzahl von Tot- und Fehlgeburten, die die Frau im fraglichen Intervall erleiden kann, und die damit verknüpften Konzeptionszeiten und Postpartum-Perioden. Es gilt

$$
\underline{T}_{44} = \underline{T}_{40} + \underline{T}_{01} + \underline{T}_{11,\overline{4}}^{(1)} + \underline{T}_{11,\overline{4}}^{(2)} + \dots + \underline{T}_{11,\overline{4}}^{(\underline{N})} + \underline{T}_{14}^{*} \ , \tag{2.43}
$$

wobei $\underline{T}_{11,\overline{4}}^{(i)}$ die Zeitdauer von der i-ten bis zur (i+1)-ten Konzeption (Schwangerschaft) bedeutet, falls dazwischen eine Passage durch S_4 ausgeschlossen ist. Die Zufallsgröße $\underline{N}$ gibt die Anzahl jener Schwangerschaften zwischen zwei Lebendgeburten an, die in einer Fehl- oder Totgeburt enden. $\underline{N}$ ist geometrisch verteilt mit dem Mittelwert $(\Theta_2 + \Theta_3) \Theta_4^{-1}$ und der Varianz $(\Theta_2 + \Theta_3) \Theta_4^{-2}$. Aus (2.43) folgt

$$
E\underline{T}_{44} = \mu_{40} + qp^{-1} + E(\underline{N}) E(\underline{T}_{11,\overline{4}}) + \nu_4 \tag{2.44}
$$

Nun gilt

$$\underline{T}_{11,\overline{4}} = \begin{cases} \underline{T}_{12}^{*} + \underline{T}_{2o} + \underline{T}_{o1} & \text{mit Wahrscheinlichkeit } \Theta_2(\Theta_2 + \Theta_3)^{-1} \\ \underline{T}_{13}^{*} + \underline{T}_{3o} + \underline{T}_{o1} & \text{mit Wahrscheinlichkeit } \Theta_3(\Theta_2 + \Theta_3)^{-1} \end{cases} \qquad (2.45)$$

Aus (2.45) ergibt sich

$$E\underline{T}_{11,\overline{4}} = \Theta_2(\Theta_2 + \Theta_3)^{-1}\eta_2 + \Theta_3(\Theta_2 + \Theta_3)^{-1}\eta_3 + qp^{-1} \qquad (2.46)$$

(2.44) liefert zusammen mit (2.46)

$$E\underline{T}_{44} = \mu_{44} = \Theta_4^{-1}\left(qp^{-1} + \sum_{j=2}^{4} \Theta_j \eta_j\right) \qquad (2.47)$$

Analog erhält man

$$\mu_{22} = \Theta_2^{-1}\left(qp^{-1} + \sum_{j=2}^{4} \Theta_j \eta_j\right) \quad \text{und } \mu_{33} = \Theta_3^{-1}\left(qp^{-1} + \sum_{j=2}^{4} \Theta_j \eta_j\right) \qquad (2.48)$$

Für die Wartezeit $\underline{T}_{o4}$ von der Heirat bis zur ersten Geburt gilt

$$\underline{T}_{44} = \underline{T}_{4o} + \underline{T}_{o4} \qquad (2.49)$$

Aus (2.49) und (2.47) folgt

$$E\underline{T}_{o4} = \mu_{o4} = \mu_{44} - \mu_{4o} = \nu_4 + \Theta_4^{-1}(\Theta_2\eta_2 + \Theta_3\eta_3 + qp^{-1}) \qquad (2.50)$$

Die Ermittlung der Varianzen σ_{44}^2, σ_{22}^2, σ_{33}^2 und σ_{o4}^2 ist ein wenig verwickelter, aber prinzipiell in derselben Weise möglich; siehe bei PERRIN & SHEPS, 1964.

2.2.3.3. Anzahl der reproduktiven Ereignisse innerhalb eines Zeitraums

Die Zufallsgröße $\underline{N}_i(t)$ soll angeben, wie oft eine Frau im Laufe des Intervalls $(0,t)$ in den Zustand S_i $(i = 0,1,2,3,4)$ eintritt. Die Folge der Rekurrenzzeiten von S_i, nämlich $\{\underline{T}_{ii}^{(1)}, \underline{T}_{ii}^{(2)}, \ldots\}$ bildet einen normalen Erneuerungsprozeß (COX, 1962). Vermehrt man die Folge um die Erstdurchlaufzeit von S_j nach S_i, so erhält man einen modifizierten Erneuerungsprozeß $\{\underline{T}_{ji}, \underline{T}_{ii}^{(1)}, \underline{T}_{ii}^{(2)}, \ldots\}$. Für die Kumulanten der Zufallsgrößen $\underline{N}_i(t)$ derartiger Prozesse sind nun aber asymptotische Ausdrücke bekannt; so gilt etwa für den bedingten Erwartungswert

$$E(\underline{N}_i(t) \mid \underline{J}_o = S_j) \sim \frac{t}{\mu_{ii}} + \frac{\mu_{ii}^{(2)}}{2\mu_{ii}^2} - \frac{\mu_{ji}}{\mu_{ii}} \qquad (2.51)$$

In (2.51) bedeuten: $\underline{J}_o$ den Zustand im Zeitnullpunkt; $\mu_{kl} = E\underline{T}_{kl}$, $\mu_{ii}^{(2)} = \sigma_{ii}^2 + \mu_{ii}^2$ und das $\sim$ Zeichen die Tatsache, daß der Quotient der beiden Seiten für $t \to \infty$ gegen 1 strebt.

Beispielsweise ist die durchschnittliche Anzahl an Lebendgeburten für eine t Monate lang verheiratete Frau asymptotisch gegeben durch

$$E(\underline{N}_4(t) \mid \underline{J}_o = S_o) \sim \frac{t}{\mu_{44}} + \frac{\mu_{44}^{(2)}}{2\mu_{44}^2} - \frac{\mu_{o4}}{\mu_{44}} \qquad (2.52)$$

Für die Varianzen $Var(\underline{N}_i(t) \mid \underline{J}_o = S_j)$ ist die entsprechende asymptotische Darstellung schon komplizierter (vgl. PERRIN & SHEPS, 1964, p. 39).

Die Fruchtbarkeitsrate einer Frauenkohorte ist die monatliche Wahrscheinlichkeit einer Lebendgeburt. Während die Herleitung eines Ausdrucks für die monatliche Fruchtbarkeitsrate in Abhängigkeit von der bisherigen Ehedauer außerordentlich schwierig zu sein scheint, läßt sich mit Hilfe der Erneuerungstheorie (Theorem von BLACKWELL) sofort ein asymptotisches Ergebnis angeben. Dazu hat man den Eintritt in S_4 als Erneuerungszeitpunkt aufzufassen; für die monatliche Fruchtbarkeitsrate zur Zeit t gilt dann

$$P\{\text{Eintritt in } S_4 \text{ im Monat } t\} = EN_4(t) - EN_4(t-1)$$

und

$$EN_4(t+1) - EN_4(t) \to \mu_{44}^{-1} \qquad \text{für } t \to \infty \qquad (2.53)$$

Die asymptotische Fruchtbarkeitsrate ist also gleich dem reziproken
Wert der Rekurrenzzeit für Lebendgeburten.

2.2.3.4. Grenzverteilung der Zustände

Um die Zustandsgrenzverteilung zu ermitteln, schlagen PERRIN und
SHEPS (1964, p. 41) im Anschluß an PYKE (1961) den Weg über Laplace-
Transformierte ein (vgl. auch SHEPS, 1967). Einfacher scheint uns jedoch
die direkte Berechnung zu sein, die wir nun vorführen wollen.

Für die Grenzverteilung $[P_i]$ eines Semi-Markoff-Prozesses (2.32)
gilt (vgl. dazu BARLOW, 1962, p. 59,53)

$$P_i = \frac{p_i\, \mu_i}{\sum_k p_k \mu_k} \qquad\qquad (2.54)$$

In (2.54) bedeutet P_i die Wahrscheinlichkeit, zur Zeit t im Zustand
S_i zu sein für $t \to \infty$. $\mathbf{p} = [p_i]$ ist die stationäre Verteilung der Markoffmatrix $\mathbf{P}$, und

$$\mu_i = \sum_j p_{ij}\, \mu^*_{ij} \qquad\qquad (2.55)$$

ist der unbedingte Erwartungswert der Verweildauer im Zustand S_i.

Die stationäre Verteilung $\mathbf{p} = [p_i]$ der zugrundeliegenden Markoffkette
(2.33) erhält man durch Lösen der Gleichgewichtsbedingungen $\mathbf{p} = \mathbf{p}\,\mathbf{P}$
und $\sum p_i = 1$ sofort

$$p_o = (2 + \Theta_2 + \Theta_3 + \Theta_4)^{-1},\ p_1 = p_o,\ p_2 = p_o\Theta_2,\ p_3 = p_o\Theta_3,\ p_4 = p_o\Theta_4$$

$$(2.56)$$

Aus (2.55), (2.33) und (2.35), (2.37) und $\underline{T}_{jo} = \underline{T}^*_{jo}$ für $j = 2,3,4$ folgt

$$\mu_o = \mu^*_{o1} = \mu_{o1} = q p^{-1}\ ,\quad \mu_1 = \sum_{j=2}^{4} \Theta_j \mu^*_{1j} = \sum_{j=2}^{4} \Theta_j \nu_j \qquad (2.57)$$

$$\mu_2 = \mu_{2o}^* = \mu_{2o}, \quad \mu_3 = \mu_{3o}^* = \mu_{3o}, \quad \mu_4 = \mu_{4o}^* = \mu_{4o} \tag{2.57}$$

Um P_i gemäß (2.54) zu ermitteln, bilden wir folgende Arbeitstabelle

i	p_i	μ_i	$p_i \mu_i$
0	p_o	qp^{-1}	$p_o q p^{-1}$
1	p_o	$\sum\limits_{j=2}^{4} \Theta_j \nu_j$	$p_o \sum\limits_{j=2}^{4} \Theta_j \nu_j$
2	$p_o \Theta_2$	μ_{2o}	$p_o \Theta_2 \mu_{2o}$
3	$p_o \Theta_3$	μ_{3o}	$p_o \Theta_3 \mu_{3o}$
4	$p_o \Theta_4$	μ_{4o}	$p_o \Theta_4 \mu_{4o}$
			$\sum$

Gemäß (2.38) gilt

$$\sum = p_o\left(qp^{-1} + \sum\limits_{j=2}^{4} \Theta_j \eta_j\right)$$

Es folgt

$$P_o = \frac{q}{q + p \sum\limits_{j=2}^{4} \Theta_j \eta_j} \quad , \quad P_1 = \frac{p \sum\limits_{j=2}^{4} \Theta_j \nu_j}{q + p \sum\limits_{j=2}^{4} \Theta_j \eta_j}$$

$$\tag{2.58}$$

$$P_i = \frac{p \Theta_i \mu_{io}}{q + p \sum\limits_{j=2}^{4} \Theta_j \eta_j} \quad \text{für } i = 2,3,4$$

2.2.3.5. Abschließende Betrachtungen

Will man das Markoffsche Reproduktionsmodell in § 2.2.2 mit dem Semi-markoffprozeß dieses Paragraphen vergleichen, so hat man in letzterem die Substitutionen

$$\Theta_4 = 1, \quad \nu_4 = d-1, \quad \mu_{4o} = 1 \tag{2.59}$$

vorzunehmen. Setzt man (2.59) in die stationäre Verteilung (2.58) ein, so erhält man

$$P_o = \frac{q}{q+pd}, \quad P_1 = \frac{p(d-1)}{q + pd}, \quad P_2 = P_3 = 0, \quad P_4 = \frac{p}{q+pd} \cdot \tag{2.60}$$

Der Zusammenhang von (2.60) mit (2.12) wird nun geliefert durch

$$P_o + P_4 = p_o \quad , \quad P_1 = \sum_{i=1}^{d-1} p_i \tag{2.61}$$

Man ersieht daraus, daß empfängnisbereiter Zustand S_o und Postpartumperiode S_4 des Semimarkoffschen Modells im ursprünglichen Prozeß im damaligen Status S_o zusammengefaßt worden sind, während S_1 hier wie dort die Schwangerschaft bedeutet.

Aufgrund von (2.53), (2.47) ist die Fruchtbarkeitsrate wegen der Ersetzung (2.59) gleich $\mu_{44}^{-1} = p(q+pd)^{-1}$, in Übereinstimmung mit (2.13).

Das Semimarkoffmodell ist noch nicht komplex genug, um tatsächliche reproduktive Verhaltensmuster von Frauenkohorten beschreiben zu können (vgl. SHEPS et al., 1969, § 8, wo auch Fit - Probleme angesprochen werden). Derartige Modelle sind also nur in beschränktem Maße auf vorliegende Daten anwendbar. Will man hingegen schnell zu anwendungsbezogenen Resultaten kommen (etwa im Rahmen von Familienplanungs-Programmen), so wird man zu Simulationsmodellen greifen. Man vgl. dazu SHEPS (1969) und HYRENIUS und ADOLFSSON (1964). Wir können in diesem Rahmen auf Anwendungen nicht einmal andeutungsweise eingehen und verweisen diesbezüglich auf die zitierten Aufsätze von HENRY und SHEPS. Unsere Aufgabe bestand hier darin, einen Einblick in den Mechanismus von Konzeptionsmodellen zu geben. Die Londoner Konferenz der IUSSP (1969) hat gezeigt, daß auch analytisch noch längst nicht alle Arbeit geleistet ist (vgl. etwa GEORGE & PILLAI, 1969).

3. Globale Fertilitätsmodelle

3.1. Alters- und paritätsspezifische Fruchtbarkeitsmodelle

3.1.1. Modellspezifikation

Unter der Parität einer x-jährigen[*] Frau wollen wir die Anzahl der Geburten verstehen, die sie bis zu diesem Alter gehabt hat. Dabei sind Totgeburten miteinbezogen; interessiert man sich für die Geborenen und nicht für die Geburten, wie etwa bei Ermittlung der Reproduktionsraten, so hat man bei der Auswertung die entsprechende Kennzahl, nämlich die durchschnittliche Geburtenzahl mit der erwarteten Zahl der lebendgeborenen Mädchen pro Geburt zu multiplizieren. Im Altersintervall x- = (x,x+1) kann eine x-jährige Frau folgende Schicksalsmöglichkeiten erleiden:

$$\text{Überleben ohne Geburt} \tag{3.1a}$$
$$\text{Geburt und Überleben} \tag{3.1b}$$
$$\text{Sterben ohne Geburt} \tag{3.1c}$$
$$\text{Geburt und anschließender Todesfall} \tag{3.1d}$$

Wir wollen ein stochastisches Fertilitätsmodell als Mehrtypenschema i.S.v. Kap. 2, §3 konzipieren und lassen dabei den Typen die Parität h = 0,1,2,...,m entsprechen. Unter einer (h,x)-Frau verstehen wir also eine x-jährige Frau in der Parität h und haben dadurch gleichzeitig die transienten Zustände festgelegt. Spezifikation der absorbierenden Zustände: ein 'echter' absorbierender Zustand I ("Tod") und m 'unechte' nämlich

$$s_h \ldots \text{"w+1 Jahre nach dem Ursprungsereignis in der Parität h zu sein" (h = 0,1,2,...,m)} \tag{3.2}$$

Bei Betrachtung der Wahrscheinlichkeiten (3.5) und (3.6) erkennt man, daß man auch von der Konstruktion (K2,3.10) "Tod als Typ h-Person"

[*] Die Altersangaben sind stets exakt gemeint.

Gebrauch machen könnte. Man könnte als Ursprungsereignis das Mindestalter bei der Fruchtbarkeit festsetzen und w+1 dann als Gesamtlänge
der reproduktiven Periode einer Frau nehmen. Da sich Reproduktionsraten
auf den Geburtszeitpunkt der Mutter beziehen, so beginnen wir mit der
Zeitrechnung bei Geburt der Mutter und können dadurch x als Lebensalter
derselben interpretieren. Das Ende der reproduktiven Periode werde im
Alter w+1 erreicht (w+1 = β von Kap. 8, §3.1). Der Prozeß ist streng
hierarchisch, vgl. Kap. 2, §3.1.2. Diese Eigenschaft impliziert, daß
zwei Geburten innerhalb eines Jahres nicht zugelassen sind. Für praktische Zwecke dürfte die entstehende Annäherung hinreichend sein.

Die alternativen Ereignisse (3.1) sollen mit folgenden Wahrscheinlichkeiten eintreten

p_x^{hh} ... Wahrscheinlichkeit, daß eine (h,x)-Frau ein Jahr überlebt,
ohne eine Geburt aufzuweisen (3.3)

$p_x^{h,h+1}$ ... Wahrscheinlichkeit, daß eine (h,x)-Frau in x- eine
Geburt hat und mindestens bis x+1 überlebt (3.4)

q_x^{hh} ... Wahrscheinlichkeit einer (h,x)-Frau in x- ohne
eine Geburt zu sterben (3.5)

$q_x^{h,h+1}$ ... Wahrscheinlichkeit, daß eine (h,x)-Frau in x- eine
Geburt erleidet, aber noch im selben Altersinter-
vall stirbt (Kindbett-Sterblichkeit ist im Modell
miteingeschlossen). (3.6)

Aus später ersichtlichen Gründen empfiehlt sich eine Zusammenfassung
dieser Wahrscheinlichkeiten in einer <u>Vierfeldertafel</u>:

Wahrscheinlichkeiten für die Alternativen einer (h,x)-Frau in x-	keine Geburt	Geburt	
Überleben	p_x^{hh}	$p_x^{h,h+1}$	$1-q_x^h$
Sterben	q_x^{hh}	$q_x^{h,h+1}$	q_x^h
	$1-f_x^h$	f_x^h	1

(3.7)

mit der <u>(abhängigen) Fruchtbarkeitswahrscheinlichkeit</u> f_x^h und der Sterbewahrscheinlichkeit q_x^h. Die Wahrscheinlichkeiten (3.3), (3.4) und
q_x^h können in einer Markoffmatrix **A** angeordnet werden; vgl. (K2, 3.1).
Da nur eine einzige echte Abgangsursache vorliegt, so haben wir vergleichsweise zu Kap. 3 der Einfachheit halber den Index I in den Sterbewahrscheinlichkeiten weggelassen. Das Modell ist altersspezifisch
(Abhängigkeit von x) und <u>paritätsspezifisch</u> (Abhängigkeit von h), hingegen n i c h t Verweil-(sprich: paritäts-)dauerspezifisch, d.h. es
ist im Modell nicht zugelassen, daß etwa die Fruchtbarkeit von der seit

der letzten Geburt verstrichenen Zeit abhängt. Hingegen kann man den Familienstand und andere sozio-demographische Merkmale prinzipiell miteinschließen (vgl. HOEM 1969, p. 25) und erhält auf diese Weise eine ganze Hierarchie von Modellen. Infolge der rasch steigenden Komplexität beschränken wir uns hier aus Übersichtlichkeitsgründen auf die alleinige Einbeziehung des Alters und der Parität. Das durch Elimination der Typenabhängigkeit entstehende (gröbere) altersspezifische Fruchtbarkeitsmodell wird in §3.2 kurz angeschnitten.

Gemäß Kap. 2, §3.4 kann man sich das Fertilitätsmodell als gewogenes Mittel paritätssektoraler Modelle entstanden denken; als konstituierende Teilmodelle dienen dabei die Fruchtbarkeitsmodelle h-ten Ranges (siehe §2.1). In diesem Sinne versteht sich wohl auch die Forderung von PRESSAT (1966; p. 51) nach einer Synthese der einzelnen Fruchtbarkeitstafeln zu einem globalen Fertilitätsmodell. Man vergleiche auch (3.23). - HOEM (1969) hat ein verwandtes Modell zum Studium der Fruchtbarkeit untersucht; während er allerdings eine kontinuierliche Analyse gibt, kommt es uns gerade auf eine Einordnung in den diskreten Matrizenformalismus unserer Mehrtypenmodelle an.

3.1.2. Maßzahlen für die Intensität der Fruchtbarkeit

3.1.2.1. Paritätsabhängige Variable

Wir definieren

P_{xy}^{hk} als Wahrscheinlichkeit, daß eine (h,x)-Frau bis zum Alter y überlebt und dann die Parität k erreicht hat (vgl. dazu K2, 3.22), (3.8)

Q_{xy}^{hk} ... Wahrscheinlichkeit, daß eine (h,x)-Frau bis zum Alter y genau k-h weitere Geburten hat, aber vor dem Alter y stirbt, (3.9)

$R_{xy}^{hk} = P_{xy}^{hk} + Q_{xy}^{hk}$ ... Wahrscheinlichkeit, daß eine (h,x)-Frau bis zum Alter y genau k-h weitere Geburten hat. (3.10)

Die Summation von (3.8) über k liefert

$P_{xy}^{h} = \sum_{k \geq h} P_{xy}^{hk}$ für die Überlebenswahrscheinlichkeit einer (h,x)-Frau bis zum Alter y. (3.11)

Ferner setzen wir

$$U_{xy}^{hk} = \sum_{l \geq k} R_{xy}^{hl} \quad \ldots \text{ Wahrscheinlichkeit, daß eine (h,x)-Frau}$$

bis zum Alter y m i n d e s t e n s die Parität k
erreicht $\qquad$ (3.12)

Es gilt $U_{xy}^{hh} = 1$ und

$$U_{xy}^{h,h+1} = 1 - R_{xy}^{hh} \quad \ldots \text{ Wahrscheinlichkeit für eine (h,x)-Frau,}$$

mindestens eine Geburt im Altersintervall (x,y) zu
erleiden $\qquad$ (3.13)

Für k>h kann U_{xy}^{hk} auch interpretiert werden als Anzahl der
Geburten k-ter Ordnung, die eine (h,x)-Frau bis zum
Alter y erwarten kann. $\qquad$ (3.14)

Die Geburten k-ter Ordnung einer (h,x)-Frau in (x,y) können nämlich
gegliedert werden nach der g e n a u e n Gesamtzahl l-h an Geburten
einer (h,x)-Frau im Altersintervall (x,y) mit l≧k. Da die Anzahl der
Geburten genau l-ter Ordnung einer (h,x)-Frau in (x,y) eine Dichotomie
ist mit dem Erwartungswert R_{xy}^{hl}, so ist also die durchschnittliche Anzahl der Geburten k-ter Ordnung in (x,y) gegeben durch $\sum_{l \geq k} R_{xy}^{hl}$.

Zur Erklärung der Reproduktionsrate benötigen wir nun noch

$$E_{xy}^{h} = \sum_{j \geq 1} j R_{xy}^{h,h+j} \quad \ldots \text{ die erwartete Anzahl an w e i t e r e n}$$
Geburten für eine (h,x)-Frau in (x,y) $\quad$ (3.15)

Aufgrund der Interpretation (3.14) von U_{xy}^{hk} und (3.12) gilt für (3.15)

$$E_{xy}^{h} = \sum_{k > h} U_{xy}^{hk} = \sum_{k > h} \sum_{l \geq k} R_{xy}^{hl} \qquad (3.16)$$

Versteht man unter der <u>Nettoreproduktionsrate R_N die Anzahl an Geburten,</u>
<u>die ein weibliches Neugeborenes im Laufe seines Lebens zu erwarten hat,</u>
so gilt

$$\boxed{R_N = E_{0,w+1}^{0}} \qquad (3.17)$$

<u>Anmerkung</u>: Will man - wie üblich (vgl. Kap. 8, §3) - die Anzahl
der Nachkommen eines oder beiderlei Geschlechts zählen, so hat man
(wie zu Beginn angedeutet) R_N mit der erwarteten Zahl der Geborenen pro Geburt bzw. der Mädchen pro Geburt zu multiplizieren. Dasselbe gilt auch für Brutto- und retrospektive Reproduktionsraten.

Eine weitere <u>Intensitätsmaßzahl der Fertilität</u> ist die
Wahrscheinlichkeit $p^{h,h+1}$ einer in der Parität h befind-
lichen Frau, in die nächsthöhere Parität aufzurücken. $\quad$ (3.18)
Man kann $p^{h,h+1}$ entweder direkt aus dem Fruchtbarkeitsmodell (h+1)-ter
Ordnung ermitteln (aus der Intensität der Parität h+1; siehe (3.23),

sowie bei PRESSAT, 1966, p. 51) oder im vorliegenden Globalmodell aus der Anzahl der Geburten am Ende der reproduktiven Periode. Es gilt

$$p^{h,h+1} = P\left\{ \text{die Frau hat bis } w+1 \text{ mindestens } h+1 \text{ Geburten} \mid \text{sie} \right.$$
$$\left. \text{hat bis } w+1 \text{ mindestens } h \text{ Geburten} \right\}$$
$$= \frac{P\{\text{mindestens } h+1 \text{ Geburten insgesamt}\}}{P\{\text{mindestens } h \text{ Geburten insgesamt}\}} \qquad (3.19)$$

Aus (3.12) und (3.19) ergibt sich

$$p^{h,h+1} = \frac{U^{0,h+1}_{0,w+1}}{U^{0h}_{0,w+1}} \qquad (3.20)$$

Man vergleiche dazu PRESSAT (1969, p. 68), HOEM (1969, p. 11) und RYDER (1958). Die Wahrscheinlichkeiten $p^{h,h+1}$ werden probabilités d'agrandissement bzw. parity progression probabilities genannt, was von WINKLER treffend mit Familienzuwachswahrscheinlichkeiten übersetzt wurde. Bei WINKLER (1969, 124 ff) findet man auch eine nähere Erläuterung dieses von L. HENRY stammenden Begriffs. Insbesondere ist

$$p^{01} = U^{01}_{0,w+1} = 1 - R^{00}_{0,w+1} \qquad (3.21)$$

die Wahrscheinlichkeit, (mindestens) eine Geburt zu haben. Für die mittlere Anzahl der Geburten einer Frau gilt nach (3.17), (3.16) und (3.20)

$$R_N = E^0_{0,w+1} = \sum_{k>0} U^{0k}_{0,w+1} = p^{01} + p^{01}p^{12} + p^{01}p^{12}p^{23} + \dots, \qquad (3.22)$$

in Übereinstimmung mit PRESSAT (1966, p. 51).

Die Zuwachswahrscheinlichkeiten des Globalmodells hängen mit der Fruchtbarkeitsintensität h-ten Ranges folgenderweise zusammen:

$$p^{h,h+1} = \sum b_{0I}(u;h+1)P\left\{\underline{u} = u \mid \text{mindestens } h \text{ Geburten insgesamt}\right\} \qquad (3.23)$$

Dabei ist $b_{0I}(u;h+1)$ die Intensität der Fruchtbarkeit (h+1)-ter Ordnung, wie sie unter (2.6) berechnet wurde, $\underline{u}$ das Alter der Frau bei ihrer h-ten Geburt und

$$P\left\{\underline{u} = u \mid \text{mindestens } h \text{ Geburten insgesamt}\right\} \qquad (3.24)$$

die Verteilung des Lebensalters der Mutter bei ihrer h-ten Geburt, falls sie bei Eintritt der Menopause mindestens bis zur Parität h aufgestiegen ist.

Der Zusammenhang von mehrstufigen (durch Großbuchstaben bezeichne-
ten) mit einstufigen Wahrscheinlichkeiten (durch Kleinbuchstaben kenntlich gemacht) lautet folgenderweise:

$$P^{hh}_{x,x+1} = p^{hh}_x \qquad P^{h,h+1}_{x,x+1} = p^{h,h+1}_x$$

$$\qquad\qquad\qquad\qquad\qquad\qquad\qquad\qquad\qquad (3.25)$$

$$Q^{hh}_{x,x+1} = q^{hh}_x \qquad Q^{h,h+1}_{x,x+1} = q^{h,h+1}_x$$

Es folgt vermöge (3.7)

$$R^{h,h+1}_{x,x+1} = p^{h,h+1}_x + q^{h,h+1}_x = f^h_x \quad \dots \text{ einjährige abhängige Frucht-} \qquad (3.26a)$$
$$\text{barkeitswahrscheinlichkeit}$$

Da wir in x- h ö c h s t e n s eine Geburt zulassen wollen, gilt nach
(3.12)

$$U^{h,h+1}_{x,x+1} = R^{h,h+1}_{x,x+1} = f^h_x \qquad\qquad\qquad (3.26b)$$

und gemäß (3.15)

$$\dot{E}^h_{x,x+1} = R^{h,h+1}_{x,x+1} = f^h_x \qquad\qquad\qquad (3.26c)$$

Während R^{hk}_{xy}, U^{hk}_{xy} und E^h_{xy} globale Fertilitätsmaßzahlen darstellen, wird
das "lokale" reproduktive Verhalten durch die einjährigen Wahrscheinlichkeiten $p^{h,h+1}_x$ und $q^{h,h+1}_x$ bzw. f^h_x gemessen. Man beachte, daß diese
Meßziffern von der Sterblichkeit "gestört" sind.

3.1.2.2. Paritätsunabhängige Fertilitätsmaße

Es sei

E_{xy} die Anzahl der Geburten, die eine x-jährige Person $\qquad (3.27)$
im Altersintervall (x,y) zu erwarten hat.

Dieses, von der erreichten Parität h nicht explizit abhängige Fruchtbar-
keitsmaß läßt sich als gewogenes Mittel der bedingten Erwartungswerte
(3.16) darstellen, mit den Typenquoten als Gewichte:

$$E_{xy} = \sum_h E^h_{xy}\, a^h_x \qquad\qquad\qquad (3.28)$$

Die Typenquote a^h_x einer (h,x)-Person ist dabei gemäß (K2,3.89),

(3.8) und (3.11) gegeben durch

$$a_x^h = P\left\{\text{in der Parität h befindlich} \mid \text{bis x überleben}\right\} = \frac{P_{0x}^{0h}}{P_{0x}^0} \quad (3.29)$$

Es sei ferner

φ_x die Wahrscheinlichkeit, daß eine x-jährige Frau in
x- eine Geburt hat und dieses Altersintervall überlebt $\quad (3.30)$

Aufgrund der Interpretation (3.4) und der Definition (3.29) gilt für (3.30) (Einschieben des bedingten Ereignisses "in der Parität h befindlich")

$$\varphi_x = \sum_h p_x^{h,h+1} a_x^h \quad (3.31)$$

Analog dazu sei

ψ_x erklärt als Wahrscheinlichkeit einer x-jährigen Frau, in
x- eine Geburt zu haben und anschließend (d.h. noch in $\quad (3.32)$
x-) zu sterben

Es gilt

$$\psi_x = \sum_h q_x^{h,h+1} a_x^h \quad (3.33)$$

Da die Typenquoten a_x^h von der Sterblichkeit abhängen, so tun dies wegen (3.31) und (3.33) auch die Fruchtbarkeitswahrscheinlichkeiten φ_x und ψ_x.

3.1.2.3. Illustration aus der amtlichen Statistik

Wir geben nun zwei Illustrationen, denen ein verwandtes Modell zugrundeliegt. Dazu betrachten wir die eheliche Fruchtbarkeit mit den Paritätsklassen "verheiratet ohne Kind" (h=0), "verheiratet und eine Geburt" (h=1) usw. in einem ehedauerspezifischen Fertilitätsmodell mit der Eheschließung der Frau als Ursprungsereignis. Wir denken uns also ein ehedauer- und paritätsspezifisches Modell in parametrischer Abhängigkeit vom Heiratsalter u der Ehefrau gegeben. In einem in der Zeitschrift Wirtschaft und Statistik erschienenen Aufsatz von SCHWARZ (1966, p.304) findet man ein Schaubild, in dem die Ehen mit einem Heiratsalter der Frau von 20 bis 24 Jahren nach der erreichten Kinderzahl in Abhängigkeit von der bisherigen Ehedauer angegeben sind (Fortpflanzungsverhältnisse 1961). Schneidet man das eingangs dieses Abschnitts erwähnte

Matrizenmodell bei x ab (vgl. dazu Kap. 2, §3.2.3.3), dann kann man in der so reduzierten Kette die schließliche Absorptionswahrscheinlichkeit $b^0_{0s_h}$ <u,x> ermitteln, das ist die Wahrscheinlichkeit einer mit u Jahren kinderlos heiratenden Frau, am Ende des (x-1)-ten Jahres nach der Eheschließung bisher h Geburten gehabt zu haben (x = 1,2,...,w+1). Korrigiert man diese Absorptionswahrscheinlichkeit mit der erwarteten Zahl der Geborenen pro Geburt, so ergeben sich die im oben zitierten Schaubild ausgewiesenen Anteile.

Ein anderes Schaubild bei SCHWARZ (1966, p. 302) gibt Auskunft über die durchschnittliche Anzahl der Lebendgeborenen der Ehen bis zur Ehedauer x bei variierendem Heiratsalter u der Frau. Diese Anzahl ist bis auf den Faktor "durchschnittliche Anzahl der Geborenen pro Geburt" und bis auf die Tatsache, daß dabei die vor der Eheschließung Geborenen mitberücksichtigt worden sind, gleich der Modellvariablen $E^0_{0x}(u)$ (vgl. 3.15), das ist die erwartete Anzahl der Geburten einer u-jährig heiratenden Frau innerhalb der Ehedauer x.

3.1.3. Verweildauer und Wartezeiten

HOEM (1969, p. 19 ff) berechnet die durchschnittliche Verweilzeit in einer bestimmten Parität und die erwartete Wartefrist bis zu einer Geburt vorgegebener Ordnung. Wir wollen hier zeigen, wie man diese 'Kalendervariablen' des Mehrtypenmodells mit Hilfe des Matrizenformalismus in den Griff bekommen kann. Dabei greifen wir auf in Kap. 2, §3.2 erzielte Resultate zurück.

Für die erwartete Verweildauer n^{hk}_x einer (h,x)-Person in der Parität k gilt gemäß (K2,3.19 und 3.24)

$$n^{hk}_x = \sum_{y=x}^{w} P^{hk}_{xy} \tag{3.34}$$

Insbesondere ist n^{hh}_x die fernere durchschnittliche Verweildauer einer (h,x)-Frau in der Parität h (bis zur nächsten Geburt, zum Tod oder zum Erreichen der Menopause im Alter w+1).

Eine weitere interessierende Modellvariable ist die Wartezeit $\tilde{z}^{h*}_x(j)$ einer (h,x)-Frau bis zur Parität j>h, falls die Frau die Parität j überhaupt jemals erreicht. Mittelwert und Varianz dieser Wartezeit einer x-jährigen, in der Parität h befindlichen Frau, bis zu ihrer (j-h)-ten folgenden Geburt, wurden in Kap. 2, §3.2.3.2 unter (K2, 3.81 bzw. 3.82) ermittelt. Aus dem Erwartungswert $E[\underset{x}{\tilde{z}}{}^{h*}(j)]$ läßt sich nun eine wichtige demographische Kennzahl ableiten, nämlich das Durchschnittsalter der Mütter bei Geburt ihrer Kinder. Um es zu ermitteln, berechnen wir zuvor die durchschnittliche Zeit, die für eine (h,x)-Frau bis zu ihren künftigen Geburten verstreicht, unter der Bedingung, daß es noch zu mindestens einer weiteren Geburt kommt. Man erhält sie durch Gewichtung der Größen $E[\underset{x}{\tilde{z}}{}^{h*}(j)]$ mit dem Anteil der erwarteten Anzahl der Geburten j-ter Ordnung an der erwarteten Totalzahl der weiteren Geburten. Gemäß (3.14) und (3.15) bzw. (3.16) ist

$U_{x,w+1}^{hj}$ die erwartete Anzahl an Geburten j-ter Ordnung, die eine (h,x)-Frau bis zum Eintritt der Menopause erleidet

und

$E_{x,w+1}^{h} = \sum_{j>h} U_{x,w+1}^{hj}$ die erwartete Totalzahl zusätzlicher Geburten.

Aus obigen Betrachtungen folgt für die <u>durchschnittliche Wartezeit</u> einer (h,x)-Frau bis zu ihren weiteren Geburten in (x,w+1)

$$\frac{1}{E_{x,w+1}^{h}} \sum_{j>h} E[\underset{x}{\tilde{z}}{}^{h*}(j)]\, U_{x,w+1}^{hj} \qquad (3.35)$$

Das Durchschnittsalter einer (h,x)-Frau bei künftigen Geburten ergibt sich aus (3.35) durch Addition von x; insbesondere ist

$$R_{N}^{-1} \sum_{j=1}^{m} E[\underset{O}{\tilde{z}}{}^{O*}(j)]\, U_{O,w+1}^{Oj} \qquad (3.36)$$

das <u>Durchschnittsalter der Mutter bei Geburt ihrer Kinder</u> (vgl. Kap. 7, §2.5.3 und Kap. 8, § 4.1).

3.1.4. Einige Folgerungen

Entscheidend für die Brauchbarkeit des Matrizenformalismus ist die explizite Darstellungsmöglichkeit der Globalwahrscheinlichkeiten P_{xy}^{hk} durch die einstufigen Wahrscheinlichkeiten der transienten Matrix **P**.

Es gilt nämlich nach (K2, 3.24)

$$\left[P_{xy}^{hk}\right] = (\mathbf{I}-\mathbf{P})^{-1} = \mathbf{N} = \left[n_{xy}^{hk}\right] \tag{3.37}$$

Die P_{xy}^{hk} sind also gerade durch die Eingänge der Fundamentalmatrix $\mathbf{N}$ gegeben. Weiters gilt (vgl. HOEM, 1969)

$$Q_{xy}^{hk} = \sum_{z=x}^{y-1} P_{xy}^{hk}\, q_z^{kk} + (1 - \delta_{hk}) \sum_{z=x}^{y-1} P_{xz}^{h,k-1} q_z^{k-1,k} \tag{3.38}$$

Ferner ergibt sich unmittelbar aus den Definitionen

$$U_{xy}^{hk} = \sum_{z=x}^{y-1} P_{xz}^{h,k-1} f_z^{k-1} \qquad \text{für } k>h \tag{3.39}$$

mit f_z^{k-1} aus (3.7). Aus (3.16) und (3.39) folgt

$$E_{xy}^{h} = \sum_{k>h} \sum_{z=x}^{y-1} P_{xz}^{h,k-1} f_z^{k-1} = \sum_{k\geq h} \sum_{z=x}^{y-1} P_{xz}^{hk} f_z^{k} \tag{3.40}$$

Aus (3.17) und (3.40) erhält man

$$\boxed{R_N = \sum_{k} \sum_{z=0}^{w} P_{0z}^{0k} f_z^{k}} \tag{3.41}$$

Setzt man (3.40) in (3.28) ein und beachtet dabei (3.29), so bekommt man

$$E_{xy} = \frac{1}{P_{0x}^0} \sum_{h} P_{0x}^{0h} E_{xy}^{h} = \frac{1}{P_{0x}^0} \sum_{h} P_{0x}^{0h} \sum_{k>h} \sum_{z=x}^{y-1} P_{xz}^{h,k-1} f_z^{k-1} \tag{3.42}$$

Wir bemerken zunächst, daß man in (3.42) in der mittleren Summe k nicht einzuschränken braucht, weil $P_{xz}^{h,k-1} = 0$ ist für k-1<h, also für k$\leq$h.

Nun kann man die CHAPMAN-KOLMOGOROFF Gleichungen anwenden (vgl. K2, 3.25) und zwar in der Form

$$\sum_{h} P_{0x}^{0h} P_{xz}^{h,k-1} = P_{0z}^{0,k-1} \tag{3.43}$$

(3.42) und (3.43) liefern zusammen

$$E_{xy} = \frac{1}{P_{0x}^0} \sum_k \sum_{z=x}^{y-1} P_{0z}^{0,k-1} f_z^{k-1} \qquad (3.44)$$

Aus (3.44) und (3.29) folgt

$$E_{xy} = \frac{1}{P_{0x}^0} \sum_{z=x}^{y-1} P_{0z}^0 \sum_k f_z^k a_x^k \qquad (3.45)$$

Infolge (3.45), (3.31) und (3.33) ergibt sich

$$E_{xy} = \frac{1}{P_{0x}^0} \sum_{z=x}^{y-1} P_{0z}^0 (\varphi_z + \psi_z) = \frac{1}{P_{0x}^0} \sum_{z=x}^{y-1} P_{0z}^0 f_z \quad , \quad (3.46)$$

wobei

$$f_z = \varphi_z + \psi_z = \sum_h f_z^h a_z^h \qquad \text{die Wahrscheinlichkeit einer} \qquad (3.47)$$
z-jährigen Frau ist, im Altersjahr
z- eine Geburt zu haben

Aus (3.46) und (3.17) folgt für die Nettoreproduktionsrate

$$\underline{R_N} = E_{0,w+1}^0 = E_{0,w+1} = \sum_{z=0}^{w} P_{0z}^0 f_z \qquad (3.48)$$

mit f_z aus (3.47). Aufgrund der Bedeutung (3.11) von P_{0z}^0 (Überlebens-wahrscheinlichkeit) und (3.47) von f_z (abhängige Fruchtbarkeitswahr-scheinlichkeit) ist (3.48) in Übereinstimmung mit der aus der demo-graphischen Literatur wohlbekannten Formel für den Nettoreproduktions-index; vgl. etwa FLASKÄMPER (1962, p. 399), WINKLER (1969 , p. 179) oder HOEM (1968a, p. 2).

3.1.5. Ein reines Fertilitätsmodell

3.1.5.1. Folgerungen aus der Theorie konkurrierender Risken

Aus den bisherigen Betrachtungen ersieht man, daß die Modellvariab-len von der Mortalität abhängig sind, insbesondere weil die grundlegen-den Modellwahrscheinlichkeiten $p_x^{h,h+1}$, $q_x^{h,h+1}$ sowie ihre Summe f_x^h vom

Überlebensverhalten beeinflußt sind (abhängige einjährige Fruchtbarkeitswahrscheinlichkeiten). Will man den Einfluß der Sterblichkeit ausschalten, so hat man Geburt und Tod als konkurrierende Risiken aufzufassen. Da es bei einer Geburt, anders als beim Todesfall, zu keinem Ausscheiden der Frau kommt, modifizieren sich die Ergebnisse über konkurrierende Risiken ein wenig. In Erinnerung an Kap. 3 definieren wir

$\bar{f}_x^h$ als unabhängige einjährige Fruchtbarkeitswahrscheinlichkeit: Wahrscheinlichkeit einer (h,x)-Frau, in x- eine Geburt zu (3.49) erleiden, bei Abwesenheit der Sterblichkeit, und

$\bar{q}_x^h$ als unabhängige einjährige Todeswahrscheinlichkeit: Wahrscheinlichkeit einer (h,x)-Frau, in x- zu sterben, bei Abwesen- (3.50) heit des Geburtsrisikos.

Wir gehen nun daran, die abhängigen Wahrscheinlichkeiten der Vierfeldertafel (3.7) der Schicksalsmöglichkeiten in x- durch die reinen Wahrscheinlichkeiten (3.49) und (3.50) auszudrücken. Zunächst gilt nach (K3, 2.25)

$$p_x^{hh} = (1 - \bar{q}_x^h)(1 - \bar{f}_x^h) \qquad (3.51)$$

Ferner hat man aufgrund (K3, 2.66)

$$f_x^h = \bar{f}_x^h(1 - \bar{q}_x^h/2) \qquad (3.52)$$

Aus (3.51), (3.52) und (3.7) ergibt sich

$$q_x^{hh} = 1 - f_x^h - p_x^{hh} = \bar{q}_x^h(1 - \bar{f}_x^h/2) \qquad (3.53)$$

Wir treffen nun die zusätzliche Voraussetzung, daß vorangegangene Geburten das Todesrisiko n i c h t beeinflussen sollen, die Mortalität also paritätsunabhängig sei:

$$q_x^h = \bar{q}_x^h = \bar{q}_x \quad \text{für alle Paritäten h} \qquad (3.54)$$

Die Situation ist somit unsymmetrisch: Während die Fruchtbarkeitsverhältnisse und damit der Geburtenertrag natürlich von der Mortalität abhängig ist, soll umgekehrt diese von den vorangegangenen Geburten nicht abhängen. Man vergleiche dazu die Ausführungen in Kap. 3, §3.2.1 (insbesondere K3, 2.86 und 2.87). Da infolge ihrer Unabhängigkeit vom Typ h die Sterblichkeit mit keinem anderen Phänomen konkurriert, so handelt es sich bei (3.54) um die r e i n e Mortalitätswahrscheinlichkeit (dies war auch bei K3, 2.87 der Fall). Aus (3.7) und (3.51) folgt bei Gültigkeit der Voraussetzung (3.54)

$$p_x^{h,h+1} = 1 - \bar{q}_x - (1 - \bar{q}_x)(1 - \bar{f}_x^h) = (1 - \bar{q}_x)\bar{f}_x^h \qquad (3.55)$$

und aus (3.7), (3.52), (3.54) und (3.55) ergibt sich schließlich

$$q_x^{h,h+1} = \bar{f}_x^h(1 - \bar{q}_x/2) - \bar{f}_x^h(1 - \bar{q}_x) = \bar{q}_x\bar{f}_x^h/2 \qquad (3.56)$$

Zusammenfassend erhalten wir somit für die Vierfeldertafel (3.7)

	keine Geburt	Geburt	
Überleben	$(1 - \bar{q}_x)(1 - \bar{f}_x^h)$	$(1 - \bar{q}_x)\bar{f}_x^h$	$1 - \bar{q}_x$
Sterben	$\bar{q}_x(1 - \bar{f}_x^h/2)$	$\bar{q}_x\bar{f}_x^h/2$	$\bar{q}_x$
	$1 - \bar{f}_x^h$	$\bar{f}_x^h$	1

(3.57)

3.1.5.2. Abriß der Modellanalyse

Beim vorliegenden reinen Fertilitätsmodell handelt es sich um ein Mehrtypenmodell mit den transienten Zuständen (h,x). Gegenüber dem Modell von §3.1.1 fällt der absorbierende Zustand "Tod" weg, so daß als absorbierende Zustände nur die 'unechten' s_h bleiben. Anstelle der Wahrscheinlichkeiten p_x^{hh} und $p_x^{h,h+1}$ stehen nun die unabhängigen Wahrscheinlichkeiten $1-\bar{f}_x^h$ bzw. $\bar{f}_x^h$ in der einstufigen transienten Matrix. Die übrigen Variablen des reinen Modells werden sinngemäß zum abhängigen Modell eingeführt und von diesem durch einen Querstrich unterschieden, also etwa $\bar{E}_{xy}^h$ anstelle von E_{xy}^h. HOEM (1969) hat eine Reihe von Formeln für die Modellvariablen angegeben, die sich in diskreter Form auch im Rahmen des Matrizenmodells ableiten lassen. Zunächst definieren wir in Analogie zu (3.8) die (vom Überlebensverhalten) unabhängige Wahrscheinlichkeit $\bar{P}_{xy}^{hk}$. Es gilt

$$\bar{P}_{xy}^{hh} = \prod_{z=x}^{y-1} (1-\bar{f}_z^h) \qquad (3.58)$$

Wegen $\bar{Q}_{xy}^{hk} = 0$ (Elimination der Mortalität) gilt

$$\bar{R}_{xy}^{hk} = \bar{P}_{xy}^{hk} \qquad (3.59)$$

Die analog zu (3.12) zu interpretierende Größe $\bar{U}^{hk}_{xy}$ ist wegen (3.59) erklärt durch

$$\bar{U}^{\,hk}_{xy} = \sum_{l \geqslant k} \bar{P}^{hl}_{xy} \qquad\qquad (3.60)$$

Für (3.60) gilt offenbar (vgl. 3.39)

$$\bar{U}^{hk}_{xy} = \sum_{z=x}^{y-1} \bar{P}^{k,k-1}_{xz} \bar{f}^{k-1}_{z} \quad , \ h > k \qquad\qquad (3.61)$$

In Analogie zu (3.16) folgt aus (3.61) für den ähnlich zu (3.15) einzuführenden Erwartungswert $\bar{E}^{h}_{xy}$

$$\bar{E}^{h}_{xy} = \sum_{k>h} \bar{U}^{hk}_{xy} = \sum_{k \geqslant h} \sum_{z=x}^{y-1} \bar{P}^{hk}_{xz} \bar{f}^{k}_{z} \qquad\qquad (3.62)$$

Die <u>Bruttoreproduktionsrate</u> R_B ist erklärt als <u>Anzahl an Geburten</u>[*], <u>die ein weibliches Baby im Laufe seines Lebens erwarten kann</u>, <u>falls das Sterblichkeitsrisiko eliminiert ist</u>. Es gilt (vgl. 3.17, 3.41)

$$\boxed{R_B = \bar{E}^{0}_{0,w+1} = \sum_{k} \sum_{z=0}^{w} \bar{P}^{0k}_{0z} \bar{f}^{k}_{z}} \qquad\qquad (3.63)$$

Die Beziehung (3.63) ist folgenderweise auszuwerten: Die Wahrscheinlichkeiten $\bar{P}^{0k}_{0z}$ sind in Analogie zu (3.37) die Eingänge der Fundamentalmatrix $\mathbf{N}$ von $\mathbf{P}$. Für die unabhängigen Fruchtbarkeitswahrscheinlichkeiten $\bar{f}^{k}_{z}$ gilt wegen (3.52), (3.7) und (3.54)

$$\bar{f}^{k}_{x} = (p^{h,h+1}_{x} + q^{h,h+1}_{x})(1 - q^{h}_{x}/2)^{-1} \qquad\qquad (3.64)$$

Aufgrund der Definition von R_B als erwartete Geburtenzahl einer Frau im Laufe ihres Lebens bei Abwesenheit des Todesrisikos kann die Bruttoreproduktionsrate in unserem Matrizenmodell als Erwartungswert der Verteilung der schließlichen Absorptionswahrscheinlichkeiten $\bar{b}^{0}_{0s_k}$ geschrieben werden. Die Wahrscheinlichkeit $\bar{b}^{0}_{0s_k}$ ist dabei erklärt als Wahrscheinlichkeit eines weiblichen neugeborenen Kindes, seine reproduktive Periode

---

[*] Um die 'übliche' Reproduktionsrate als Maßzahl zur Ersetzung einer Generation durch die nächstfolgende zu erhalten, hat man obiges R_B mit der durchschnittlichen Anzahl der Geborenen pro Geburt und mit dem Verhältnis der weiblichen Geborenen zur Gesamtzahl der Geborenen (=0,488) zu multiplizieren.

in der Parität k zu beenden:

$$R_B = \sum_k k\bar{b}^0_{0s_k} \tag{3.65}$$

Aufgrund der Superdiagonalgestalt der Paritäts-Blöcke und der eliminierten Mortalität gilt

$$\bar{b}^0_{0s_k} = \bar{P}^{0k}_{0,w+1} \tag{3.66}$$

Aus (3.65) und (3.66) folgt

$$R_B = \sum_k k\bar{P}^{0k}_{0,w+1} \tag{3.65a}$$

Wegen (3.59) stimmt (3.65a) mit der ursprünglichen Definition (3.15) überein (bei sinngemäßer Übertragung auf unabhängige Wahrscheinlichkeiten). Analog (3.20) gilt für die reine Familienzuwachswahrscheinlichkeit

$$\bar{p}^{h,h+1} = \frac{\bar{U}^{0,h+1}_{0,w+1}}{\bar{U}^{0h}_{0,w+1}} \tag{3.67}$$

Die Typenquoten $\bar{a}^h_x$ sind bei abwesender Sterblichkeit gegeben durch (vgl. 3.29)

$$\bar{a}^h_x = \bar{P}^{0h}_{0x} \tag{3.68}$$

In Analogie zu (3.46) erhält man für

$$\bar{E}_{xy} = \sum_h \bar{P}^{0h}_{0x} \bar{E}^h_{xy} \tag{3.69}$$

(vgl. 3.28) die Beziehung

$$\bar{E}_{xy} = \sum_{z=x}^{y-1} \bar{f}_z \tag{3.70}$$

mit (vgl. 3.47 und 3.68)

$$\bar{f}_z = \sum_h \bar{f}^h_z \bar{a}^h_z = \sum_h \bar{P}^{0h}_{0z} \bar{f}^h_z \tag{3.71}$$

Aus (3.70) und (3.71) folgt für die Bruttoreproduktionsrate

$$R_B = \overline{E}_{0,w+1} = \sum_{z=0}^{w} \overline{f}_z = \sum_{z=0}^{w} \sum_{h} \overline{P}_{0x}^{0h} \overline{f}_z^h \quad , \tag{3.63a}$$

natürlich in Übereinstimmung mit (3.63). Durch Übertragung der Resultate von §3.1.3 ergibt sich für die erwartete Verweildauer $\overline{n}_x^{hk}$ einer x-jährigen in der Parität h befindlichen Frau in der Parität k bei Abwesenheit der Sterblichkeit

$$\overline{n}_x^{hk} = \sum_{y=x}^{w} \overline{P}_{xy}^{hk} \tag{3.72}$$

Für die Wartezeit $\overset{\approx}{\underline{z}}^{h*}(j)$ einer (h,x)-Frau bis zur Parität j>h im reinen Modell können analog §3.1.3 Erwartungswert und Varianz bestimmt werden. Insbesondere ergibt sich für das Durchschnittsalter der Mütter bei ihren Geburten (vgl. 3.36) nunmehr

$$R_B^{-1} \sum_{j} E\left[\overset{\approx}{\underline{z}}_0^{0*}(j)\right] \overline{U}_{0,w+1}^{0j} \tag{3.73}$$

3.1.6. Retrospektive Fertilitätsanalyse

Man vergleiche dazu HOEM (1969, p. 3, 14-19), der die Bedeutung der retrospektiven Analyse umreißt, und PRESSAT (1969, p. 28ff).

3.1.6.1. Ein Zusammenhang mit dem reinen Fruchtbarkeitsmodell

In Kap. 3, §3.2.1 hatten wir gezeigt, in welcher Weise man mit Hilfe transformierter Ketten auf r e i n e Wahrscheinlichkeiten kommen kann. Wir transformieren nun das Modell von §3.1.1 vermöge der Bedingung

"der ursprüngliche Prozeß wird schließlich in $s = \{s_0, s_1, \ldots, s_m\}$ absorbiert" (3.74)

Gemäß (K2, 2.59) ergeben sich die Transitionswahrscheinlichkeiten

$$\tilde{p}_x^{hk} = (b_{xs}^h)^{-1} p_x^{hk} b_{x+1,s}^k \quad , \text{ für } k = h, h+1, \tag{3.75}$$

wobei $b_{xs}^h = \sum_{k=0}^{m} b_{xs_k}^h$ die schließliche Absorptionswahrscheinlichkeit

einer (h,x)-Frau in s ist. Da $b_{xs_k}^h = P_{0,w+1}^{0h}$ gilt (vgl. 3.66), so ergibt

sich wegen (3.11) und aufgrund der strengen Hierarchie

$$b_{xs}^h = P_{x,w+1}^h \quad \dots \quad \text{Überlebenswahrscheinlichkeit einer } (h,x)\text{-Frau} \atop \text{bis } w+1 \tag{3.76}$$

Setzt man (3.76) in (3.75) ein, so bekommt man

$$\tilde{p}_x^{hk} = p_x^{hk} \frac{P_{x+1,w+1}^k}{P_{x,w+1}^h} \quad , \quad k = h, \ h+1 \tag{3.77}$$

Nimmt man an, daß die Sterblichkeit mit der Parität stärker als mit dem Alter steigt, also $P_{x+1,w+1}^{h+1} \leqq P_{x,w+1}^h$ gilt, so wird gemäß (3.77)

$$\tilde{p}_x^{h,h+1} \leqq p_x^{h,h+1} \tag{3.78}$$

gelten. Gemäß (3.78), (3.7) und (3.52) stehen retrospektive, abhängige und reine Fruchtbarkeitswahrscheinlichkeit in folgendem Verhältnis zueinander:

$$\tilde{f}_x^h = \tilde{p}_x^{h,h+1} \leqq p_x^{h,h+1} + q_x^{h,h+1} = f_x^h \leqq \bar{f}_x^h \tag{3.79}$$

$\tilde{f}_x^h$ ist dabei die Wahrscheinlichkeit einer (h,x)-Frau, die bis $w+1$ überlebt, in x- eine Geburt zu haben.

Nach (K2, 3.51) gilt

$$\tilde{P}_{xy}^{hk} = P_{xy}^{hk} \frac{P_{y,w+1}^k}{P_{x,w+1}^h} \tag{3.80}$$

Die retrospektive Bedingung (3.74) verlangt das Überleben bis $w+1$, hingegen n i c h t die Elimination der Sterblichkeit. Deshalb sind i m a l l g e m e i n e n auch gemäß (3.79) die retrospektiven von den reinen Wahrscheinlichkeiten verschieden: $\tilde{P}_{xy}^{hk} \neq \bar{P}_{xy}^{hk}$. Es gilt jedoch folgender

<u>Satz.</u> Wenn die <u>Sterblichkeit paritätsunabhängig</u> ist, so wird durch das <u>retrospektive</u> Modell die <u>reine Fertilität</u> erfaßt.

Zum <u>Beweis</u> (vgl. Kap. 3, §3.2.1) benutzen wir die paritätsunabhängige Mortalität (3.54). Danach gilt für die Überlebenswahrscheinlichkeit einer (1,y)-Person bis w+1 (vgl. K3, 2.96)

$$P^l_{y,w+1} = \prod_{z=y}^{w} (1-\bar{q}_z) \qquad (3.81)$$

Aus (3.77), (3.55) und (3.81) folgt dann (vgl. K3, 2.97)

$$\tilde{p}^{h,h+1}_x = (1-\bar{q}_x)\bar{f}^h_x \frac{P^{h+1}_{x+1,w+1}}{P^h_{x,w+1}} = \bar{f}^h_x \qquad (3.82)$$

3.1.6.2. Einige Resultate

Wir betrachten nun einige weitere, vermöge (3.74) transformierte Modellvariable, die wir durch Schlangensymbole von den ursprünglichen Größen unterscheiden. Es ist $\tilde{Q}^{hk}_{xy} = 0$ und deshalb $\tilde{R}^{hk}_{xy} = \tilde{P}^{hk}_{xy}$. Gemäß (3.12) und wegen (3.80) gilt

$$\tilde{U}^{hk}_{xy} = \sum_{l \geq k} \tilde{P}^{hl}_{xy} = \sum_{l \geq h} P^{hl}_{xy} \frac{P^l_{y,w+1}}{P^h_{x,w+1}} \qquad (3.83)$$

Die retrospektive (transformierte) Zuwachswahrscheinlichkeit $\tilde{p}^{h,h+1}$ ist dann analog (3.20) gegeben durch

$$\tilde{p}^{h,h+1} = \frac{\tilde{U}^{0,h+1}_{0,w+1}}{\tilde{U}^{0h}_{0,w+1}} \qquad (3.84)$$

Analog zu (3.40) und (3.62) ergibt sich

$$\tilde{E}^h_{xy} = \sum_{k > h} \tilde{U}^{hk}_{xy} = \sum_{k \geq h} \sum_{z=x}^{y-1} \tilde{P}^{hk}_{xz} \tilde{p}^{k,k+1}_z \qquad (3.85)$$

Berücksichtigt man (3.77) für k = h+1 und (3.80), so folgt aus (3.85)

$$\tilde{E}^h_{xy} = \sum_{k \geq h} \sum_{z=x}^{y-1} P^{hk}_{xz} p^{k,k+1}_z \frac{P^{k+1}_{z+1,w+1}}{P^h_{x,w+1}} \qquad (3.86)$$

Man vergleiche dazu das kontinuierliche Analogon bei HOEM (1969, p.17). Nun kann auch eine "retrospektive Reproduktionsrate" R_R definiert werden (vgl. 3.17, 3.63), und zwar als mittlere Anzahl aller Geburten einer Frau, welche die reproduktive Periode überlebt. Gemäß dieser Definition gilt (vgl. HOEM, 1969, (6.7))

$$R_R = \tilde{E}^0_{0,w+1} = \sum_k \sum_{z=0}^w P^{0k}_{0z} p^{k,k+1}_z \frac{P^{k+1}_{z+1,w+1}}{P^0_{0,w+1}} \qquad (3.87)$$

Unter Voraussetzung paritätsunabhängiger Sterblichkeit gilt

$$\tilde{E}^h_{xy} = \bar{E}^h_{xy} \qquad (3.88)$$

Beweis: Vergleicht man nämlich (3.85) und (3.62), so hat man wegen (3.82) $\tilde{P}^{hk}_{xz} = \bar{P}^{hk}_{xz}$ zu zeigen. Diese Beziehung ist jedoch aufgrund von (3.80), (3.81) und der aus (K3, 2.25) folgenden Relation

$$P^{hk}_{xz} = \bar{P}^{hk}_{xz} \prod_{y=x}^{z} (1-\bar{q}_y) \qquad (3.89)$$

erfüllt.

Aus (3.88) und (3.87) folgt, daß bei paritätsunabhängiger Mortalität

$$R_R = R_B \qquad (3.90)$$

gilt, daß also die Bruttoreproduktionsrate unter Ausnützung retrospektiver Untersuchungen ermittelt werden kann. Da in der demographischen Praxis die Voraussetzung paritätsunabhängiger Mortalität aber nicht erfüllt ist, so erkennt man, daß die Bruttoreproduktionsrate durch retrospektive Techniken höchstens näherungsweise erhalten werden kann. Schließlich bemerken wir noch, daß man ähnlich wie in §3.1.3 bzw. unter (3.72), (3.73) retrospektive Verweildauern, bedingte Wartezeiten und das retrospektive Durchschnittsalter der Mütter bei den Geburten berechnen kann.

3.2. Das altersspezifische Globalmodell

entsteht aus dem alters- und paritätsspezifischen Modell des §3.1 dadurch, daß neben der Abhängigkeit der Sterblichkeit von der Parität zusätzlich auch auf die Paritäts-Abhängigkeit der Fruchtbarkeit verzichtet wird. Untersuchungsobjekt ist wieder die globale Fruchtbarkeitsgeschichte einer Frau. Es sei

f_x die Wahrscheinlichkeit einer x-jährigen Frau, in x- eine Geburt zu haben $\qquad$ (3.91)

f_x kann analog zur zweiten Spalte von (3.7) nach dem Überlebensverhalten aufgespalten werden. Der Anschluß an die Modelle von §3.1 kann über (3.47) geschehen ($f_x^h = f_x$ für alle Paritäten h). Die erwartete Anzahl an Geburten einer x-jährigen Frau im Altersintervall (x,y) werde mit E_{xy} bezeichnet. Es sei $\underline{G}_z$ die Anzahl der Geburten, die eine x-jährige Frau in z- erleidet, und P_{xz} die Überlebenswahrscheinlichkeit von x bis z. Es gilt

$$P\{\underline{G}_z = 0\} = 1 - P_{xz}f_z \quad , \quad P\{\underline{G}_z = 1\} = P_{xz}f_z \quad , \qquad (3.92)$$

also $E\underline{G}_z = P_{xz}f_z$ und

$$E_{xy} = \sum_{z=x}^{y-1} E\underline{G}_z = \sum_{z=x}^{y-1} P_{xz}f_z \qquad (3.93)$$

Wir erwähnen, daß (3.93) auch direkt aus (3.46) gewonnen werden kann, indem von der Typenunabhängigkeit der Parameter Gebrauch gemacht wird. Gemäß (3.48) gilt für die Nettoreproduktionsrate des altersspezifischen Modells

$$R_N = E_{0,w+1} = \sum_{z=0}^{w} P_{0z}f_z \qquad (3.94)$$

Da Sterblichkeit und unabhängige Fruchtbarkeitswahrscheinlichkeit von h unabhängig sein sollen, so gilt dies auch (vgl. 3.52) für die reine einjährige Fertilitätswahrscheinlichkeit: $\vec{f}_x^h = \bar{f}_x$ für alle Paritäten h. Dies liefert zusammen mit $\sum_h \bar{P}_{0z}^{0h} = \bar{P}_{0z}^0 = 1$ gemäß (3.71) und (3.63a) für

die Bruttoreproduktionsrate die anschauliche Formel

$$R_B = \sum_{z=0}^{w} \bar{f}_z \qquad (3.95)$$

Bei Ermittlung des Durchschnittsalters der Mutter bei Geburt ihrer Kinder ist allerdings wieder von der Rangordnung der Geburten Gebrauch zu machen. HOEM (1968a) hat ein altersspezifisches Fruchtbarkeitsmodell analysiert (allerdings ohne Kindbettsterblichkeit zuzulassen, die in unserem Fall miteingeschlossen ist) und dabei auf Inkonsistenzen zwischen der verbalen Definition von Reproduktionsraten und üblichen Berechnungsweisen hingewiesen, welche wir in den folgenden Schlußbemerkungen aufgreifen.

3.3. Kritik am klassischen Gebrauch der Reproduktionsraten

Ein Hauptergebnis der Untersuchungen von §3 ist die Existenz von dreierlei Reproduktionsindizes, nämlich

der Netto-Reproduktionsrate R_N: (3.17), (3.41), (3.48), (3.94),

der Brutto-Reproduktionsrate R_B: (3.63), (3.63a), (3.95) sowie

der retrospektiven Reproduktionsrate R_R: (3.87).

Ein Vergleich der Formeln (3.41), (3.63) und (3.87) verdeutlicht die funktionale Verschiedenheit dieser drei Raten. In der demographischen Literatur herrscht eine Menge von Unexaktheiten und Verwechslungen bei der Verwendung dieser Reproduktionsraten.

Zunächst zu der am Schluß von §3.2 erwähnten, von HOEM (1968a) aufgedeckten Inkonsistenz zwischen den Raten R_N , R_B und deren verbaler Erklärung als Erwartungswert. Es ist unzulässig, bei Berechnung sowohl der Netto- als auch der Brutto-Reproduktionsrate d i e s e l b e Menge altersspezifischer Fruchtbarkeitsraten zu benützen, falls die Bedeutung der verbalen Formulierung intentiert werden soll. Üblicherweise (vgl. etwa SPIEGELMAN, 1969, p. 284; BARCLAY, 1958, p. 212, 53) geht man so vor, daß

$$R_N = \sum P_{0x} \phi_x \qquad (3.96)$$

als Summe der Produkte der Überlebenswahrscheinlichkeiten P_{0x} bis zum Alter x mit dem Mädchenanteil ϕ_x der entsprechenden altersspezifischen Fruchtbarkeitsziffern berechnet wird, während der Bruttoreproduktionsindex

$$R_B = \sum \phi_x \qquad (3.97)$$

durch Aufsummierung dieser Fertilitätsraten gewonnen wird (die Summen
erstrecken sich dabei über die reproduktiven Altersklassen x-, also
etwa von x = 15 bis 49 Jahren). An sich kann natürlich R_B über (3.97)
definiert werden; sobald jedoch R_B den Sachverhalt "Durchschnittszahl
an weiblichen Babys pro Frau im Verlaufe ihrer reproduktiven Periode,
bei Abwesenheit der Mortalität" bedecken soll, ist die Vorgangsweise
(3.97) streng genommen f a l s c h. Zur Richtigstellung hat man von
der Sterblichkeit unabhängige, reine Fertilitätsraten $\overline{\Phi}_x$ zu benutzen,
wie es in den Formeln (3.63) und (3.95) geschehen ist; die numerischen
Differenzen erweisen sich allerdings meist als geringfügig (vgl. HOEM,
1968a, p. 10-13).

Wir haben gesehen, daß man die Berechnungsweise (3.97) retten kann,
wenn man auf die Interpretation von R_B als "reiner" Erwartungswert verzichtet (obwohl natürlich gerade ein derartiges, von der Mortalität un-
abhängiges, globales Intensitätsmaß der Fertilität angestrebt wird).
Eine andere Unstimmigkeit, die nahezu in der gesamten demographischen
Literatur auftaucht, besteht m.E. doch darin, daß die Brutto-Reproduktionsrate einerseits fast stets als Durchschnittszahl der Mädchenge-
burten einer Frau definiert wird, falls die betreffenden Fruchtbar-
keitsverhältnisse vorherschen und falls die Frau vor Ende der reproduktiven Periode nicht stirbt, andererseits jedoch vermöge (3.97) ausgewertet wird. Eine derartige Definition der Reproduktionsrate deckt
nun genau den retrospektiven Fall von §3.1.6, bei dem der Überlebendenanteil einer Frauenkohorte am Ende ihrer reproduktiven Periode bezüglich ihrer Fertilität rückblickend untersucht wird. Ein Vergleich von
(3.63) mit (3.87) zeigt jedoch, daß die retrospektive Rate R_R vom
Brutto-Index R_B i.a. v e r s c h i e d e n ist. Man beachte, daß diese Diskrepanz auch dann nicht behoben wird, wenn man in (3.97) reine
Fruchtbarkeitsraten $\overline{\Phi}_x$ verwendet. Formal beruht dies darauf, daß die
reinen Wahrscheinlichkeiten verschieden von den retrospektiven Wahrscheinlichkeiten des transformierten Kettenmodells sind. In §3.1.6.1
haben wir gezeigt, daß $R_B = R_R$ nur bei paritätsunabhängiger Mortalität
gilt, eine Voraussetzung, die in der Praxis höchstens näherungsweise
erfüllt ist. Die einzigen beiden, dem Autor bekannten Stellen, wo auf
diesen Vorbehalt hingewiesen wird, finden sich bei PRESSAT (1969,
p. 37, Fußnote 1, vgl. auch p. 28, Fußnote 2) und bei HOEM (1969). Als
Belegstellen für die oben skizzierte mißverständliche Auffassung seien
hingegen etwa erwähnt:FLASKÄMPER (1962, p. 397), SPIEGELMAN (1969,
p. 284), BARCLAY (1958, p. 212), COX (1970, p. 175) u.s.f.

"The prototype of statistical analysis
in demography is the life-table."

N. B. RYDER, Notes on the concept of a
population, The American Journal of
Sociology 69 (1964), p. 453

T E I L   II

D E M O G R A P H I S C H E   T A F E L N

Einleitung und Überblick

Eine Schlüsselstellung in der Demographie nehmen die Sterbetafeln
ein; sie sind eng mit dem Begriff der stationären Bevölkerung verbunden
und auch in anderen Wissenschaften (z.B. in der Versicherungsmathematik)
von Bedeutung. Obwohl es die in den Sterbetafeln abgebildeten empirischen Bevölkerungsprozesse waren, welche mit am Ausgangspunkt der Statistik standen (GRAUNT, PETTY, HALLEY), hat sich die moderne mathematische
Statistik des Sterbetafelkonzepts nur wenig angenommen. Dies scheint
umso bemerkenswerter, als die Probleme bei Sterblichkeitsstudien Ver-
wandtschaft beispielsweise mit Begriffsbildungen der Reliabilitäts- und
Erneuerungstheorie aufweisen, wo genuine statistische Methoden zum Ein-
satz gelangen (vgl. CHIANG, 1968, p. 218).

Einer statistischen Analyse von Sterbetafeln liegt die Auffassung
vom menschlichen Leben als Zufallsexperiment zugrunde mit den möglichen
Ausgängen "Tod im Altersintervall (x,x+1)". Man betrachtet eine sehr große Zahl von Individuen, welche unabhängig voneinander alle derselben Absterbeintensität unterworfen sind, protokolliert die Ausgänge dieser
parallellaufenden Experimente und kommt so zur Sterbetafel. Die in einer
Sterbetafel auftretenden Funktionen werden dabei als Zufallsgrößen aufgefaßt, deren Verteilungen bzw. Momente einer statistischen Schätzung
zugänglich gemacht werden können. Grundlage dafür ist eben das in der
Sterbetafel realisierte Überlebensverhalten einer Kohorte von Personen.

CHIANG hat in einer Reihe von Arbeiten, aus denen schließlich die bereits mehrmals zitierte Monographie (1968) hervorgegangen ist, Sterbetafeln in diesem Sinne stochastisch analysiert. In der Demographie sind darüberhinaus jedoch noch eine Reihe anderer Tafeln von Interesse: Heirats-, Ehedauer-, Erwerbstätigkeitstafeln und Sterbetafeln mit mehrfachen Todesursachen sind wichtige Beispiele dafür (Kap. 5, §2). Typisch für diese Tafeln ist eine mehrfache Abgangsmöglichkeit der Personen. So kann beispielsweise ein Junggeselle den normalen Tod erleiden oder aber durch Verheiratung "sterben" (vgl. BOGUE, 1969, p. 623). Im folgenden wird für diese multiplen Dekrementtafeln ein gemeinsames Schema angesetzt (Kap. 5, §1). Während Abgangstafeln zum Studium reiner Dekrementphänomene erstellt werden, empfiehlt es sich, zur Behandlung von Mehrtypenphänomenen (siehe dazu Kap. 2, §1) ein verallgemeinertes Tafelschema heranzuziehen (Kap. 5, §3).

Einer Weiterentwicklung der theoretischen Demographie steht die Tatsache entgegen, daß Modellbau und -test in der Bevölkerungsmathematik meist in vermischter Form dargeboten wird. Eine saubere demographische Analyse hat m.E. jedoch beide zu trennen. Wir haben diesem Umstand insofern Rechnung getragen, als der erste Schritt zum Testen der Modelle, nämlich die Schätzung der Parameter, im folgenden II. Teil isoliert dargeboten wird. Dazu beschäftigen wir uns in Kap. 5, §4 zunächst mit Ermittlung von Wahrscheinlichkeitsverteilungen bzw. Momenten der wichtigsten Tafelfunktionen. Kap. 6 bringt dann einen knappen, aber ausreichenden Abriß aus der statistischen Schätztheorie (§1). Neben dem Maximum-Likelihood Schätzverfahren gehen wir dabei auf den Begriff suffizienter Statistiken ein, insbesondere im Zusammenhang mit Markoffschen Ketten. Unter Verwendung derartiger stochastischer Prozesse als Mikromodelle demographischer Tafeln ergeben sich nicht nur die meisten Resultate von CHIANG (1968 Chap. 10, 11) auf bedeutend einfacherem Weg, sondern man kann darüber hinaus auch eine Reihe neuer Ergebnisse erhalten (§2 bis 6).

K a p i t e l   5

<u>D E K R E M E N T - U N D   M E H R T Y P E N T A F E L N</u>

<u>1. B e s c h r e i b u n g   u n d   A u f b a u   m u l t i p l e r
D e k r e m e n t t a f e l n</u>

<u>1.1. Einführung</u>

Im folgenden beschäftigen wir uns mit einem verallgemeinerten Sterbe-
tafel-Schema. Die Verallgemeinerung gegenüber Sterbetafeln besteht dabei
darin, daß mehrere Abgangsmöglichkeiten zugelassen werden. Diese kommen
dadurch ins Spiel, daß etwa die Todesfälle nach Todesursachen (bei Sterbetafeln) oder beispielsweise die Ehelösungen nach der Lösungsursache
(bei Ehedauertafeln) gegliedert werden.

Eine <u>Mehrfach-Abgangstafel</u> (<u>multiple Dekrementtafel</u> oder einfach <u>De-
krementtafel</u>) entsteht dadurch, daß man eine <u>Kohorte</u> einem Dekrementphänomen unterwirft (Kap. 2, §1). Eine Kohorte ist dabei eine Menge demographischer Einheiten, welche ein und dasselbe Ereignis (Ursprungsereignis) erlitten haben (z.B. Geburts- oder Heiratsjahrgang). Wie bei
Sterbetafeln hat man prinzipiell zwei Formen von Abgangstafeln zu unterscheiden, die sich zwar in ihrem Äußeren gleichen, ihrer Konstruktion
und Aussagekraft nach aber verschieden sind.

Begrifflich einfacher ist die <u>Längsschnittafel</u>. In ihr ist das tatsächliche Abgangsgeschehen einer <u>realen</u> Gruppe demographischer Einheiten
(<u>Kohorte</u>) vom Ursprungsereignis (vgl. Kap. 2, §1) bis zum Ausscheiden

der letzten Einheit aufgezeichnet. Die Konstruktionsschwierigkeiten bei derartigen Generationstafeln sind bekannt: Statistiken über längere Perioden sind oft nicht verfügbar bzw. nur wenig verläßlich, Individuen können abwandern und Abgänge unregistriert bleiben. Der wichtigste Einwand besteht jedoch darin, daß eine Längsschnittafel nach Abschluß ihrer Ermittlung meist mehr von historischem Interesse und deshalb für Voraussagen ungeeignet ist. Praktische Anwendungen haben Generations-Sterbetafeln bei der Untersuchung tierischer Populationen und in modifizierter Form beim Überlebensverhalten von behandelten Patienten erfahren (vgl. CHIANG, 1968).

Aussagekräftiger sind aus den angeführten Gründen die den Querschnittsterbetafeln (current life tables) entsprechenden Querschnitt-Dekrementtafeln (andere Namen: Perioden- bzw. Augenblickstafeln). Sie fußen auf den altersspezifischen Abgangsraten, die für eine reale Bevölkerung im Laufe eines bestimmten Jahres oder während einer anderen kurzen Zeitspanne beobachtet wurden. Man legt eine hypothetische Kohorte (meist 100 000 Personen) zugrunde und unterwirft sie den Abgangsverhältnissen, welche in der Bevölkerung für die Zeitspanne (transversal) beobachtet wurden. Querschnittafeln übertragen also die Abgangsverhältnisse eines Querschnitts durch eine Bevölkerung auf das 'longitudinale' Schicksal einer Kohorte.

In Abschnitt 1.2 erklären wir die Tafelfunktionen allgemeiner Dekrementtafeln. §1.3 beschäftigt sich mit dem Zusammenhang des stationären Bevölkerungsmodells mit dem Sterbetafelkonzept.

1.2. Erklärung der Tafelfunktionen

Im folgenden werden die Größen in den einzelnen Tafelspalten definiert und zueinander in Beziehung gesetzt. Mit Ausnahme einiger leichter Modifikationen gehen wir dabei nach CHIANG (1968, Chap. 9) vor. Eine Dekrementtafel k a n n folgende Gestalt haben:

Tafel mit mehrfachen Abgangsmöglichkeiten

Spalte 1	2	3	4	5	6	7	8	9	10	11	12	13
x	l_x	$\hat{q}_x$	d_x	L_x	T_x	$\hat{e}_x$	$\hat{q}_{xr}$	d_{xr}	k_{xr}	K_{xr}	S_{xr}	$\hat{e}_{xr}$
0	l_0	$\hat{q}_0$	d_0	L_0	T_0	$\hat{e}_0$	$\hat{q}_{0r}$	d_{0r}	k_{0r}	K_{0r}	S_{0r}	$\hat{e}_{0r}$
.	.	.	.	.	.	.	.	.	.	.	.	.
w	l_w	$\hat{q}_w$	d_w	L_w	T_w	$\hat{e}_w$	$\hat{q}_{wr}$	d_{wr}	k_{wr}	K_{wr}	S_{wr}	$\hat{e}_{wr}$

Spalte 1: <u>Vollendetes "Alter" in Jahren</u>, genauer Verweildauer seit dem Ursprungsereignis, $x = 0,1,\ldots,w$; w ist das maximal erreichbare Alter.

Spalte 2: <u>Anzahl der bis zum Alter x überlebenden Einheiten:</u> l_x . Zugrundegelegt wird eine Kohorte von l_0 Individuen. Der Ausgangsbestand (Radix) l_0 ist beliebig wählbar und wird oft mit 100 000 angenommen. l_x bedeutet die Anzahl jener unter den l_0 Personen, welche m i n d e s t e n s bis zum Alter x überleben, und ist nur sinnvoll in Verbindung mit l_0.

Spalte 3: <u>Anteil der im Altersintervall x- = (x,x+1) Abgehenden:</u> $\hat{q}_x$. Die Größe bildet einen Schätzwert (Dach!) für die Wahrscheinlichkeit, daß eine x-jährige Einheit vor dem Erreichen des Alters x+1 aus dem Bestand ausscheidet, wobei nach der Abgangsursache nicht differenziert wird. Die $\hat{q}_x$ werden häufig aus den entsprechenden altersspezifischen Abgangs<u>raten</u> der untersuchten Population ermittelt.

Spalte 4: <u>Anzahl der Abgänge im Intervall x-:</u> d_x . Jene unter den l_x am Beginn von x- lebenden Einheiten, die im Laufe dieses Jahresintervalls abgehen, wobei nach der Abgangsursache nicht unterschieden wird; natürlich vom Radix l_0 abhängig.

Aus den beobachteten Anteilen $\hat{q}_0$, $\hat{q}_1$, ..., $\hat{q}_w$ und dem Radix l_0 lassen sich alle anderen Größen der Tafel berechnen. Zunächst gewinnt man die Spalten 4 und 2 vermöge folgender Rekursionsbeziehungen

$$d_x = l_x \hat{q}_x \, , \quad x \in X = \{0, 1, \ldots, w\} \tag{1.1}$$

$$l_{x+1} = l_x - d_x \, , \quad x \in X' = \{0, 1, \ldots, w-1\} \tag{1.2}$$

in folgender Weise: Für $x = 0$ liefert (1.1) d_0 und daraus ergibt sich gemäß (1.2) l_1. Setzt man l_1 in (1.1) ein, so erhält man d_1, was zusammen mit (1.2) l_2 liefert usw. Da wir w als maximale Verweilfrist betrachten, so gilt

$$\hat{q}_w = 1 \quad \text{und} \quad d_w = l_w \tag{1.3}$$

Mittels vollständiger Induktion ergibt sich dann sofort

$$l_x = \sum_{y=x}^{w} d_y \, , \quad x \in X \tag{1.4}$$

(Die Anzahl der x-jährigen Lebenden = Gesamtzahl der künftigen Abgänge, vom Alter x an gerechnet).

Spalte 5: <u>Anzahl der in x- verlebten Einheiten-Jahre: L_x</u>. Jedes Mitglied der Kohorte, welches das Alter x+1 erreicht, trägt zu L_x ein Jahr bei. Hingegen liefert eine in x- abgehende Einheit im Durchschnitt nur den Beitrag von einem halben Jahr, wenn man annimmt, daß sich die Abgänge in x- <u>gleichmäßig auf dieses Intervall</u> verteilen. Somit gilt

$$L_x = 1 \cdot l_{x+1} + \frac{1}{2} d_x = l_{x+1} + \frac{1}{2}(l_x - l_{x+1}) = \frac{1}{2}(l_x + l_{x+1}) \tag{1.5a}$$

$$= l_x - \frac{1}{2} d_x \tag{1.5b}$$

Spalte 6: <u>Gesamtzahl der ab x künftig verlebten Einheiten-Jahre: T_x</u>. Kumulierte Anzahl der von allen Einheiten in jedem Altersintervall verlebten Jahre, falls man im Alter x mit der Zählung beginnt.

$$T_x = L_x + T_{x+1}$$

$$= L_x + L_{x+1} + \ldots + L_w \tag{1.6a}$$

$$= \frac{1}{2} l_x + l_{x+1} + l_{x+2} + \ldots + l_w = \frac{1}{2} l_x + \sum_{y=x+1}^{w} l_y \tag{1.6b}$$

Spalte 7: <u>Geschätzte durchschnittliche Dauer vom Alter x bis zum</u>
<u>Abgang</u>: $\hat{e}_x$. Durchschnittliche Anzahl an Jahren, welche eine
x-jährige Einheit künftighin bis zum Abgang noch vor sich hat
(in weniger geschraubter Ausdrucksweise: Geschätzte fernere
Verweildauer $\hat{e}_x$ im Alter x). Teilt man die Totalzahl T_x an
verbleibenden Lebensjahren auf die entsprechenden l_x auf, so
erhält man

$$\hat{e}_x = T_x / l_x \qquad (1.7a)$$
$$x \in X$$

$$= 1/2 + l_x^{-1} \sum_{y=x+1}^{w} l_y \qquad (1.7b)$$

Dies ist die wohl populärste Spalte der Tafel. In ihr ist -
unabhängig von l_0 - das Überlebensverhalten der Kohorte zusammengefaßt. Man vergleiche dazu etwa die Ausführungen bei
FLASKÄMPER (1962, p. 371/2). Eine andere Formel zur Schätzung
der mittleren ferneren Verweildauer ist

$$\hat{e}_x = 1/2 + l_x^{-1} \sum_{y=x+1}^{w} (y-x) d_y \qquad , \quad (1.7c)$$

Für x = 0 erhält man speziell die anschauliche Relation für
das geschätzte mittlere Alter beim Ausscheiden

$$\hat{e}_0 = 1/2 + \left[\sum_{y=0}^{w} d_y \right]^{-1} \left[\sum_{y=0}^{w} y d_y \right] \qquad (1.7d)$$

Während es sich bisher um das Schema einer gewöhnlichen Sterbetafel
handelte, differenzieren wir nun nach <u>Abgangsursachen.</u> Diese werden mit
r (Risiko!) bezeichnet; $r \in A = \{1,2,\ldots,a\}$. Jede der nächsten Spalten
steht stellvertretend für jeweils a Spalten.

Spalte 8: <u>Anteil der in x- aufgrund der Ursache r abgehenden Einheiten:</u>
$\hat{q}_{xr}$. Schätzwert für die Wahrscheinlichkeit, daß eine genau
x-jährige Einheit aufgrund der Ursache r abgehen wird, ehe
sie das Alter x+1 erreicht hat; einjährige risikospezifische
Abgangswahrscheinlichkeit. Es gilt

$$\sum_r \hat{q}_{xr} = q_r \qquad (1.8)$$

Spalte 9: <u>Anzahl der Abgänge in x-, aufgegliedert nach den Ursachen r:</u> d_{xr}. Selbstverständlich von l_x und damit von l_0 abhängig. Es gilt

$$d_{xr} = l_x \hat{q}_{xr} \tag{1.9}$$

und

$$d_x = \sum_r d_{xr} \tag{1.10}$$

Spalte 10: <u>Gesamtzahl der fernerhin dem Risiko r zum Opfer fallenden,</u> <u>jetzt x-jährigen Einheiten:</u> k_{xr}. Anzahl der Einheiten, die, wenn sie das Alter x erreicht haben, <u>durch r</u> im Laufe des nächsten Jahres o d e r k ü n f t i g h i n abgehen werden. Die Eingänge dieser Spalte werden durch Kumulation der Spalte 9 vom unteren Tafelende bis hinauf zur x-ten Zeile gewonnen (vgl. 1.4)

$$k_{xr} = \sum_{y=x}^{w} d_{yr} \qquad x \in X \tag{1.11}$$

Der Rekursion (1.2) entspricht nun

$$k_{xr} = d_{xr} + k_{x+1,r} \qquad x \in X' \tag{1.12}$$

Vom Bestand l_x gehen früher oder später aus irgendeiner Ursache alle ab:

$$\sum_r k_{xr} = \sum_r \sum_{y=x}^{w} d_{yr} = \sum_r \sum_y l_y \hat{q}_{yr} = \sum_y l_y \sum_r \hat{q}_{yr} = \sum_y l_y \hat{q}_y = \sum_{y=x}^{w} d_y = l_x \tag{1.13}$$

Dabei werden der Reihe nach die Beziehungen (1.11), 1.9), (1.8), (1.1) und (1.4) angewendet.

Spalte 11: <u>Zahl der in x- von jenen Einheiten verlebten Jahre, die</u> <u>durch r ausscheiden:</u> K_{xr}. Jede Einheit der Kohorte, die das Alter x+1 erreicht und später einmal aufgrund von r abgeht, trägt ein volles Jahr zu K_{xr} bei, während die innerhalb von x- durch r abgehenden Einheiten durchschnittlich nur die Hälfte eines Jahres liefern. Dabei ist wieder Gleichverteilung der r-Abgänge in x- vorausgesetzt. Die K_{xr} stehen zu den k_{xr} in derselben Relation wie die L_x zu den l_x. Analog zu (1.5) gilt

$$K_{xr} = k_{x+1,r} + \frac{1}{2}d_{xr} = \frac{1}{2}(k_{xr} + k_{x+1,r}) \tag{1.14a}$$

$$= k_{xr} - d_{xr} + \frac{1}{2}d_{xr} = k_{xr} - \frac{1}{2}d_{xr} \tag{1.14b}$$

Spalte 12: <u>Totalzahl der nach dem Alter x von den von der Abgangsursache r schließlich ereilten Personen durchlebten Einheiten-Jahre:</u> S_{xr}.

$$S_{xr} = K_{xr} + S_{x+1,r}$$

$$= K_{xr} + K_{x+1,r} + \ldots + K_{wr} = \frac{1}{2}k_{xr} + \sum_{y=x+1}^{w} k_{yr} \quad , \ x\epsilon X \tag{1.15}$$

Spalte 13: <u>Geschätzte erwartete Zeitdauer vom Alter x bis zum Abgang durch r:</u> $\hat{e}_{xr}$. Durchschnittliche Zahl an Jahren, die eine x-jährige Einheit noch vor sich hat, falls man weiß, daß sie durch r abgeht. $\hat{e}_{xr}$ mißt die fernere Verweildauer, falls zwar alle Abgangsrisken aus A wirksam sind, aber unter der Bedingung, daß es schließlich zu einer Absorption in r kommt

$$\hat{e}_{xr} = S_{xr}/k_{xr} \tag{1.16a}$$

$$x\epsilon X, \ r\epsilon A$$

$$= 1/2 + k_{xr}^{-1} \sum_{y=x+1}^{w} k_{yr} \tag{1.16b}$$

Man gliedert also die Einheiten des Ausgangsbestands danach, welchem Abgang sie in ihrem künftigen Leben zum Opfer fallen:

$$l_0 = k_{01} + k_{02} + \ldots + k_{0a} \tag{1.13a}$$

Spalte 9 zählt diese Abgänge nach Ursache und Alter gegliedert, während Kolonne 10 den überhaupt noch durch r hinschwindenden Bestand k_{xr} ausweist. K_{xr} in Spalte 11 gibt die Zahl der in x- verlebten Einheiten-Jahre der k_{xr} Einheiten an (infolge der gleichförmigen Abgangsintensität ist dies gleich dem mittleren Bestand) und S_{xr} kumuliert schließlich diese Werte.

<u>Bemerkung 1.</u> Üblicherweise setzt man

$$\hat{p}_x = 1 - \hat{q}_x \ \ldots \ \text{Anteil der das Intervall } x- = (x,x+1) \text{ überlebenden Einheiten} \tag{1.17}$$

Es gilt

$$\hat{p}_x = l_{x+1}/l_x \tag{1.18}$$

Ferner definieren wir

$$\hat{P}_{xy} = \hat{p}_x \hat{p}_{x+1} \cdots \hat{p}_{y-1} \; \ldots \; \text{Anteil der x-jährigen Einheiten, die das} \\ \text{Alter y erreichen.} \tag{1.19}$$

Setzt man (1.18) in (1.19) ein, so folgt

$$\hat{P}_{xy} = l_y/l_x \tag{1.20}$$

$\hat{P}_{xy}$ ist Schätzwert für die "wahre" Wahrscheinlichkeit P_{xy} einer Einheit, vom Alter x bis zum Alter y zu überleben. Insbesondere ist

$$\hat{P}_{0y} = l_y/l_0 \tag{1.21}$$

der Kohortenanteil, der (mindestens) das Alter y erreicht.

Bemerkung 2. Bedeutet b_{xr} die Wahrscheinlichkeit, daß eine x-jährige Person im Laufe ihres ferneren Lebens schließlich in r absorbiert wird, so ist

$$\hat{b}_{xr} = \frac{k_{xr}}{l_x} = \frac{d_{xr} + d_{x+1,r} + \cdots + d_{wr}}{l_x} \tag{1.22}$$

eine plausible Schätzung der Wahrscheinlichkeit b_{xr}. Aufgrund von (1.13) gilt

$$\sum_{r=1}^{a} \hat{b}_{xr} = 1$$

Aus (1.22), (1.9) und (1.18) kann man die rekursive Beziehung

$$\hat{b}_{xr} = \hat{q}_{xr} + \hat{p}_x \hat{b}_{x+1,r} \tag{1.23}$$

folgern. Ferner gilt die oft benutzte Relation

$$\sum_{y=x}^{w} \hat{P}_{xy} \hat{q}_{yr} = \sum_{y=x}^{w} \frac{l_y}{l_x} \frac{d_{yr}}{l_y} = \frac{k_{xr}}{l_x} = \hat{b}_{xr} \tag{1.24}$$

Man vergleiche dazu (K 2, 2.41 und 2.43).

Bemerkung 3. Wie bei den Sterbetafeln kann man auch bei den multiplen Dekrementtafeln zwischen vollständigen und abgekürzten (auszugsweisen) Tafeln unterscheiden. In einer vollständigen Tafel werden die Funktionen für jedes Lebensjahr angegeben, wie es auch bisher geschehen ist.

Auszugsweise Tafeln hingegen legen größere Altersintervalle (oft 5 Jahre) zugrunde. Alle Überlegungen, die im folgenden durchgeführt werden, sind ohne weiteres auch auf abgekürzte Tafeln übertragbar, wobei die Altersgrenzen x_i und die Intervallängen $x_{i+1} - x_i = n_i$ beliebig wählbar sind. Da die Formeln dadurch jedoch unhandlicher werden, so beschränken wir uns auf den vollständigen Fall. Eine weitere Einschränkung besteht in der angenommenen Gleichverteilung der Abgänge in den Altersintervallen x-. Bei der vorausgesetzten Intervallbreite von einem Jahr ist diese bei Sterbetafeln in den ersten Lebensjahren bekanntlich n i c h t gerechtfertigt, sonst hingegen schon. Man kann sich von dieser einschränkenden Voraussetzung befreien, wenn man die Anteile a_x des letzten Lebensjahres, die von den in x abgehenden Einheiten verlebt werden, empirisch abschätzen kann (vgl. CHIANG, 1968, p. 194). Wir begnügen uns jedoch mit den einfachen Formeln für $a_x = 1/2$, zumal man bei Heiratstafeln usw. kaum andere Werte für a_x zur Verfügung haben wird.

1.3. Das stationäre Bevölkerungsmodell

Da stationäre Bevölkerungen in nahezu allen demographischen Monographien behandelt werden, so können wir uns hier knapp fassen.

Vorgelegt sei eine Generationssterbetafel. Wir nehmen an, daß eine Gruppe von $l_0 = 100\,000$ Personen im Laufe eines j e d e n Kalenderjahres geboren wird. Diese Kohorte soll im Laufe ihres Lebens den in Spalte 3 bzw. 8 angeführten Abgangsverhältnissen ausgesetzt sein. Ferner setzen wir voraus, daß die Geburten gleichmäßig über das Kalenderjahr hin verteilt seien, und lassen keine Einwanderungen zu. Die - gemäß der Sterbetafel - Überlebenden dieser Geburten bilden eine stationäre Bevölkerung i n f o l g e n d e m S i n n: Wählt man irgendeinen Stichtag und veranstaltet eine Volkszählung, so ist der Bestand einer jeden Altersgruppe vom Zählungszeitpunkt unabhängig, d.h. Totalbestand und Altersaufbau sind zeitlich invariant. Jeder Geburtsjahrgang rückt im Laufe der Jahre - vermindert um die Abgänge - in höhere Altersklassen auf, wird aber durch die nachkommenden Jahrgänge jeweils gerade aufgefüllt. Es handelt sich dabei um eine analoge Art dynamischen, makroskopischen Gleichgewichtes, wie dies etwa von FELLER (1968, p. 394/5) bei der Einführung der stationären Verteilung einer Markoffschen Kette veranschaulicht wird.

Im Rahmen dieser Betrachtungsweise kann man die Sterbetafelkolonnen neu interpretieren: Spalte 2 zeigt die Anzahl l_x der Personen, welche in jedem Kalenderjahr den in Spalte 1 ausgewiesenen Geburtstag x erreichen. In Spalte 4 ist die Anzahl d_x der Abgänge an x bis (x+1)-jährigen ausgewiesen, die sich auf zwei aufeinanderfolgende Kalenderjahre verteilen (Veranschaulichung im Lexis-Diagramm). Spalte 9 gliedert weiter nach Abgangsursachen r auf . Die entscheidende Spalte ist nun die 5. (Altersaufbau der Sterbetafelbevölkerung):

$$L_x = \frac{1}{2}(l_x + l_{x+1}) = l_x - \frac{1}{2}dx \qquad (1.5)$$

ist die Anzahl der Personen, die sich anläßlich eines beliebigen Zählungszeitpunktes im Altersintervall x- befinden, also der stationäre Bevölkerungsbestand in x-. Wir bemerken, daß der Faktor 1/2 in (1.5) von der angenommenen Gleichverteilung der Abgänge in x- herrührt. T_x (Spalte 6) gibt an die Gesamtzahl aller mindestens x-jährigen Personen in der stationären Bevölkerung. Sinngemäß sind auch die übrigen Spalten umzuinterpretieren.

Obwohl infolge der geforderten Gleichheit der jährlichen Zugänge und Abgänge in der Praxis stationäre Bevölkerungen höchstens angenähert vorkommen, bilden sie doch das am längsten benutzte formale Hilfsmittel der Demographie. Indem man den Einfluß der Fruchtbarkeit durch Konstanthaltung der Geburtsjahrgänge ausschaltet, konzentriert man sich ganz auf das Studium des Dekrementprozesses.

Wir hatten bei den Mikromodellen (Kap. 2, §2.1) einjährige Überlebenswahrscheinlichkeiten p_x verwendet und diese in (1.18) geschätzt. p_x ist dabei die Wahrscheinlichkeit einer g e n a u x-jährigen Person, mindestens bis zum Alter x+1 zu überleben. Im III. Teil werden wir eine ähnliche Wahrscheinlichkeit heranziehen, nämlich

s_x ... Wahrscheinlichkeit, daß eine zur Zeit t in der Altersgruppe
x- befindliche Person bis t + 1 überlebt und dann somit in
der Altersklasse (x+1)- ist. $\qquad (1.25)$

Ganz analog wie wir p_x in (1.18) geschätzt haben, so können wir nun setzen

$$\hat{s}_x = L_{x+1}/L_x \qquad (1.26)$$

2. Beispiele für Dekrementtafeln

Die im folgenden erwähnten Beispiele für Abgangstafeln sollen deren weites Anwendungsfeld illustrieren. Man vgl. dazu auch Kap. 2, §2.3.

2.1. Heiratstafeln

2.1.1. Netto-Heiratstafeln

Die vom Statistischen Bundesamt ermittelte Heiratstafel 1960/62 für Ledige (siehe StBA, Fs A, 1969 b oder SCHWARZ, 1965) entsteht aus der Mehrfach-Abgangstafel von §1.2 durch folgende Interpretationen:

l_x ... verbleibende Ledige im Alter x

d_{x1} ... in x- heiratende Ledige

d_{x2} ... in x- gestorbene Ledige

$\hat{q}_{x1}$ ... Schätzwert der abhängigen Wahrscheinlichkeit für x-jährige Ledige, in x- zu heiraten

$\hat{q}_{x2}$ ... Schätzwert der abhängigen Wahrscheinlichkeit für x-jährige Ledige, in x- ledig zu sterben

k_{x1} ... von den Ledigen im Alter x künftighin noch heiratende Personen

$\hat{b}_{x1}$ ... Schätzwert für die abhängige Wahrscheinlichkeit b_{x1} einer ledigen x-jährigen Person, überhaupt noch zu heiraten

S_{x1} ... von allen noch heiratenden Ledigen im Alter x bis zur Heirat durchlebte Jahre

$x+\hat{e}_{x1}$ ... geschätztes durchschnittliches Heiratsalter der Ledigen im Alter x.

Eine Nettoheiratstafel protokolliert also das Abgangsverhalten einer Ledigen-Kohorte eines Geschlechts, wobei das Attribut "ledig" durch die beiden Ausscheiderisken "Heirat" und "Tod als Lediger" in Verlust geraten kann. Betreffs Ermittlung und numerischer Resultate siehe man bei StBA, Fs A, 1969 b; man vergleiche dazu auch SAVELAND und GLICK (1969). Wir erwähnen noch die Möglichkeit sogenannter gemeinsamer Heiratstafeln (joint-nuptiality tables), die durch zusätzliche Aufgliederung der

Heiratenden nach dem Alter des Ehepartners bei der Heirat entstehen
(KARMEL, 1947, 1948). Neben Heiratstafeln für Ledige werden auch solche
für Verwitwete und Geschiedene berechnet.

2.1.2. Brutto-Heiratstafeln

Es ist eine allgemeine Eigenschaft von Dekrementschemata mit mindes-
tens zwei Abgangsursachen, daß die Anzahl der aufgrund einer bestimmten
Ursache (also etwa der Heirat) ausscheidenden vom Umfang der den übrigen
Risken zum Opfer fallenden Personen abhängt. Zur Messung der "reinen",
d.h. vom Tod ungestörten Heiratsneigung, werden deshalb sogenannte
Brutto-Heiratstafeln aufgestellt. In ihnen ist das Todesrisiko elimi-
niert und die Heirat die einzige Abgangsmöglichkeit für Junggesellen.
Brutto-Heiratstafeln enthalten u.a. Spalten für

$\hat{\overline{q}}_{x1}$ ... Schätzung der unabhängigen Wahrscheinlichkeit $\overline{q}_{x1}$ einer ledigen x-jährigen Person, in x- zu heiraten

$\overline{d}_{x1}$ ... in x- heiratende Ledige (bei Abwesenheit der Sterblichkeit)

$\overline{l}_{x}$ ... bei Abwesenheit der Sterblichkeit bis zum Alter x ledig verbleibende usw.

Bruttoheiratstafeln (oft auch als Heiratstafeln schlechthin bezeichnet) werden etwa bei BOGUE (1969, Chap. 17) ausführlich erläutert.
Man vergleiche dazu auch den interessanten Aufsatz von MERTENS (1965).

In diesem Zusammenhang scheint es erwähnenswert, daß bei Konstruktion und Aufbau von Heiratstafeln ziemliche Uneinheitlichkeiten herr-
schen. Wenn man sich die Mühe macht, die nicht allzu umfangreiche Literatur zu vergleichen, so fallen einem relativ große nationale und inter-
nationale Verschiedenheiten in diesem abgegrenzten demographischen Gebiet auf.

2.1.3. Über den Zusammenhang zwischen Netto- und Bruttotafeln

Die Theorie konkurrierender Risken gestattet die abhängigen und un-
abhängigen Wahrscheinlichkeiten $\{q_{x1}, q_{x2}\}$, $\{\overline{q}_{x1}, \overline{q}_{x2}\}$ wechselseitig aus-
einander zu berechnen. Diese Zusammenhänge hatten wir in Kap. 3, §2.2

und 2.3 hergeleitet; sie gestatten es, aus einer vorliegenden Nettotafel ein Bruttoschema zu ermitteln und umgekehrt. Wir wollen nun zeigen, in welcher Weise man auf direktem Weg durch Plausibilitätsüberle-
gungen zu derartigen Resultaten kommen kann. Dabei formalisieren wir Ge-
dankengänge, die in der Demographie auf unabhängige Wahrscheinlichkeiten
geführt haben, o h n e daß dabei explizit auf die Theorie wettstreitender Risken eingegangen wurde.

Will man aus einer gegebenen Netto-Heiratstafel eine korrespondierende Bruttotafel konstruieren, so hat man die tatsächlich geschlossenen
Ehen um die aufgrund der Sterblichkeit <u>der Ledigen</u> verhinderten Heiraten
zu vermehren, um so zu den Heiraten bei Abwesenheit der Mortalität zu
gelangen. Von den $\overline{l}_x$ x-jährigen Ledigen der Brutto-Heiratstafel heiraten
schätzungsweise $\overline{l}_x\hat{q}_{x1}$ tatsächlich in x-, und für $\overline{d}_{x1}$ gilt

$$\overline{d}_{x1} = \overline{l}_x\hat{q}_{x1} + c_x \quad , \tag{2.1}$$

wobei c_x die Anzahl der in x- aufgrund der <u>Sterblichkeit der Junggesel-
len</u> verhinderten Eheschließungen bedeuten soll. Diese verhinderten Heiraten betreffen die in x- sterbenden $\overline{l}_x\hat{q}_{x2}$ Ledigen. Zur Abschätzung von
c_x betrachten wir folgende zwei Extremfälle (vgl. PRESSAT, 1967, Chap.
IV):

a) Die $\overline{l}_x\hat{q}_{x2}$ Personen sterben alle u n m i t t e l b a r nach Erreichen des exakten Alters x. Wir nehmen ferner an, daß, hätten
sie überlebt, ihre Verheiratung nach derselben Gesetzmäßigkeit erfolgt wäre, wie bei den anderen Junggesellen. Es wären in diesem
Falle also $\overline{l}_x\hat{q}_{x2}\hat{q}_{x1}$ Ehen geschlossen worden.

b) Die $\overline{l}_x\hat{q}_{x2}$ Personen sterben erst u n m i t t e l b a r vor dem
Intervallende x+1 (als Junggesellen). Dann wäre keine Heirat auf-
grund der Sterblichkeit verhindert worden.

Man kann nun nichts Besseres tun, als c_x durch das arithmetische Mittel
von (a) und (b) abzuschätzen (Gleichverteilung der Heiraten bzw. Todesfälle in x-). Es ergibt sich somit

$$c_x = \frac{1}{2}\,\overline{l}_x\hat{q}_{x2}\hat{q}_{x1} \tag{2.2}$$

Aus (2.1) und (2.2) folgt

$$\overline{d}_{x1} = \overline{l}_x\hat{q}_{x1} + \frac{1}{2}\,\overline{l}_x\hat{q}_{x2}\hat{q}_{x1} \tag{2.3}$$

Für die Schätzung der unabhängigen einjährigen Wahrscheinlichkeit gilt

$$\hat{\bar{q}}_{x1} = \bar{d}_{x1} / \bar{l}_x \tag{2.4}$$

(2.4) und 2.3) liefern zusammen (vgl. PRESSAT, 1967, p. 110)

$$\bar{d}_{x1} = \frac{\bar{l}_x \hat{q}_{x1}}{1 - \frac{1}{2} \hat{q}_{x2}} \tag{2.5}$$

Aus (2.5) und (2.4) folgt

$$\hat{\bar{q}}_{x1} = \frac{\hat{q}_{x1}}{1 - \frac{1}{2} \hat{q}_{x2}} \approx \hat{q}_{x1} (1 + \frac{1}{2} \hat{q}_{x2}) \ , \tag{2.6}$$

falls die geometrische Reihe nach dem zweiten Glied abgebrochen wird.
Man vergleiche dazu (K 3, 2.54). Aus (2.6) folgt wegen $d_{x1} = l_x \hat{q}_{x1}$,
$d_{x2} = l_x \hat{q}_{x2}$ mit

$$\hat{\bar{q}}_{x1} = \frac{d_{x1}}{l_x - \frac{1}{2} d_{x2}} \ , \tag{2.7}$$

die geläufige Formel zur Schätzung unabhängiger Wahrscheinlichkeiten
aus den Daten der Nettotafel; vgl. dazu etwa FLASKÄMPER (1962, p. 486)
oder SPIEGELMAN (1969, p. 137-139). Bemerkung: Man könnte aus der Netto-
Heiratstafel auch eine "reine Sterbetafel für Junggesellen" ermitteln,
in welcher die Mortalität der Ledigen bei Abwesenheit des Heiratsrisi-
kos ausgewiesen wäre. Dazu hätte man $\hat{\bar{q}}_{x2}$ zu berechnen.

Es sei nun umgekehrt eine Brutto-Heiratstafel gegeben, und wir interessieren uns für das zugeordnete Nettoschema. Die effektive Anzahl d_{x1}
der Heiraten in x- setzt sich zusammen aus den Eheschließungen, welche
von den Personen herrühren, welche das Altersintervall x- überleben,
sowie aus den Ehen, die von den in x- gestorbenen (vor ihrem Tode) geschlossen wurden. Für die $l_x \hat{q}_{x2}$ in x- gestorbenen Personen können folgende Annahmen gemacht werden:

a) sie sterben unmittelbar n a c h ihrem x-ten Geburtstag und tragen also nichts zu den Eheschließungen bei,

b) sie sterben unmittelbar vor ihrem (x+1)-ten Geburtstag; in x- werden dann zusätzlich $l_x \hat{q}_{x2} \hat{q}_{x1}$ Ehen geschlossen.

Es gilt also

$$d_{x1} = l_x(1 - \hat{\hat{q}}_{x2})\hat{\hat{q}}_{x1} + \frac{1}{2} l_x\hat{\hat{q}}_{x2}\hat{\hat{q}}_{x1} \qquad (2.8)$$

Es folgt

$$q_{x1} = \frac{d_{x1}}{l_x} = \hat{\hat{q}}_{x1}(1 - \hat{\hat{q}}_{x2}/2) \quad , \qquad (2.9)$$

in Übereinstimmung mit (K 3, 2.66). Symmetrisch dazu gilt für die effektive Anzahl der Todesfälle der Ledigen

$$d_{x2} = l_x(1 - \hat{\hat{q}}_{x1})\hat{\hat{q}}_{x2} + \frac{1}{2} l_x\hat{\hat{q}}_{x1}\hat{\hat{q}}_{x2} \qquad (2.10)$$

Aus (2.10) folgt

$$q_{x2} = \frac{d_{x2}}{l_x} = \hat{\hat{q}}_{x2}(1 - \hat{\hat{q}}_{x1}/2) \qquad (2.11)$$

Diese Überlegungen zeigen allgemein, daß man zwischen reinen und rohen Ausscheidewahrscheinlichkeiten auf direktem Wege Beziehungen herleiten kann. Allerdings gelten diese Relationen dann nur für die Schätzwerte der Wahrscheinlichkeiten und nicht für die 'wahren' Wahrscheinlichkeiten, wie dies in Kapitel 3 der Fall war.

Vergleicht man (2.7) mit der Schätzung

$$\hat{q}_{x1} = d_{x1}/l_x \qquad (2.12)$$

für die entsprechende abhängige Wahrscheinlichkeit, so könnte man infolge der Beschaffenheit des Nenners von (2.7) geneigt sein anzunehmen, daß nicht (2.12), sondern gerade (2.7) die abhängige Wahrscheinlichkeit schätzt. Dies ist jedoch natürlich n i c h t der Fall: Wächst d_{x2}, so tut es dies auf Kosten von d_{x1} (vgl. Kap. 3, §1.1), und mit dem Nenner $l_x - \frac{1}{2} d_{x2}$ sinkt auch der Zähler d_{x1} von (2.7), so daß der Quotient unverändert ("unabhängig") bleiben kann. Hingegen wird in (2.12) eine Reduktion von d_{x1} n i c h t durch eine solche des Nenners ausbalanciert, und $\hat{q}_{x1}$ fällt bei steigendem d_{x2} bzw. $\hat{q}_{x2}$ ("abhängige" Wahrscheinlichkeit). Bei unabhängigen Wahrscheinlichkeiten zieht eine Änderung der einen Abgangswahrscheinlichkeit eben keinen Wechsel der anderen nach sich, wie dies bei den abhängigen Wahrscheinlichkeiten der Fall ist.

Stellt man eine Netto-Heiratstafel (Abgangsordnung der Ledigen)

und die korrespondierende Bruttotafel (mit unabhängigen Heiratswahrscheinlichkeiten) nebeneinander, so kann man für beide die durchschnittliche fernere Wartezeit bis zur Heirat berechnen. Dazu teilt man die von
allen noch jemals heiratenden Ledigen im Alter x bis zur Heirat durchlebten Jahre auf die Zahl dieser ab x fernerhin noch heiratenden Personen
auf. Führt man dies für beide Tafelarten durch, so erhält man i.a.
v e r s c h i e d e n e Werte für $\hat{e}_x$(netto) und $\hat{e}_x$(brutto), der Tatsache entsprechend, daß auch die hinter diesen Schätzfunktionen stehenden
Erwartungen i.a. verschieden sind. Diese meines Wissens in der demographischen Literatur kaum erwähnte Tatsache (vgl. jedoch PRESSAT, 1967,
p. 105, wo ein numerisches Beispiel mit $\hat{e}_0$(netto) $<$ $\hat{e}_0$(brutto) angegeben
wird) impliziert, daß die häufig zitierte Maßzahl des durchschnittlichen
Heiratsalters n i c h t e i n d e u t i g bestimmt ist. Dies unter-
stützt wieder die Notwendigkeit, Maßzahlen stets im Zusammenhang mit dem
unterstellten Modell zu verstehen (vgl. Kap.1). Daran ändert auch die
Tatsache nichts, daß vermutlich $|\hat{e}_x$(netto) $- \hat{e}_x$(brutto)$|$ in der Praxis
vernachlässigbar sein wird, zumal bei anderen multiplen Abgangssituatio-
nen (wie Ehedauertafeln , mehrfachen Todesursachen) dies nicht der Fall
zu sein braucht.

2.2. Weitere Tafeln mit mehrfachem Abgang

- Sterbetafeln: Beachtet man die vielen Faktoren, deren Einfluß auf die
  Mortalität statistisch nachgewiesen ist, dann erscheint die Gültig-
  keit allgemeiner analytischer Sterbegesetze (z.B. des GOMPERTZ-
  MAKEHAM-Gesetzes) zumindest zweifelhaft. Aus diesem Grunde spielen
  Sterbetafeln bei Mortalitätsuntersuchungen eine zentrale Rolle. Man
  vergleiche StBA, Fs A, 1965 und StBA, Fs A, 1969 b, wo auch

- Sterbetafeln nach ausgewählten Todesursachen ausgewiesen werden.

- Ehedauertafeln: in ihnen wird ein Bestand an Ehen nach bisheriger Ehedauer (allgemeine Ehedauertafeln) bzw. an verheirateten Personen eines Geschlechts nach Lebensalter und Altersdifferenz zum Ehepartner
  (spezielle Ehedauertafeln) verfolgt. Als Ehelösungsrisiken agieren:
  Tod eines Ehepartners und Scheidung (eventuell aufgegliedert nach
  Art des gerichtlichen Urteils). Man vergleiche dazu StBA, Fs A, 1969
  b, p. 28 ff und Kap. 2, §2.3.3.

- <u>Fruchtbarkeitstafeln einer bestimmten Parität</u>: Siehe Kap. 4, §2.1.
  Man vergleiche dazu auch PRESSAT, 1966, p. 49-51.

  ANDERSON und DOW (1952) bringen ein einfaches
- <u>Beispiel aus der Versicherungsmathematik</u>, in welchem sich ein Bestand
  an Versicherten infolge zweier Abgangsursachen vermindert. Es handelt sich dabei um die Risken: "Rücktritt von der Versicherung" und
  "Tod als Versicherter".

- <u>Follow-up-Studien</u>: Bei medizinischen Morbiditätsuntersuchungen wird
  oft eine Gruppe von Individuen ab einem wohldefinierten Nullpunkt
  (etwa der Spitalsaufnahme) bezüglich der Wirksamkeit einer bestimmten therapeutischen Maßnahme "verfolgt". Am Ende der Beobachtungs-
  periode wird meist ein beträchtlicher Prozentsatz der Patienten noch
  am Leben sein, so daß die dann vorliegenden Informationen unvoll-
  ständig sind. Da die Patienten neben der untersuchten Abgangsursache noch einer Reihe anderer Risken zum Opfer fallen können, so ergeben sich bei der Schätzung der Überlebensraten und Lebenserwartun-
  gen interessante statistische Probleme. Man vergleiche dazu etwa
  CHIANG (1968 , Chap. 12), ZAHL (1955) und DORN (1950). Als moderne
  Anwendungsmöglichkeit erwähnen wir sogenannte

- <u>Kontrazeptionstafeln</u>, die wir in Kap. 2, §2.3.5 behandelt hatten;
  vgl. POTTER et al. (1967).

3. Mehrtypentafeln

Wir hatten schon in der Einleitung demographische Phänomene in De-
krement- und Mehrtypenphänomene unterteilt. In Kap. 2, §2 hatten wir ein
Dekrementmikromodell vorgeschlagen und es in §1.2 des vorliegenden Kapitels durch ein allgemeines Abgangsschema ergänzt. In Kap. 2, §3 hatten
wir Mehrtypenmodelle vom Standpunkt der Mikrotheorie aus untersucht. Im
folgenden erläutern wir dazu ein Tafelschema, wobei wir von den <u>Defini-
tionen in Kap. 2, §3</u> Gebrauch machen und uns in der Notation organisch
daran anschließen.

3.1. Der formale Rahmen

3.1.1. Erklärung der Tafelfunktionen

Kopf einer Mehrtypentafel

Spalte 1	2	3	4	5	6	7	8	9	10	11	12	13
x	l_x	l_x^h	$\hat{p}_x^h$	m_x^h	$\hat{p}_x^{hk}$	m_x^{hk}	$\hat{q}_x^h$	d_x^h	$\hat{q}_{xr}^h$	d_{xr}^h	$\hat{q}_{xr}^{hk}$	d_{xr}^{hk}

Spalte 1: Vollendetes Alter x in Jahren (siehe §1.2). Wie bei den entsprechenden Mikromodellen sind die Altersangaben exakt gemeint.

Spalte 2: l_x, siehe §1.2.

Spalte 3: l_x^h ... Anzahl der (h,x)-Personen (vgl. Kap. 2, §3.1.1).

Spalte 4: $\hat{p}_x^h$ ... Anteil jener Personen aus Spalte 3, welche mindestens $x+1$ Jahre alt werden.

Spalte 5: m_x^h ... Anzahl obiger Personen.

Spalte 6: $\hat{p}_x^{hk}$ ... Anteil der l_x^h Personen von Spalte 3, die das Alter $x+1$ erreichen und dann vom Typ k sind.

Spalte 7: m_x^{hk} ... Anzahl obiger Personen.

Spalte 8: $\hat{q}_x^h$ ... Anteil der (h,x)-Personen von Spalte 3, die in $x-$ ausscheiden.

Spalte 9: d_x^h ... Anzahl obiger Personen.

Spalte 10: $\hat{q}_{xr}^h$ ... Anteil an den (h,x)-Personen, die in $x-$ <u>aufgrund der Ursache r</u> ausscheiden.

Spalte 11: d_{xr}^h ... Anzahl obiger Personen.

Spalte 12: $\hat{q}_{xr}^{hk}$ ... Anteil an den l_x^h (h,x)-Personen, welche in x- <u>als Typ k-Personen</u> durch r ausscheiden.

Spalte 13: d_{xr}^{hk} ... Anzahl obiger Personen.

Ähnlich wie in §1.2 ist unter den Kolonnen ab Nummer 3 jeweils eine ganze Kategorie von Spalten subsumiert, weil die Indizes h, k und r laufen.

3.1.2. Relationen zwischen den Tafelfunktionen

Die einzelnen Spalten der Mehrtypentafel stehen in Beziehungen zueinander. Die Aufgliederung der Überlebenden im Alter x nach Typen ergibt

$$l_x = \sum_h l_x^h \tag{3.1}$$

Per definitionem gelten

$$\hat{p}_x^h = m_x^h / l_x^h \quad \text{(a)} \qquad \hat{p}_x^{hk} = m_x^{hk} / l_x^h \quad \text{(b)}$$

$$\hat{q}_x^h = d_x^h / l_x^h \quad \text{(c)} \qquad \hat{q}_{xr}^h = d_{xr}^h / l_x^h \quad \text{(d)} \qquad \hat{q}_{xr}^{hk} = d_{xr}^{hk} / l_x^h \quad \text{(e)} \tag{3.2}$$

Die l_x^h überlebenden Personen vom Typ h können nach ihrem Überlebensverhalten in x- aufgespalten werden in

$$l_x^h = m_x^h + d_x^h \tag{3.3}$$

Dabei gelten die Beziehungen

$$m_x^h = \sum_k m_x^{hk} \tag{3.4}$$

$$d_x^h = \sum_r d_{xr}^h = \sum_r \sum_k d_{xr}^{hk} \tag{3.5}$$

(h,x)-Personen, welche in x- ausscheiden, können vor ihrem Abgang noch den Typ wechseln. Teilt man sie danach auf, so erhält man mit

$$d_{xr}^h = \sum_k d_{xr}^{hk} \tag{3.6}$$

eine Relation, die wir in (3.5) benutzt haben und aus der gemäß (3.2d,e) sofort folgt

$$\hat{q}_{xr}^h = \sum_k \hat{q}_{xr}^{hk} \tag{3.7}$$

Aus (3.5) und (3.2c,d) ergibt sich

$$\hat{q}_x^h = \sum_r \hat{q}_{xr}^h \tag{3.8}$$

(3.3) liefert zusammen mit (3.2a,c)

$$\hat{p}_x^h + \hat{q}_x^h = 1 \tag{3.9}$$

Die Bestände in Mehrtypentafeln an zwei aufeinanderfolgenden Geburtstagen können dadurch verknüpft werden, daß man die (k,x+1)-Personen nach dem Typ gliedert, in dem sie sich ein Jahr zuvor befunden hatten:

$$l_{x+1}^k = \sum_h m_x^{hk} \tag{3.10}$$

Schließlich erhält man noch aus (3.1), (3.4) und (3.10)

$$l_{x+1} = \sum_h m_x^h = \sum_h \sum_k m_x^{hk} = \sum_k \sum_h m_x^{hk} = \sum_k l_{x+1}^k \tag{3.11}$$

3.1.3. Bemerkung zur Schätzung der Wahrscheinlichkeiten

Es ist nun plausibel, die Wahrscheinlichkeiten p_x^h, p_x^{hk}, q_x^h, q_{xr}^h und q_{xr}^{hk} des Mehrtypenmodells (siehe Kap. 2, §3.1.1) durch die Funktionen (3.2) zu schätzen. Dies ist möglich, weil im Zähler des jeweiligen Schätzwertes (3.2) kein Individuum miteingeschlossen ist, welches nicht auch zu den im Nenner ausgesetzten Personen gezählt würde. Umgekehrt stehen den (h,x)-Personen des Nenners Typenänderungen und Abgänge offen. Man beachte, daß in x- neu zum Typ h hinzutretende Personen zwar nicht im Nenner, dafür aber auch nicht im Zähler von (3.2) aufscheinen.

Hingegen würde beispielsweise l_{x+1}^k/l_x^h die Wahrscheinlichkeit p_x^{hk} über-
schätzen; vgl. dazu (3.10) und KEYFITZ & MURPHY (1967, §2). Die altersspezifischen Typenquoten a_x^h (vgl. K 2, 3.85 und 3.89) können geschätzt
werden durch

$$\hat{a}_x^h = l_x^h/l_x \tag{3.2f}$$

3.2. Anwendungsmöglichkeiten

3.2.1. Familienstandstafeln

3.2.1.1. Die reduzierte Familienstandstafel

unterscheidet zwei Typen, nämlich "<u>ledig</u>" ("niemals verheiratet", h=1)
und "<u>jemals verheiratet</u>" (h=2). Die Bestandsgrößen der Tafel besitzen
folgende Interpretationen

l_x^1 ... Anzahl der ledigen x-jährigen Personen

l_x^2 ... Anzahl der jemals verheirateten x-jährigen

m_x^{11} ... Anzahl der bis x+1 überlebenden <u>Ledigen</u>

m_x^{12} ... Anzahl der in x- <u>heiratenden</u> und bis x+1 <u>überlebenden</u> Personen

m_x^{22} ... Anzahl jener unter den l_x^2 verheirateten x-jährigen, die x-
<u>überleben</u>

Da jemals verheiratete Personen nicht wieder ledig werden können, gilt

$$m_x^{21} = 0 \tag{3.12}$$

Wir ziehen nur eine Abgangsursache ins Kalkül ("Tod"). Es gilt

d_x^1 ... Anzahl der in x- gestorbenen Personen, die im Alter von x
Jahren <u>ledig</u> waren

d_x^{11} ... Anzahl der in x- <u>als Junggesellen</u> gestorbenen Personen

d_x^{12} ... Anzahl jener unter den l_x^1 ledigen x-jährigen, die in x-

$\underline{\text{heiraten}}$ und $\underline{\text{daraufhin}}$ (noch in x-) $\underline{\text{sterben}}$

d_x^2 ... Anzahl der Todesfälle unter den Verheirateten in x-

Aus demselben Grund wie unter (3.12) gilt

$$d_x^{21} = 0 \quad , \quad \text{also } d_x^2 = d_x^{22} \qquad\qquad (3.13)$$

Wir ziehen nun einen $\underline{\text{Vergleich}}$ zwischen der $\underline{\text{reduzierten Familien-}}$ $\underline{\text{standstafel}}$ und der $\underline{\text{Netto-Heiratstafel}}$ von §2.1.1. Während bei Dekrementtafeln nur Abgänge ins Kalkül gezogen werden (hier: Heirat und Tod als ledige Person) und das Überlebensverhalten nach der Typenänderung (sprich Heirat) irrelevant ist, interessiert bei Mehrtypentafeln gerade auch dieses. Mit den Bezeichnungsweisen von §2.1.1 und des jetzigen Abschnitts gilt

$l_x = l_x^1$ ... ledige x-jährige Personen

$d_{x1} = m_x^{12} + d_x^{12}$ ... heiratende Personen nach Überleben gegliedert

$d_{x2} = d_x^{11}$ ... in x- gestorbene Ledige

Nach (3.6), (3.3), (3.4), (3.10) und (3.12) gilt

$$l_x - l_{x+1} = d_x = d_{x1} + d_{x2} = m_x^{12} + d_x^{11} + d_x^{12} = m_x^{12} + d_x^1 = l_x^1 - m_x^{11} = l_x^1 - l_{x+1}^1$$

Ein (1,x)-Person besitzt in x- folgende Alternativen, nämlich in x-

(a) als Junggeselle zu überleben

(b) als Junggeselle zu sterben

(c) zu heiraten und zu sterben

(d) zu heiraten und das Alter x+1 zu erreichen

Die Nettoheiratstafel faßt die Möglichkeiten a, b und $\{c, d\}$ ins Auge, während in der reduzierten Familienstandstafel a, $\{b, c\}$ und d betrachtet werden bzw. sogar a, b, c, d getrennt auszuweisen wären.

3.2.1.2. Das allgemeine Familienstandsmodell

Teilt man den Typ h=2 "jemals verheiratet" unter in

         - verheiratet
         - verwitwet
         - geschieden,

dann liegt das Modell von Kap. 2, §3.5.2 vor.

3.2.2. Erwerbstätigkeitstafeln

Während Familienstandstafeln meines Wissens in der demographischen
Praxis bisher nicht aufgestellt worden sind, werden Tafeln der Erwerbs-
tätigkeit wohl ermittelt; vgl. etwa StBA, Fs A, 1968; BOGUE (1969,§9.11);
GARFINKLE (1967) und KPEDEKPO (1969). Sie werden zur Vorausschätzung der
(im ökonomischen Sinne) aktiven Bevölkerung verwendet und bilden einen
Berührungspunkt zwischen Volkswirtschaftslehre und Demographie.

Die Erwerbstätigkeitstafel entsteht formal aus der Familienstandstafel durch die Ersetzung des Attributs "verheiratet" mittels der Eigenschaft "erwerbstätig". Die Ledigen entsprechen den (Noch-nicht-) Erwerbstätigen (h=1) und die Verheirateten den Erwerbstätigen (h=2). Die
Erwerbstätigen sind zwei Ausscheiderisken unterworfen, nämlich dem Tod
(r=1) und dem Eintritt in den Ruhestand (Pensionierung, Invalidität u.
dgl.) (r=2). Zur Konstruktion von Erwerbstätigkeitstafeln und insbesondere den zusätzlich gemachten Annahmen siehe man StBA, Fs A, 1968, p.
50-52. Das StBA weist hierbei folgende Spalten aus (in der dort benutzten Notation):

x ... vollendetes Alter in Jahren

l_x ... Überlebende der Gesamtbevölkerung im Alter x

l_x^{erw} ... Zahl der Erwerbspersonen im Alter x

Equ_x ... altersspezifische Erwerbsquote

Z_x ... Zugänge an Erwerbspersonen

A_x^i ... Abgänge aus dem Erwerbsleben insgesamt

A_x^t ... Abgänge aus dem Erwerbsleben durch Tod

A_x^s ... sonstige Abgänge aus dem Erwerbsleben

e_x^0 ... durchschnittliche fernere Lebenserwartung in Jahren (aus
der Sterbetafel stammend)

$e_x^0(erw)$ ... durchschnittliche fernere Erwerbslebenserwartung

q_x ... Sterbewahrscheinlichkeit im Alter x (aus Sterbetafel)

Um zu zeigen, wie sich die Erwerbstätigkeitstafel in unser Mehrtypen-schema einordnet, haben wir den Zusammenhang mit folgenden Funktionen der Mehrtypentafel herzustellen:

l_x^1 ... Anzahl der noch nicht erwerbstätigen x-jährigen Perso-nen

l_x^2 ... Anzahl der x-jährigen Erwerbspersonen

$\hat{a}_x^2 = l_x^2/l_x$... altersspezifische Erwerbsquote

m_x^{12} ... Anzahl jener unter den l_x^1 x-jährigen Nichterwerbstäti-gen, die in x- erwerbstätig werden

d_{xi}^2 ... Anzahl jener unter den l_x^2 x-jährigen Erwerbstätigen, welche in x- sterben (i=1) bzw. aus 'sonstigen' Gründen aus dem Erwerbsleben ausscheiden (i=2; Versetzung in den Ruhestand).

Es bestehen folgende Korrespondenzen

$$l_x^{erw} = l_x^2 \quad , \quad l_x = l_x^1 + l_x^2 \quad , \quad Equ_x = \hat{a}_x^2 \qquad (3.14)$$

Für die (Netto-)Zugänge gilt

$$Z_x = \begin{cases} m_x^{12} - d_{x2}^2 & \text{falls } m_x^{12} - d_{x2}^2 > 0 \\ 0 & \text{sonst,} \end{cases} \qquad (3.15)$$

während die 'sonstigen' (Netto-)Abgänge

$$A_x^s = \begin{cases} 0 & \text{falls } m_x^{12} - d_{x2}^2 > 0 \\ d_{x2}^2 - m_x^{12} & \text{sonst} \end{cases} \qquad (3.16)$$

erfüllen. Ferner hat man

$$A_x^t = d_{x1}^2 \qquad (3.17)$$

Es folgt

$$A_x^i = A_x^t + A_x^s = \begin{cases} d_{x1}^2 & \text{falls } m_x^{12} - d_{x2}^2 > 0 \\ d_x^2 - m_x^{12} & \text{sonst} \end{cases} \qquad (3.18)$$

mit $d_x^2 = d_{x1}^2 + d_{x2}^2$.

Zur Ermittlung der durchschnittlichen Erwerbslebenserwartung $e_x^0(erw)$
(vgl. StBA, Fs A, 1968, p. 52) wird die Sterbetafelkolonne L_x mit den jeweiligen Erwerbsquoten multipliziert. Man erhält auf diese Weise die jeweils von den Erwerbspersonen entsprechenden Alters durchschnittlich
durchlebten Erwerbslebensjahre und durch Kumulierung die von den Überlebenden dieses Alters insgesamt als Erwerbspersonen noch zu durchlebenden
Jahre. Bezieht man diese auf l_x, so erhält man die Erwerbslebenserwartung für x-jährige Personen schlechthin.

3.2.3. Weitere Beispiele für Mehrtypentafeln

Formal äquivalent zu den Erwerbstätigkeitstafeln sind sogenannte
Schultafeln (tables of school life, vgl. SPIEGELMAN, 1969, §11.3). Der
Versetzung in den Ruhestand entspricht hier das Ausscheiden eines Schü-
lers aus dem Schulsystem.

KEYFITZ & MURPHY (1967, §2) haben Paritätstafeln betrachtet. Dabei
entspricht den Typen die Parität einer Frau; h = -1 ... ledig, h = 0 ...
verheiratet ohne Kind, h = 1,2,...g-2 ... h Kinder. Man vergleiche dazu
Kap. 4, §3.1. Die Fruchtbarkeitstafel zur Parität h-ter Ordnung (§2.2)
steht mit dieser globalen Mehrtypentafel in folgendem schematischen Zusammenhang

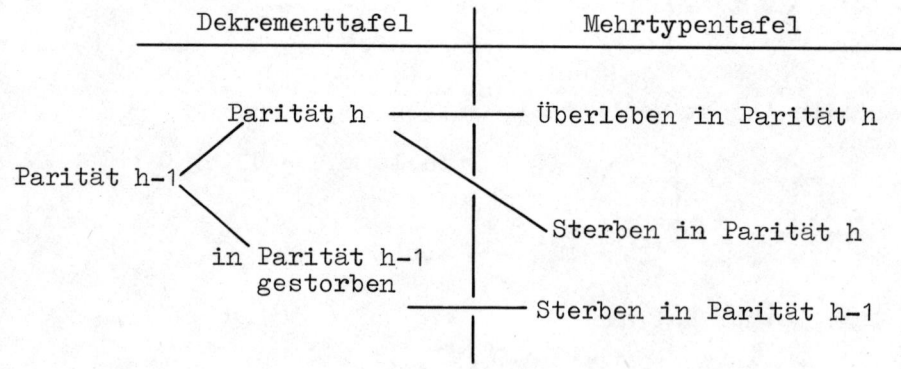

4. W a h r s c h e i n l i c h k e i t s v e r t e i l u n g e n
u n d   M o m e n t e   v o n   T a f e l f u n k t i o n e n

4.1. Das zugrundeliegende stochastische Individualmodell

Nach diesem mehr deskriptiven Preludium nähern wir uns dem eigentlichen Themenkreis des II. Teils, nämlich der statistischen Schätzung
demographischer Tafeln. Wie bereits angedeutet wurde, fassen wir dazu
die Funktionen der Dekrement- bzw. Mehrtypentafel (siehe §1.2) als Zufallsgrößen auf. Ausnahmen bilden lediglich der Ausgangsbestand l_0 und
der Altersrahmen $x = 0,1,2,\ldots,w$, die beide als festliegend angenommen
werden. Um zu brauchbaren stochastischen Aussagen zu kommen, setzen wir
voraus, daß eine h o m o g e n e Kohorte vorliegen soll in dem Sinn,
daß alle zugehörigen Einheiten unabhängig voneinander denselben Abgangsrisiken unterworfen sind und die gleichen Überlebenschancen bzw. Neigun-
gen zu Typenänderungen besitzen. Wir nehmen ferner an, daß sich das
i n d i v i d u e l l e Verhalten mittels der in Kap. 2 spezifizierten
stochastischen Mikromodelle beschreiben läßt. Jede demographische Tafel
kann dann als Protokoll von l_0 Einzelschicksalen bezüglich des Überle-
bens- und Ausscheideverhaltens angesehen werden. Aufgezeichnet werden
dabei das Altersintervall bei eventuellem Typenwechsel und beim Abgang,
der neue Typ und Ausscheideursache. Wir beschränken uns im folgenden mit
einer Ausnahme (§4.6) auf die Behandlung von Dekrementtafeln, da die
Mehrtypen-Analyse analog verläuft, und schließen uns dabei eng an CHIANG
(1968, Chap. 10, 11) an.

4.2. Verteilung der Anzahl der Überlebenden

Zunächst sei daran erinnert, daß wir Zufallsgrößen durch unterstri-
chene Buchstaben kennzeichnen, während ihre Realisierungen durch dieselben Symbole ohne Unterstreichung bezeichnet werden (Beispiel: $\underline{l}_x$ bzw. l_x).
Wir betrachten die l_i Überlebenden aus der l_0-Kohorte im exakten Alter
i. Da sie unabhängig voneinander alle die gleiche Neigung zum Abgang be-
sitzen, so ist $\underline{l}_j$ eine binomialverteilte Zufallsvariable ($j \geq i \geq 0$, ganz)

$$P\left\{\underline{l}_j = l_j \mid l_i\right\} = \binom{l_i}{l_j} P_{ij}^{l_j}(1 - P_{ij})^{l_i - l_j} \tag{4.1}$$

Die Verbleibswahrscheinlichkeiten P_{ij} sind dabei in (K 2, 2.12) definiert worden. Die erzeugende Funktion der Binomialverteilung (4.1) ist gegeben durch

$$G_{\underline{l}_j | l_i}(s) = (1 - P_{ij} + P_{ij}s)^{l_i} \qquad (4.2)$$

Aus (4.2) erhält man durch Differentiation nach s

$$E(\underline{l}_j | l_i) = l_i P_{ij} \qquad (4.3)$$

$$Var(\underline{l}_j | l_i) = l_i P_{ij}(1 - P_{ij}) \qquad (4.4)$$

(4.3) und (4.4) folgen natürlich auch direkt aus (4.1). Da

$$P\left\{ \underline{l}_j = l_j \mid l_0, \ldots, l_i \right\} = P\left\{ \underline{l}_j = l_j | l_i \right\} \qquad (4.5)$$

gilt, besitzt der Bestandsprozeß $\{\underline{l}_x\}$ die Markoffeigenschaft erster Ordnung.

CHIANG (1968, p. 221/2) beweist mittels erzeugender Funktionen folgendes plausible Resultat

$$P\left\{ \underline{l}_1 = l_1, \ldots, \underline{l}_u = l_u \mid l_0 \right\} = \prod_{i=0}^{u-1} \binom{l_i}{l_{i+1}} p_i^{l_{i+1}} (1-p_i)^{l_i - l_{i+1}}, \qquad (4.6)$$

wobei $l_{i+1} = 0, 1, 2, \ldots, l_i$. Die Überlebenswahrscheinlichkeiten p_i stammen vom Mikromodell in Kap. 2, §2.1. Die gemeinsame Verteilung (4.6) der Überlebenden $\underline{l}_1, \underline{l}_2, \ldots, \underline{l}_u$ baut sich also aus einer Kette von Binomialverteilungen auf.

Aus (4.3) bzw. (4.4) folgt

$$E(\underline{l}_i | l_0) = l_0 P_{0i} \qquad (4.3a)$$

$$Var(\underline{l}_i | l_0) = l_0 P_{0i}(1 - P_{0i}) \qquad (4.4a)$$

Während bei CHIANG (1968, p. 222) die Kovarianzen über die erzeugende Funktion hergeleitet werden, ermitteln wir sie direkt. Dazu verwenden wir (K 7, 3.12) und berücksichtigen (4.3a) und (4.4a). Für $i \leqq j$ gilt

$$\text{Cov } (\underline{l}_i, \underline{l}_j | l_0) = E\left[\text{Cov } (\underline{l}_i, \underline{l}_j | \underline{l}_i) | l_0\right] + \text{Cov}\left[E(\underline{l}_i | \underline{l}_i), E(\underline{l}_j | \underline{l}_i) | l_0\right]$$

$$= \text{Cov } (\underline{l}_i, \underline{l}_i P_{ij} | l_0)$$

$$= P_{ij} \text{ Var } (\underline{l}_i | l_0) = P_{ij} l_0 P_{0i}(1 - P_{0i})$$

$$\boxed{\text{Cov } (\underline{l}_i, \underline{l}_j | l_0) = l_0 P_{0j}(1 - P_{0i}) \quad , \quad i \leq j} \qquad (4.7)$$

Für i = j geht (4.7) natürlich in (4.4a) über. Aus (4.7) und (4.4a) folgt für den Korrelationskoeffizienten

$$\text{Corr } (\underline{l}_i, \underline{l}_j | l_0) = \frac{\text{Cov } (\underline{l}_i, \underline{l}_j | l_0)}{\sqrt{\text{Var } (\underline{l}_i | l_0) \text{ Var } (\underline{l}_j | l_0)}} = \frac{P_{0j}(1-P_{0i})}{\sqrt{P_{0i}(1-P_{0i})}\sqrt{P_{0j}(1-P_{0j})}}$$

$$\text{für } i \leq j ,$$

also

$$\boxed{\text{Corr } (\underline{l}_i, \underline{l}_j | l_0) = \sqrt{\frac{P_{0j}(1-P_{0i})}{P_{0i}(1-P_{0j})}}} \qquad \text{für } i \leq j \qquad (4.7a)$$

4.3. Gemeinsame Verteilung der Anzahl der Abgänge

Nun wenden wir uns der gemeinsamen Wahrscheinlichkeitsverteilung der Anzahl der Abgänge zu. Analog (1.4) gilt auch für die Zufallsgrößen

$$\underline{l}_x = \sum_{y=x}^{w} \underline{d}_y \qquad (4.8)$$

Da ein x-jähriges Individuum genau einmal stirbt, so gilt $\sum_{y=x}^{w} P_{xy} q_y = 1$, und wegen (4.8) ist die Anzahl der Abgänge ab dem Alter x, nämlich $\underline{d}_x, \underline{d}_{x+1}, \ldots \underline{d}_w$ multinomialverteilt (genauer: bedingt multinomialverteilt bezüglich l_x):

$$P\{\underline{d}_x = d_x, \ldots, \underline{d}_W = d_W | l_x\} = \frac{l_x!}{d_x! \ldots d_W!} (P_{xx}q_x)^{d_x} \ldots (P_{xW}q_W)^{d_W} \tag{4.9}$$

Erwartungen, Varianzen und Kovarianzen von (4.9) sind gegeben durch

$$E(\underline{d}_i | l_x) = l_x P_{xi} q_i \qquad i \gtreqless x \tag{4.10}$$

$$\mathrm{Var}\,(\underline{d}_i | l_x) = l_x P_{xi} q_i (1 - P_{xi} q_i) \qquad i \gtreqless x \tag{4.11}$$

$$\mathrm{Cov}\,(\underline{d}_i, \underline{d}_j | l_x) = -l_x P_{xi} q_i P_{xj} q_j \qquad i \neq j \; ; \; i,j \gtreqless x \tag{4.12}$$

4.4. Gemeinsame Wahrscheinlichkeitsverteilung der ursachenspezifischen Abgänge und der Anzahl der Überlebenden

Nach (1.10) und (1.2) gilt (r variiert dabei über die a Abgangsrisiken)

$$\underline{d}_i = \sum_r \underline{d}_{ir} \tag{4.13}$$

und

$$\underline{l}_i = \sum_r \underline{d}_{ir} + \underline{l}_{i+1} \tag{4.14}$$

Gemäß (K 2, 2.3) gilt

$$\sum_r q_{xr} + p_x = 1 \tag{4.15}$$

Aufgrund der unabhängigen Entwicklung der einzelnen Individuen besitzen die Zufallsvariablen auf der rechten Seite in (4.14) bei gegebenem l_i eine Multinomialverteilung:

$$P\{\underline{d}_{i1} = d_{i1}, \ldots, \underline{d}_{ia} = d_{ia}, \underline{l}_{i+1} = l_{i+1} | l_i\} = \frac{l_i!}{\prod\limits_{r=1}^{a} d_{ir}! \, l_{i+1}!} \prod_{r=1}^{a} q_{ir}^{d_{ir}} p_i^{l_{i+1}} \tag{4.16}$$

Die Momente von (4.16) sind gegeben durch

$$E(\underline{d}_{ir}|1_i) = 1_i q_{ir} \;, \quad E(\underline{1}_{i+1}|1_i) = 1_i p_i \;, \quad Var\,(\underline{d}_{ir}|1_i) = 1_i q_{ir}(1-q_{ir}) \;,$$

$$Var\,(\underline{1}_{i+1}|1_i) = 1_i p_i (1-p_i) \;, \quad Cov\,(\underline{d}_{ir},\underline{d}_{is}|1_i) = -1_i q_{ir} q_{is} (r \neq s) \;,$$

$$\quad\quad\quad\quad\quad\quad\quad\quad\quad\quad\quad\quad\quad\quad\quad\quad\quad\quad\quad\quad (4.16a)$$

$$Cov\,(\underline{d}_{ir},\, \underline{1}_{i+1}|1_i) = -1_i q_{ir} p_i$$

Läßt man nun das Alter i von 0 bis etwa u variieren, dann ist die gemeinsame Wahrscheinlichkeitsverteilung der Zufallsvariablen

$$\underline{d}_{i1},\ldots,\underline{d}_{ia},\, \underline{1}_{i+1} \quad i = 0,1,\ldots,u \quad\quad\quad\quad (4.17)$$

durch eine Kette von Multinomialverteilungen gegeben:

$$\prod_{i=0}^{u} \frac{1_i!}{\prod\limits_{r=1}^{a} d_{ir}!\,1_{i+1}!}\, q_{i1}^{d_{i1}} \cdots q_{ia}^{d_{ia}}\, p_i^{1_{i+1}} \quad\quad\quad\quad (4.18)$$

Wir interessieren uns aber weniger für Verteilungen oder erzeugende
Funktionen, als für die ersten und zweiten Momente. Zunächst gelten wieder (4.3a) und (4.4a). Aufgrund von (K 7, 3.3), der Markoffeigenschaft
(4.5), der Formel (4.16a) für Erwartungen der Multinomialverteilung und
(4.3a) gilt ferner

$$E(\underline{d}_{ir}|1_0) = E\left[E(\underline{d}_{ir}|\underline{1}_i)\right] = E(\underline{1}_i q_{ir}|1_0) = q_{ir}E(\underline{1}_i|1_0)$$

$$\boxed{E(\underline{d}_{ir}|1_0) = 1_0 P_{0i} q_{ir}} \quad\quad\quad\quad (4.19)$$

Analog folgert man aus (K 7, 3.11), (4.16a), (4.3a) und (4.4a)

$$Var\,(\underline{d}_{ir}|1_0) = E\left[Var\,(\underline{d}_{ir}|\underline{1}_i)|1_0\right] + Var\left[E(\underline{d}_{ir}|\underline{1}_i)|1_0\right]$$

$$= E\left[\underline{1}_i q_{ir}(1-q_{ir})|1_0\right] + Var\left[\underline{1}_i q_{ir}|1_0\right]$$

$$= q_{ir}(1-q_{ir})\,E(\underline{1}_i|1_0) + q_{ir}^2\,Var\,(\underline{1}_i|1_0)$$

$$= 1_0 P_{0i} q_{ir}(1-q_{ir}) + 1_0 P_{0i}(1-P_{0i}) q_{ir}^2$$

$$\boxed{Var\,(\underline{d}_{ir}|1_0) = 1_0 P_{0i} q_{ir}(1-P_{0i} q_{ir})} \qu\quad\quad\quad (4.20)$$

Man vergleiche (4.19) und (4.20) mit (4.10) bzw. (4.11).

Nun berechnen wir die Kovarianzen der zufälligen Variablen (4.17). Für $i \leqq j$ gilt gemäß (K 7, 3.12)

$$\mathrm{Cov}\ (\underline{d}_{ir}, \underline{d}_{js} | 1_0) = E\left[\mathrm{Cov}(\underline{d}_{ir}, \underline{d}_{js} | \underline{1}_i) | 1_0\right] + \mathrm{Cov}\left[E(\underline{d}_{ir} | \underline{1}_i), E(\underline{d}_{js} | \underline{1}_i) | 1_0\right]$$

$$(4.21)$$

Für festes 1_i sind die Zufallsvariablen $\underline{d}_{ir}$ und $\underline{d}_{js}$ multinomialverteilt, und zwar mit den Parametern q_{ir} bzw. $P_{ij}q_{js}$. Folglich gilt

$$E(\underline{d}_{ir} | 1_i) = 1_i q_{ir} \tag{4.22}$$

$$E(\underline{d}_{js} | 1_i) = 1_i P_{ij} q_{js} \tag{4.23}$$

Es sei zunächst $i<j$. Dann gilt

$$\mathrm{Cov}\ (\underline{d}_{ir}, \underline{d}_{js} | 1_i) = -1_i q_{ir} P_{ij} q_{js} \tag{4.24}$$

Setzt man (4.24), (4.22) und (4.23) in (4.21) ein, so erhält man

$$\mathrm{Cov}(\underline{d}_{ir}, \underline{d}_{js} | 1_0) = -q_{ir} P_{ij} q_{js} E(\underline{1}_i | 1_0) + q_{ir} P_{ij} q_{js} \mathrm{Var}\ (\underline{1}_i | 1_0) \tag{4.25}$$

Beachtet man in (4.25) (4.3a) und (4.4a), dann folgt

$$\boxed{\mathrm{Cov}\ (\underline{d}_{ir}, \underline{d}_{js} | 1_0) = -1_0 P_{0i} q_{ir} P_{0j} q_{js} \qquad i<j;\ r,\ s = 1,2,\ldots,a} \tag{4.26}$$

Es sei nun $i=j$. Dann kann man die Momente (4.16a) in (4.21) verwenden, und es gilt

$$\boxed{\mathrm{Cov}\ (\underline{d}_{ir}, \underline{d}_{is} | 1_0) = \begin{cases} -1_0 P_{0i} q_{ir} P_{0i} q_{is} & r \neq s \qquad (4.27) \\ 1_0 P_{0i} q_{ir}(1 - P_{0i} q_{ir}) & r=s \qquad (4.20) \end{cases}}$$

Für i<j gilt wieder gemäß (K 7, 3.12)

$$\text{Cov}\,(\underline{d}_{ir},\underline{l}_j|l_0) = E\big[\text{Cov}(\underline{d}_{ir},\underline{l}_j|\underline{l}_i)|l_0\big] + \text{Cov}\big[E(\underline{d}_{ir}|\underline{l}_i),E(\underline{l}_j|\underline{l}_i)|l_0\big]$$

$$(4.28)$$

$\underline{d}_{ir}$ und $\underline{l}_j$ sind bedingt multinomialverteilt unter der Bedingung l_i mit den Parametern q_{ir} und P_{ij}. Folglich gilt (4.22), (4.3) und wegen i<j

$$\text{Cov}\,(\underline{d}_{ir},\underline{l}_j|\underline{l}_i) = -l_i q_{ir} P_{ij} \tag{4.29}$$

Daraus ergibt sich wegen (4.3a) und (4.4a)

$$\text{Cov}\,(\underline{d}_{ir},\underline{l}_j|l_0) = -l_0 P_{0j} q_{ir} + q_{ir} P_{ij} l_0 P_{0i}(1-P_{0i})$$

$$\boxed{\text{Cov}\,(\underline{d}_{ir},\underline{l}_j|l_0) = -l_0 P_{0i} q_{ir} P_{0j} \quad , \quad \text{i<j}} \tag{4.30}$$

Nun sei i≤j

$$\text{Cov}\,(\underline{d}_{jr},\underline{l}_i|l_0) = E\big[\text{Cov}(\underline{d}_{jr},\underline{l}_i|\underline{l}_i)|l_0\big] + \text{Cov}\big[E(\underline{d}_{jr}|\underline{l}_i),E(\underline{l}_i|\underline{l}_i)|l_0\big]$$

$$= \text{Cov}\,(\underline{l}_i P_{ij} q_{ir},\underline{l}_i|l_0) = P_{ij} q_{ir}\,\text{Var}\,(\underline{l}_i|l_0)$$

$$\boxed{\text{Cov}\,(\underline{d}_{jr},\underline{l}_i|l_0) = l_0 P_{0j} q_{jr}(1-P_{0i}) \quad \text{i≤j}} \tag{4.31}$$

Die Cov $(\underline{l}_i,\underline{l}_j|l_0)$ für i≤j wurde schon unter (4.7) hergeleitet; man vgl. dazu CHIANG (1968, Chap. 11).

4.5. Weitere Resultate über die gemischten zweiten Momente

Bemerkung: Die Vorzeichen der berechneten Kovarianzen (4.26), (4.27), (4.30) und (4.31) sind anschaulich interpretierbar. Beispielsweise ist es plausibel, daß die Zufallsvariablen $\underline{d}_{ir}$ und $\underline{d}_{js}$ für $(i,r) \neq (j,s)$ negativ korreliert sind. Bemerkenswert sind die verschiedenen Vorzeichen in (4.30) und (4.31). (4.31): Je größer die

Anzahl der Überlebenden $\underline{l}_i$, desto mehr Abgänge $\underline{d}_{jr}$ werden für $j \geq i$ zu verzeichnen sein. (4.30): je mehr im Alter i aufgrund von r abgegangen sind, desto kleiner wird die Anzahl der Überlebenden im Alter $j > i$ sein.

Wir betrachten noch zweierlei Kovarianzen von Tafelfunktionen. Zunächst gilt gemäß (1.10) und (K 7, 3.30)

$$\text{Cov} (\underline{d}_i, \underline{l}_j | l_0) = \text{Cov} (\sum_r \underline{d}_{ir}, \underline{l}_j | l_0) = \sum_r \text{Cov} (\underline{d}_{ir}, \underline{l}_j | l_0) \tag{4.32}$$

Aus (4.32) folgt wegen (4.30) und (4.31)

$$\boxed{\begin{aligned}\text{Cov} (\underline{d}_i, \underline{l}_j | l_0) &= -l_0 P_{0i} q_i P_{0j} \,, & i < j \\ \text{Cov} (\underline{d}_j, \underline{l}_i | l_0) &= l_0 P_{0j} q_j (1 - P_{0i}) & i \leq j\end{aligned}} \tag{4.33}$$

Gemäß (K 7, 3.12) gilt

$$\text{Cov}(\underline{d}_{ir}, \underline{d}_i | l_0) = E\big[\text{Cov}(\underline{d}_{ir}, \underline{d}_i | \underline{d}_i) | l_0\big] + \text{Cov}\big[E(\underline{d}_{ir} | \underline{d}_i), E(\underline{d}_i | \underline{d}_i) | l_0\big] \tag{4.34}$$

Man überlegt sich leicht, daß folgende Relationen gelten

$$\text{Cov}(\underline{d}_{ir}, \underline{d}_i | \underline{d}_i) = 0 \,, \quad E(\underline{d}_i | \underline{d}_i) = \underline{d}_i \,, \quad E(\underline{d}_{ir} | \underline{d}_i) = \underline{d}_i q_{ir} q_i^{-1} \tag{4.35}$$

Berücksichtigt man (4.35) in (4.34), so erhält man unter Verwendung von (4.11)

$$\text{Cov} (\underline{d}_{ir}, \underline{d}_i | l_0) = q_{ir} q_i^{-1} \text{Var} (\underline{d}_i | l_0)$$

$$\boxed{\text{Cov} (\underline{d}_{ir}, \underline{d}_i | l_0) = l_0 P_{0i} q_{ir} (1 - P_{0i} q_i)} \tag{4.36}$$

4.6. Über die Typenquoten in Mehrtypenmodellen

Für Mehrtypentafeln lassen sich eine Reihe ähnlicher Resultate herleiten, wie wir das in den ersten fünf Abschnitten von §4 für bloße Dekrementschemata durchgeführt haben. Wir gehen jedoch hier darauf nicht näher ein und beschränken uns auf die Ermittlung der Momente der Schätzfunktionen $\hat{a}_x^h$ der Typenquoten a_x^h. Es sei (vgl. 3.2 f)

$$\hat{\underline{a}}_x^h = \underline{1}_x^h / \underline{1}_x \qquad (4.37)$$

Die Anzahl $\underline{1}_x^h$ der (h,x)-Personen der Mehrtypentafel ist <u>bedingt multi-</u><u>nomialverteilt</u> mit den Parametern $\underline{1}_x$ und a_x^h (siehe K 2, §3.2.3.3):

$$\underline{1}_x^h \ \ldots \ \text{Mult} \ (\underline{1}_x ; a_x^h \ , \quad h=1,2,\ldots,g) \qquad (4.38)$$

Es gilt also (vgl. §4.3)

$$E(\underline{1}_x^h | \underline{1}_x) = \underline{1}_x a_x^h \qquad (4.39)$$

$$\text{Var} \ (\underline{1}_x^h | \underline{1}_x) = \underline{1}_x a_x^h (1 - a_x^h) \qquad (4.40)$$

$$\text{Cov} \ (\underline{1}_x^h, \underline{1}_x^k | \underline{1}_x) = -\underline{1}_x a_x^h a_x^k \ , \quad k \neq h \qquad (4.41)$$

Aus (K 7, 3.5) und (4.39) folgt

$$E(\hat{\underline{a}}_x^h) = E(\underline{1}_x^{-1} \underline{1}_x^h) = E\left[\underline{1}_x^{-1} E(\underline{1}_x^h | \underline{1}_x)\right] = E(\underline{1}_x^{-1} \underline{1}_x a_x^h) = a_x^h \qquad (4.42)$$

Die Schätzungen (4.37) für die Typenquoten sind also <u>erwartungstreu.</u>

Aus (K 7, 3.11), (4.39) und (4.40) erhält man

$$\text{Var}(\hat{\underline{a}}_x^h) = \text{Var}\left[\frac{\underline{1}_x^h}{\underline{1}_x}\right] = E\left[\frac{1}{\underline{1}_x^2} \ \text{Var}(\underline{1}_x^h | \underline{1}_x)\right] + \text{Var}\left[\frac{1}{\underline{1}_x} \ E(\underline{1}_x^h | \underline{1}_x)\right]$$

$$\text{Var} \ (\hat{\underline{a}}_x^h) = E(\underline{1}_x^{-1}) \ a_x^h (1 - a_x^h) \qquad (4.43)$$

Aus (K 7, 3.12), (4.39) und (4.41) ergibt sich für die Anteile eine negative Kovarianz:

$$\text{Cov}(\hat{\underline{a}}_x^h, \hat{\underline{a}}_x^k) = \text{Cov}\left[\frac{\underline{1}_x^h}{\underline{1}_x} \ , \ \frac{\underline{1}_x^k}{\underline{1}_x}\right] = E\left[\underline{1}_x^{-2} \text{Cov}(\underline{1}_x^h, \underline{1}_x^k | \underline{1}_x)\right] + \text{Cov}\left[E(\frac{\underline{1}_x^h}{\underline{1}_x} | \underline{1}_x), E(\frac{\underline{1}_x^k}{\underline{1}_x} | \underline{1}_x)\right]$$

$$\text{für } k \neq h$$

$$\text{Cov} \; (\hat{\underline{a}}_x^h, \hat{\underline{a}}_x^k) \; = \; -E(\underline{1}_x^{-1}) a_x^h a_x^k \quad , \qquad k \neq h \tag{4.44}$$

Aus (4.44) und (4.43) **folgt für den Korrelations**koeffizienten der Typen-anteilsschätzungen

$$\text{Corr} \; (\hat{\underline{a}}_x^h, \hat{\underline{a}}_x^k) \; = \; -\sqrt{\frac{a_x^h a_x^k}{(1-a_x^h)(1-a_x^k)}} \quad , \qquad k \neq h \tag{4.45}$$

Kapitel 6

ZUR STATISTISCHEN ANALYSE
DEMOGRAPHISCHER TAFELN

1. Abriß aus der statistischen Schätztheorie

In diesem Abschnitt werden einige grundlegende Tatsachen über Schätzfunktionen zusammengestellt, soweit sie für den Inhalt des vorliegenden Kapitels von Bedeutung sind. Da wir Kenntnisse aus der statistischen Schätztheorie in der Demographie nur in beschränktem Maß voraussetzen zu glauben können, so holen wir zunächst ein wenig weiter aus. Wir können uns dabei auf diskrete Zufallsvariable beschränken.

1.1. Maximum Likelihood-Verfahren

1.1.1. Das ML-Prinzip

Die Maximum Likelihood (ML)-Methode zur Gewinnung von Schätzfunktionen für unbekannte Parameter aufgrund einer Zufallsstichprobe stammt von Sir R. A. FISHER. Sie hat sich als mächtiges Werkzeug zur Herleitung "guter" Estimatoren erwiesen.

Es sei $\underline{x}$ eine diskrete Zufallsvariable und $f(x;\Theta)$ ihre Wahrscheinlichkeitsfunktion $P\{\underline{x} = x\}$. Die Einbeziehung der reellen Zahl Θ in die
Notation soll andeuten, daß die Wahrscheinlichkeitsverteilung von $\underline{x}$
vom Parameter Θ abhängt. Ist die Wahrscheinlichkeitsfunktion f bis auf
Θ bekannt, so ist es naheliegend, zur Schätzung von Θ folgenden Weg ein-
zuschlagen.

Man zieht eine <u>Zufallsstichprobe</u> $\underline{x}_1,\ldots,\underline{x}_n$ von der zufälligen Variablen $\underline{x}$ und definiert als <u>Likelihood-Funktion</u> L die folgende, von der
Stichprobe und von Θ abhängige Funktion

$$L(\underline{x}_1,\ldots,\underline{x}_n;\Theta) = \prod_{k=1}^{n} f(\underline{x}_k;\Theta) \tag{1.1}$$

Wenn sich die Zufallsstichprobe in $x_1,\ldots,x_n$ realisiert, und die Likelihood-Funktion L für diese beobachteten Stichprobenwerte ausgewertet
wird, so erhält man gemäß (1.1) die gemeinsame Wahrscheinlichkeitsfunktion (infolge der geforderten Unabhängigkeit der $\underline{x}_k$):

$$L(x_1,\ldots,x_n;\Theta) = P\{\underline{x}_1 = x_1,\ldots,\underline{x}_n = x_n\} \tag{1.2}$$

(1.2) ist die Wahrscheinlichkeit, gerade die Stichprobe $x_1,\ldots x_n$ zu beo-
bachten, falls Θ der Parameterwert ist. Es sei also eine Stichprobenrea-
lisierung $x_1,\ldots,x_n$ gegeben. Da Θ unbekannt ist, kann man fragen, für
welchen Wert von Θ (1.2) am größten wird. Sind nämlich Θ_1 und Θ_2 zwei
Werte des Parameters Θ mit $L(x_1,\ldots,x_n;\Theta_1) < L(x_1,\ldots,x_n;\Theta_2)$, so wird
man <u>für die gegebene Beobachtung</u> Θ_2 gegenüber Θ_1 vorziehen. Diese Ent-
scheidung bezüglich der Einschätzung von Θ läßt sich folgenderweise be-
gründen: Wenn Θ_2 der wahre Parameterwert wäre, so wäre die Wahrscheinlichkeit für die beobachtete Stichprobe nach Annahme größer, als wenn
Θ_1 der wahre Wert von Θ wäre. Es ist nun plausibel, jenen Parameterwert vorzuziehen, welcher das realisierte Ereignis $\{\underline{x}_1 = x_1,\ldots,\underline{x}_n = x_n\}$
s o   w a h r s c h e i n l i c h   w i e   m ö g l i c h   macht. Diese
Schlußweise ist zusammengefaßt im

<u>Maximum Likelihood-Prinzip</u> (ML-Prinzip): Die auf die Zufallsstichpro-
be $\underline{x}_1,\ldots,\underline{x}_n$ begründete ML-Schätzung $\hat{\Theta}$ von Θ ist jener Wert von Θ,
welcher $L(\underline{x}_1,\ldots,\underline{x}_n;\Theta)$ maximiert. Dabei ist L gemäß (1.1) erklärt
und für eine gegebene Stichprobe $\underline{x}_1,\ldots,\underline{x}_n$ <u>als Funktion in Θ</u> aufzufassen. Man beachte, daß die Schätzfunktion $\hat{\Theta}$ als Funktion der zufälligen
$\underline{x}_1,\ldots,\underline{x}_n$ selbst eine Zufallsgröße ist. Bei fester Realisierung
$x_1,\ldots,x_n$ werden wir aber auch die Bezeichnungsweise $\hat{\Theta}$ als Realisie-

rung von $\hat{\Theta}$ für den ML-Estimator von Θ verwenden.

Uns interessiert vor allem der mehrdimensionale Fall, wo der Parameter Θ keine einzelne reelle Zahl, sondern ein Vektor $\vec{\Theta} = [\Theta_1, \ldots, \Theta_M]$ von solchen ist. Der Vektor $\hat{\vec{\Theta}} = [\hat{\Theta}_1, \ldots, \hat{\Theta}_M]$ heißt ML-Schätzung des vektoriellen Parameters $\vec{\Theta}$, falls jener Wert die Likelihood-Funktion zu einem absoluten Maximum macht. Da $\hat{\vec{\Theta}}$ von der Zufallsstichprobe $\underline{x}_1, \ldots, \underline{x}_n$ abhängt, so ist diese Schätzfunktion genaugenommen wieder eine Zufallsvariable $\hat{\vec{\Theta}}$.

Zur Ermittlung einer ML-Schätzung hat man das Maximum einer Funktion aufzusuchen. In vielen Fällen ist dabei die Anwendung der Differentialrechnung möglich. Da der Logarithmus eine monoton steigende Funktion ist, so werden L und $\ln L$ für denselben Wert von Θ maximiert. Wenn $L(x_1, \ldots, x_n; \Theta)$ - und folglich auch $\ln L(x_1, \ldots, x_n; \Theta)$ - eine bezüglich Θ differenzierbare Funktion ist, welche ihr Maximum im Inneren des Variationsbereiches von Θ annimmt, so kann der ML-Estimator $\hat{\Theta}$ durch Lösung der sogenannten <u>Likelihood-Gleichung</u> bestimmt werden

$$\frac{\partial}{\partial \Theta} \ln L(x_1, \ldots, x_n; \Theta) = 0 \qquad (1.3)$$

Für $\vec{\Theta} = [\Theta_1, \ldots, \Theta_M]$ muß $\hat{\vec{\Theta}}$ dem Gleichungssystem

$$\frac{\partial}{\partial \Theta_l} \ln L(x_1, \ldots, x_n; \Theta_1, \ldots, \Theta_M) = 0 \quad ; \; l = 1, 2, \ldots, M \qquad (1.4)$$

genügen. (1.3) bzw. (1.4) geben bekanntlich nur notwendige Bedingungen für das Vorliegen eines Maximums ab. Oftmals ist die Likelihood-Funktion (als Produkt von Wahrscheinlichkeiten) nach oben beschränkt und stetig in Θ ; besitzt nun zusätzlich die Likelihood-Gleichung nur eine Lösung, so muß diese L extremieren. Im Zweifelsfall hat man höhere Ableitungen von L heranzuziehen.

1.1.2. ML-Schätzungen bei endlichen Markoffketten

Gegeben sei eine endliche homogene Markoffkette mit dem Zustandsraum $S = \{1, \ldots, i, \ldots, N\}$ und der einstufigen Übergangsmatrix $\mathbf{P} = [p_{ij}]$. Es ist plausibel, die Transitionswahrscheinlichkeiten p_{ij} der Kette durch die entsprechenden Übergangshäufigkeiten zu schätzen, die durch Auszählung der Realisierung(en) gewonnen werden können.

1.1.2.1. Der Fall e i n e r Realisierung

Liegt nur eine einzige Realisierung der Länge T+1

$$\underline{x}_0 = x_0, \underline{x}_1 = x_1, \ldots, \underline{x}_T = x_T \tag{1.5}$$

der Markoffschen Kette $\{\underline{x}_t, t=0,1,\ldots\}$ vor, so kann man aufgrund der Markoffeigenschaft 1. Ordnung schreiben

$$P\{\underline{x}_0=x_0, \underline{x}_1=x_1, \ldots, \underline{x}_T=x_T\} = P\{\underline{x}_0=x_0\} \prod_{t=1}^{T} P\{\underline{x}_t=x_t \mid \underline{x}_{t-1}=x_{t-1}\} \tag{1.6}$$

Es sei n_{ij} die Anzahl der einstufigen Übergänge von i nach j in der Trajektorie (1.5). Aus (1.6) folgt

$$P\{\underline{x}_0 = x_0, \underline{x}_1 = x_1, \ldots, \underline{x}_T = x_T\} = P\{\underline{x}_0 = x_0\} \prod_{i,j} p_{ij}^{n_{ij}} \quad , \tag{1.7}$$

wobei das Produkt über alle i und j aus S zu erstrecken ist.

In den allgemein bekannten Anwendungen des ML-Prinzips wird angenommen, daß die Beobachtungen $\underline{x}_1, \ldots, \underline{x}_n$ von derselben Verteilung herrühren. Wir hatten uns deshalb in §1.1.1 auf n u n a b h ä n g i g e Beobachtungen einer nach $f(x; \Theta)$ verteilten Zufallsgröße beschränkt. Das ML-Prinzip ist jedoch auch auf alle Fälle ausdehnbar, in denen die Unabhängigkeit der $\underline{x}_1, \ldots, \underline{x}_n$ nicht mehr gewährleistet ist; vgl. dazu KENDALL und STUART (1961, 18.31). In der naheliegenden Anwendung des ML-Prinzips auf Markoffketten 1. Ordnung ist die Verteilung von $\underline{x}_t$ von der Realisierung x_{t-1} von $\underline{x}_{t-1}$ abhängig und nur von dieser. $\{\underline{x}_t, t=0,1,\ldots T\}$ kann also als T+1 malige Hintereinanderausführung eines Zufallsexperiments angesehen werden, dessen Charakter sich nach Maßgabe der unmittelbar vorhergehenden Realisierung ändert. Die Likelihood-Funktion L ist dementsprechend (vgl. 1.2) definiert als gemeinsame Wahrscheinlichkeit der T+1 Beobachtungen, aufgefaßt als Funktion der Parameter $[p_{ij}]; i,j \in S$. Gemäß (1.7) gilt für sie

$$L(x_0, x_1, \ldots, x_T; [p_{ij}]) = P\{\underline{x}_0 = x_0\} \prod_{i,j} p_{ij}^{n_{ij}} \tag{1.8}$$

Durch Logarithmieren von (1.8) erhält man

$$\mathscr{L} = \log L = \log P\{\underline{x}_0 = x_0\} + \sum_{i,j} n_{ij} \log p_{ij} \tag{1.9}$$

Unsere Aufgabe lautet nun, jene Parameter p_{ij} zu suchen, welche (1.9) maximieren (ML-Prinzip), unter den Nebenbedingungen $p_{ij} \geq 0$ und

$$\sum_j p_{ij} = 1 \qquad \text{für } i=1,2,\ldots,N \tag{1.10}$$

Nimmt man auf die Nebenbedingungen (1.10) in Form Lagrangescher Multiplikatoren λ_i Bezug, so hat man also die freien Extrema der Funktion

$$\mathscr{L}^* = \mathscr{L} - \sum_i \lambda_i \left(\sum_j p_{ij} - 1 \right) \tag{1.11}$$

aufzusuchen. Notwendig für das Vorliegen eines Maximums von $\mathscr{L}^*$ ist das Verschwinden aller partiellen Ableitungen 1. Ordnung (vgl. 1.4):

$$\frac{\partial \mathscr{L}^*}{\partial p_{ij}} = \frac{n_{ij}}{p_{ij}} - \lambda_i = 0 \qquad ; \; i,j=1,2,\ldots,N \tag{1.12}$$

Die Differentiation von $\mathscr{L}^*$ nach λ_i liefert bekanntlich die Nebenbedingungen (1.10). Summiert man die simultanen Likelihoodgleichungen

$$n_{ij} = \lambda_i p_{ij} \tag{1.12a}$$

für beliebiges, aber festes i über $j \in S$ und verwendet (1.10), so erhält man als einzige Lösungen des Problems

$$\boxed{\hat{p}_{ij} = \frac{n_{ij}}{n_i}} \tag{1.13}$$

mit $n_i = \sum_j n_{ij}$. Die Nichtnegativität der $\hat{p}_{ij}$ wird durch (1.13) also automatisch mitgeliefert. Um nachzuprüfen, ob an der stationären Stelle (1.13) ein Extremwert vorliegt und - im positiven Fall - zu ermitteln, ob es sich um ein Maximum oder Minimum handelt, berechnen wir nach v. MANGOLDT-KNOPP, II (1965, p. 392) die Funktionaldeterminanten

$$\Delta_{\mu\nu} = \frac{\partial\,(\mathcal{L}^*_{p_{11}},\ldots,\mathcal{L}^*_{p_{ij}},\ldots,\mathcal{L}^*_{p_{\mu\nu}})}{\partial\,(p_{11},\ldots,p_{ij},\ldots,p_{\mu\nu})}\ ,\ \mu,\nu = 1,2,\ldots,N \qquad (1.14)$$

In (1.14) sind die Paare (i,j) lexikographisch geordnet; es bedeutet

$\mathcal{L}^*_{p_{ij}} = \dfrac{\partial\,\mathcal{L}^*}{\partial\,p_{ij}} = \dfrac{n_{ij}}{p_{ij}} - \lambda_i$. Die Eingänge von $\Delta_{\mu\nu}$ sind gegeben durch

$$\frac{\partial\,\mathcal{L}^*_{p_{ij}}}{\partial\,p_{kl}} = \begin{cases} -\dfrac{n_{ij}}{p_{ij}^{\,2}} & \text{für i=k und j=l} \\[2ex] 0 & \text{sonst} \end{cases}$$

und es gilt

$$\Delta_{\mu\nu} = \begin{vmatrix} -n_{11}p_{11}^{-2} & & & \\ & \ddots & & \mathbf{0} \\ & & -n_{ij}p_{ij}^{-2} & \\ & \mathbf{0} & & \ddots \\ & & & -n_{\mu\nu}p_{\mu\nu}^{-2} \end{vmatrix} = (-1)^{N\mu+\nu}\ \overset{\mu,\nu}{\underset{\substack{i=1 \\ j=1}}{\prod}}\ n_{ij}p_{ij}^{-2}$$

also

$$\Delta_{\mu\nu} = \begin{cases} <0 \text{ falls } \xi \text{ ungerade} \\ >0 \text{ falls } \xi \text{ gerade} \end{cases} \quad \text{und } \xi = N\mu+\nu\ ,\ \text{Ordnung von } \Delta_{\mu\nu} \qquad (1.15)$$

$\Delta_{\mu\nu}$ ist also negativ oder positiv, jenachdem ihre Ordnung ungerade oder gerade ist: es handelt sich folglich bei (1.13) um ein M a x i m u m. Die relativen Übergangshäufigkeiten n_{ij}/n_i der Realisierung (1.5) sind ML-Schätzungen der entsprechenden Transitionswahrscheinlichkeiten p_{ij}.

1.1.2.2. Der Fall von n Realisierungen

Wir nehmen nun an, daß n Realisierungen der Länge T + 1 verfügbar seien. Wir ordnen sie "parallel" an, so daß also ein Datenblock von n(T+1) realisierten Zuständen gegeben ist:

$$
\begin{array}{cccc}
x_{10} & x_{11} & \cdots & x_{1T} \\
x_{20} & x_{21} & \cdots & x_{2T} \\
\cdot & \cdot & \cdots & \cdot \\
x_{n0} & x_{n1} & \cdots & x_{nT}
\end{array}
\qquad (1.16)
$$

Um aus (1.16) ML-Schätzungen für die Übergangswahrscheinlichkeiten p_{ij} zu erhalten (vgl. auch ANDERSON und GOODMAN, 1957), nehmen wir an, daß das zugrundeliegende Zufallsexperiment das Superexperiment $\{\underline{x}_t\}_{t=0}^{T}$ sei. Seine n-malige unabhängige Wiederholung liefert dann die Datenmatrix (1.16). (Jeder Beobachtung entspricht eine Zeile von (1.16), der Umfang der Stichprobe beträgt n). Infolge der Unabhängigkeit der Zufallsstichprobe und der Markoffeigenschaft ist die Likelihood-Funktion - das ist die gemeinsame Wahrscheinlichkeitsfunktion der Realisierungen (1.16) - gegeben durch

$$
L(\{x_{kt}\}_{t=0}^{T}, \ k=1,\ldots,n \ ; \ [p_{ij}]) = \prod_{k=1}^{n} P\{\underline{x}_{kt} = x_{kt}, \ t=0,\ldots,T\}
$$

$$
= \prod_{k=1}^{n} P\{\underline{x}_{k0} = x_{k0}\} \prod_{t=1}^{T} P\{\underline{x}_{kt} = x_{kt} \mid \underline{x}_{k,t-1} = x_{k,t-1}\}
$$

$$
= \prod_{k=1}^{n} P\{\underline{x}_{k0} = x_{k0}\} \prod_{i,j} p_{ij}^{n_{ij}(k)} \ , \qquad (1.17)
$$

wobei die Statistik $n_{ij}(k)$ die Anzahl aller einstufigen Übergänge von i nach j in der k-ten Realisierung (Zeile) von (1.16) angibt. Definiert man

$$
n_{ij} = \sum_{k=1}^{n} n_{ij}(k) \ , \qquad (1.18)
$$

so ist n_{ij} (wie in §1.1.2.1) <u>die Anzahl der Transitionen i→j im g e - s a m t e n Beobachtungsmaterial</u>. (1.17) schreibt sich dann als

$$
L = \prod_{k=1}^{n} P\{\underline{x}_{k0} = x_{k0}\} \prod_{i,j} p_{ij}^{n_{ij}} \qquad (1.19)
$$

Durch Logarithmieren der Likelihood-Funktion (1.19) erhält man

$$
\mathscr{L} = \sum_{k} \log P\{\underline{x}_{k0} = x_{k0}\} + \sum_{i,j} n_{ij} \log p_{ij} \qquad (1.20)
$$

Ein Vergleich von (1.20) mit (1.9) ergibt sofort, daß wieder die relativen Übergangsfrequenzen (1.13) ML-Schätzungen der entsprechenden Transitionswahrscheinlichkeiten darstellen. Man beachte jedoch die neue Bedeutung von n_{ij}.

1.1.3. Eine Invarianzeigenschaft

ML-Schätzungen besitzen die folgende, für die Anwendungen praktische Invarianzeigenschaft. Es sei $\hat{\Theta}$ ML-Schätzung von Θ und $g(\Theta)$ eine b e - l i e b i g e (eindeutige) Funktion von Θ. Dann besitzt auch $g(\Theta)$ einen ML-Estimator und dieser ist gegeben durch $g(\hat{\Theta})$. Reserviert man die Dach-Notation im Augenblick für ML-Schätzfuktionen, so gilt also

$$\widehat{g(\Theta)} = g(\hat{\Theta}) \qquad (1.21)$$

In Worten: Die ML-Schätzung einer Funktion eines Parameters ist gleich der Funktion der ML-Schätzung dieses Parameters.

Zum Beweis setzen wir $\eta = g(\Theta)$ und $\hat{\eta} = g(\hat{\Theta})$. Nach Voraussetzung gilt für die Likelihood-Funktion L von Θ für alle zulässigen Werte des Parameters Θ

$$L(\hat{\Theta}) \geqq L(\Theta) \qquad (1.22)$$

Aufgrund der Definition (1.2) der Likelihood-Funktion als gemeinsame Wahrscheinlichkeitsfunktion ist die Likelihood-Funktion L* für den Parameter η gegeben durch

$$L^*(\eta) = L^*(g(\Theta)) = L(\Theta) \qquad (1.23)$$

Aus (1.23) und (1.22) folgt

$$L^*(g(\hat{\Theta})) = L(\hat{\Theta}) \geqq L(\Theta) = L^*(g(\Theta))$$

für alle zulässigen Werte von $\eta = g(\Theta)$. $g(\hat{\Theta})$ ist also ML-Estimator von $g(\Theta)$.

Wir weisen darauf hin, daß (1.21) manchmal nur für stetige monotone (MEYER, 1965, p. 271) oder ein-eindeutige Funktionen g formuliert wird (LINDGREN, 1968, p. 243; WASAN, 1970, p. 166). Wir benötigen die Invarianzeigenschaft für die demographischen Tafeln jedoch auch allgemeiner für ein-mehrdeutige Funktionen; vgl. dazu LARSON (1969, p. 234).

Für mehrdimensionale Parameter nimmt (1.21) folgende Form an: Falls $\hat{\vec{\theta}}$ ML-Schätzung von $\vec{\theta}$ ist, so existiert auch für jede eindeutige reellwertige Funktion $\eta = g(\vec{\theta})$ ein ML-Schätzer und dieser ist gegeben durch $\hat{\eta} = g(\hat{\vec{\theta}})$. Es gilt also

$$\widehat{g(\vec{\theta})} = g(\hat{\vec{\theta}}) \tag{1.21a}$$

1.2. Suffizienz

1.2.1. Zur Definition erschöpfender Schätzfunktionen

Der Problemkreis suffizienter Statistiken bildet einen Eckpfeiler der mathematischen Statistik (vgl. etwa WITTING, 1966, Kap. 3). Seine strenge Behandlung erfordert tiefere Hilfsmittel, als sie im Rahmen dieser Arbeit verfügbar sind. Wir weisen jedoch darauf hin, daß wir hier nur Resultate für d i s k r e t e Zufallsgrößen verwenden, deren exakte Herleitung ohne besondere Schwierigkeiten erfolgen kann.

Definition: Unter einer Zufallsstichprobe bezüglich einer nach der Zufallsgröße $\underline{x}$ verteilten Grundgesamtheit wollen wir (wie schon in §1.1.1) eine Menge von unabhängigen, identisch verteilten Zufallsvariablen $\underline{x}_1,\ldots,\underline{x}_n$ verstehen, von denen jede dieselbe Verteilungsfunktion wie $\underline{x}$ besitzt.

Definition: Eine Statistik ist eine Stichprobenfunktion $\underline{s} = s(\underline{x}_1,\ldots,\underline{x}_n)$. Die Auswertung einer Statistik $s = s(x_1,\ldots,x_n)$ für die Beobachtungen $x_1,\ldots,x_n$ bewirkt also eine Reduktion dieser Daten auf eine einzige Zahl s.

Der Zweck einer jeden Stichprobenerhebung besteht natürlich darin, Aufschluß über die im Hintergrund stehende Grundgesamtheit zu gewinnen. Soweit durch die Datentransformation s nur "nicht sachdienlicher" Informationsballast abgeworfen wird, erleichtert diese die Analyse meist beträchtlich. Es zeigt sich nun, daß gewisse Statistiken s für Rückschlüsse von der Stichprobe auf die Grundgesamtheit schon die gesamte Information der Stichprobe a u s s c h ö p f e n (suffizient sind,

wie man auch sagt), so daß man nicht auf die Stichprobe selbst zurückzugreifen braucht. Diese Eigenschaft wird beschrieben in der folgenden

Definition: Die Verteilung einer Zufallsgröße $\underline{x}$ sei von einem unbekann-
ten Parameter Θ abhängig. Die Statistik

$$\underline{s} = \underline{s}(\underline{x}_1,\ldots,\underline{x}_n) \tag{1.24}$$

heißt **suffizient** (erschöpfend) für Θ , wenn die bedingte Verteilung

$$P\{\underline{x}_1 = x_1,\ldots,\underline{x}_n = x_n | \underline{s} = s\} \tag{1.25}$$

u n a b h ä n g i g vom Parameter Θ ist.

Ist also die Aufgabe gestellt, aufgrund einer Stichprobe aus einer
Mannigfaltigkeit von zugelassenen Wahrscheinlichkeitsverteilungen
$f(x;\Theta)$ einer Zufallsgröße $\underline{x}$ eine bestimmte auszuwählen, so kann der
Fall eintreten, daß eine über s hinausgehende, detailliertere Kenntnis
der Stichprobe zur Einschätzung von Θ keine zusätzlichen Informationen
liefert. Auf der "Jagd" nach der tatsächlichen Verteilung von $\underline{x}$ (vgl.
LINDGREN, 1968, p. 248) genügt es dann also, $\underline{s}$ ins Kalkül zu ziehen.
Ist einmal $\underline{s}$ = s bekannt, so ist aufgrund der Unabhängigkeit der obigen
bedingten Verteilung eine weitere Aufschlüsselung der Stichprobeninfor-
mation bezüglich Θ redundant.

Die Funktion (1.24) induziert im Raum der möglichen Werte von
$x_1,\ldots,x_n$ eine **Partition** (vgl. LINDGREN, 1968, p. 244 ff). Umgekehrt
entspricht jeder Partition dieses Raumes eine Klasse von Funktionen,
nämlich alle jene, welche auf einer Menge der Zerlegung konstant sind,
auf je zwei verschiedenen solcher Mengen hingegen verschiedene Werte annehmen. Eine Partition heißt eine **Reduktion** einer anderen, wenn jede
ihrer Mengen als Vereinigung der zweiten Zerlegung darstellbar ist
(s.u.). Die Suffizienz einer Statistik s erweist sich bei näherer Betrachtung als Eigenschaft der zugehörigen Partition. Jede Funktion
$t(x_1,\ldots,x_n)$, welche die gleiche Zerlegung induziert, gibt nämlich ebenfalls eine erschöpfende Statistik ab. In der Tat ist die bedingte Wahrscheinlichkeit (1.25) durch die Partitionsmenge aller Punkte $(x_1,\ldots,x_n)$
mit der Eigenschaft $s(x_1,\ldots,x_n)$ = s definiert. Aus diesen Überlegungen
folgt: Ist s suffizient bezüglich Θ und ist s eine Funktion s(u) einer
Statistik u, so ist auch u erschöpfend (denn u liefert eine Verfeinerung
der von s induzierten Partition).

Die Bestimmung, ob eine vorliegende Statistik suffizient ist, geschieht häufig am einfachsten mittels des sogenannten NEYMAN-Kriteriums.

Faktorisierungskriterium (NEYMAN)

Notwendig und hinreichend dafür, daß die Statistik $s = s(x_1,\ldots,x_n)$ suffizient ist für den Parameter Θ, ist die Aufspaltung der Likelihoodfunktion (1.2)

$$L(x_1,\ldots,x_n;\Theta) = g(s(x_1,\ldots,x_n);\Theta)h(x_1,\ldots,x_n) \quad , \qquad (1.26)$$

wobei g von Beobachtungen nur über die Statistik s und h, hingegen nicht vom Parameter Θ abhängt.

Zum Beweis vergleiche man etwa LINDGREN (1968, p. 251).

1.2.2. Minimalsuffizienz

Das eigentliche statistische Problem liegt darin, daß einerseits die Datenreduktion zur Gewinnung handlicher Maßzahlen möglichst weit getrieben werden sollte; andererseits aber auch nicht beliebig weit, um nicht relevante Informationen zu verschenken. Hierbei erweist sich die Partitionsdeutung als anschaulich: eine zu grobe Einteilung des Stichprobenraumes bewirkt, daß die Statistik nicht mehr suffizient ist. Die trivialen Zerlegungen des Raumes möglicher $x_1,\ldots,x_n$

(i)   in lauter einelementige Mengen und

(ii)   in nur eine einzige Menge

liefern jedenfalls suffiziente (im Falle i) und nicht suffiziente (im Falle ii) Statistiken. So taucht ganz natürlich die Frage auf, wie grob man die Partition machen kann, daß sie zwar noch erschöpfend ist, jede ihrer Reduktionen (s.o.) diese Eigenschaft aber nicht mehr besitzt. Eine Statistik mit dieser Eigenschaft heißt minimal suffizient.

Zur Nachprüfung, ob eine gegebene Statistik minimalsuffizient bezüglich eines Parameters ist, empfiehlt sich die Anwendung von folgendem

Satz: Eine Statistik $s(x_1,\ldots,x_n)$ ist sicher dann minimal suffizient, wenn das Verhältnis der Likelihood-Funktion für die Stichprobenwerte

$$\mathbf{X} = (x_1,\ldots,x_n) \text{ und } \mathbf{y} = (y_1,\ldots,y_n)$$

$$\frac{L(\mathbf{X};\Theta)}{L(\mathbf{y};\Theta)} \tag{1.27}$$

genau dann von Θ unabhängig ist, wenn

$$s(\mathbf{X}) = s(\mathbf{y}) \tag{1.28}$$

gilt.

Zum Beweis vergleiche man LINDGREN (1968, §4.5.4), der eine von LEHMANN und SCHEFFÉ stammende Technik zur Konstruktion minimal suffizienter Partitionen vorführt.

1.2.3. Gemeinsame Suffizienz

Im Falle eines mehrdimensionalen Parameters $\vec{\Theta} = [\Theta_1,\ldots, \Theta_M]$ geben wir folgende

Definition: Die Statistiken

$$\underline{s}_1 = s_1(\underline{x}_1,\ldots,\underline{x}_n) \quad, \quad 1=1,2,\ldots,M \tag{1.29}$$

heißen gemeinsam suffizient (joint sufficient) für $\vec{\Theta}$, falls die bedingte gemeinsame Verteilung

$$P\{\underline{x}_1 = x_1,\ldots,\underline{x}_n = x_n | \underline{s}_1,\ldots,\underline{s}_M = s_M\} \tag{1.30}$$

unabhängig von $\vec{\Theta}$ ist.

Äquivalent dazu ist die NEYMANsche Faktorisierung der Likelihood-funktion

$$L(x_1,\ldots,x_n;\vec{\Theta}) = g(s_1,\ldots,s_M;\vec{\Theta})h(x_1,\ldots,x_n) \quad, \tag{1.31}$$

wobei wieder g von allen Statistiken s_1 und Parametern Θ_1 abhängt, h hingegen von $\vec{\Theta}$ unabhängig ist.

Auch im mehrdimensionalen Fall steht wieder eine bequeme hinreichende Bedingung für die Minimalsuffizienz zur Verfügung. In Verallgemeinerung zum oben zitierten Satz sind die Statistiken (1.29) nämlich minimal suffizient, sobald für $\mathbf{X} = (x_1,\ldots,x_n)$, $\mathbf{y} = (y_1,\ldots,y_n)$ der

Likelihoodquotient

$$\frac{L(\mathbf{X}; \vec{\Theta})}{L(\mathbf{y}; \vec{\Theta})} \qquad (1.32)$$

genau dann von $\Theta_1, \ldots, \Theta_M$ unabhängig ist, falls

$$s_l(\mathbf{X}) = s_l(\mathbf{y}) \quad \text{für alle } l=1,2,\ldots,M \qquad (1.33)$$

gilt (vgl. LINDGREN, 1968, p. 256).

1.2.4. Anwendung auf Markoffsche Ketten

Wir wenden uns gleich dem allgemeineren Fall von n Realisierungen (1.16) zu. Gemäß (1.19) ist die Likelihood-Funktion der Datenmatrix (1.16) darstellbar in der Form

$$L(\{x_{kt}\}_{t=0}^{T}, k=1,\ldots,n; [p_{ij}]) = \prod_{i,j} p_{ij}^{n_{ij}} \prod_{k=1}^{n} P\{\underline{x}_{k0} = x_{k0}\} \quad (1.34)$$

Nach dem NEYMANschen Lemma (1.31) bilden also die in (1.18) definierten Statistiken n_{ij} eine Menge gemeinsam suffizienter Schätzfunktionen für die Übergangswahrscheinlichkeiten $\Theta_l = p_{ij}$ $(i,j = 1,2,\ldots,N)$. Um die Minimalsuffizienz der Matrix $[n_{ij}]$ bezüglich $\mathbf{P} = [p_{ij}]$ nachzuweisen, bilden wir den Quotienten (1.32) mit L aus (1.34). Danach gilt

$$\frac{L(\mathbf{X}; \mathbf{P})}{L(\mathbf{y}; \mathbf{P})} = c \prod_{i,j} p_{ij}^{n_{ij}(\mathbf{X}) - n_{ij}(\mathbf{y})}, \qquad (1.35)$$

wobei $\mathbf{X} = (\mathbf{X}_k)_{k=1}^{n}$ mit $\mathbf{X}_k = \{x_{kt}\}_{t=0}^{T}$ und $\mathbf{y} = (\mathbf{y}_k)_{k=1}^{n}$ mit $\mathbf{y}_k = \{y_{kt}\}_{t=0}^{T}$ zwei Stichproben der Form (1.16) sind und

$$c = \prod_k P\{\underline{x}_{k0} = x_{k0}\} / \prod_k P\{\underline{y}_{k0} = y_{k0}\}$$

von $[n_{ij}]$ und $\mathbf{P}$ unabhängig ist. Die Statistik $n_{ij}(\mathbf{X})$ zählt die Anzahl aller Transitionen $i \rightarrow j$ in der Stichprobe (1.16), während $n_{ij}(\mathbf{y})$ dies für den entsprechenden y-Datenblock tut. Aus (1.35) erkennt man unmittelbar, daß der Likelihoodquotient genau dann von a l l e n nichtverschwindenden p_{ij} unabhängig ist, falls

$$n_{ij}(\mathbf{X}) = n_{ij}(\mathbf{Y})$$

für alle $i,j = 1,2,\ldots,N$ gilt. Gemäß (1.33) ist damit die <u>Minimalsuffizienz der relativen Übergangsfrequenzen</u> n_{ij} von (1.16) bezüglich der Parameter $[p_{ij}]$ gezeigt*). Man vgl. auch ANDERSON und GOODMAN (1957, p. 91/1); die Homogenität der Kette bildet dabei keine notwendige Voraussetzung.

Es sei nun i beliebig, aber fest. Falls aus irgendwelchen Gründen die Transitionswahrscheinlichkeiten p_{uv} für $u \neq i$ bekannt sind, so kann man nach Statistiken (= Funktionen auf den Realisierungen der Kette) fragen, welche gemeinsam erschöpfend bezüglich der Parameter p_{ij} sind (i fest, $j = 1,2,\ldots,N$). Nun läßt sich (1.34) zerlegen in

$$L = \left[\prod_j p_{ij}^{n_{ij}} \right] \left[\prod_{\substack{u \neq i \\ v}} p_{uv}^{n_{uv}} \prod_{k=1}^{n} P\{ \underline{x}_{k0} = x_{k0} \} \right] , \qquad (1.36)$$

so daß eine Anwendung des NEYMAN-Lemmas (1.31) die gemeinsame Suffizienz der Statistiken $(n_{ij})_{j=1}^{N}$ für die i-te Zeile $(p_{ij})_{j=1}^{N}$ der Übergangsmatrix $\mathbf{P}$ liefert. Eine Anwendung von (1.35) ergibt sogar die Minimalsuffizienz dieser Schätzfunktionen.

<u>Bemerkung</u>: Es ist mir nicht bekannt, ob für f e s t e i,j die beiden Statistiken n_{ij}, n_i gemeinsam erschöpfend sind bezüglich des einen Parameters p_{ij}, falls die p_{ik} für $k \neq i$ zwar unbekannt, im ersten Moment aber uninteressant sind. Im positiven Fall ergäbe sich dann die Frage, ob auch der Quotient n_{ij}/n_i suffizient ist für p_{ij}, bzw. wie es sich mit der Minimalsuffizienz verhält.

1.3. Unverfälschte beste Schätzungen

Eine Statistik (Stichprobenfunktion) $\hat{\underline{\Theta}} = s(\underline{x}_1,\ldots,\underline{x}_n)$ heißt <u>unverfälscht</u> (auch <u>unverzerrt</u> bzw. <u>erwartungstreu</u>), falls ihr Erwartungswert mit dem wahren Wert Θ des zu schätzenden Parameters übereinstimmt

$$E(\hat{\underline{\Theta}}) = \Theta \qquad (1.37)$$

---

*) Eine andere Beweismöglichkeit für die Minimalsuffizienz ergibt sich aus der Tatsache, daß die Stichprobenverteilung (1.34) zur sogenannten Exponentialfamilie von Verteilungsfunktionen gehört (vgl. LINDGREN, 1968, p. 183-185, 256-258).

Definition: Es sei $\hat{\underline{\Theta}}$ ein unverfälschter Schätzer von Θ . Wir nennen die Statistik $\hat{\underline{\Theta}}$ einen "besten" Estimator bezüglich des Parameters Θ , falls für alle Schätzfunktionen $\underline{\Theta}$ * mit $E(\underline{\Theta}*) = \Theta$ die Beziehung

$$\text{Var}(\hat{\underline{\Theta}}) \leqq \text{Var}(\underline{\Theta}*) \tag{1.38}$$

besteht.

Unverzerrte Schätzer, die unter allen Schätzfunktionen mit derselben Eigenschaft die kleinste Varianz besitzen, werden manchmal auch <u>Minimum-Varianz-Estimatoren</u> genannt. Vgl. MEYER (1965, p. 262) und HOGG und CRAIG (1965, p. 205).

2. Konstruktion von Schätzfunktionen

2.1. Markoffketten als stochastische Individualmodelle für Dekrementtafeln

Es wurde bereits mehrmals erwähnt, daß man sich eine Dekrementtafel dadurch entstanden denken kann, daß man $n = l_0$ Realisierungen eines zugeordneten Mikromodells (K 2, 2.1) protokolliert. Neben der in Kapitel 2 vorgeführten stochastischen Analyse von Intensität und Kalender des in der Tafel untersuchten Phänomens besteht ein weiterer Vorteil dieser Betrachtungsweise in einer eleganteren <u>Behandlung von Schätzproblemen für Tafelfunktionen.</u> Es dürfte bisher der Aufmerksamkeit der Bevölkerungsmathematiker entgangen sein, daß die Konstruktion von Schätzfunktionen für Tafeln zur statistischen Schätzung Markoffscher Ketten relativ enge Verwandschaft aufweist. Dies zeigt sich auch bei den Optimumeigenschaften, die den Estimatoren auf beiden Seiten zukommen. Während CHIANG (1968, Chap. 10) seine diesbezüglichen Resultate noch mehr oder weniger mittels Ad-hoc-Methoden herleitete, zeigen wir im folgenden, daß die Schätztheorie homogener Markoffscher Ketten ein tragfähiges Fundament für Schätzprobleme bei demographischen Tafeln abgeben kann.

2.2. Maximum Likelihood-Schätzungen für einjährige Verbleibs- und Ausscheidewahrscheinlichkeiten

Stellt man Dekrementtafel (K 5, §1.2) und die Realisierung (1.16) des assoziierten Mikromodells (K 2, 2.1) gegenüber und setzt ferner formal $T + 1 \geq w$ (Maximalalter), so kommt man zu folgender Korrespondenz

Markoffkette		Dekrementtafel	(2.1)
Stichprobenumfang	n	l_0	Radixbestand der Kohorte
transiente Zustände	x	x	vollendetes Alter in Jahren
absorbierende Zustände	r	r	Abgangsursachen
Anzahl der Realisierungen im Zustand x	n_x	l_x	Anzahl der bis zum Alter x Überlebenden
Anzahl der einstufigen Übergänge x→x+1	$n_{x,x+1}$	l_{x+1}	Anzahl der bis zum Alter x+1 Überlebenden
Anzahl der einstufigen Übergänge von x nach r	n_{xr}	d_{xr}	Anzahl der in x- durch r ausscheidenden Individuen

Gemäß §1.1.2.2 ist $\hat{p}_{x,x+1} = n_{x,x+1}/n_x$ ML-Schätzung der Übergangswahrscheinlichkeit $p_{x,x+1} = p_x$ und ebenso $\hat{q}_{xr} = n_{xr}/n_x$ ML-Schätzung der einjährigen ursachenspezifischen Ausscheidewahrscheinlichkeit q_{xr}. Beachtet man Tabelle (2.1) und schreibt die Schätzfunktionen als Zufallsgrößen, dann erhält man folgendes Ergebnis:

Die einjährigen Verbleibs- und ursachenspezifischen Ausscheidewahrscheinlichkeiten p_x bzw. q_{xr} besitzen die __ML-Schätzungen__ (vgl. K 5, 1.18)

$$\hat{p}_x = \frac{l_{x+1}}{l_x} \quad \text{bzw.} \quad \hat{q}_{xr} = \frac{d_{xr}}{l_x} \tag{2.2}$$

Dadurch erweist sich die übliche Vorgangsweise bei Dekrementtafeln, nämlich die Schätzung der Wahrscheinlichkeiten aufgrund entsprechender relativer Häufigkeiten durchzuführen, auch vom mathematisch-statistischen Standpunkt aus als gerechtfertigt. Man beachte, daß dieses Resultat n i c h t   t r i v i a l ist, da in (2.2) in Zähler u n d Nenner Zufallsgrößen stehen.

2.3. ML-Schätzungen der anderen Modellvariablen

In Kap. 2, §2.2 hatten wir gezeigt, in welcher Weise die Modellpara-

meter des Dekrementmodells von den einjährigen Verbleibs- und Ausscheidewahrscheinlichkeiten abhängen. Allgemein sind die dort berechneten
Parameter p von der funktionalen Form

$$p = g(p_x, q_{xr} \; ; \; x=0,1,\ldots,w, \; r = I, II,\ldots,a) \; , \qquad (2.3)$$

wobei g eine eindeutige reelle Funktion von der Übergangsmatrix **A** (vgl.
K 2, 2.1) in den Wertebereich des jeweiligen Modellparameters p darstellt. Eine Anwendung der Invarianzeigenschaft (1.21a) liefert sofort
folgendes Ergebnis:

Der (eindimensionale) Parameter p besitzt eine ML-Schätzung $\hat{p}$ und
diese kann durch Auswertung der Funktion (2.3) an der Stelle $\hat{p}_x$, $\hat{q}_{xr}$
gewonnen werden:

$$\hat{p} = g(\hat{p}_x, \hat{q}_{xr}) \; , \qquad (2.4)$$

wobei die ML-Estimatoren $\hat{p}_x$ und $\hat{q}_{xr}$ unter (2.2) angegeben sind.

Wir illustrieren diese Vorgangsweise an ein paar Beispielen.

Gemäß (K 2, 2.12) gilt $P_{xy} = p_x \cdots p_{y-1}$. Aus (2.4) und (2.2) folgt
dann mit

$$\hat{P}_{xy} = \hat{p}_x \cdots \hat{p}_{y-1} = l_y / l_x \qquad (2.5)$$

eine Schätzung für P_{xy}, die wir schon in (K 5, 1.19) heuristisch angeführt hatten, ohne damals zu wissen, daß es sich um eine ML-Schätzung
handelt. Nach (K 2, 2.20) gilt für die erwartete Verweilzeit einer
x-jährigen Einheit bis zum Abgang $E\underline{z}_x = \sum\limits_{y=x}^{w} P_{xy} - 1/2$. Wendet man das
Invarianzprinzip (2.4) und (2.5) an, so ergibt sich aus (K 5, 1.7b)

$$\widehat{E\underline{z}}_x = \sum_{y=x}^{w} \hat{P}_{xy} - 1/2 = l_x^{-1} \sum_{y=x+1}^{w} l_y + 1/2 = \hat{e}_x \qquad (2.6)$$

Die in der Dekrementtafel ausgewiesene Spalte 7 mit der geschätzten
ferneren durchschnittlichen Verweildauer $\hat{e}_x$ gibt also ML-Schätzungen
der 'wahren' erwarteten Zeit $e_x = E\underline{z}_x$ bis zum Abgang ab (vgl. K 5,
1.7b). In der gleichen Weise kann man für die Absorptionswahrscheinlichkeit b_{xr} einen ML-Schätzwert erhalten. Nach (K 2, 2.41) und (2.4)
gilt

$$\hat{b}_{xr} = \sum_{y=x}^{w} \hat{P}_{xy} \hat{q}_{yr} = l_x^{-1} \sum_{y=x}^{w} d_{yr} \; , \qquad (2.7)$$

in Übereinstimmung mit (K 5, 1.22).

2.4. ML-Schätzungen bei transformierten Ketten und konkurrierenden Risken

Die Menge D von (K 2, 2.53) bestehe nur aus dem Element r. Für die transformierte Verbleibswahrscheinlichkeit gilt nach (K 2, 2.62) $\tilde{p}_x = 1 - q_{xr} b_{xr}^{-1}$. Aus (2.4), (2.2) und (2.7) folgt, daß

$$\hat{\tilde{p}}_x = 1 - d_x \Big/ \sum_{y=x}^{r} d_{yr} \tag{2.8}$$

ML-Estimator von $\tilde{p}_x$ ist. Die erwartete Zeit $E\tilde{z}_x$ bis zum Abgang aufgrund der Ursache r kann gemäß (K 2, 2.74), (2.4), (2.7), (2.5) und (2.2) ML-geschätzt werden durch die Funktion

$$\widehat{E\tilde{z}}_x = \hat{b}_{xr}^{-1} \sum_{y=x}^{W} (y-x)\hat{p}_{xy}\hat{q}_{yr} + 1/2 = \frac{\sum_{y=x}^{W}(y-x)d_{yr}}{\sum_{y=x}^{W} d_{yr}} + 1/2 \tag{2.9}$$

Eine leichte Umformung von (2.9) zeigt, daß diese Schätzung schon in Spalte 13 der Dekrementtafel protokolliert wurde (siehe K 5, 1.16b):

$$\widehat{E\tilde{z}}_x = k_{xr}^{-1} \sum_{y=x+1}^{W} k_{yr} + 1/2 = \hat{e}_{xr} \tag{2.10}$$

Auch für die reinen Wahrscheinlichkeiten von Bruttotafeln lassen sich aufgrund des Invarianzprinzips (2.4) sofort ML-Schätzungen angeben. Nach (K 3, 2.49, 2.53) ergibt sich beispielsweise für $\bar{q}_{xr}$ die ML-Schätzung

$$\hat{\bar{q}}_{xr} = 1 - \hat{p}_x^{\hat{q}_{xr}/\hat{q}_x} = 1 - \left(\frac{l_{x+1}}{l_x}\right)^{d_{xr}/d_x} \tag{2.11}$$

für $\bar{q}_{xr}$.

Abschließend erwähnen wir noch, daß Maximum Likelihood-Schätzungen bekanntlich unter sehr allgemeinen Bedingungen konsistent sind (vgl. KENDALL & STUART, 1961, p. 39 ff).

3. Die ersten Momente der Maximum Likelihood-Schätzungen gewisser Tafelparameter

3.1. Verbleibs- und Abgangswahrscheinlichkeiten

Im vorigen Abschnitt war gezeigt worden, daß folgende plausible Schätzer auch vom Standpunkt der mathematischen Statistik aus vernünftig, d.h. ML-Schätzungen sind

$$\hat{p}_x = l_{x+1}/l_x \ , \quad \hat{q}_x = d_x/l_x \ , \quad \hat{q}_{xr} = d_{xr}/d_x \tag{3.1}$$

Interessiert man sich für Erwartungswerte, Varianzen und Kovarianzen dieser Schätzfunktionen, so hat man neben den Resultaten über bedingte Momente in Kap. 7, §3.2 auch von den in Kap. 5, §4 hergeleiteten Momenten der Variablen l_x, d_x, d_{xr} Gebrauch zu machen. Man vergleiche dazu auch CHIANG (1968, Chap. 10, 11).

Unter Benutzung von (K 7, 3.5) und (K 5, 4.3) erhält man zunächst

$$E(\hat{p}_x) = E(\frac{1}{l_x} l_{x+1}) = E\left[\frac{1}{l_x} E(l_{x+1}|l_x)\right] = E(\frac{1}{l_x} l_x p_x) = p_x \tag{3.2}$$

Gemäß (3.2) ist $\hat{p}_x$ unverzerrter Schätzer von p_x; das gleiche gilt dann natürlich auch für $\hat{q}_x$ und q_x. Nach (K 7, 3.5) gilt ferner

$$E(\hat{p}_x^2) = E(l_{x+1}^2/l_x^2) = E\left[\frac{1}{l_x^2} E(l_{x+1}^2|l_x)\right] \tag{3.3}$$

Unter Berücksichtigung von (K 5, 4.3 und 4.4) erhält man

$$E(l_{x+1}^2|l_x) = \text{Var}\,(l_{x+1}|l_x) + E(l_{x+1}|l_x) = l_x p_x(1-p_x) + l_x^2 p_x^2 \tag{3.4}$$

Setzt man (3.4) in (3.3) ein, so liefert das

$$E(\hat{p}_x^2) = E(\frac{1}{l_x}) p_x(1-p_x) + p_x^2 \tag{3.5}$$

(3.5) und (3.2) ergeben

$$\text{Var}(\hat{\underline{p}}_x) = E(\frac{1}{\underline{1}_x})p_x(1-p_x) \tag{3.6}$$

Aus Symmetriegründen gilt $\text{Var}(\hat{\underline{q}}_x) = \text{Var}(\hat{\underline{p}}_x)$. Für große l_o kann man angenähert

$$E(\underline{1}_x^{-1}) = E(\underline{1}_x)^{-1} \tag{3.7}$$

setzen (vgl. CHIANG, 1968, p. 228), also auch

$$\text{Var}(\hat{\underline{p}}_x) = \text{Var}(\hat{\underline{q}}_x) = \frac{1}{E(\underline{1}_x)} p_x q_x \tag{3.6a}$$

schreiben.

Es sei nun zunächst x<y. Nach (K 7, 3.5), (K 5, 4.3) und (3.2) gilt

$$E(\hat{\underline{p}}_y|\hat{\underline{p}}_x) = E(\frac{\underline{1}_{y+1}}{\underline{1}_y}|\hat{p}_x) = E\left[\frac{1}{\underline{1}_y} E(\underline{1}_{y+1}|\underline{1}_y) \mid \hat{\underline{p}}_x\right] = E(p_y|\hat{\underline{p}}_x) = p_y = E(\hat{\underline{p}}_y), \tag{3.8}$$

woraus

$$E(\hat{\underline{p}}_x\hat{\underline{p}}_y) = E\left[\hat{\underline{p}}_x E(\hat{\underline{p}}_y|\hat{\underline{p}}_x)\right] = E(\hat{\underline{p}}_x)E(\hat{\underline{p}}_y) \tag{3.9}$$

und schließlich

$$\text{Cov}(\hat{\underline{p}}_x,\hat{\underline{p}}_y) = 0 \quad, \quad x \neq y \tag{3.10}$$

folgt.

Man kann sich jedoch überlegen, daß $\hat{\underline{p}}_x$ und $\hat{\underline{p}}_y$ k e i n e stochastisch unabhängigen Zufallsgrößen sind. Geht man zu einem Urnenmodell über, wie es CHIANG (1968, p. 223) beschrieben hat, dann gewinnt man ein anschauliches Beispiel für u n k o r r e l i e r t e, aber a b - h ä n g i g e Zufallsvariable (vgl. CHIANG, 1968, p. 15). $\hat{\underline{P}}_{xy}$ ist unverfälschte Schätzung von P_{xy}. Nach (3.9) und (3.2) gilt nämlich

$$E(\hat{\underline{P}}_{xy}) = E(\hat{\underline{p}}_x \cdots \hat{\underline{p}}_{y-1}) = E(\hat{\underline{p}}_x)\ldots E(\hat{\underline{p}}_{y-1}) = p_x \cdots p_{y-1} = P_{xy} \tag{3.11}$$

In (3.10) ist die Voraussetzung sich nicht überlappender Altersintervalle (x≠y) entscheidend. Denn es gilt andererseits

$$\text{Cov}(\hat{\underline{P}}_{xy},\hat{\underline{P}}_{xz}) = E(\underline{1}_x^{-1})P_{xz}(1-P_{xy}) \quad, \quad x<y\leq z \tag{3.12}$$

Beweis von (3.12): Wir definieren in Übereinstimmung mit (K 5, 1.20) $\hat{\underline{P}}_{xy} = \underline{l}_y/\underline{l}_x$. Aus (K 7, 3.12) folgt

$$\text{Cov}\,(\hat{\underline{P}}_{xy},\hat{\underline{P}}_{xz}) = \text{Cov}\,(\underline{l}_y/\underline{l}_x,\underline{l}_z/\underline{l}_x) = E\left[\text{Cov}\,(\underline{l}_y/\underline{l}_x,\underline{l}_z/\underline{l}_x|\underline{l}_x)\right] +$$
$$+ \text{Cov}\left[E(\underline{l}_y/\underline{l}_x|\underline{l}_x),\ E(\underline{l}_z/\underline{l}_x|\underline{l}_x)\right]$$

Daraus ergibt sich wegen (K 5, 4.7) und $E\left[\underline{l}_x^{-1}E(\underline{l}_y|\underline{l}_x)\right] = P_{xy}$ die Beziehung (3.12).

Mit denselben Schlußweisen zeigt man auch leicht

$$E(\hat{\underline{q}}_{xr}) = q_{xr} \ \dots \ \text{Erwartungstreue von } \hat{\underline{q}}_{xr} \tag{3.13}$$

$$\text{Var}\,(\hat{\underline{q}}_{xr}) = E(\underline{l}_x^{-1})q_{xr}(1-q_{xr}) \tag{3.14}$$

Aus (3.10) folgt

$$\text{Cov}\,(\hat{\underline{q}}_x,\hat{\underline{q}}_y) = 0 \quad \text{für } x \neq y \tag{3.10a}$$

Es sei $r \neq s$. Aufgrund von (K 7, 3.12), (K 5, 4.27) und (K 7, 3.5) gilt

$$\text{Cov}\,(\hat{\underline{q}}_{xr},\hat{\underline{q}}_{xs}) = \text{Cov}\,(\underline{d}_{xr}/\underline{l}_x,\underline{d}_{xs}/\underline{l}_x)$$
$$= E\left[\underline{l}_x^{-2}\text{Cov}(\underline{d}_{xr},\underline{d}_{xs}|\underline{l}_x)\right] + \text{Cov}\left[E(\underline{d}_{xr}/\underline{l}_x|\underline{l}_x),\ E(\underline{d}_{xs}/\underline{l}_x|\underline{l}_x)\right]$$
$$= E\left[\underline{l}_x^{-2}(-\underline{l}_x q_{xr}q_{xs})\right] + \text{Cov}\left\{E\left[\underline{l}_x^{-1}E(\underline{d}_{xr}|\underline{l}_x)\right],E\left[\underline{l}_x^{-1}E(\underline{d}_{xs}|\underline{l}_x)\right]\right\}$$
$$\tag{3.15}$$

Wegen (K 5, 4.22) verschwindet in (3.15) die Kovarianz, und wir erhalten

$$\text{Cov}\,(\hat{\underline{q}}_{xr},\hat{\underline{q}}_{xs}) = -E(\underline{l}_x^{-1})q_{xr}q_{xs} \quad , \quad r \neq s \tag{3.16}$$

Man beachte, daß wir dabei infolge der Konstanz von l_0 den Radixbestand aus den Bedingungen für die Momente weglassen durften. Analog zu (3.10) zeigt man ferner

$$\text{Cov}\,(\hat{\underline{q}}_{xr},\hat{\underline{q}}_{ys}) = 0 \quad \text{für } x \neq y \tag{3.17}$$

Man vergleiche dazu CHIANG (1968, p. 253). Durch dieselben Schlußweisen (wir lassen sie deshalb weg) kann man folgende Formeln erhalten

$$\text{Cov} \ (\hat{\underline{p}}_x, \hat{\underline{q}}_{yr}) = \begin{cases} -E(\underline{l}_x^{-1}) p_x q_{xr} & \text{für } x=y \\ 0 & \text{für } x \neq y \end{cases} \qquad (3.18)$$

$$\text{Cov} \ (\hat{\underline{p}}_x, \hat{\underline{q}}_y) = \begin{cases} -E(\underline{l}_x^{-1}) p_x q_x & \text{für } x=y \\ 0 & \text{für } x \neq y \end{cases} \qquad (3.18a)$$

Aus (3.18a) und (3.6a) erkennt man die perfekte negative Korrelation von $\hat{\underline{p}}_x$ und $\hat{\underline{q}}_x$: $\text{Corr} \ (\hat{\underline{p}}_x, \hat{\underline{q}}_x) = -1$, wie es sein muß.

Ferner gilt nach

$$\text{Cov} \ (\hat{\underline{q}}_x, \hat{\underline{q}}_{xr}) = E(\underline{l}_x^{-1}) q_{xr}(1-q_{xr}) \qquad (3.19)$$

Für a = 1 geht (3.20) in (3.14b) bzw. (3.6a) über.

Der Schätzwert (2.7) für die schließliche Absorptionswahrscheinlichkeit ist ebenfalls unverfälscht. Dies kann man aus (3.18), (3.11), (3.13) und (K 2, 2.41) folgen:

$$E(\hat{\underline{b}}_{xr}) = \sum E(\hat{\underline{P}}_{xy}\hat{\underline{q}}_{yr}) = \sum E(\hat{\underline{P}}_{xy})E(\hat{\underline{q}}_{yr}) = \sum P_{xy}q_{yr} = b_{xr} \qquad (3.20)$$

3.2. Fernere durchschnittliche Verweildauer

Wir wenden uns nun den in den Spalten 7 und 13 der Dekrementtafel geschätzten künftigen durchschnittlichen Zeiten bis zum Abgang zu. In §2.3 haben wir schon gezeigt, daß es sich dabei um ML-Schätzfunktionen handelt.

Zunächst beweisen wir, daß die unter (2.6) ermittelte Schätzung der erwarteten Zeit $e_x = E\underline{z}_x$ bis zum Abgang erwartungstreu ist. Dies folgt aus (3.11), der Linearität des Erwartungswertes, und aus (K 2, 2.20):

$$E \ \hat{\underline{e}}_x = \sum_{y=x}^{w} E(\hat{\underline{P}}_{xy}) - 1/2 = \sum_{y=x}^{w} P_{xy} - 1/2 = E\underline{z}_x = e_x \qquad (3.21)$$

Wir interessieren uns nun für die Varianz der Schätzfunktion $\hat{\underline{e}}_x$ in (2.6). CHIANG (1968, p. 237/8) hat dafür eine Ableitung gegeben, die allerdings ein wenig verwickelt ist. Unter Ausnutzung des Mikro-Resultates

(K 2, 2.32) kann man allerdings Var $\hat{\underline{e}}_x$ relativ einfach bekommen. Wir betrachten dazu die Zufallsgröße $\underline{z}_x$ (fernere Verweildauer einer x-jährigen Einheit bis zum Abgang) und fassen die l_x Überlebenden x-jährigen als Stichprobe vom Umfang l_x auf. Das Stichprobenmittel

$$\bar{\underline{z}}_x = \hat{\underline{e}}_x \qquad (2.6a)$$

ist dann eine Zufallsgröße mit dem Mittelwert

$$E(\hat{\underline{e}}_x | l_x) = E\underline{z}_x = e_x \qquad (3.22)$$

Die Varianz des Mittelwertes $\bar{\underline{z}}_x$ der l_x-Stichprobe ist gleich der Varianz der Zufallsgröße $\underline{z}_x$ dividiert durch den Stichprobenumfang:

$$\text{Var } (\hat{\underline{e}}_x | l_x) = l_x^{-1} \text{ Var } \underline{z}_x \qquad (3.23)$$

Da nach (K 7, 3.11)

$$\text{Var } (\hat{\underline{e}}_x) = E\left[\text{Var } (\hat{\underline{e}}_x | \underline{l}_x)\right] + \text{Var}\left[E(\hat{\underline{e}}_x | \underline{l}_x)\right]$$

gilt, so folgt aus (3.23)

$$\text{Var } \hat{\underline{e}}_x = E(\underline{l}_x^{-1}) \text{ Var } \underline{z}_x , \qquad (3.24)$$

also gemäß (K 2, 2.32a)

$$\text{Var } \hat{\underline{e}}_x = E(\underline{l}_x^{-1})\left\{\sum_{y=x}^{W}\left[2(y-x) + 1\right] P_{xy} -(\sum_{y=x}^{W} P_{xy})^2\right\} \qquad (3.25)$$

Eine leichte Rechnung zeigt, daß unser Resultat (3.25) mit jenem von CHIANG (1968, p. 238) übereinstimmt; vgl. auch KEYFITZ (1968a, p. 342). Wir bemerken noch, daß für genügend große l_x das Stichprobenmittel $\hat{\underline{e}}_x$ (beobachtete durchschnittliche fernere Verweildauer) nach dem zentralen Grenzwertsatz angenähert normalverteilt ist um den Mittelwert (3.22) mit der Varianz (3.25). Aus dieser Tatsache kann man Konfidenzintervalle für die wahre durchschnittliche Lebensdauer konstruieren, ein Problem mit dem sich schon LAPLACE auseinandergesetzt hatte (siehe TODHUNTER, 1965, Art. 1034).

Aus (2.10) und (2.9) folgt

$$E(\hat{\underline{b}}_{xr}\hat{\underline{e}}_{xr}) = E\left[\sum_{y=x}^{W}(y-x)\hat{\underline{p}}_{xy}\hat{\underline{q}}_{yr} + \hat{\underline{b}}_{xr}/2\right] \qquad (3.26)$$

Für die linke Seite von (3.26) kann unter Vorwegnahme des Resultates (3.34) geschrieben werden

$$E(\hat{\underline{b}}_{xr}\hat{\underline{e}}_{xr}) = E(\hat{\underline{b}}_{xr})E(\hat{\underline{e}}_{xr}) \tag{3.27}$$

Vermöge (3.19) ergibt sich für die rechte Seite von (3.26)
$\sum(y-x)P_{xy}q_{yr} + b_{xr}/2$. Dies liefert zusammen mit (3.19) und (K 2, 2.74)

$$E(\hat{\underline{e}}_{xr}) = b_{xr}^{-1} \sum(y-x)P_{xy}q_{yr} + 1/2 = e_{xr} \quad , \tag{3.28}$$

wobei $e_{xr} = E\hat{\underline{z}}_x(r)$ gesetzt wurde. $\hat{\underline{e}}_{xr}$ ist also erwartungstreue Schätzung der abgangsspezifischen (bedingten) Absorptionszeit (Dauer bis zum Abgang durch r). In Analogie zu (3.25) kann gezeigt werden, daß für die Varianz dieses Estimators gilt

$$\text{Var } \hat{\underline{e}}_{xr} = E(\underline{k}_{xr}^{-1}) \text{ Var } (\hat{\underline{z}}_x(r)) \quad , \tag{3.29}$$

wobei k_{xr} aus Spalte 10 der allgemeinen Dekrementtafel stammt und Var $(\hat{\underline{z}}_x(r))$ vom korrespondierenden Mikromodell (K 2, 2.79) stammt.

3.3. Über die Kovarianzen von ML–Schätzungen gewisser weiterer Dekrementparameter

Für die Kovarianzen der Dekrementparameter $\hat{\underline{p}}_x$, $\hat{\underline{q}}_{xr}$, $\hat{\underline{e}}_x$, $\hat{\underline{b}}_{xr}$ und $\hat{\underline{e}}_{xr}$ gelten folgende Formeln

$$\text{Cov } (\hat{\underline{p}}_x, \hat{\underline{b}}_{xr}) = E(\underline{l}_x^{-1})p_x(b_{x+1,r} - b_{xr}) \tag{3.30}$$

$$\text{Cov } (\hat{\underline{q}}_{xr}, \hat{\underline{b}}_{xr}) = E(\underline{l}_x^{-1})q_{xr}(1 - b_{xr}) \geqq 0 \tag{3.31}$$

$$\text{Cov } (\hat{\underline{p}}_x, \hat{\underline{e}}_x) = E(\underline{l}_x^{-1})q_x(e_x - 1/2) \geqq 0 \tag{3.32}$$

$$\text{Cov } (\hat{\underline{e}}_x, \hat{\underline{b}}_{xr}) = E(\underline{l}_x^{-1})b_{xr}(e_{xr} - e_x) \tag{3.33}$$

$$\text{Cov } (\hat{\underline{b}}_{xr}, \hat{\underline{e}}_{xr}) = 0 \tag{3.34}$$

Anstatt uns mit den Beweisen aufzuhalten (siehe dafür FEICHTINGER, 1969) geben wir eine anschauliche Interpretation der Vorzeichen der

Kovarianzen. Zunächst sind die positiven Korrelationen (3.31) und (3.32) sehr plausibel, wenn man sich die Bedeutung der Größen vergegenwärtigt. $\hat{e}_{xr}$ schätzt die fernere Verweildauer von Einheiten, die durch r abgehen. Die Größe $\hat{b}_{xr}$ des Anteils dieser Individuen ist damit aber nicht korreliert: (3.34).

Gemäß (3.33) ist $\hat{e}_x$ mit $\hat{b}_{xr}$ positiv korreliert, falls $e_{xr} > e_x$ und negativ korreliert, wenn $e_{xr} < e_x$ ist. Wir erläutern Formel (3.33) am Beispiel der Nettoheiratstafel für Männer. Hierbei wird der Junggesellenbestand vermindert durch Heirat (r=1) und Tod (r=2); vgl. Kap. 5, §2.1.

Für x=0 bedeuten die Schätzungen

$\hat{e}_0$ ... erwartete Länge des Junggesellendaseins

$\hat{e}_{01}$ ... durchschnittliches Heiratsalter

$\hat{e}_{02}$ ... durchschnittliche Lebenserwartung eines Junggesellen

$\hat{b}_{01}$ ... Anteil der jemals heiratenden Männer

$\hat{b}_{02}$ ... Anteil der permanenten Junggesellen ,

allemal ausgewertet für einen Neugeborenen. In einem realistischen Beispiel würde etwa gelten

$$\hat{e}_0 = 70 \text{ Jahre}, \quad \hat{e}_{01} = 26 \text{ Jahre}, \quad \hat{b}_{01} = 90\%$$

Gemäß (K 2, 2.68) läßt sich der Schätzwert $\hat{e}_0$ als gewogenes Mittel der Schätzungen $\hat{e}_{01}$ und $\hat{e}_{02}$ darstellen

$$\hat{e}_0 = \hat{b}_{01}\hat{e}_{01} + \hat{b}_{02}\hat{e}_{02} \qquad (3.35)$$

Es handelt sich dabei also um folgende Situation:

$$\hat{e}_{01} < \hat{e}_0 < \hat{e}_{02}$$

Es sei r=1. Wegen (3.33) ist die Kovarianz negativ, das gewogene Mittel $\hat{e}_0$ fällt also mit steigendem $\hat{b}_{01}$. Für r=2 hingegen steigen $\hat{e}_0$ und $\hat{b}_{02}$ gemeinsam, wie es (3.33) und (3.35) entspricht.

3.4. Hinweise zur Schätzung reiner Wahrscheinlichkeiten

Unter (2.11) hatten wir eine Schätzfunktion für die reine risiko-spezifische Abgangswahrscheinlichkeit $\bar{q}_{xr}$ angegeben. Während diese Schätzung zwar die Maximum Likelihood-Eigenschaft besitzt, ist sie n i c h t erwartungstreu. Dies liegt daran, daß ML-Estimatoren das Invarianzprinzip (1.21) erfüllen, während i.a.

$$E\left[g(\hat{\theta})\right] \neq g\left[E(\hat{\theta})\right] \tag{3.36}$$

ist (vgl. z.B. MEYER, 1965, p. 269). Während exakte Formeln für Varianzen und Kovarianzen der Schätzungen (2.11) für unabhängige Wahrscheinlichkeiten nicht leicht herleitbar sein dürften, kann man ohne große Schwierigkeiten Näherungsformeln für die zweiten Momente dieser Estimatoren finden, vgl. CHIANG (1968, p. 254-256).

4. O p t i m u m e i g e n s c h a f t e n d e r E s t i m a - t o r e n

Wir wollen uns nun überlegen, daß die Statistiken $\{l_x, d_{xr}\}$ gemeinsam suffizient für die einjährigen Verbleibs- und Ausscheidewahrscheinlichkeiten $\{p_x, q_{xr}\}$ sind. Ferner zeigen wir, daß es sich bei $\{\hat{p}_x, \hat{q}_x\}$ bzw. $\{\hat{q}_{xr}\}$ um beste Schätzfunktionen im Sinne von §1.3 handelt.

4.1. Gemeinsam suffiziente Statistiken für einjährige Verbleibs- und Ausscheidewahrscheinlichkeiten

Die Tafelfunktionen $\{l_x\}$ sind gemeinsam erschöpfend für die einjährigen Überlebenswahrscheinlichkeiten $\{p_x\}$. Ebenso sind die Statistiken $\{l_x, d_{xr}\}$ gemeinsam suffizient bezüglich der p_x und der einjährigen risikospezifischen Abgangswahrscheinlichkeiten q_{xr}. Zum Beweis verwenden wir wieder die Markoffketten-Interpretation (2.1) der Dekrementtafel und das in §1.2.4 erwähnte Resultat über die Ketten. Daraus ergibt sich sogar die Minimalsuffizienz. Anschaulich gewendet heißt das: Zur Einschätzung des 'wahren' Überlebens- und Abgangsverhaltens braucht man gar nicht auf die Lebensschicksale der einzelnen Kohortenmitglieder zurückzugreifen, sondern man kann sich auf die Auswertung des Tafelprotokolls beschränken. Man vergleiche dazu den direkten Suffizienz-Beweis bei CHIANG (1968, p. 231/2) über das NEYMANsche Faktorisierungskriterium.

4.2. Die minimale Varianz einjähriger Verbleibs- und Ausscheideanteile

Die Varianz eines jeden unverfälschten Schätzers p_x^* von p_x ist mindestens ebenso groß, wie jene der ML-Schätzung $\hat{p}_x = l_{x+1}/l_x$:

$$\text{Var}\,(p_x^*) \geq \text{Var}\,(\hat{p}_x) \tag{4.1}$$

CHIANG (1968, p. 232/3) liefert für (4.1) einen typischen Ad-hoc-Beweis. Einen kürzeren Beweis, der auch den Vorteil hat, für die ML-Schätzungen $\hat{q}_x = d_x/l_x$ und $\hat{q}_{xr} = d_{xr}/l_x$ dieselbe Minimum-Varianz-Eigenschaft zu liefern, findet man bei FEICHTINGER (1970). CHIANG (1968, p. 229-231) hat gezeigt, daß die CRAMÉR-RAO Schranke für die Varianz unverfälschter Schätzfunktionen von der Varianz (3.6) der ML-Schätzung $\hat{p}_x$ n i c h t erreicht wird.

5. B e m e r k u n g e n   z u m   T e s t e n   v o n   H y p o - t h e s e n

Ein Motiv für den Bau stochastischer Modelle demographischer Prozesse kann darin erblickt werden, daß sie einen Rahmen für statistische Testverfahren bezüglich demographischer Hypothesen abgeben können. HOEM (1968b) hat für kontinuierliche Modelle die Möglichkeit derartiger Tests skizziert. Als Beispiel sei die Frage nach der Abhängigkeit der ehelichen Fruchtbarkeit vom Heiratsalter der Frau erwähnt. Das zugrunde-liegende Modell ist das Fruchtbarkeitsmodell 1. Ranges (Kap. 4, §2.1), dessen Formulierung als homogene Markoffkette 1. Ordnung die Anwendung von Testverfahren gestattet, welche für diese Prozesse existieren. So kann beispielsweise für zwei Kohorten von Frauen mit dem Heiratsalter u_1 bzw. $u_2 \neq u_1$ getestet werden, ob die Nullhypothese gleicher Fruchtbar-keitsverhältnisse erfüllt ist. Man vergleiche dazu ANDERSON und GOODMAN (1957), insbesondere §3.4, ANDERSON (1955) und BARTLETT (1951). Als Prüfgröße kann dabei das χ^2 - oder das Likelihoodquotienten - Kriterium

verwendet werden. Hat man - wie man erwarten würde - die Nullhypothese
abgelehnt, so möchte man meist mehr über die Art des Unterschiedes wissen. Dabei werden dann vermutlich nichtparametrische Tests dienlich
sein. M.E. kann die Konstruktion derartiger statistischer Testverfahren
zur Exaktifizierung der demographischen Ursachenforschung beitragen.
Für zeitlich kontinuierliche Untersuchungen zur Schätz- und Testtheorie
verwandter Modelle vergleiche man ZAHL (1955), SVERDRUP (1965) und HOEM
(1968c, p. 31-50).

6. Zur Schätzung von Mehrtypenmo-
dellen

Die bisher hergeleiteten schätztheoretischen Resultate lassen sich
sinngemäß von Dekrementtafeln auf den Fall der Mehrtypenmodelle ausdeh-
nen. Wir betrachten ein Mehrtypenmodell (Kap. 2, §3.1) mit typengeglie-
derter Absorptionsmatrix (vgl. K 2, 3.10). Zunächst ergibt sich analog
zu §2.2, daß die unter (K 5, 3.2) angeführten Schätzgrößen ML-Estimatoren für die entsprechenden Parameter des Mehrtypenmodells sind. Dies
folgt nämlich sofort aus der Markoffkettenformulierung des Mehrtypenmodells und aus §1.1.2.2; ein direkter Beweis für diese Tatsache wäre zumindest umständlicher. Da die weiteren Modellvariablen, also etwa

P_{xy}^{hk}, b_{xr}^{h}, n_{x}^{hk}, $E\underline{z}_{x}^{h*}$ usw. eindeutige reelle Funktionen der einstufigen
Übergangswahrscheinlichkeiten sind (sie wurden in Kap. 2, §3.2 berech-
net), so ergibt sich unter Ausnutzung der Invarianzeigenschaft (1.21a),
daß man durch Einsetzen der ML-Schätzungen (K 5, 3.2) in die betreffende funktionale Form auch ML-Schätzwerte für die abgeleiteten Modellvariablen erhält. Insbesondere ist dies für die Typenquoten (K 5, 3.2 f) der
Fall. Ferner kann man - ähnlich wie in §3 und 4 - die ersten beiden
Momente der Schätzfuktionen ermitteln bzw. Aussagen über Erwartungstreue, Suffizienz und Effizienz machen. In dieser Weise erhält man
b e i s p i e l s w e i s e für das hierarchische Zweitypenmodell
(vgl. K 2, 3.103) den ML-Schätzwert

$$\hat{n}_{x}^{12} = \sum_{y-x+1}^{w} \sum_{z-x}^{y-1} \hat{p}_{xz}^{11} \hat{p}_{z}^{12} \hat{p}_{z+1,y}^{22} \qquad (6.1)$$

für die durchschnittliche Verweilzeit. Um die Unverfälschtheit des
Schätzers (6.1) einzusehen, hat man vorweg die Unkorreliertheit der

einstufigen Wahrscheinlichkeits-Estimatoren $\hat{p}_x^{hk}$ und $\hat{p}_y^{rs}$ für x≠y zu zeigen (vgl. dazu den Beweis von (3.21)). Die Kovarianz Cov $(\hat{p}_x^{hk}, \hat{p}_y^{rs})$ verschwindet, sobald $E(\hat{p}_y^{rs} | \hat{p}_x^{hk}) = E(\hat{p}_y^{rs})$ gilt; die letztere Relation kann analog zu (3.8) gezeigt werden. Es handelt sich dabei um ein allgemeines und plausibles Resultat für Markoffketten, nämlich, daß die Schätzungen für irgend zwei aus verschiedenen Zeilen der Transitionsmatrix stammenden Übergangswahrscheinlichkeiten u n k o r r e l i e r t sind. Genauer gilt für die Kovarianzen der relativen Frequenzschätzungen $\hat{p}_{ij}$ der Markoffmatrix $\mathbf{P} = [p_{ij}]$ (Multinomialverteilung!)

$$\text{Cov } (\hat{p}_{ij}, \hat{p}_{uv}) = 0 \qquad \text{für } u \neq i$$

$$\text{Cov } (\hat{p}_{ij}, \hat{p}_{ik}) < 0 \qquad \text{für } k \neq j \tag{6.2}$$

Man vergleiche dazu BARTLETT (1951, p. 93), ANDERSON & GOODMAN (1957, §2). Dies bestätigt erneut die Vorteilhaftigkeit des eingeschlagenen Markoffkettenzutrittes; beispielsweise folgen die Formeln (3.10), (3.10a), (3.16), (3.17), (3.18) und (3.18a) bzw. Resultate bei CHIANG (1968, (4.19) auf p. 228 und (4.9), (4.11) auf p. 253) mit einem Schlage aus (6.2).

Die Auswertung der Schätzfunktion (6.1) vermöge (K 5, 3.2) mittels Funktionen der Mehrtypentafel ist jedoch nicht mehr so einfach wie beim Dekrementmodell. Es gilt nämlich zwar gemäß (K 5, 3.10) und aufgrund der strengen Hierarchie

$$\hat{p}_{xz}^{11} = 1_z^1 / 1_x^1 \quad ; \tag{6.3}$$

hingegen reduzieren sich die Schätzfunktionen

$$\hat{p}_z^{12} = m_z^{12} / 1_z^1 \tag{6.4}$$

bzw.

$$\hat{p}_{z+1,y}^{22} = \hat{p}_{z+1}^{22} \; \hat{p}_{z+2}^{22} \; \cdots \; \hat{p}_{y-1}^{22} = \frac{m_{z+1}^{22}}{1_{z+1}^2} \; \frac{m_{z+1}^{22}}{1_{z+2}^2} \; \cdots \; \frac{m_{y-1}^{22}}{1_{y-1}^2} \tag{6.5}$$

nicht mehr weiter. Der Grund hierfür liegt natürlich darin, daß der Typ 2 neben Abgängen auch Neuzugänge aufweist, welche sich aus Typ 1 - Personen rekrutieren. Um eine ähnliche prägnante Formel für $\hat{p}_{z+1,y}^{22}$ wie

(6.3) zu erhalten, müßte man das Abgangsverhalten einer(geschlossenen) Kohorte verfolgen, die nur aus Typ 2 - Personen besteht. Da im Mehr-typenschema derartige Informationen nicht ausgewiesen sind, so hat man die Schätzungen (6.3), (6.4) und (6.5) getrennt durchzuführen und in der Funktion (6.1) zusammenzufügen. In dieser Weise läßt sich die erwartete Heiratsdauer einer ledigen Person, sowie auch die Erwerbslebenserwartung schätzen (Kap. 2, §3.5). In Kap. 5, §3.2.2 hatten wir jedoch gesehen, daß das StBA die Erwerbslebenserwartung in anderer Weise schätzt.

T E I L   III

M A K R O M O D E L L E

Einleitung und Überblick

Gegenstand der demographischen Makrotheorie ist das Studium der zeitlichen Veränderung von Bevölkerungsbestand und -struktur (Bestand differenziert nach geschlechts- und altersmäßiger, geographischer u.s.w.
Zusammensetzung) aufgrund der natürlichen und sozialen Bevölkerungsbewegung. Der vorliegende III. Teil setzt sich die Aufgabe, einen Einblick
in einige der wichtigsten Bestandsmodelle zu geben. Neben Ausführungen
zur klassischen Stabilitätstheorie von LOTKA wurden dabei auch neuere
Resultate der Bevölkerungsdynamik berücksichtigt.

An den Beginn werden jeweils deterministische Modelle gestellt, die
meist das erwartete Verhalten stochastischer Erweiterungen beschreiben.
Die Analyse der eigentlichen Zufallsmodelle gestaltet sich oft schwieriger, so daß man auf eine vollständige Behandlung in Wahrscheinlichkeitsverteilungen verzichten muß und sich auf das Verhalten zweiter
Ordnung beschränkt (Varianzen und Kovarianzen der Bestandszahlen). Die
Kenntnis der zweiten Momente ist dabei für die Fehlereinschätzung bei
Bevölkerungsprojektionen von Relevanz. Die besprochenen Modelle können
nach folgender Kreuzgliederung eingeteilt werden; die Namen verweisen
dabei auf die Initiatoren der Modelle:

	deterministisch	stochastisch
diskret	LESLIE Kap. 7, § 2	POLLARD, SYKES, GOODMAN Kap. 7, § 3 bis 7
stetig	LOTKA Kap. 8, § 3, 4	KENDALL, BARTLETT, FELLER Kap. 8, § 7

Historisch gesehen standen kontinuierliche deterministische Modelle
zwar am Ausgangspunkt der Entwicklung; aus didaktischen Gründen setzen
wir jedoch diskrete Modelle an den Beginn. Schon jetzt sei auf die
Parallelität der diskreten zur kontinuierlichen Analyse hingewiesen,
die sich oftmals bis zu formalen Einzelheiten hin erstreckt. Um eine
Annäherung ("reconciliation") stetiger und diskontinuierlicher Bestandsmodelle haben sich KEYFITZ (1967) und GOODMAN (1967 a) mit Erfolg bemüht;
POLLARD (1969) hat ihre Untersuchungen für stochastisches Bevölkerungswachstum in gewissem Sinne weitergeführt.

Der Schwerpunkt der folgenden Analyse liegt auf altersstrukturierten
eingeschlechtlichen Makromodellen. Dabei wird die Bestandsentwicklung
der Frauen betrachtet, und für die männliche Bevölkerungskomponente
wird angenommen, daß sie "entsprechend" zum weiblichen Bestand wächst.
Auf echtes zweigeschlechtliches Bevölkerungswachstum, wo die Anzahl der
Nachkommen vom jeweiligen Bestand an Frauen u n d Männern abhängig
gemacht wird, gehen wir bloß referierend ein (vgl. GOODMAN, 1967 b,
1968 a). Ein zentrales und allgemeines Ergebnis der Einbeziehung der
Altersstruktur ist der

Ergodensatz von LOTKA: Eine Bevölkerung, welche f e s t e n alters-
    spezifischen Sterblichkeits- und Fruchtbarkeitsraten unterworfen
    ist, nähert sich asymptotisch einem stabilen Altersaufbau, der nur
    von den Vitalitätsverhältnissen abhängt, nicht jedoch von der ur-
    sprünglich vorliegenden Altersgliederung (sogenannte starke Ergo-
    dizität, vgl. LOPEZ, 1961; KEYFITZ, 1968 a).

Das 7. Kapitel ist Bevölkerungsbestandsmodellen mit diskretem Zu-
stands- und Zeitparameter gewidmet. In einem ersten Abschnitt zeigen
wir, wie man durch schrittweise Erweiterung der Annahmen, ausgehend vom
Mikromodell im Teil I, über Kohortenbetrachtungen (Teil II) zu echten
Bestandsmodellen gelangen kann. In Kapitel 7 werden stochastische Modelle analysiert, welche die zeitliche Änderung des nach Altersklassen

gegliederten weiblichen Bevölkerungsbestandes beschreiben. Wir setzen
die Breite der Altersintervalle mit einem Jahr fest, und dementsprechend
soll eine Bestandsaufnahme in Jahresabstand erfolgen. Alle folgenden
Überlegungen sind aber auch für Einheitsintervalle und (gleich große)
Zeitintervalle beliebiger Länge durchführbar. KEYFITZ (1968 a) legt ein,
für gröbere Vorausschätzungen geeignetes, Fünf-Jahresintervall zugrunde.
Die Wahl von Einjahresintervallen erlaubt, die in der Altersklasse
$x- = (x,x+1)$ befindlichen Personen einfach x-jährige zu nennen. Zudem
sind Einjahresmodelle eher mit stetigen Makromodellen kompatibel als
jene mit Fünfjahresbreite.

Es wird angenommen, daß die einjährigen altersspezifischen Todes-
und Geburtsraten zeitlich konstant fortwirken sollen. Sie werden in der
sogenannten Lesliematrix zusammengefaßt, und im Matrizenkalkül steht
ein elegantes Mittel zur Modellanalyse zur Verfügung. Das zentrale Ergebnis der Theorie besteht darin, daß sich auf lange Sicht eine vom
ursprünglichen Altersaufbau unbeeinflußte Altersverteilung einstellt
(siehe oben). Am Ausgangspunkt der historischen Entwicklung stand die
deterministische Modellform (LESLIE, 1945). Interpretiert man den einjährigen Überlebendenanteil p_x für x-jährige Frauen als einjährige Überlebenswahrscheinlichkeit und die m_x als erwartete Töchterzahl pro Frau,
so läßt sich die deterministische Theorie insofern in den stochastischen
Überbau einordnen, als sie die durchschnittliche Bevölkerungsentwicklung
beschreibt. Da das deterministische Matrizenmodell eine zentrale Stellung in Theorie und Praxis der Demographie einnimmt, so wird es in § 2
vorangestellt.

Die fundamentalen Modellvariablen sind die Zufallsgrößen $\underline{N}_{xt}$, welche
den Bestand an x-jährigen zur Zeit t zählen. J. H. POLLARD (1966) ist
es gelungen, auch für die zweiten Momente der $\underline{N}_{xt}$ lineare Rekurrenzbe-
ziehungen aufzustellen (siehe § 3) und unter Verwendung des Kronecker-
produktes von Matrizen das asymptotische Verhalten der $\underline{N}_{xt}$ zu studieren.
Im vierten Abschnitt verallgemeinern wir das POLLARDsche Modell, indem
wir die Unabhängigkeitsvoraussetzung des Geburts- und Todesprozesses
streichen. Die mathematische Heimstätte der Matrizenmodelle der Bevölkerungsmathematik ist in der Theorie mehrdimensionaler Verzweigungsprozesse (multitype branching processes) zu suchen, vgl. HARRIS (1963,
Chap. 2). Die interessanten asymptotischen Resultate werden dort allerdings unter Voraussetzung einer positiv regulären 1. Moment - Matrix
hergeleitet. Da wir - abweichend von der üblichen Darstellungsweise -

den g a n z e n Altersaufbau in die direkte Analyse miteinbeziehen, so
ist die positive Regularität nicht erfüllt. Will man aber dennoch an
den tiefliegenden Ergebnissen für mehrdimensionale Verzweigungsprozesse
partizipieren, so hat man die besondere Struktur der Lesliematrix auszunützen. Da diese einen dominanten Eigenwert besitzt (siehe § 2.3), so
lassen sich die betreffenden asymptotischen Resultate in modifizierter
Weise beweisen. Aus diesen Sätzen erhält man dann Aufschluß über die
langjährige Bevölkerungsentwicklung vom stochastischen Standpunkt aus
(siehe § 6).

§ 7 bringt Hinweise zum zweigeschlechtlichen Bevölkerungswachstum.
Durch Mithineinnahme zusätzlicher demographischer Merkmale (Familienstand, Parität, Erwerbstätigkeit) und einen entsprechend reicheren
Zustandsraum lassen sich Mikromodelle von Kapitel 2 zu stabilen Bestandsmodellen umgestalten. Für den demographischen Praktiker ist das Matrizenmodell als Schema zur Bevölkerungsvorausschätzung (Komponentenmethode) von Interesse. Auf diesen Zusammenhang kommen wir im letzten Abschnitt des 7. Kapitels zu sprechen.

Kapitel 8 ist der kontinuierlichen Analyse des Bevölkerungswachstums
gewidmet. In § 1 werden zunächst das exponentielle und das logistische
Wachstumsmodell für den undifferenzierten Bevölkerungsbestand angeführt.
Die Einbeziehung der Altersstruktur (§ 2) führt auf die Integralgleichung der Bevölkerungsmathematik (§ 3). Es ist bemerkenswert und anscheinend nicht allgemein bekannt, daß die kontinuierliche demographische Analyse mittels der Erneuerungstheorie ein diskretes Pendant besitzt, das auf FELLERs Theorie rekurrenter Ereignisse zurückgreift
(FELLER, 1968, Chap. 13). Bei LOPEZ (1961, Chap. 2) wird deutlich, daß
die d i s k r e t e erneuerungstheoretische Formulierung des Bevölkerungswachstums infolge des Gebrauchs erzeugender Funktionen (z-Trans-
formation) anstelle von Laplace-Transformierten technisch und auch begrifflich e i n f a c h e r ist. Wir beschränken uns hier jedoch auf
die klassische kontinuierliche Vorgangsweise.

In den Abschnitten 4 und 5 stellen wir einige wichtige Ergebnisse
der LOTKAschen stabilen Bevölkerungstheorie zusammen; eine ausführli-
chere Behandlung findet man bei KEYFITZ (1968 a) und bei RISSER und
TRAYNARD (1965). § 6 belegt die Analyse mittels des einfachsten Spezial-
falls altersunabhängiger Vitalitätsraten, während der letzte Abschnitt
einen kurzen Ausblick auf kontinuierliche stochastische Bestandsmodelle
bringt.

Kapitel 7

MATRIZENMODELLE DER
BEVÖLKERUNGSDYNAMIK

1. Vom Individualmodell zur Makro-
theorie

Der Übergang von der Mikro- zur Makrotheorie war im Grunde genommen
schon in Kap. 5, § 1.3 bei Behandlung der stationären (Sterbetafel-)
bevölkerung vollzogen worden. Dort war unter Zugrundelegung einer Generationssterbetafel das Überlebensverhalten eines Geburtsjahrganges verfolgt worden. Durch Erweiterung des Dekrementschemas um Zugangsmöglichkeiten gelangt man zu den Bestandsmodellen der Bevölkerungsdynamik. Da
sich tatsächliche Zugänge (Geburten, Einwanderungen u.s.w.) i. a. über
die Zeit hin stetig verteilen (siehe jedoch Schulflußmodelle als Gegensatz, Kap. 2, § 4), so kommt es in jedem Zeitpunkt zu einem kontinuierlichen Altersaufbau. D i s k r e t e Wachstumsmodelle untersuchen die
zeitliche Bevölkerungsentwicklung bei Aufgliederung des Bestandes in
Altersklassen, deren Einteilung der diskontinuierlichen Zeitskala entsprechen soll.

1.1. Ein Input/Output - Modell

Es sei $x = 0,1,2,\ldots,w$ die Alters- und $t = 0,1,2,\ldots$ die Zeitvariable
mit dem Einjahresintervall als Einheit. Zeit- und entsprechende Alters-

intervalle werden mit t- = (t,t+1), x- = (x,x+1) bezeichnet. Eine in
der Altersklasse x- befindliche Person wird kurz als x-jähriger benannt.

Es bedeute N_{xt} den Bestand an x-jährigen im Zeitpunkt t und $\mathbf{n}_t = \{N_{xt}\}$
den altersgegliederten Bestandsvektor in t (Spaltenvektor). Mit $Z_{x,t+1}$
bezeichnen wir die Anzahl der im Laufe von t- zur Bevölkerung hinzukom-
menden Personen (Zugänge), welche a) den Zeitpunkt t+1 erleben, so daß
sie dort zu Buche geschlagen werden können, und b) dann x-jährig (d. h.
im Intervall x- befindlich) sind. Es sei $\mathbf{Z}_{t+1} = \{Z_{x,t+1}\}$ der Vektor
dieser altersstrukturierten Zugänge.

Wir setzen ferner p_x für den Anteil an zur Zeit t x-jährigen Personen, welche ein Jahr überleben, und fassen diese Überlebendenanteile in
folgender Matrix zusammen (vgl. K2, 2.2)

$$\mathbf{P} = \begin{array}{c} \begin{array}{cccccc} 0 & 1 & 2 & 3\dots & & w \end{array} \\ \left[\begin{array}{cccccc} 0 & p_0 & 0 & 0\dots & & . \\ 0 & 0 & p_1 & 0\dots & & . \\ \dots & & & & . & \\ 0 & . & . & . \dots 0 & p_{w-1} \\ 0 & . & . & . & \dots & 0 \end{array}\right] \begin{array}{c} 0 \\ 1 \\ \vdots \\ w-1 \\ w \end{array} \end{array} \qquad (1.1)$$

Bemerkung: Für die Parameter p_x hatten wir in (K 5, (1.25)) s_x geschrieben, um sie von den einjährigen Überlebenswahrscheinlichkeiten p_x (K 2,
(2.2)) für eine exakt x-jährige Person zu unterscheiden. Da von dieser
Wahrscheinlichkeit im weiteren Verlauf von Kapitel 7 nicht mehr die Rede sein wird, so verwenden wir für die erstgenannte Wahrscheinlichkeit
anstelle von s_x das Symbol p_x, um mit üblichen Bezeichnungsweisen kon-
form zu bleiben (dies empfiehlt sich aus formalen Gründen). Man muß dabei jedoch die verschiedenen Definitionen des jetzigen p_x (nämlich K 5,
(1.25)) und des ursprünglichen p_x (Kap. 2, § 2.1) im Auge behalten.
Während diese auf Mikromodelle zugeschnitten ist, entspricht jene eben
den Bestandsmodellen.

Aufgrund der bisherigen Erklärungen des Zu- und Abgangsmechanismus
gilt für die altersgegliederten Bestände in unmittelbar aufeinanderfolgenden Zeitpunkten

$$N_{o,t+1} = Z_{o,t+1} \qquad \text{für } x = 0$$
$$N_{x,t+1} = p_{x-1}N_{x-1,t} + Z_{x,t+1} \qquad \text{für } x = 1,2,\dots,w \qquad (1.2)$$

Unter Verwendung von (1.1) können die linearen Buchhaltungsgleichungen
(1.2) in Matrizenform geschrieben werden (ein Strich bedeutet dabei die
Transponierung der Matrix, d. h. die Vertauschung ihrer Zeilen und Spalten)

$$\mathbf{n}_{t+1} = \mathbf{P}'\mathbf{n}_t + \mathbf{z}_{t+1} \tag{1.3}$$

Die Anwendung der Subdiagonalmatrix $\mathbf{P}'$ auf $\mathbf{n}_t$ liefert dabei die um ein
Jahr gealterten Überlebenden von $\mathbf{n}_t$. Addiert man den Zugang, so erhält
man die Bestände in den Altersklassen im Zeitpunkt t+1. Man beachte,
daß das diskrete System zu grob gebaut ist, um einen Zugang und anschließenden Abgang eines Individuums in t- zu registrieren. Es werden also
nicht alle tatsächlichen Zugänge vermerkt, sondern nur jene, die bis zum
Ende des jeweiligen Kalenderjahres überleben. Dadurch wird der Input
(ebenso wie der gleich zu definierende Output) unterschätzt.

Es sei nun $Y_{r,t+1}$ die Zahl der in t- aufgrund der Ursache r ausscheidenden Personen. Dazu seien - analog zu Kapitel 2 - Abgangsursachen
r = I, II,...,a spezifiziert. Mit q_{xr} sei jener Anteil an x-jährigen
Personen bezeichnet, welcher im Laufe eines Zeitintervalls t- aufgrund
der Ursache r ausscheidet (man vgl. dazu wieder Kapitel 2, § 2.1), und
diese Parameter seien im Rahmen einer (w+1) $\times$ a Matrix

$$\mathbf{Q} = [q_{xr}] \tag{1.4}$$

zusammengefaßt. Es gilt dann

$$Y_{r,t+1} = \sum_{x=0}^{w} q_{xr} N_{xt} \tag{1.5}$$

bzw. für den abgangsspezifischen Ausscheidevektor $\mathbf{y}_t = \{Y_{rt}\}$

$$\mathbf{y}_{t+1} = \mathbf{Q}\,\mathbf{n}_t . \tag{1.6}$$

Der undifferenzierte Abgang Y_{t+1} in t- ist gegeben durch

$$Y_{t+1} = \mathbf{e}'\mathbf{y}_{t+1} = \sum_{r=I}^{a} Y_{r,t+1} \quad , \tag{1.7}$$

wobei $\mathbf{e}$ der aus lauter Einsen bestehende a-dimensionale Spaltenvektor
ist, $\mathbf{e} = \{1,1,...,1\}$.

Das durch die Gleichungen (1.3), (1.6) bzw. (1.7) beherrschte lineare
deterministische Input/Output - Modell leitet von der Mikrotheorie zu
Makromodellen über. Die Matrizen (1.1) und (1.4) sind - abgesehen von

der inhaltlichen Uminterpretation der Eingänge p_x und q_{xr} (vgl. Bemerkung S. 274) - mit der transienten und absorbierenden Matrix $\mathbf{P}$ bzw. $\mathbf{Q}$ der Mikrotheorie identisch (Kap. 2, § 2.1). Durch Hinzufügen des Inputvektors $\mathbf{z}_{t+1}$ zum Bestand $\mathbf{n}_t$ wird aus dem Dekrement- ein Bestandsmodell. Die Rolle des Zustandes wird nun vom Bestandsvektor $\mathbf{n}_t$ übernommen. Infolge der speziellen Gestalt von (1.1) handelt es sich um ein streng hierarchisches System (vgl. Kap. 2, § 3.1.2). Sind speziell nur Zugänge in der Altersklasse 0- zugelassen, gilt also

$$\mathbf{z}_t = \left\{ z_{ot}, \ 0, \ 0, \dots, 0 \right\} \ , \tag{1.8}$$

dann steigen die Individuen nach ihrem Eintritt in die unterste Klasse des Systems in der Zustandshierarchie auf, bis sie schließlich früher oder später einem Abgangsrisiko zum Opfer fallen. Siehe auch FEICHTINGER (1970).

Wir zeigen nun an drei charakteristischen Beispielen die Funktionsweise und Anwendbarkeit linearer Input/Output-Modelle.

1.2. Stationäre Bevölkerung

Es handelt sich um den Fall (1.8). Die Zugänge z_{ot} seien zeitlich konstant. In Erinnerung an die Sterbetafelbevölkerung (Kap. 5, § 1.3) setzen wir

$$z_{ot} = L_o, \quad \text{also} \ \mathbf{z}_t = \mathbf{z} = \left\{ L_o, \ 0, \dots, 0 \right\} \ . \tag{1.9}$$

L_o ist der Umfang eines Geburtsjahrganges am Ende des Geburtsjahres. Ferner sei w das maximal erreichbare Alter. Falls ein Grenzwert

$$\mathbf{n} = \lim_{t \to \infty} \mathbf{n}_t \tag{1.10}$$

existiert (die Existenz wird sich im Laufe von Kap. 7 aus allgemeineren Zusammenhängen ergeben), muß er gemäß (1.3) die Beziehung

$$\mathbf{n} = \mathbf{P}' \mathbf{n} + \mathbf{z} \ , \tag{1.11}$$

also

$$\mathbf{n} = (\ \mathbf{I} - \mathbf{P}')^{-1} \mathbf{z} = \mathbf{N}' \mathbf{z} \tag{1.12}$$

erfüllen, wobei $\mathbf{N}'$ die Transponierte der Fundamentalmatrix $\mathbf{N}$ von $\mathbf{P}$ ist. Wir hatten unter (K 2, 2.13) gezeigt, daß $\mathbf{N} = \left[P_{xy} \right]$ gilt; die

Überlebenswahrscheinlichkeiten P_{xy} sind dabei formal gemäß (K 2, 2.12) zu definieren, haben jedoch gegenüber Kap. 2 eine leicht veränderte Bedeutung (siehe Bemerkung S. 274). Daraus und aus (1.12) folgt sofort

$$\mathbf{n} = L_0 \mathbf{p} \qquad\qquad (1.13)$$

mit

$$\mathbf{p} = \{1, P_{o1}, \ldots, P_{ox}, \ldots, P_{ow} \} \quad , \qquad\qquad (1.14)$$

wobei also $P_{ox} = p_0 p_1 \ldots p_{x-1}$ die Wahrscheinlichkeit einer nulljährigen Person ist, bis zur Altersklasse x- zu überleben. $\mathbf{p}$ ist die zur einjährigen Überlebensmatrix $\mathbf{P}$ gehörige stationäre Altersverteilung, (1.13) der absolute stationäre Altersaufbau der Sterbetafelbevölkerung. Da zufolge (K 5, 1.26) p_x durch den Quotienten L_{x+1}/L_x der Sterbetafelbevölkerung geschätzt werden kann, so gilt $\hat{P}_{ox} = L_x/L_0$. Setzt man diese Schätzung in (1.13) ein, so erhält man $N_{xt} = L_x$, die stationäre Bevölkerung von Kap. 5, § 1.3. Gemäß (1.6) ist der stationäre Output gegeben durch

$$\mathbf{y} = \mathbf{Q}'\mathbf{n} = L_0 \mathbf{Q}'\mathbf{p} \quad , \qquad\qquad (1.15)$$

in Komponenten:

$$Y_r = L_0 \sum_{x=0}^{w} P_{ox} q_{xr} = L_0 b_{or} \quad . \qquad\qquad (1.16)$$

Dabei bedeutet b_{or} den Anteil der pro Kalenderjahr überhaupt aufgrund der Ursache r abgehenden Personen (vgl. K 2, 2.41). Aus (1.7) und (1.16) folgt

$$Y = \sum_r Y_r = L_0 \sum_r b_{or} = L_0 \qquad\qquad (1.17)$$

Im Stationaritätsfall (1.10) ist also der Totalinput L_0 von (1.9) gleich dem Output Y, wie es sein muß. Man beachte aber, daß der tatsächliche Input und Output, nämlich l_0, durch $L_0 = l_0 - \frac{1}{2} d_0$ unterschätzt wird. Vergleicht man (1.13) mit der Sterbetafelbevölkerung, so erkennt man ein wichtiges Charakteristikum stationärer Bevölkerungen, nämlich die Tatsache, daß Quer- und Längsschnittsbetrachtung zum selben Altersaufbau führen. Aus (K 5, 1.22) folgt für die Zahl k_{or} der in einer Generation bis zu ihrem Aussterben durch r ausscheidenden Personen $k_{or} = l_0 \hat{b}_{or} = L_0 \hat{b}_{or} + \frac{1}{2} d_0 \hat{b}_{or}$. Vergleicht man dies mit Y_r in (1.16), also mit der pro Jahr durch r abgehenden Personenzahl, so stellt man Übereinstimmung fest bis auf den Term $\frac{1}{2} d_0 \hat{b}_{or}$. Diese Differenz ist auf die Tatsache zurückzuführen, daß bei der Querschnittsbetrachtung durchschnittlich $\frac{1}{2}d_o$ Personen eines Geburtsjahrganges vor ihrer Registration am Jahresende sterben. Die Resultate gelten für $t \to \infty$ bei beliebigem Ausgangszustand $\mathbf{n}_o$ (asymptotisch stationäre Bevölkerung). Falls $\mathbf{n}_o = \mathbf{n}$ von Beginn an, so handelt es sich um die 'echt' stationäre Bevölkerung.

1.3. Stabile Bevölkerung

Wir betrachten das Bevölkerungswachstum für Frauen.

Es sei m_x die erwartete Anzahl an Töchtern, die von einer zur Zeit t x-jährigen im Verlaufe von t- geboren werden, und die in t+1 noch am Leben sind. Faßt man diese altersspezifischen Geburtsraten zum Zeilenvektor $\mathbf{m}' = [m_x]$ zusammen, so bedeutet das Skalarprodukt $\mathbf{m}'\mathbf{n}_t = \sum_x m_x N_{xt}$ die Gesamtzahl $Z_{o,t+1}$ der in t- neugeborenen Mädchen, welche mindestens bis t+1 überleben. Wir beschränken uns auf geschlossene Bevölkerungen, d. h.

$$\mathbf{z}_{t+1} = \{\mathbf{m}'\mathbf{n}_t, 0, \ldots, 0\} . \tag{1.18}$$

Es ist wohlbekannt, daß das Vorherrschen z e i t l i c h k o n s t a n - t e r altersspezifischer Vitalitätsraten p_x und m_x hinreichend ist für die Existenz einer asymptotisch stabilen Altersverteilung (siehe etwa KEYFITZ, 1968 a). Für genügend große t wachsen dann die Bestände aller Altersklassen angenähert um einen Faktor λ

$$\mathbf{n}_{t+1} \sim \lambda \, \mathbf{n}_t \tag{1.19}$$

Man vergleiche dazu die elementare, aber fundamentale Abhandlung von GOODMAN (1968 b, p. 394); das "$\sim$"- Zeichen bedeutet dabei asymptotische Gleichheit, d. h. der Quotient der beiden Seiten in (1.19) strebt für $t \to \infty$ gegen 1. Erkennt man die Existenz einer stabilen (relativen) Altersverteilung $\mathbf{p}$* an, so kann man diese wieder durch Matrizeninversion (vgl. 1.12) ermitteln. Gemäß (1.3) und (1.19) gilt dann nämlich

$$\lambda \, \mathbf{n}_t \sim \mathbf{P}'\mathbf{n}_t + \mathbf{z}_{t+1} \tag{1.20}$$

also

$$\mathbf{n}_t \sim (\lambda \mathbf{I} - \mathbf{P}')^{-1}\mathbf{z}_{t+1} \tag{1.21}$$

Die inverse Matrix von $\lambda \mathbf{I} - \mathbf{P}'$ existiert und läßt sich infolge (1.1) ohne Schwierigkeiten ermitteln. Es gilt

$$
(\lambda \mathbf{I} - \mathbf{P}')^{-1} = \lambda^{-1}
\begin{bmatrix}
P_{oo} & 0 & 0 & 0 & \cdots \\
P_{o1}\lambda^{-1} & P_{11} & 0 & 0 & \cdots \\
P_{o2}\lambda^{-2} & P_{12}\lambda^{-1} & P_{22} & 0 & \cdots \\
P_{o3}\lambda^{-3} & P_{13}\lambda^{-2} & P_{23}\lambda^{-1} & P_{33} & \cdots \\
\cdot & \cdot & \cdot & \cdot & \cdots \\
& & \cdots &
\end{bmatrix}
\tag{1.22}
$$

Gemäß (K 2, 2.12) gilt für den allgemeinen Eingang von (1.22)

$$
\left[(\lambda \mathbf{I} - \mathbf{P}')^{-1} \right]_{ij} = P_{ji}\lambda^{j-i-1}
\tag{1.23}
$$

Aus (1.21), (1.18) und (1.22) folgt

$$
\mathbf{n}_t \sim \lambda^{-1} \mathbf{m}' \mathbf{n}_t \mathbf{p}^* \quad ,
\tag{1.24}
$$

wobei

$$
\mathbf{p}^* = \left\{ P_{ox}\lambda^{-x} \right\}
\tag{1.25}
$$

die erste Spalte der Matrix $\lambda(\lambda \mathbf{I} - \mathbf{P}')^{-1}$ ist. Wertet man (1.24) für die nullte Komponente aus, so erhält man ($P_{oo} = 1$)

$$
N_{o,t+1} \sim \lambda \, N_{ot} \sim \mathbf{m}' \mathbf{n}_t
\tag{1.26}
$$

und somit die sich aus (1.24) und (1.26) ergebende Darstellung

$$
\mathbf{n}_t \sim N_{ot} \mathbf{p}^*
\tag{1.27}
$$

bzw. in Komponentenschreibweise

$$
N_{xt} \sim N_{ot} P_{ox}\lambda^{-x}
\tag{1.28}
$$

$\mathbf{p}^*$ in (1.25) ist die zum Überlebensmuster $\mathbf{P}$ und zum Wachstumsfaktor λ gehörige stabile Altersverteilung. (1.24) bzw. (1.27) zerfällt in zwei Faktoren: $\mathbf{p}^*$ beschreibt die konstanten Altersproportionen, während N_{ot} das absolute Bevölkerungswachstum beschreibt, das gemäß (1.19) asymptotisch exponentiell verläuft. Der Absolutstand N_{ot} hängt ferner noch von Anfangsniveau und -verteilung der Bevölkerung ab. Für $\lambda = 1$ liegt der stationäre Fall von § 1.2 vor.

Für den Outputvektor folgt aus (1.6) und (1.27)

$$
\mathbf{y}_{t+1} = \mathbf{Q}' \mathbf{n}_t \sim N_{ot} \mathbf{Q}' \mathbf{p}^* \quad ,
\tag{1.29}
$$

also

$$Y_{r,t+1} \sim N_{ot} \sum_x P_{ox} \lambda^{-x} q_{xr} \quad . \tag{1.30}$$

Setzt man $\mathbf{q}' = \mathbf{e}'\mathbf{Q}'$, also $\mathbf{q}' = \left[q_x \right]$ mit $q_x = 1 - p_x$, dann folgt aus (1.7) und (1.29)

$$Y_{t+1} = \mathbf{e}'\mathbf{y}_{t+1} = \mathbf{e}'\mathbf{Q}\hat{\mathbf{n}}_t = \mathbf{q}'\mathbf{n}_t \tag{1.31}$$

Unter Verwendung dieser Formeln kann nun beispielsweise gezeigt werden, daß die natürliche Zuwachsrate r_t der geschlossenen Bevölkerung in t- für $t \rightarrow \infty$ asymptotisch gleich λ - 1 ist.

Asymptotisch stabile Bevölkerungen werden wir in den nächsten Abschnitten dieses Kapitels eingehender untersuchen. Der Zusammenhang zur Lesliematrix für diskretes deterministisches Wachstum (siehe § 2) läßt sich sofort herstellen, wenn man (1.3) mit $\mathbf{z}_{t+1}$ aus (1.18) mit (2.3) vergleicht.

1.4. Das Schulflußmodell

Das Modell von THONSTAD (Kap. 2, § 4) läßt sich als Input/Output-Modell interpretieren. Dazu hat man lediglich die Matrix (1.1) durch die substochastische Matrix der Übergangsverhältnisse zwischen den Schulaktivitäten zu ersetzen (vgl. K 2, 4.1). Es bedeuten

N_{xt} die Anzahl der Schüler in der Aktivität x zur Zeit t, (1.32)

Z_{xt} die zur Zeit t in die Aktivität x neueingetretenen

Schüler und (1.33)

Y_{rt} die Zahl der in (t-1)- mit der Erziehung r graduierten Schüler. (1.34)

Wir bilden aus (1.32) bis (1.34) den Zustandsvektor $\mathbf{n}_t$, den Inputvektor $\mathbf{z}_t$ und den Outputvektor $\mathbf{y}_t$ und können dann die Entwicklung des Schulsystems durch die linearen Gleichungssysteme (1.3), (1.6) und (1.7) beschreiben. Falls man über die Schuleintritte verfügt, so kann man danach den nach Aktivitäten gegliederten Bestand sowie den Graduierten-output vorausschätzen. Handelt es sich insbesondere um zeitlich konstan-

ten Input $\mathbf{z}_t = \mathbf{z}$, dann wird man zu einer s t a t i o n ä r e n Be-
standsgliederung $\mathbf{n} = (\mathbf{I} - \mathbf{P'})^{-1}\mathbf{z}$ und zum entsprechenden stationären
Output $\mathbf{y} = \mathbf{Q'n}$ geführt; vgl. (1.12), (1.15) und bei THONSTAD (1969,
p. 32/3).

Realistischer ist es, exponentielles Wachstum $Z_{ot} = \lambda^t Z_{oo}$ der Erst-
eintritte (Zugänge der 1. Schulstufe) zu postulieren; vgl. THONSTAD
(1969, p. 33/34) und § 1.3. Falls die Matrix $\mathbf{P}$ positiv regulär ist
oder auch nur einen dominanten Eigenwert besitzt, existiert eine s t a -
b i l e Verteilung der Schulaktivitäten; man vergleiche dazu § 2.2.

Für eine Weiterverfolgung derartiger Bestandsmodelle, die in Bildungs-
planung, Soziologie und Betriebswirtschaft angewendet werden können,
ziehe man BARTHOLOMEW (1967) und SCHAICH (1969) heran.

2. D e t e r m i n i s t i s c h e   M a t r i z e n m o d e l l e

In diesem Abschnitt sind einige Hauptresultate der diskreten deterministischen Analyse des Bevölkerungswachstums mittels der Matrizenrechnung zusammengestellt. Die Theorie geht zurück auf BERNARDELLI
(1941), LEWIS (1942), LESLIE (1945, 1948) und wurde später von LOPEZ
(1961), KEYFITZ (1964), GOODMAN (1967 a, 1968 b), SYKES (1969 b) u. a.
ausgebaut. Matrizenmodelle können als Abstraktion zur sogenannten Komponentenmethode bei Bevölkerungsvorausschätzungen aufgefaßt werden (vgl.
HENRY, 1964). In den letzten Jahren haben sie eine Reihe differenzierter
Anwendungen erfahren, vgl. ROGERS (1968, Wanderungen), KEYFITZ & MURPHY
(1967, populations in interaction) und STONE (1966, demand analysis and
investment planning).

2.1. Die LESLIE-Matrix

2.1.1. Definitionen

Wir betrachten die weibliche Bevölkerung zu diskreten Zeitpunkten.
Die äquidistanten Erhebungszeitpunkte werden in Jahresabstand angenomen

und mit t = 0,1,2,... bezeichnet. Der Bevölkerungsbestand werde in Altersklassen eingeteilt mit einer entsprechenden einheitlichen Gruppen-
breite von einem Jahr. Es handle sich um w+1 Altersklassen x- = (x,x+1),
x = 0,1,2,...,w. (w...maximal erreichbares Alter). In der Altersgruppe x-
der x-jährigen befinden sich alle jene Personen, die am Stichtag t
zwischen x und x+1 Jahre zählen, d. h. bei ihrem letzten Geburtstag das
x-te Lebensjahr vollendeten.

Es sei (vgl. § 1, insbesondere die Bemerkung auf S. 274) p_x der Anteil
der zur Zeit t x-jährigen Frauen, der nach Ablauf des Zeiteinheits-
intervalls die Altersklasse (x+1)- erreicht. Ferner sei m_x die Anzahl
der Töchter, die in der Periode von t bis t+1 pro x-jährige Frau geboren werden, und die mindestens bis zum Zeitpunkt t+1 überleben (sie
befinden sich dann in der Altersklasse 0-, sind also Nulljährige). Wir
setzen $q_x = 1 - p_x$ (Anteil der in x- Sterbenden). Für die Sterberaten
q_x und Fruchtbarkeitsraten m_x ist also die Altersabhängigkeit zugelassen,
hingegen werden sie als unabhängig von der Zeit t angenommen. Allen
Matrizenmodellen liegt wieder implizit die Voraussetzung zugrunde, daß
das Geburten- und Sterblichkeitsgeschehen e i n e r   j e d e n Frau
von der übrigen Entwicklung unbeeinflußt verlaufen soll.

Die Zählvariable E_{xt} (in § 1 mit N_{xt} bezeichnet) mißt den Bestand an
x-jährigen Frauen im Zeitpunkt t; mit $\mathbf{E}_t$ bezeichnen wir den Spaltenvektor

$$\mathbf{E}_t = \left\{ E_{ot},\ E_{1t},\ldots,E_{xt},\ldots,E_{wt}\right\} \tag{2.1}$$

2.1.2. Die linearen rekursiven Beziehungen

Aufgrund der gegebenen Definitionen gelten folgende Beziehungen,
welche die altersgegliederten Bestände einer geschlossenen Bevölkerung
zu zwei aufeinanderfolgenden Zeitpunkten verknüpfen:

$$
\left.
\begin{aligned}
E_{o,\,t+1} &= \sum_{x=0}^{w} m_x E_{xt} \\
E_{1,\,t+1} &= p_o E_{ot} \\
E_{2,\,t+1} &= p_1 E_{1t} \\
&\;\;\cdots \\
E_{w,\,t+1} &= p_{w-1} E_{w-1,\,t}
\end{aligned}
\right\} \tag{2.2}
$$

Für diese <u>linearen rekursiven Relationen</u> bietet sich die Matrizenschreibweise an

$$
\begin{bmatrix}
E_{o,t+1} \\
E_{1,t+1} \\
E_{2,t+1} \\
\vdots \\
E_{w,t+1}
\end{bmatrix}
=
\begin{bmatrix}
m_o & m_1 & m_2 & \cdots & m_{w-1} & m_w \\
p_o & & & & & \\
 & p_1 & & & & \\
 & & p_2 & & & \\
 & & & \ddots & & \\
 & & & & p_{w-1} &
\end{bmatrix}
\begin{bmatrix}
E_{ot} \\
E_{1t} \\
E_{2t} \\
\\
E_{wt}
\end{bmatrix}
\qquad (2.3)
$$

Dabei haben wir uns einer weit verbreiteten Gepflogenheit der Bevölkerungsmathematik angeschlossen, diskrete Altersverteilungen als S p a l t e n v e k t o r e n zu schreiben. Abgekürzt schreibt sich (2.2) bzw. (2.3) als

$$ e_{t+1} = L\,e_t . \qquad (2.4) $$

L ist dabei eine quadratische Matrix der Ordnung w+1, in der alle Elemente gleich Null sind mit Ausnahme der 1. Zeile und der Subdiagonale. Die p_x sollen echt zwischen 0 und 1 liegen, während über die m_x zunächst nur gesagt wird, daß sie nicht negativ sein sollen. Derartige Matrizen dürften von BERNARDELLI (1941) zum ersten Mal in der Bevölkerungsmathematik benützt worden sein. LESLIE hat in zwei Arbeiten (1945, 1948) die Theorie zu einem brauchbaren und seitdem vielbenutzten demographischen Instrumentarium ausgestaltet. Es sei deshalb für L der Name <u>LESLIE-Matrix</u> vorgeschlagen. Zur Ermittlung der Matrixelemente m_x aus der Sterbetafel und den altersspezifischen Fruchtbarkeitsraten vergleiche man LESLIE (1945, p. 184/5) und KEYFITZ (1968 a, Part II). Hier sei nur erwähnt, daß die Elemente m_x der ersten Zeile sowohl von den Fruchtbarkeitsziffern als auch von den Überlebensverhältnissen abhängig sind. Die p_x können der Sterbetafelbevölkerung entnommen werden. Gemäß (K 5, 1.26) gilt $p_x = L_{x+1}/L_x$; vgl. auch LESLIE (1945, p. 184). Wir weisen noch darauf hin, daß wir w- als letztmögliche Altersklasse festgesetzt haben und demgemäß $p_w = 0$ sein muß.

Ist e_o der ursprüngliche Altersaufbau, so kann die Rekurrenzbeziehung (2.4) aufgelöst werden wie folgt

$$ e_t = L^t e_o \qquad (2.5) $$

2.1.3. Aufspaltung der LESLIE-Matrix

Für die postreproduktiven Altersgruppen $x-$, $x > b$ gilt per definitionem $m_x = 0$, während $m_b \neq 0$ vorausgesetzt werden kann. Frauen im Alter
$x > b$ können den Bestand in reproduktiven und präreproduktiven Altersklassen nicht mehr beeinflussen. Vermöge der für alle x gültigen Fortschreibung

$$E_{xt} = \begin{cases} p_o p_1 \cdots p_{x-1} \, E_{o,t-x} & \text{für } x \leqq t \\ \\ p_{x-t} p_{x-t+1} \cdots p_{x-1} \, E_{x-t,o} & \text{für } x > t \end{cases} \tag{2.6}$$

sind die postreproduktiven Bestände E_{xt} $(x > b)$ aus der Kenntnis der $E_{x\tau}$
für $x \leqq b$ und $\tau < t$ bestimmbar. Der Beitrag, den postreproduktive Altersgruppen zu künftigen Bestandszahlen leisten, erlischt nach einer endlichen Anzahl von Jahren (vgl. SYKES, 1966, p. 6). Man kann sich deshalb
mit der Untersuchung der zeitlichen Entwicklung des Vektors

$$\mathbf{e}_{bt} = \left\{ E_{ot}, \, E_{1t}, \ldots, E_{bt} \right\} \tag{2.7}$$

begnügen, welcher die vorreproduktiven und reproduktiven Altersklassen
beschreibt. Aus diesem Grunde empfiehlt es sich, die Lesliematrix $\mathbf{L}$
durch eine Aufspaltung nach der $(b+1)$-ten Zeile und Spalte in vier Submatrizen zu zerlegen:

$$\mathbf{L} = \begin{bmatrix} \mathbf{A} & \mathbf{0} \\ \mathbf{B} & \mathbf{C} \end{bmatrix}, \tag{2.8}$$

wobei $\mathbf{A}$, $\mathbf{B}$, $\mathbf{C}$ folgende Gestalt haben und $\mathbf{0}$ eine Nullmatrix ist,
deren Dimensionen man der untenstehenden Tabelle entnehmen kann.

$$\mathbf{A} = \begin{bmatrix} m_o & m_1 & \cdots & m_b \\ p_o & & & \\ & p_1 & & \\ & & \ddots & \\ & & & p_{b-1} \end{bmatrix}, \quad \mathbf{B} = \begin{bmatrix} 0 & \cdots & 0 & p_b \\ 0 & \cdots & \cdot & 0 \\ \vdots & & & \\ 0 & \cdots & \cdot & 0 \end{bmatrix} \tag{2.9}$$

$$
\mathbf{C} = \begin{bmatrix} 0 & \cdot & \cdots & & 0 \\ p_{b+1} & & & & \\ & p_{b+2} & & & \\ & & \ddots & & \\ & & & p_{w-1} & 0 \end{bmatrix}
$$

Matrix	Dimension
L	$(w+1) \times (w+1)$
A	$(b+1) \times (b+1)$
0	$(b+1) \times (w-b)$
B	$(w-b) \times (b+1)$
C	$(w-b) \times (w-b)$

(2.9)

Der entscheidende Mechanismus von Reproduktion und Überleben manife-
stiert sich dann schon im linken oberen Block **A** . Der Grund dafür, warum in der Literatur (vgl. etwa GOODMAN, 1967 a; KEYFITZ, 1968 a, Part
II) mit **A** anstatt mit ganz **L** gearbeitet wird, ist darin zu sehen,
daß die Matrix **A** praktisch stets positiv regulär ist. Für derartige
Matrizen verfügt man über weitreichende asymptotische Resultate, welche
für die stabile Altersverteilung der zugehörigen Bevölkerung beherr-
schend sind. Wir schieben an dieser Stelle einige Resultate aus der
Matrizentheorie ein, die wir im folgenden zu verwenden haben.

2.2.   Einige Ergebnisse aus der Matrizentheorie

Eine Matrix heißt nichtnegativ bzw. positiv, wenn ihre sämtlichen
Eingänge diese Eigenschaften besitzen. Unter einer positiv regulären
Matrix **A** wollen wir im Anschluß an HARRIS (1963, p. 38) und GOODMAN
(1968 a) eine quadratische nichtnegative Matrix verstehen, für welche
eine positive natürliche Zahl N existiert, so daß $\mathbf{A}^N$ positiv ist.

Die positiv regulären Matrizen sind genau jene nichtnegativen unzer-
legbaren Matrizen, die zusätzlich die Eigenschaft der Primitivität besitzen (vgl. dazu GANTMACHER, Teil II, 1966, p. 70). Für solche gilt
ein berühmtes Ergebnis von FROBENIUS:

Satz 1 (FROBENIUS). Eine positiv reguläre Matrix **A** besitzt einen po-
    sitiven Eigenwert λ_1 von der algebraischen Vielfachheit eins, der
    dem Absolutbetrag nach jeden anderen Eigenwert e c h t übertrifft.
    Einen Eigenwert mit diesen Eigenschaften wollen wir dominant nen-
    nen. Die zu λ_1 gehörigen rechten und linken Eigenvektoren besitzen
    ausschließlich positive Komponenten.

Zum Beweis vergleiche man KARLIN (1966, p. 475 ff) oder GANTMACHER,
Teil II (1966, Kapitel 13), wo auch die Zerlegbarkeit und der hier nicht
weiter verwendete Begriff der Primitivität einer Matrix erklärt werden.

Für beliebige quadratische Matrizen mit einem dominanten Eigenwert
gilt folgender

Satz 2 (POLLARD). Es sei L eine quadratische Matrix mit der Ordnung
w+1 und einem dominanten Eigenwert λ_1. Die durch λ_1 bekanntlich
nur bis auf skalare Vielfache bestimmten rechten und linken Eigenvektoren u und v' können normiert werden, wenn man für ihr Skalarprodukt

$$v'u = 1 \qquad (2.10)$$

fordert. (Der Strich deutet die Transponierung zu einem Zeilenvektor an). Die Matrix uv' ist dann dadurch eindeutig bestimmt, und
es gilt für große Werte von t

$$L^t = \lambda_1^t \, uv' + O(t^{w-1} | \lambda_2 |^t) , \qquad (2.11)$$

wobei λ_2 jener Eigenwert von L ist, der nach λ_1 den zweitgrößten
Absolutbetrag besitzt.

Dabei bedeutet $\varrho(t) = O(\psi(t))$, daß der Quotient $\varrho(t)/\psi(t)$ beschränkt
bleibt, falls sich t einem Grenzwert nähert (hier $t \to \infty$; vgl. etwa v.
MANGOLDT und KNOPP, 2. Band, 1965, p. 192). Die Matrizenschreibweise O
bzw. o ist dann sinngemäß dahingehend aufzufassen, daß jedes Element
der betreffenden Matrix von der Größenordnung O bzw. o sein soll; letztere hatten wir in Kap. 3, § 2.1.2 erklärt.

Satz 2 scheint im Zusammenhang mit den diskteten linearen Modell erstmals bei POLLARD (1966) auf; vgl. auch GOODMAN (1968 a). Man findet dort
zwar keinen Beweis hierfür; ein solcher kann jedoch mittels der aus der
Jordanschen Normalform der Matrix L folgenden Darstellung von L^t
als Linearkombination idempotenter und nilpotenter Matrizen gewonnen
werden. Die betreffende Darstellung findet man bei den in den Lecture
Notes erschienenen "Markovketten" von FERSCHL (1970, vgl. Kap. 6, insbesondere (6.56)). Bei ihrer Auswertung für unsere Zwecke hat man die
Ungleichung $\binom{t}{k} < t^k$ zu benutzen und die Tatsache, daß die Vielfachheit
von λ_2 höchstens gleich w beträgt.

Falls das Eigenwertspektrum von $\mathbf{L}$ aus lauter verschiedenen charakteristischen Wurzeln besteht (KEYFITZ, 1968 a, hat gezeigt, daß man sich
in der demographischen Praxis stets auf diesen Fall beschränken kann),
ergibt sich Satz 2 unmittelbar aus der spektralen Darstellung von $\mathbf{L}^t$
(SYLVESTERs Theorem, vgl. etwa KEYFITZ, 1968 a, p. 59 ff).

2.3.   Anwendungen auf das lineare rekursive Makromodell

Da die Lesliematrix $\mathbf{L}$ des linearen diskreten Modells nach (2.8) zer-
legbar ist, so ist sie natürlich nicht positiv regulär. Unter gewissen,
in der Praxis stets erfüllten Voraussetzungen ist jedoch der linke obere
Block $\mathbf{A}$ positiv regulär. SYKES (1969 b) hat nämlich gezeigt, daß $\mathbf{A}$
unzerlegbar ist und genau dann positiv regulär (bzw. primitiv) ist, wenn
der größte gemeinsame Teiler der Indizes j, denen ein positives m_j entspricht, eins beträgt. Daraus ergibt sich eine – z. B. bei POLLARD (1966)
und GOODMAN (1968 a) verwendete – hinreichende (aber nicht notwendige)
Bedingung für die positive Regularität von $\mathbf{A}$, nämlich daß mindestens
zwei aufeinanderfolgende Altersklassen positive Fruchtbarkeitsraten
haben müssen. In der demographischen Praxis ist dies (für Einjahresin-
tervalle) natürlich erfüllt.

Aus diesen Überlegungen und aus Satz 1 folgt, daß der linke obere
Kasten $\mathbf{A}$ der Lesliematrix $\mathbf{L}$ einen dominanten positiven Eigenwert
λ_1 besitzt.

Es sei nun $\mathbf{I}_e$ die Einheitsmatrix der Ordnung e. Die charakteristische Gleichung der Lesliematrix $\mathbf{L}$ lautet

$$\left| \mathbf{L} - \lambda \mathbf{I}_{w+1} \right| = \begin{vmatrix} \mathbf{A} - \lambda \mathbf{I}_{b+1} & \mathbf{0} \\ \mathbf{B} & \mathbf{C} - \lambda \mathbf{I}_{w-b} \end{vmatrix} = 0 \qquad (2.12)$$

bzw. nach dem Laplaceschen Determinantensatz

$$\left| \mathbf{A} - \lambda \mathbf{I}_{b+1} \right| \left| \mathbf{C} - \lambda \mathbf{I}_{w-b} \right| = 0 \qquad (2.13)$$

Aus (2.13) erkennt man, daß sich das Spektrum der Eigenwerte (Wurzeln
der charakteristischen Gleichung (2.13)) von $\mathbf{L}$ aus jenem von $\mathbf{A}$ und
dem Spektrum von $\mathbf{C}$ zusammensetzt. Aufgrund der speziellen Gestalt
(2.9) der Matrix $\mathbf{C}$ gilt

$$|C - \lambda I_{w-b}| = (-\lambda)^{w-b} \; , \tag{2.14}$$

und C besitzt nur den (mehrfachen) Eigenwert 0. Da für A bereits die Existenz eines dominanten Eigenwertes λ_1 bekannt ist, so folgt aus (2.13) und (2.14), daß λ_1 auch dominanter Eigenwert der ganzen Lesliematrix L ist.

2.4. Die Ermittlung der Eigenvektoren der LESLIE-Matrix

Die obigen Überlegungen ermöglichen die Anwendung des Satzes 2 auf die Lesliematrix L (dies wurde durch die Bezeichnung bereits vorweggenommen). Es seien also u und v' die durch die Bedingung $v'u = 1$ normierten rechten und linken Eigenvektoren. Dann folgt aus (2.11)

$$L^t = \lambda_1^t \, uv' + 0(\lambda_1^t) \tag{2.15}$$

Es seien nun u_b und v_b' die zum dominanten Eigenwert λ_1 gehörenden rechten und linken Eigenvektoren von A derart, daß gilt $v_b' u_b = 1$. Die Eigenvektoren erfüllen nach Definition die Relationen

$$A u_b = \lambda_1 u_b \quad \text{und} \quad v_b' A = \lambda_1 v_b'.$$

Da sie nur bis auf skalare Vielfache bestimmt sind, so ist die Normierungsbedingung natürlich erfüllbar, und man hat dann noch einen Freiheitsgrad zur Verfügung. Es gilt

$$\begin{bmatrix} v_b', 0 \end{bmatrix} \begin{bmatrix} A & 0 \\ B & C \end{bmatrix} = \begin{bmatrix} v_b' A, \; 0 \end{bmatrix} = \lambda_1 \begin{bmatrix} v_b', 0 \end{bmatrix} \tag{2.16}$$

und

$$\begin{bmatrix} A & 0 \\ B & C \end{bmatrix} \begin{bmatrix} u_b \\ u^* \end{bmatrix} = \begin{bmatrix} A u_b \\ B u_b + C u^* \end{bmatrix} = \lambda_1 \begin{bmatrix} u_b \\ u^* \end{bmatrix} , \tag{2.17}$$

wobei

$$u^* = (\lambda_1 I_{w-b} - C)^{-1} B u_b \tag{2.18}$$

ist. Die Vektoren

$$v' = \begin{bmatrix} v_b', \; 0 \end{bmatrix} \quad \text{und} \quad u = \{ u_b, u^* \} \tag{2.19}$$

sind also linker bzw. rechter Eigenvektor zum dominanten Eigenwert λ_1 von $\mathbf{L}$ mit der Eigenschaft

$$\mathbf{v'u} = \begin{bmatrix} \mathbf{v'_b}, \mathbf{0} \end{bmatrix} \begin{bmatrix} \mathbf{u}_b \\ \mathbf{u}^* \end{bmatrix} = \mathbf{v'_b u}_b = 1 \quad . \tag{2.20}$$

Infolge der einfachen Bauart der Lesliematrix $\mathbf{L}$ – außer der ersten Zeile und der Subdiagonale besteht sie aus lauter Nullen – sind ihre Eigenwerte explizite angebbar. Während in der Literatur – vgl. etwa KEYFITZ (1968 a, § 3.2) und GOODMAN (1967 a) – die Eigenvektoren der Submatrix $\mathbf{A}$ bestimmt werden, so läuft unser Rechengang auf die Ermittlung der beiden Eigenvektoren der vollständigen Lesliematrix $\mathbf{L}$ hinaus.

2.4.1. Die charakteristische Gleichung von $\mathbf{A}$

Die charakteristische Gleichung von $\mathbf{A}$, nämlich

$$|\mathbf{A} - \lambda \mathbf{I}| = 0$$

lautet ausführlich geschrieben

$$\lambda^{b+1} - \sum_{i=0}^{b} m_i P_{oi} \lambda^{b-i} = 0 \quad . \tag{2.21}$$

Dabei wurde die Überlebenswahrscheinlichkeit P_{ij} definiert durch (vgl. K 2, 2.12):

$$P_{ij} = \begin{cases} 1 & \text{für } i=j \\ \prod_{k=i}^{j-1} p_k & \text{für } j > i \end{cases} \tag{2.22}$$

Insbesondere ist $P_{i,i+1} = p_i$. Schreibt man (2.21) in der Form

$$\sum_{i=0}^{b} m_i P_{oi} \lambda^{-(i+1)} = 1 \quad , \tag{2.23}$$

so erkennt man, daß die linke Seite der Gleichung (2.23) eine monoton fallende Funktion in λ ist, und die charakteristische Gleichung von $\mathbf{A}$ deshalb höchstens eine positive Wurzel besitzt. Da aufgrund der positiven Regularität von $\mathbf{A}$ gemäß Satz 1 die Existenz mindestens einer positiven Wurzel garantiert wird, so besitzt $\mathbf{A}$ g e n a u e i n e n positiven Eigenwert λ_1. Daß λ_1 dann auch dominierender Eigenwert von $\mathbf{L}$

ist, hatten wir ja bereits in § 2.3 eingesehen.

2.4.2. Eigenvektoren von A

Wir ermitteln nun zunächst die Eigenvektoren von A . Dazu setzen wir

$$\mathbf{u}_b = \{u_o, u_1,\ldots,u_b\} , \qquad \mathbf{v}_b = \{v_o, v_1,\ldots,v_b\}. \qquad (2.24)$$

Es ist von Vorteil, $u_o = 1$ zu wählen. Tut man das, so erhält man durch Auflösung des Gleichungssystems (2.17)

$$\boxed{u_i = P_{oi} \lambda_1^{-i}} \qquad i = 0,1,2,\ldots,b \qquad (2.25)$$

Wegen $u_o = 1$ lautet die erste Gleichung von (2.17)

$$\sum_{i=0}^{b} m_i u_i = \lambda_1 \qquad (2.26)$$

Setzt man (2.25) in die charakteristische Gleichung (2.23) ein, so ist (2.26) in der Tat gewährleistet. Aufgrund der Normierungsbedingung und der Wahl $u_o = 1$ (Aufbrauchen des letzten Freiheitsgrades) ist $\mathbf{v}_b$ eindeutig bestimmt. Nach leichter Rechnung erhält man aus (2.16)

$$\boxed{v_i = \frac{\displaystyle\sum_{j=i}^{b} m_j u_j}{u_i \displaystyle\sum_{j=0}^{b} (j+1)m_j u_j}} \qquad i = 0,1,2,\ldots,b \qquad (2.27)$$

Hat man also λ_1 aus (2.23) berechnet, dann sind $\mathbf{u}_b$ und $\mathbf{v}_b$ vermöge (2.25) und (2.27) bestimmbar.

2.4.3. Eigenvektoren von L

Nun schreiten wir zur Berechnung der Eigenvektoren (2.19) von L . Wegen der speziellen Gestalt von B - siehe (2.9) - folgt aus (2.18) für

$$\mathbf{u}^* = \{u_{b+1}, u_{b+2},\ldots,u_{w-b}\}$$

$$\mathbf{u}^* = (\lambda_1 \mathbf{I}_{w-b} - \mathbf{C})^{-1} \{p_b u_b, 0, 0, \ldots, 0\} = p_b u_b \mathbf{S}_1 ,$$

$$(2.28)$$

wobei $\mathbf{S}_1$ die erste Spalte der Matrix $(\lambda_1 \mathbf{I}_{w-b} - \mathbf{C})^{-1}$ bedeutet. Invertiert man $(\lambda_1 \mathbf{I}_{w-b} - \mathbf{C})$, so erhält man

$$(\lambda_1 \mathbf{I}_{w-b} - \mathbf{C})^{-1} = \begin{bmatrix} \lambda_1 & 0 & 0 & \cdots \\ -p_{b+1} & \lambda_1 & 0 & \cdots \\ 0 & -p_{b+2} & \lambda_1 & \cdots \\ & \cdot & \cdot & \cdot \\ & & \cdot & \cdot & \cdot \\ \cdots & & 0 & -p_{w-1} & \lambda_1 \end{bmatrix}^{-1} =$$

$$= \lambda_1^{b-w} \begin{bmatrix} \lambda_1^{w-b-1} & \cdots \\ \lambda_1^{w-b-2} p_{b+1,b+2} & \cdots \\ \lambda_1^{w-b-3} p_{b+1,b+3} & \cdots \\ \vdots & \cdots \end{bmatrix}$$

also

$$\mathbf{S}_1 = \left\{ \lambda_1^{-1} p_{b+1,b+1}, \lambda_1^{-2} p_{b+1,b+2}, \ldots, \lambda_1^{-j} p_{b+1,b+j}, \ldots, \lambda_1^{-(w-b)} p_{b+1,w} \right\} =$$

$$= \left\{ \lambda_1^{-j} p_{b+1,b+j} \right\}_{j=1}^{w-b} \tag{2.29}$$

Setzt man in (2.28) für u_b (2.25) und für $\mathbf{S}_1$ (2.29) ein, so ergibt sich

$$\mathbf{u}^* = \left\{ u_{b+j} \right\}_{j=1}^{w-b} = \left\{ p_b p_{ob} \lambda_1^{-b} \lambda_1^{-j} p_{b+1,b+j} \right\}_{j=1}^{w-b} = \left\{ p_{o,b+j} \lambda_1^{-(b+j)} \right\}_{j=1}^{w-b} \tag{2.30}$$

(2.25) und (2.30) liefern zusammen für den rechten Eigenvektor $\mathbf{u}$ $= \{u_o, u_1, u_2, \ldots, u_w\}$ von $\mathbf{L}$

$$\boxed{u_i = p_{oi} \lambda_1^{-i}} \qquad i = 0, 1, \ldots, w \tag{2.31}$$

Gemäß (2.19) ist für den linken Eigenvektor $\mathbf{V}$ nur $\mathbf{V}_b$ mit $\mathbf{O}$ zu kombinieren, d. h.

$$v_i = 0 \quad \text{für } i = b+1, \; b+2,\ldots,w \; , \qquad (2.32)$$

während für $0 \leq i \leq b$ v_i durch (2.27) gegeben ist.

2.5. Stabiler Altersaufbau und reproduktiver Wert

Wir kommen nun zur Interpretation der Eigenvektoren von $\mathbf{L}$.

Da $\mathbf{L}$ einen dominanten Eigenwert λ_1 besitzt (§ 2.3), so kann Satz 2 von § 2.2 angewendet werden, und es gilt nach (2.5) und (2.15)

$$\mathbf{e}_t = \mathbf{L}^t \mathbf{e}_0 = \lambda_1^t(\mathbf{uv'})\mathbf{e}_0 + \mathbf{O}(\lambda_1^t) = \lambda_1^t(\mathbf{v'e}_0)\mathbf{u} + \mathbf{O}(\lambda_1^t) =$$

$$= \lambda_1^t \sum_{i=0}^{w} v_i E_{io} \mathbf{u} + \mathbf{O}(\lambda_1^t) \qquad (2.33)$$

bzw.

$$\lim_{t\to\infty} \frac{\mathbf{e}_t}{\lambda_1^t} = (\mathbf{v'e}_0)\mathbf{u} = \sum_{i=0}^{w} v_i E_{io}\mathbf{u} \qquad (2.34)$$

Dabei ist durch den Spaltenvektor $\mathbf{e}_0 = \left\{ E_{io} \right\}_{i=0}^{w}$ der altersgegliederte Ausgangsbestand gegeben.

2.5.1. Interpretation des dominierenden Eigenwertes λ_1

Für alle Altersgruppen $i = 0,1,\ldots,w$ gilt

$$\lim_{t\to\infty} \frac{E_{it}}{E_{i,t-1}} = \lim \lambda_1 \frac{E_{it}\lambda_1^{-t}}{E_{i,t-1}\lambda_1^{-(t-1)}} = \lambda_1 \frac{\lim(E_{it}/\lambda_1^t)}{\lim(E_{i,t-1}/\lambda_1^{t-1})} = \lambda_1 \; , \quad (2.35)$$

weil die Grenzwerte im Zähler und Nenner von (2.35) gemäß (2.34) existieren (und natürlich gleich sind). λ_1 werde Wachstumsfaktor genannt (nicht zu verwechseln mit der Zuwachsrate; s. u.).

2.5.2. Der Rechtseigenvektor als stabile Altersverteilung

Gemäß (2.34) strebt der Altersaufbau gegen ein konstantes Vielfaches des Eigenvektors $\mathbf{u}$ von $\mathbf{L}$. Durch $\mathbf{u}$ ist somit die stabile Altersverteilung festgelegt. Dieses Resultat ist grundlegend nicht nur für demographische Matrizenmodelle und in der bevölkerungsmathematischen Literatur bekannt als

Ergodensatz von LOTKA (diskrete Form): Ist eine Bevölkerung festen Sterblichkeits- und Fruchtbarkeitsraten p_x bzw. m_x unterworfen, dann nähert sie sich asymptotisch einem Altersaufbau $\mathbf{u}$, der nur von diesen Vitalitätsverhältnissen abhängig ist. Diese stabile Altersverteilung $\mathbf{u}$ ist unabhängig von der ursprünglichen Struktur $\mathbf{E}_o$ der Bevölkerung. $\mathbf{u}$ hängt von der Mortalität p_x ab, während die Fruchtbarkeitsverhältnisse m_x nur über den Wachstumsfaktor λ_1 eingehen. (Die Tendenz, die ursprüngliche Altersgliederung im Laufe der Zeit zu vergessen, ist aus der Theorie der Markoffketten wohlbekannt).

Die Aussage (2.33) wird in der Literatur oft auch in der Form asymptotischer Gleichheit

$$\mathbf{E}_t \sim \lambda_1^t \sum v_i E_{io} \mathbf{u} \quad , \tag{2.36}$$

gelegentlich jedoch auch mißverständlicherweise mit einem Gleichheitszeichen geschrieben. Mit (2.36) ist aber nur eine Gleichheit bis auf $\mathbf{O}(\lambda_1^t)$ gemeint, d. h. erst bei Normierung durch λ_1^t strebt $\mathbf{E}_t$ gegen feste, durch (2.34) gegebene Werte. Die Bedeutung der stabilen Altersverteilung liegt darin, daß die P r o p o r t i o n e n der Besetzungszahlen der einzelnen Altersgruppen gegen konstante Werte streben, nämlich gemäß (2.34):

$$\frac{E_{jt}}{\sum_{i=0}^{w} E_{it}} = \frac{E_{jt}/\lambda_1^t}{\sum_{i=0}^{w} E_{it}/\lambda_1^t} \longrightarrow \frac{u_j \sum_{k=0}^{w} v_k E_{ko}}{\sum_{i=0}^{w} u_i \sum_{k=0}^{w} v_k E_{ko}} = \frac{u_j}{\sum_{i=0}^{w} u_i} \tag{2.37}$$

Die Komponenten von $\mathbf{u}$, nämlich

$$u_o = 1, \; u_1 = \frac{p_o}{\lambda_1}, \; u_2 = \frac{p_{o2}}{\lambda_1^2}, \; \ldots \; , \; u_i = \frac{p_{oi}}{\lambda_1^i}, \; \ldots \; , \; u_w = \frac{p_{ow}}{\lambda_1^w} \tag{2.38}$$

geben also die <u>relative Altersgliederung der stabilen Bevölkerung</u> an.
Sie effüllen die Rekursionsbeziehung

$$\lambda_1 u_{i+1} = u_i p_i \; , \tag{2.39}$$

wobei u_o (willkürlich) gleich 1 gesetzt wurde. Da gemäß (2.35) λ_1 der
Faktor ist, um welchen sich schließlich jede Altersklasse (und natürlich
auch die Totalbevölkerung) aufbläht bzw. zusammenzieht, so kann die stabile Altersverteilung (2.38) vermöge (2.39) folgendermaßen anschaulich
hergeleitet werden (t groß genug):
Es sei die stabile Altersverteilung
in t bereits erreicht. Wir setzen
$u_o = 1$. u_1 geht dann aus dem durch
λ_1 diskontierten Bestand $u_o\lambda_1^{-1}$ der
Altersklasse 0 zur Zeit t–1 durch
Multiplikation mit p_o hervor:

$u_1 = p_o u_o \lambda_1^{-1}$ u.s.w. Die u_i in t

i–jährigen waren zur Zeit t–i
Nulljährige, davon gab es damals
$u_o\lambda_1^{-i}$, multipliziert man sie mit
dem Überlebendenanteil P_{oi}, so
folgt mit $u_i = u_o\lambda_1^{-i}P_{oi} = P_{oi}\lambda_1^{-i}$
das gewünschte Resultat. Der Wachs-
tumsfaktor λ_1 ist durch die Relation (2.26) implizite definiert.
Man erkennt daraus, daß aufgrund
der Definition der m_i λ_1 auch
als jener Geburtenertrag pro Jahr
einer Bevölkerung mit dem <u>absolu-</u>

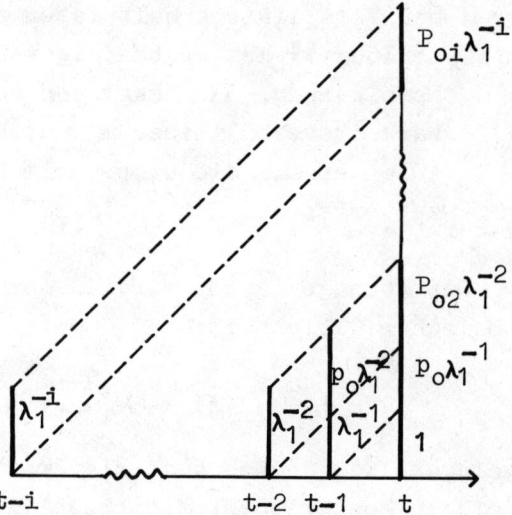

Abb. 1: Zur anschaulichen Begründung des stabilen Alters-
aufbaues

<u>ten</u> Altersbestand **U** aufgefaßt werden kann, welcher im Durchschnitt 1/2
Jahr überlebt.

2.5.3. Der linke Eigenvektor von **L**

Aus (2.33) folgt wegen $u_o = 1$

$$E_{ot} \sim \lambda_1^{\,t} \sum_{i=0}^{b} v_i E_{io} \tag{2.40}$$

Während u_i interpretiert werden kann als "gegenwärtiger Wert" der bis

zum i-ten Altersintervall überlebenden Frauen pro Individuum in der
nullten Altersgruppe (vgl. Abb. 1), ist die Komponente v_i des linken
Eigenvektors $\mathbf{V}$ GOODMANs ferner reproduktiver Wert (eventual reproductive value) einer i-jährigen Frau. Entsprechend (2.40) mißt nämlich
v_i für große t den Beitrag, den e i n e zur Zeit O i-jährige Frau
samt ihren Nachkommen zum Bestand des nullten Altersintervalls in t
leistet, nachdem der Haupteffekt λ_1^t des exponentiellen Wachstums schon
berücksichtigt wurde. Der totale fernere reproduktive Wert der Anfangsbe-
völkerung $\mathbf{e}_o = \left\{ E_{io} \right\}_{i=0}^{w}$ ist dann als Summe aller Einzelwerte definiert:

$$\mathbf{v}'\mathbf{e}_o = \sum_{i=0}^{b} v_i E_{io} \tag{2.41}$$

Der Reziprokwert der nullten Komponente des linken Eigenvektors

$$v_o^{-1} = \frac{\sum\limits_{j=0}^{w} (j+1) m_j u_j}{\sum\limits_{j=0}^{w} m_j u_j} \tag{2.42}$$

ist gleich dem durchschnittlichen Alter der Mütter von Töchtern in der
Altersgruppe O- der stabilen Bevölkerung, kurz gleich dem Durchschnittsalter der Mütter bei Geburt ihrer Töchter; v_o^{-1} kann auch als Generations-
länge gedeutet werden. Bei Betrachtung von (2.27) erkennt man, daß v_i
proportional ist zur Anzahl der Töchter, welche innerhalb eines Jahres
von den mindestens i-jährigen Frauen geboren werden, und umgekehrt proportional zur Anzahl u_i der i-jährigen Frauen, beidemal auf die stabile
Bevölkerung bezogen. Man vgl. dazu GOODMAN (1967 a, 1968 b).

Aus (2.40) sieht man, daß die Geburtenentwicklung und damit das gesamte Bevölkerungswachstum im wesentlichen als Produkt zweier Effekte
aufgefaßt werden kann. Der erste Faktor λ_1^t beschreibt den natürlichen
exponentiellen Bevölkerungszuwachs, während sich im totalen reproduktiven Wert $\mathbf{v}'\mathbf{e}_o$ der Einfluß der ursprünglichen Bevölkerungsstruktur nie-
derschlägt. Durch diesen wird das Niveau des exponentiellen Wachstums
erst festgelegt.

GOODMAN (1968 b, 1967 a) hat die Wahl von v_i als reproduktiven Wert
im Zusammenhang mit früheren Definitionen von Sir R. A. FISHER und LES-
LIE (1948) eingehend diskutiert. Die beiden zuletzt genannten Autoren

verstehen unter dem reproduktiven Wert einer x-jährigen Frau die Anzahl der Töchter, welche die Frau in ihrem w e i t e r e n Leben zu erwarten hat, bezogen auf den gegenwärtigen Zeitpunkt. Die Analogie mit der Verzinsung eines Kapitals ist augenfällig: um den "gegenwärtigen Wert" künftig erwarteter Nachkommen zu erhalten, hat man mit dem Wachstumsfaktor λ_1 zu diskontieren. Man vergleiche dazu auch KEYFITZ (1968 a, p. 53,107). Der reproduktive Wert einer i-jährigen Frau im Sinne von FISHER ist (in diskreter Version) gegeben durch

$$f_i = \frac{\sum\limits_{j=i}^{b} m_j u_j}{u_i} \qquad (2.43)$$

f_i bezieht die Geburten im i-ten und allen folgenden Altersintervallen auf die i-jährigen Frauen in der s t a b i l e n B e v ö l k e r u n g. Es gilt

$$v_i = f_i (\sum (j+1) m_j u_j)^{-1} .$$

2.5.4. Ein mit der stabilen Bevölkerungstheorie verknüpftes Mikromodell

In diesem Zusammenhang ist die Anwendbarkeit der Theorie ergodischer Markoffketten in der diskreten stabilen Bevölkerungsdynamik bemerkenswert, worüber SYKES am Londoner Kongreß der International Union for the Scientific Study of Population vorgetragen hat (SYKES, 1969 c). Nach einem Satz bei GANTMACHER (1966, p. 74) ist der linke obere Block A jeder Leslieschen Projektionsmatrix L ähnlich zum Produkt von λ_1 und einer spaltenstochastischen Matrix S. Die Matrix der Ähnlichkeitstransformation ist dabei eine Diagonalmatrix mit dem positiven Eigenvektor U in der Hauptdiagonale. Sobald A positiv regulär ist, ist die S entsprechende Markoffsche Kette ergodisch. Ihr Zustandsdiagramm lautet:

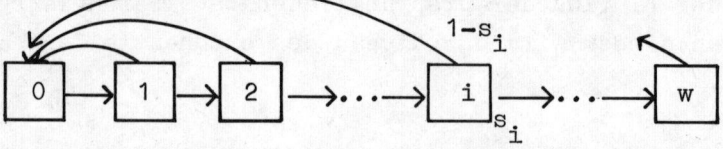

Nach SYKES (1969 c) sind die Transitionswahrscheinlichkeiten der Kette gegeben durch $1-s_i = m_i f_i^{-1}$, das ist der Anteil der Geburten einer i-jährigen Frau in i- an ihrem gesamten reproduktiven Wert f_i. Bei bekannter stabiler Altersverteilung $\mathbf{u}$ hängt $\mathbf{S}$ gemäß (2.43) nur von den Fruchtbarkeitsverhältnissen m_x ab. Anschaulich gesprochen ahmt die Markoffkette $\mathbf{S}$ den Projektionsprozeß $\mathbf{A}$ "im Kleinen" nach: Eine Frau durchläuft die Zustände (Altersgruppen) $0,1,\ldots,i,\ldots$, bis sie sich früher oder später reproduziert. Die Darstellung "standardisiert" das stabile Bestandsmodell durch Ausschaltung von λ_1 und $\mathbf{u}$ gleichsam auf ein individuelles Fruchtbarkeitsmodell. Während wir in der vorliegenden Untersuchung den Übergang von der Mikro- zur Makrotheorie vollzogen haben (§ 1), zeigen obige Überlegungen, daß auch der umgekehrte Weg vom Bestands- zum Individualmodell gangbar ist. Die Kette $\mathbf{S}$ ist mit der FELLERschen Theorie rekurrenter Ereignisse verknüpft (FELLER, 1968, Chap. 13). Als diesbezügliche Anwendung erhält man nach Ermittlung der stationären Verteilung von $\mathbf{S}$ die mittlere Wiederkehrzeit eines Zustandes (einer Altersgruppe) durch Reziprokwertbildung der entsprechenden Grenzzustandswahrscheinlichkeit. Für die Altersgruppe $0-$ ergibt sich auf diese Weise gerade der durchschnittliche Generationsabstand (2.42).

2.6.   Zeitlich konstanter Wachstumsfaktor und Geburtenrate

Wir werden im weiteren Verlauf dieses Kapitels erkennen, daß die Theorie positiver Matrizen wertvolle Ergebnisse für diskrete Makromodelle liefert. Einige Resultate kann man jedoch auch ohne aufwendigere mathematische Methoden erzielen; eine derartige "matrizenfreie" Betrachtungsweise wird im folgenden eingeschlagen (vgl. dazu auch die stetige Version in Kap. 8, § 2).

Neben p_x und m_x (siehe § 2.1) benötigen wir folgende Variable:

N_t ... Bestand zum Zeitpunkt t (undifferenziert, d. h. Totalbestand)

c_{xt}... Anteil der x-jährigen am Totalbestand N_t zur Zei t; das sind jene Personen, die sich in der Altersklasse $x- = (x,x+1)$ befinden

B_t ... Anzahl der Geborenen im Zeitintervall $t- = (t,t+1)$, welche im Zeitpunkt $t+1$ noch am Leben sind

D_t ... Anzahl der Todesfälle in $t-$.

Es wird wieder eine diskrete Zeitskala zugrundegelegt.
Ferner sei

$$\rho_t = \frac{N_{t+1} - N_t}{N_t} \qquad (2.44)$$

die einjährige natürliche Zuwachsrate von t bis t+1 und

$$\lambda_t = \frac{N_{t+1}}{N_t} \qquad (2.45)$$

der Wachstumsfaktor zur Zeit t, um den die Bevölkerung in der Zeiteinheit wächst. Es gilt

$$1 + \rho_t = \lambda_t \qquad (2.46)$$

und

$$N_{t+1} = N_t \lambda_t = N_0 \prod_{i=o}^{t} \lambda_i \qquad (2.47)$$

Ist $\underline{\rho_t}$ bzw. $\underline{\lambda_t}$ zeitlich konstant gleich ρ bzw. λ , so folgt

$$\underline{N_t = N_o \lambda^t} \quad \ldots\text{exponentielles Bestandswachstum} \quad (2.48)$$

Wir werden in (K 8, 2.6) zeigen, daß man den altersgegliederten Bestand aus den Überlebenden der verschiedenen Geburtsjahrgänge gewinnen kann:

$$N_t c_{xt} = B_{t-x-1} P_{ox} \qquad (2.49)$$

Setzt man in (2.49) x = 0, so ergibt sich

$$c_{ot} = \frac{B_{t-1}}{N_t} \qquad (2.50)$$

Summiert man in (2.49) über x, so folgt aus $\sum_x c_{xt} = 1$

$$N_t = \sum_x B_{t-x-1} P_{ox} \qquad (2.51)$$

Gemäß Definition der m_x gilt

$$B_t = N_t \sum_x c_{xt} m_x \qquad (2.52)$$

Setzt man in (2.52) c_{xt} aus (2.49) ein, so folgt

$$B_t = \sum_x B_{t-x-1} P_{ox} m_x \qquad (2.53)$$

Wenn die Geburten B_t <u>exponentiell mit dem konstanten Faktor λ</u> wachsen,

$$B_t = B_o \lambda^t, \tag{2.54}$$

dann gilt für die Altersverteilung c_{xt} gemäß (2.49) und (2.51)

$$c_{xt} = \frac{B_{t-x-1} P_{ox}}{\sum_x B_{t-x-1} P_{ox}} = \frac{B_o \lambda^{t-1} \lambda^{-x} P_{ox}}{\sum_x B_o \lambda^{t-1} \lambda^{-x} P_{ox}} = \frac{\lambda^{-x} P_{ox}}{\sum_x \lambda^{-x} P_{ox}} \tag{2.55}$$

Exponentielles Wachstum von B_t mit der Rate λ ergibt sich beispielsweise, wenn c_{ot} zeitlich konstant gleich c_o ist. Denn aus (2.50) und (2.48) folgt

$$B_t = c_o N_{t+1} = c_o N_o \lambda^{t+1} = c_o N_o \lambda \, \lambda^t = B_o \lambda^t \tag{2.54}$$

Die <u>stabile Altersverteilung</u>

$$\boxed{c_x = \frac{\lambda^{-x} P_{ox}}{\sum_x \lambda^{-x} P_{ox}} = c_o \lambda^{-x} P_{ox}} \tag{2.56}$$

wird formal äquivalent zu Formel (K 8, 2.14), falls man setzt

$$\boxed{\lambda = e^r \quad \text{bzw.} \quad r = \ln \lambda} \tag{2.57}$$

Die Zuwachsrate r bei stetigem Wachstum hängt mit der einjährigen Zuwachsrate ρ gemäß (2.57) durch

$$r = \ln \lambda = \ln(1+\rho) = \rho - \frac{\rho^2}{2} \pm \ldots = \rho + o(\rho)$$

zusammen. $\rho = \lambda - 1$ ist also Näherungswert für die stetige Zuwachsrate r. Setzt man exponentielles Geburtenwachstum (2.54) von B_t in (2.53) ein, dann bekommt man

$$\boxed{\lambda = \sum_x \lambda^{-x} P_{ox} m_x} \quad , \tag{2.58}$$

die sogenannte <u>charakteristische Gleichung</u> des Modells, die also matrizenfrei herleitbar ist. Vergleiche (2.23), aber auch die stetige Version (K 8, 2.16), die mit (2.58) durch die Substitution (2.57) verbunden ist.
Setzt man (2.56) in (2.58) ein, so liefert das

$$\lambda c_o = \sum_x c_x m_x \qquad (2.59)$$

Hier wird die Rolle von λ als einjähriger Wachstumsfaktor bezüglich der stabilen Verteilung offenbar.

$$\lambda = \frac{\sum c_x m_x}{c_o} \quad \text{...einjähriger Wachstumsfaktor der (überlebenden) Geburten.}$$

Die rohe Geburtenrate b_t im Intervall t— wird durch

$$c_{o,t+1} = \frac{B_t}{N_{t+1}} \qquad (2.50)$$

u n t e r s c h ä t z t . Denn erstens werden bei $c_{o,t+1}$ nur Geburten gezählt, die im Durchschnitt $\frac{1}{2}$ Jahr überleben, und zweitens ist der mittlere Bestand in t+1 um $\sqrt{\lambda}$ gegenüber $N_{t+1/2}$ verändert. Also ist $b_t > c_{o,t+1}$. Es gilt

$$\underline{b_t} = \frac{\text{Anzahl der Geburten in t-}}{\text{Bestand in t+1/2}} = \frac{B_t(P_{o,1/2})^{-1}}{N_o \lambda^{t+1/2}} =$$

$$= \frac{c_o N_o \lambda \lambda^t (P_{o,1/2})^{-1}}{N_o \lambda^t \lambda^{1/2}} = c_o \underline{\frac{\sqrt{\lambda}}{P_{o,1/2}}} \qquad (2.60)$$

Aus (2.50) folgt $B_t = c_{o,t+1} N_{t+1}$. Setzt man dies in die Definition von b_t ein, so erhält man bei exponentiellem Wachstum der Totalbevölkerung

$$b_t = \frac{B_t(P_{o,1/2})^{-1}}{N_{t+1/2}} = \frac{c_{o,t+1} \lambda^{t+1} N_o (P_{o,1/2})^{-1}}{N_o \lambda^{t+1/2}} = c_{o,t+1} \frac{\sqrt{\lambda}}{P_{o,1/2}} \; ; \quad (2.61)$$

$b_t = b = $ constant genau dann, wenn $c_{ot} = c_o = $ constant.

Andere Ermittlung: aufgrund von (2.52) und (2.59) gilt für die rohe Geburtsrate unter den im Titel des § 2.6 angegebenen Voraussetzungen:

$$b_t = \frac{B_t(P_{o,1/2})^{-1}}{N_{t+1/2}} = \frac{1}{P_{o,1/2}} \frac{N_t}{N_{t+1/2}} \sum_x c_x m_x = \frac{1}{P_{o,1/2}\sqrt{\lambda}} c_o \lambda = c_o \frac{\sqrt{\lambda}}{P_{o,1/2}}$$

$$(2.62)$$

Die stabile Geburtenrate b_t kann nach (2.62) folgendermaßen als gewogenes

Mittel der altersspezifischen Geburtsziffern m_x dargestellt werden

$$b_t = \sum_x \frac{c_x}{\sqrt{\lambda}} \frac{m_x}{P_{o,1/2}} \tag{2.63}$$

Als Gewichtung dient der um $-1/2$ verschobene relative Altersaufbau. In den korrigierten altersspezifischen Fruchtbarkeitsziffern $m_x(P_{o,1/2})^{-1}$ ist die Sterblichkeit im ersten Jahr berücksichtigt.

Für die Todesfälle gilt

$$D_t = N_t \sum_x c_{xt} \mu_x = \sum_x B_{t-x-1} P_{ox} \mu_x, \tag{2.64}$$

wobei μ_x die Anzahl der Todesfälle pro x-jähriger Person in t- bedeutet. Die rohe Todesrate in t- ist

$$d_t = \frac{\text{Anzahl der Todesfälle in t-}}{\text{Bestand in t+1/2}} = \frac{D_t}{N_{t+1/2}} \tag{2.65}$$

Sind die erforderlichen Voraussetzungen erfüllt, so liefert (2.64)

$$D_t = N_o \lambda^t \sum c_x \mu_x = D_o \lambda^t \; \dots \text{exponentielles Wachstum der Todesfälle}$$
$$\text{um Faktor } \lambda \tag{2.66}$$

Setzt man (2.66) in (2.65) ein, so bekommt man

$$d_t = \frac{N_o \lambda^t \sum c_x \mu_x}{N_o \lambda^t \lambda^{1/2}} = \frac{1}{\sqrt{\lambda}} \sum c_x \mu_x = \sum_x \frac{c_x}{\sqrt{\lambda}} \mu_x \; \dots \text{stabile Todesrate} \tag{2.67}$$

Deutung von d_t: Durch $\lambda^{-1/2}$ Altersverteilung c_x auf einen mittleren Zeitpunkt diskontieren, diese Gewichte auf altersspezifische Todesraten anwenden. -

Anschauliche Herleitung der stabilen Altersverteilung c_x: Ist die Existenz garantiert (strenge Stabilität infolge exponentiellen Wachstums oder asymptotische Stabilität von § 2.5), so kann die stabile Altersverteilung c_x ohne weiteres direkt ermittelt werden. Da es nur auf die Proportionen und nicht auf die absoluten Bestände ankommt, so kann $c_o = 1$ gesetzt werden. Da die Stabilität exponentielles Wachstum (2.48) impliziert, folgt aus (2.49) zusammen mit (2.52)

$$N_t c_{xt} = B_{t-x-1} P_{ox} = c_{o,t-x} N_{t-x} P_{ox}$$

$$N_t c_x = c_o N_{t-x} P_{ox}$$

$$N_o \lambda^t c_x = 1 \cdot N_o \lambda^{t-x} P_{ox}$$

$$\underline{c_x = \lambda^{-x} P_{ox}} \tag{2.68}$$

3. Das Modell von POLLARD

3.1. Problemstellung

Stochastische Modelle, welche die zeitliche Entwicklung der Altersgliederung beschreiben, sind im allgemeinen einer mathematischen Analyse nur schwer zugänglich. KENDALL (1949) hatte das Problem für den stetigen Fall angepackt, aber nur für unrealistische Spezialfälle lösen können. Seit KENDALLs Untersuchungen und jenen von BARTLETT (1962, p. 79 ff) sind kaum weitere Fortschritte erzielt worden, und in der Tat ist das Problem für kontinuierlichen Zeitablauf noch keineswegs ausdiskutiert.

Das zeitlich diskrete LESLIE-Modell fand lange Zeit keine stochastische Verallgemeinerung, so daß noch 1962 P. A. P. MORAN behaupten konnte "...equations for the variance seem, however, to be too complicated for an explicit solution" (MORAN, 1962, p. 11). Hingegen stehen bei WHITTLE (1963, p. 7/8) einige Ansätze zu einer Stochastisierung des deterministischen Matrizenmodells, die zwar von SYKES (1966) übernommen und ausgebaut worden sind, sonst aber unter den Bevölkerungsmathematikern weithin unbekannt geblieben sein dürften. Der entscheidende Anstoß zur Weiterentwicklung kam 1966 von POLLARD, der zeigte, daß man über das Kroneckerprodukt $\mathbf{A} \times \mathbf{A}$ der Submatrix $\mathbf{A}$ (vgl. 2.9) die zweiten Momente der Besetzungszahlen der Altersgruppen in den Griff bekommen kann (POLLARD, 1966). Seine Wendung der Analyse besitzt den Vorteil, unter Verwendung mehrfacher Kroneckerprodukte auf Momente höherer Ordnung ausdehnbar zu sein (POLLARD, 1966, § 10). POLLARDs und die weiterführenden

Untersuchungen von GOODMAN (1968 a) ordnen sich im Rahmen mehrdimensionaler Galton-Watson-Prozesse ein (siehe § 6 dieses Kapitels).

Ebenso wie in § 2 wird wieder die in Altersklassen x- (x = 0,1,2,...,
w) gegliederte weibliche Bevölkerung zu diskreten Zeitpunkten t = 0,1,
2,... betrachtet. Allgemeiner als es POLLARD (1966) getan hat - er unter-
drückt die postreproduktiven Altersgruppen - untersuchen wir analog
zu § 2 die stochastische Entwicklung s ä m t l i c h e r w+1 Altersgruppen. Folgende Variable liegen den stochastischen Matrizenmodellen
zugrunde:

$\underline{N}_{xt}$ ... Anzahl der Frauen in der Altersgruppe x- = (x,x+1) (Bestand
an x-jährigen).

Erwartungswert und Varianz der Zufallsgröße $\underline{N}_{xt}$ bezeichnen wir mit E_{xt}
bzw. mit $C_{xx}^{(t)}$. Weiters setzen wir für die Kovarianz zwischen den Be-
setzungszahlen zweier Altersgruppen $C_{xy}^{(t)} = \text{Cov} (\underline{N}_{xt}, \underline{N}_{yt})$. Der Überlebendenanteil p_x des Leslie-Modells erscheint nun als einjährige Überlebenswahrscheinlichkeit (Wahrscheinlichkeit, daß eine Frau in der
Altersgruppe x- die nächstfolgende Altersklasse erreicht).

Der Einfachheit halber nehmen wir zunächst an, daß eine Frau pro
Zeiteinheit (= 1 Jahr) höchstens ein Kind gebären kann. POLLARD hat
sein Modell zwar auch für Mehrfachgeburten erweitert, wir werden diese
Verallgemeinerung aber im Rahmen einer noch weitergehenden Generalisa-
tion behandeln (siehe § 4). Während im deterministischen Modell m_x die
(um die Frühsterblichkeit korrigierte) altersabhängige Geburtsrate
(pro Frau in der x-ten Altersgruppe und pro Jahr) war, wird m_x nun definiert als Wahrscheinlichkeit, daß eine zur Zeit t x-jährige Frau im
Zeitintervall t- = (t,t+1) (genau) eine Tochter zur Welt bringt, welche
den Zeitpunkt t+1 erlebt. Zur Abkürzung wird $q_x = 1-p_x$ und $g_x = 1-m_x$
gesetzt.

Folgende Annahmen liegen dem Modell zugrunde:

(i) Die altersspezifischen Überlebens- und Geburtswahrscheinlichkeiten sind von t unabhängig (zeitliche Homogenität).

(ii) Die Reproduktionstätigkeit und das Überlebensverhalten
i r g e n d z w e i e r Frauen verläuft unabhängig voneinander.

(iii) Geburten und Todesfälle ereignen sich unabhängig voneinander.

(iv) Keine Mehrfachgeburten.

3.2.   Hilfssätze

Im folgenden benötigen wir einige Resultate über die ersten beiden
Momente bedingter Verteilungen. Da diese Ergebnisse nicht nur in der
Bevölkerungsmathematik häufig Verwendung finden (siehe etwa Kapitel 5),
und anwendungsorientierte Behandlungen dieses Themenkreises in der Literatur selten sind, so gehen wir hier ein wenig ausführlicher darauf
ein. Zur Motivation, warum dies gerade an dieser Stelle geschieht, sei
erwähnt, daß man aufgrund der Modellannahmen zwar die bedingten Verteilungen der altersgegliederten Bestandszahlen kennt, zur Ermittlung von
Rekursionsformeln für die absoluten Momente aber gerade die folgenden
Beziehungen zu benutzen hat.

3.2.1.   Bedingte Momente

Im folgenden seien alle vorkommenden Zufallsgrößen Zählvariable,
d. h. ihr Wertevorrat besteht aus den nichtnegativen ganzen Zahlen. Der
bedingte Erwartungswert von $\underline{X}$ gegeben z ist der Erwartungswert von $\underline{X}$
bezüglich der bedingten Verteilung von $\underline{X}$ gegeben z:

$$E(\underline{X}|z) = \sum_{x} x P\{\underline{X}=x|\underline{Z}=z\} \quad , \tag{3.1}$$

unter der Voraussetzung, daß $P\{\underline{Z}=z\} > 0$ ist.

Für einen gegebenen Wert z ist die bedingte Erwartung (3.1) eine
Konstante; variiert hingegen z in seinem Wertebereich und wird es dabei als zufällige Variable $\underline{Z}$ aufgefaßt, dann ist der bedingte Erwartungswert

$$E(\underline{X}|\underline{Z}) = f(\underline{Z}) \tag{3.2}$$

als Funktion f der Zufallsgröße $\underline{Z}$ selbst eine Zufallsvariable. Für bedingte Erwartungen gelten folgende Relationen (vgl. etwa CHIANG, 1968,
§ 4.2):

$$E\left[E(\underline{X}|\underline{Z})\right] = E(\underline{X}) \tag{3.3}$$

Dabei bezieht sich der innere E-Operator auf $\underline{X}$, der äußere auf $\underline{Z}$.

Beweis: $E\left[E(\underline{X}|\underline{Z})\right] = \sum\limits_{Z} P\{\underline{Z}=z\} f(z) = \sum\limits_{Z} P\{\underline{Z}=z\} \sum\limits_{X} xP\{\underline{X}=x|\underline{Z}=z\} =$

$$= \sum\limits_{Z} \sum\limits_{X} xP\{\underline{X}=x,\underline{Z}=z\} = \sum\limits_{X} x \sum\limits_{Z} P\{\underline{X}=x,\underline{Z}=z\} = \sum\limits_{X} xP\{\underline{X}=x\} = E(\underline{X})$$

$$E(\underline{XY}|\underline{X}) = \underline{X} \, E(\underline{Y}|\underline{X}) \tag{3.4}$$

$$E(\underline{XY}) = E\left[\underline{X} \, E(\underline{Y}|\underline{X})\right] \tag{3.5}$$

Insbesondere gilt die Beziehung

$$E(\underline{X}|\underline{X}) = \underline{X} \tag{3.6}$$

Beweis: $E(\underline{X}|\underline{X}=\xi) = \sum\limits_{X} xP\{\underline{X}=x|\underline{X}=\xi\} = \sum\limits_{X} x\delta_{x\xi} = \xi$

mit dem Kroneckersymbol $\delta_{x\xi}$

Ferner gilt

$$E\left[E(\underline{X}|\underline{Z})|\underline{Z}\right] = E\left[f(\underline{Z})|\underline{Z}\right] = f(\underline{Z}) = E(\underline{X}|\underline{Z}) \tag{3.7}$$

Bedingte Momente zweiter Ordnung lassen sich über den bedingten Erwartungswert folgendermaßen einführen:

bedingte Varianz $\quad Var(\underline{X}|\underline{Z}) = E\left\{\left[\underline{X} - E(\underline{X}|\underline{Z})\right]^2 |\underline{Z}\right\} \tag{3.8}$

bedingte Kovarianz $\quad Cov(\underline{X},\underline{Y}|\underline{Z}) = E\left\{\left[\underline{X} - E(\underline{X}|\underline{Z})\right]\left[\underline{Y} - E(\underline{Y}|\underline{Z})\right]|\underline{Z}\right\} \tag{3.9}$

Ist $\underline{X}$ bezüglich der Zufallsgröße $\underline{U}$ und $\underline{Y}$ durch eine andere Zufallsvariable $\underline{V}$ konditioniert, so ist es sinnvoll, die doppelt bedingte Kovarianz durch

$$Cov(\underline{X},\underline{Y}|\underline{U},\underline{V}) = E\left\{\left[\underline{X} - E(\underline{X}|\underline{U})\right]\left[\underline{Y} - E(\underline{Y}|\underline{V})\right]|\underline{U},\underline{V}\right\} \tag{3.10}$$

zu definieren.

Wir kommen nun zu einigen Relationen, die es gestatten, unkonditionierte zweite Momente aus gewissen bedingten Momenten zu berechnen. Obwohl diese Hilfssätze in statistischen Anwendungen eine ähnliche Stellung wie etwa der Satz von der vollständigen Wahrscheinlichkeit einnehmen, findet man sie in der Literatur nur selten. Man vergleiche je-

doch CHIANG, 1968, p. 19, wo (3.11) bewiesen wird. (3.12) und (3.13) können analog hergeleitet werden.
Es gilt

$$\text{Var } (\underline{X}) = E\left[\text{Var } (\underline{X}|\underline{Z})\right] + \text{Var }\left[E(\underline{X}|\underline{Z})\right] \qquad (3.11)$$

$$\text{Cov } (\underline{X},\underline{Y}) = E\left[\text{Cov } (\underline{X},\underline{Y}|\underline{Z})\right] + \text{Cov }\left[E(\underline{X}|\underline{Z}),E(\underline{Y}|\underline{Z})\right] \qquad (3.12)$$

$$\text{Cov } (\underline{X},\underline{Y}) = E\left[\text{Cov } (\underline{X},\underline{Y}|\underline{U},\underline{V})\right] + \text{Cov }\left[E(\underline{X}|\underline{U}),E(\underline{Y}|\underline{V})\right] \qquad (3.13)$$

Dabei hängen in (3.12) $\underline{X}$ und $\underline{Y}$ beide von $\underline{Z}$ ab, während in (3.13) $\underline{X}$ durch $\underline{U}$, hingegen $\underline{Y}$ durch $\underline{V}$ bedingt ist.

3.2.2. Momente bedingter Binomialverteilungen

Für die nächsten drei Hilfssätze treffen wir folgende Annahmen (vgl. POLLARD, 1966):

$\underline{Z}$ sei eine Zufallsgröße (Zählvariable) mit der Erwartung $E(\underline{Z})$ und der Varianz Var $(\underline{Z})$. Ferner seien $\underline{X}$ und $\underline{Y}$ zufällige Variable mit den bedingten <u>unkorrelierten</u> Binomialverteilungen $B(\underline{Z},p_1)$ bzw. $B(\underline{Z},p_2)$. Dann gelten folgende drei Hilfssätze:

<u>Lemma 1:</u> $$E(\underline{X}) = p_1 E(\underline{Z}) \qquad (3.14)$$

<u>Beweis:</u> Gemäß (3.3) kann man $E(\underline{X})$ wie folgt konditionalisieren
$$E(\underline{X}) = E\left[E(\underline{X}|\underline{Z})\right] = E\left[\underline{Z}p_1\right] = p_1 E\left[\underline{Z}\right]$$

<u>Lemma 2:</u> $$\text{Var } (\underline{X}) = p_1(1-p_1)E(\underline{Z}) + p_1^2 \text{Var } (\underline{Z}) \qquad (3.15)$$

<u>Beweis:</u> folgt aus (3.11), wenn man für die Momente der Binomialverteilung einsetzt:
$$\text{Var } (\underline{X}|\underline{Z}) = p_1(1-p_1)\underline{Z}, E(\underline{X}|\underline{Z}) = p_1\underline{Z}$$

(3.15) gestattet die Umformung zu

$$\text{Var } (\underline{X}) = p_1^2\left[\text{Var } (\underline{Z}) - E(\underline{Z})\right] + p_1 E(\underline{Z}) \qquad (3.15a)$$

<u>Lemma 3:</u> $$\text{Cov } (\underline{X},\underline{Y}) = p_1 p_2 \text{Var } (\underline{Z}) \qquad (3.16)$$

<u>Beweis:</u> durch Anwendung von (3.12). Laut Voraussetzung sind die bedingten Verteilungen von $\underline{X}$ gegeben z und $\underline{Y}$ gege-

ben z unkorreliert, d. h.

$$\text{Cov}(\underline{X},\underline{Y}|\underline{Z}) = 0 \tag{3.17}$$

Setzt man $E(\underline{X}|\underline{Z}) = p_1\underline{Z}$, $E(\underline{Y}|\underline{Z}) = p_2\underline{Z}$ und (3.17) in (3.12) ein, so erhält man (3.16).

Lemma 4: Es seien $\underline{U}$ und $\underline{V}$ zwei (verschiedene) zufällige Größen mit der Kovarianz $\text{Cov}(\underline{U},\underline{V})$. Weiters sei $\underline{X}$ eine durch $\underline{U}$ und $\underline{Y}$ eine durch $\underline{V}$ bedingte Zufallsvariable; $\underline{X}$ bzw. $\underline{Y}$ mögen bedingt binomialverteilt sein gemäß $B(\underline{U},p_1)$ bzw. $B(\underline{V},p_2)$. Die bedingten Verteilungen von $\underline{X}$ gegeben u und $\underline{Y}$ gegeben v mögen <u>unkorreliert</u> sein. Dann gilt

$$\text{Cov}(\underline{X},\underline{Y}) = p_1 p_2 \text{Cov}(\underline{U},\underline{V}) \tag{3.18}$$

Beweis: Die Unkorreliertheit der bedingten Verteilungen von $\underline{X}|\underline{U}$ und $\underline{Y}|\underline{V}$ bedeutet

$$\text{Cov}(\underline{X},\underline{Y}|\underline{U},\underline{V}) = 0 \tag{3.19}$$

Ferner gilt

$$E(\underline{X}|\underline{U}) = p_1\underline{U} \quad \text{und} \quad E(\underline{Y}|\underline{V}) = p_2\underline{V} \tag{3.20}$$

Setzt man (3.19) und (3.20) in die zuständige Formel (3.13) ein, so folgt (3.18).

3.3. Rekursionsformeln für die ersten und zweiten Momente von $\underline{N}_{xt}$

Der Bestand der zum Zeitpunkt t+1 nulljährigen Mädchen wird nun nach den Altersgruppen x- aufgegliedert, welche die Mütter dieser Kinder zur Zeit t innehatten. Bezeichnet man mit $\underline{N}_{o,t+1}^{(x)}$ die Zufallsgröße, welche im Zeitpunkt t+1 jene weiblichen Babys zählt, deren Mütter zur Zeit t x-jährig waren, so gilt

$$\underline{N}_{o,t+1} = \sum_x \underline{N}_{o,t+1}^{(x)} \tag{3.21}$$

Schließt man zunächst Mehrfachgeburten aus und nimmt ferner an, daß Überleben und Vermehrung unabhängig voneinander geschieht, so kann die stochastische Entwicklung der weiblichen Bevölkerung wie folgt beschrieben werden. Jede der $\underline{N}_{xt}$ zur Zeit t x-jährigen Frauen hat – gemäß Voraussetzung (iii) - unabhängig von den übrigen die feste Wahrscheinlichkeit p_x, das Zeitintervall t- zu überleben. Aus diesem Grunde ist $\underline{N}_{x+1,t+1}$ eine binomialverteilte Zufallsvariable mit dem Gesetz $B(\underline{N}_{xt},p_x)$, wobei also der Parameter $\underline{N}_{xt}$ selbst zufälligen Schwankungen unterworfen ist. Weiters besitzt jede dieser $\underline{N}_{xt}$ Frauen eine zeitlich konstante Wahrscheinlichkeit m_x, zu den zur Zeit t+1 nulljährigen Töchtern genau ein Baby beizutragen. Infolgedessen ist jede der Zufallsgrößen $\underline{N}_{o,t+1}^{(x)}$ eine Binomialvariable mit der Verteilung $B(\underline{N}_{xt},m_x)$. Wir haben also

$$\underline{N}_{x+1,t+1} \cdots B(\underline{N}_{xt},p_x)$$

$$\text{für } x = 0,1,\ldots,w-1 \tag{3.22}$$

und

$$\underline{N}_{o,t+1}^{(x)} \cdots B(\underline{N}_{xt},m_x) \tag{3.23}$$

für reproduktive Altersklassen x-

Wendet man den E-Operator auf (3.21) an, so ergibt sich aufgrund von (3.23) und Lemma 1

$$\underline{E}_{o,t+1} = E(\underline{N}_{o,t+1}) = \sum_x E(N_{o,t+1}^{(x)}) =$$

$$= \sum_x m_x E(\underline{N}_{xt}) = \sum_x m_x \underline{E}_{xt} \tag{3.24}$$

(3.22) liefert zusammen mit Lemma 1 für $x = 0,1,\ldots,w-1$

$$\underline{E}_{x+1,t+1} = E(\underline{N}_{x+1,t+1}) = p_x E(\underline{N}_{xt}) =$$

$$= p_x \underline{E}_{xt} \tag{3.25}$$

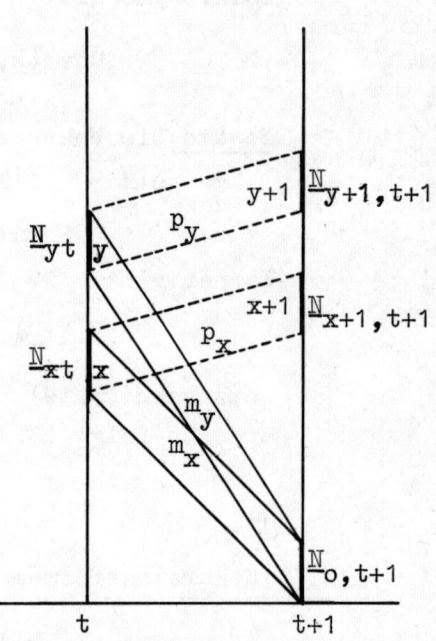

Abb.2: Schematische Darstellung der Bestandsänderung in t- infolge von Alters- und Reproduktionsprozeß

Vergleicht man (3.24) und (3.25) mit (2.2), so erkennt man, daß die Erwartungen der Bestandsvariablen $\underline{N}_{xt}$ gerade durch das Leslie-Modell erfaßt werden. Die deterministische Analyse des § 2 hätte also genau so gut mit Erwartungswerten durchgeführt werden können.

Für die Varianzen und Kovarianzen der altersgegliederten Bestände gelten eine Reihe von Rekursionsbeziehungen. Aufgrund von (3.22) und Lemma 2 gilt

$$c_{x+1,x+1}^{(t+1)} = p_x q_x E_{xt} + p_x^2 c_{xx}^{(t)} \qquad \text{für } x = 0,1,\dots,w-1 \qquad (3.26)$$

(3.22) ergibt zusammen mit Lemma 4

$$c_{x+1,y+1}^{(t+1)} = p_x p_y c_{xy}^{(t)} \qquad \text{für } x,y = 0,1,\dots,w-1; \quad x \neq y$$
$$(3.27)$$

Entscheidend ist dabei die grundlegende Voraussetzung (ii), nämlich die Unabhängigkeit in der Entwicklung der einzelnen Individuen. Sie impliziert die für Lemma 4 nötige Unkorreliertheit (3.19) der bedingten Verteilungen von $\underline{N}_{x+1,t+1}$ gegeben N_{xt} und $\underline{N}_{y+1,t+1}$ gegeben N_{yt} ($x \neq y$). Wenn mindestens eine der beiden Altersgruppen x bzw. y Null ist, dann können die zweiten Momente folgenderweise gewonnen werden:

$$c_{o,y+1}^{(t+1)} = \text{Cov}\,(\underline{N}_{o,t+1}, \underline{N}_{y+1,t+1}) = \text{Cov}\,\Big(\sum_x \underline{N}_{o,t+1}^{(x)}, \underline{N}_{y+1,t+1}\Big) \ \dots\text{nach (3.21)}$$

$$= \sum_x \text{Cov}\,(\underline{N}_{o,t+1}^{(x)}, \underline{N}_{y+1,t+1}) \ \dots \text{ nach } {}^{(*)}$$

$$= \text{Cov}\,(\underline{N}_{o,t+1}^{(y)}, \underline{N}_{y+1,t+1}) + \sum_{x \neq y} \text{Cov}\,(\underline{N}_{o,t+1}^{(x)}, \underline{N}_{y+1,t+1})$$

$$= m_y p_y c_{yy}^{(t)} + \sum_{x \neq y} m_x p_y c_{xy}^{(t)} \ \dots\text{zufolge (3.23), (3.22), Lemma 3 und 4}$$

$$c_{o,y+1}^{(t+1)} = \sum_x m_x p_y c_{xy}^{(t)} \qquad \text{für } y = 0,1,\dots,w-1 \qquad (3.28)$$

Die Hilfssätze 3 und 4 können dabei auf Grund der Unabhängigkeitsvoraussetzung (ii) angewendet werden.

(*) Hilfssatz (Kovarianz zweier Linearformen von zufälligen Größen):
Es seien $\underline{S} = \sum a_i \underline{X}_i$ und $\underline{T} = \sum b_j \underline{Y}_j$ zwei lineare Funktionen in den $\underline{X}_i$ bzw. $\underline{Y}_j$. Dann gilt (vgl. CHIANG, 1968, p. 17):

$$\text{Cov}\,(\underline{S}, \underline{T}) = \sum_i \sum_j a_i b_j \text{Cov}\,(\underline{X}_i, \underline{Y}_j) \qquad (3.30)$$

Es bleibt die Varianz $C_{oo}^{(t+1)}$ des Babybestandes. Dafür gilt

$$C_{oo}^{(t+1)} = Var\ (\underline{N}_{o,t+1}) = Var\ (\sum_x \underline{N}_{o,t+1}^{(x)}) \qquad \text{... gemäß (3.21)}$$

$$= \sum_x Var\ (\underline{N}_{o,t+1}^{(x)}) + \sum_{x \neq y} Cov\ (\underline{N}_{o,t+1}^{(x)}, \underline{N}_{o,t+1}^{(y)}) \quad \text{...nach der bekannten Formel über die Varianz einer Summe von Zufallsgrößen}$$

$$= \sum_x (m_x g_x E_{xt} + m_x^2 C_{xx}^{(t)}) + \sum_{x \neq y} m_x m_y C_{xy}^{(t)} \quad \text{...wegen (3.23), Lemma 2 und 4.}$$

$$\boxed{C_{oo}^{(t+1)} = \sum_x m_x g_x E_{xt} + \sum_x \sum_y m_x m_y C_{xy}^{(t)}} \qquad (3.29)$$

Voraussetzung (ii) geht dabei abermals entscheidend ein. Bevor diese Ergebnisse insbesondere für asymptotische Zwecke angewendet werden, wollen wir die Voraussetzungen abschwächen.

4. Ein verallgemeinertes diskretes stochastisches Bevölkerungsmodell

4.1. Erweiterung des Modells

Die analytische Einfachheit des Modells in § 3 ist durch die zwei Einschränkungen (iii) und (iv) erkauft worden, von denen wir uns nun befreien wollen. Um das Bevölkerungswachstum realistischer zu gestalten, lassen wir in Verallgemeinerung zu § 3

　　　a) Mehrfachgeburten und

　　　b) abhängige Geburts- und Todesprozesse

zu. Schon POLLARD (1966) hat sein Modell auf den Fall ausgedehnt, daß eine Frau im Zeiteinheitsintervall mehr als eine Tochter haben kann. Für Fünfjahresintervalle ist diese Annahme unerläßlich. Wir treiben die Verallgemeinerung nun noch weiter, indem wir altersspezifische Wahrscheinlichkeiten $\varphi_{i1}(x)$ bzw. $\varphi_{io}(x)$ dafür vorgeben, daß eine x-jährige in t- i Töchter produziert und daß sie dabei das nächstfolgende Altersintervall erreicht bzw. vor t+1 stirbt (i = 0,1,2,...). POLLARD setzt in seinem Mehrfachgeburtenmodell noch voraus, daß die Geburten einer Frau in t- nicht davon abhängen, ob sie diese Epoche überlebt oder dabei stirbt:

$$\varphi_{i1}(x) = m_{xi} p_x \tag{4.1}$$

(Zur Erklärung von m_{xi} siehe unten). Geburt und Tod sind aber streng genommen konkurrierende Risken und als solche nicht unabhängig. Entscheidend für das gegenwärtige eingeschlechtliche Bevölkerungsmodell ist die Tatsache, daß auch für den allgemeinen Fall eine lineare Rekursionsbeziehung der ersten beiden Momente der Altersbestände besteht, und daß diese Matrizenrelation ein asymptotisches Verhalten zeigt, wie es schon POLLARD gefunden hatte (siehe § 6).

Von § 3 übernehmen wir die Definitionen von $\underline{N}_{xt}$, E_{xt}, $c_{xx}^{(t)}$ und $c_{xy}^{(t)}$. Folgende Variable spezifizieren unser stochastisches Modell:

$\varphi_{ik}(x)$ ... Wahrscheinlichkeit, daß eine zur Zeit t x-jährige in t- i Töchter produziert, welche t+1 erleben, und daß diese Frau in diesem Intervall stirbt (k = 0) bzw. die Altersgruppe (x+1)- zur Zeit t+1 erreicht (k = 1). (Zeitliche Homogenität !)

Es muß gelten

$$\sum_{i,k} \varphi_{ik}(x) = \sum_{i=o} \sum_{k=o}^{1} \varphi_{ik}(x) = 1 \tag{4.2}$$

$$\sum_{k} \varphi_{ik}(x) = \varphi_{io}(x) + \varphi_{i1}(x) = m_{xi} , \tag{4.3}$$

wobei m_{xi} die Wahrscheinlichkeit ist, daß eine zur Zeit t x-jährige Frau im Zeitintervall t- genau i Töchter zur Welt bringt, welche t+1 erleben und dann also in der Altersgruppe O- sind.

$\underline{I}_x$ ... Anzahl der von einer x-jährigen Frau in t- geborenen Kinder, welche den Zeitpunkt t+1 überleben.

Es gilt

$$P\{\underline{I}_x = i\} = m_{xi} \tag{4.4}$$

$$\sum_i \varphi_{ik}(x) = \begin{cases} q_x & \text{für } k=0 \quad \text{einjährige Sterbewahrscheinlichkeit} \\ & \text{einer } x\text{-jährigen} \\ p_x & \text{für } k=1 \quad \text{einjährige Überlebenswahrschein-} \\ & \text{lichkeit einer } x\text{-jährigen} \end{cases} \tag{4.5}$$

Folgende Größen spielen noch eine Rolle:

$$\sum_i i m_{xi} = \sum_i i \left[\varphi_{io}(x) + \varphi_{i1}(x)\right] = m_x \tag{4.6}$$

m_x ist die durchschnittliche Anzahl der von zum Zeitpunkt t x-jährigen Müttern geborenen Töchter, welche in t+1 noch leben. m_x ist nun also keine Wahrscheinlichkeit, sondern ein Erwartungswert!

$\underline{N}_{xt}^{(ik)}$ ... Anzahl jener unter den $\underline{N}_{xt}$ Müttern, die in t- genau i mindestens bis t+1 überlebende Töchter besitzen (i=0,1,2,...) und die das Überlebens- verhalten k zeigen (k=0...Tod der Mutter in t-, k=1...Überleben der Mutter bis t+1).

4.2. Weitere Hilfssätze

Wir benötigen zwei Hilfssätze über bedingte zweite Momente von Mul- tinomialverteilungen (vgl. § 3.2).

Lemma 5: Es sei $\underline{Z}$ eine Zählvariable mit der Erwartung $E(\underline{Z})$ und der Varianz Var $(\underline{Z})$. Weiters seien $\{\underline{X}_i\}_{i=1}^m$ m Zufallsgrößen mit der bedingten Multinomialverteilung Mult $(\underline{Z}; p_1, p_2, \dots p_m)$ bezüglich $\underline{Z}$. Dann gilt für ihre Kovarianzen

$$\text{Cov }(\underline{X}_i, \underline{X}_j) = p_i p_j \left[\text{Var }(\underline{Z}) - E(\underline{Z})\right] + \delta_{ij} p_i E(\underline{Z}) \tag{4.7}$$

Beweis: Für die Momente der Multinomialverteilung gilt $E(\underline{X}_i | \underline{Z}=z) = p_i z$ und

$$\text{Var }(\underline{X}_i | \underline{Z}=z) = p_i(1-p_i)z \tag{4.8}$$

$$\text{Cov }(\underline{X}_i, \underline{X}_j | \underline{Z}=z) = -p_i p_j z \quad \text{für } i \neq j \tag{4.9}$$

Setzt man (4.9) in (3.12) ein, so hat man

$$\text{Cov} (\underline{X}_i, \underline{X}_j) = E(-p_i p_j \underline{Z}) + \text{Cov} (p_i \underline{Z}, p_j \underline{Z}) \qquad *)$$

$$= -p_i p_j E(\underline{Z}) + p_i p_j \text{Var} (\underline{Z})$$

$$= p_i p_j (\text{Var} (\underline{Z}) - E(\underline{Z})) \qquad (4.10)$$

Berücksichtigt man (4.8) in (3.11), so liefert das

$$\text{Var} (\underline{X}_i) = E\left[p_i (1-p_i)\underline{Z}\right] + \text{Var} \left[p_i \underline{Z}\right]$$

$$= p_i (1-p_i) E(\underline{Z}) + p_i^2 \text{Var} (\underline{Z})$$

$$= p_i^2 \left[\text{Var} (\underline{Z}) - E(\underline{Z})\right] + p_i E(\underline{Z}) \qquad (4.11)$$

(4.7) ist eine Zusammenfassung der Resultate (4.10) und (4.11) mittels des Kroneckerschen Deltas. Formel (3.15 a) über die Varianz der bedingten Binomialverteilung ist selbstverständlich mit (4.11) identisch.

Lemma 6: Es seien $\underline{U}$ und $\underline{V}$ Zufallsgrößen mit der Kovarianz $\text{Cov} (\underline{U}, \underline{V})$. Weiters seien $\{\underline{X}_i\}_{i=1}^m$ bedingt multinomialverteilt bezüglich $\underline{U}$ und $\{\underline{Y}_j\}_{j=1}^n$ multinomialverteilt unter der Bedingung $\underline{V}$:

$$\underline{X}_i \ldots \text{Mult} (\underline{U}, p_1, \ldots, p_i, \ldots, p_m)$$

$$\underline{Y}_j \ldots \text{Mult} (\underline{V}, r_1, \ldots, r_j, \ldots, r_n)$$

und die bedingten Verteilungen von $\underline{X}_i|u$ und $\underline{Y}_j|v$ seien unkorreliert. Dann gilt

$$\text{Cov} (\underline{X}_i, \underline{Y}_j) = p_i r_j \text{Cov} (\underline{U}, \underline{V}) \qquad (4.12)$$

Beweis: vermöge (3.13).
Es gilt

$$E(\underline{X}_i | \underline{U}) = p_i \underline{U}, \qquad E(\underline{Y}_j | \underline{V}) = r_j \underline{V}$$

---

*) Man beachte, daß hier $\underline{X}_i$ gegeben z und $\underline{X}_j$ gegeben z natürlich (negativ) korreliert sind.

Laut Voraussetzung ist

$$\text{Cov} (\underline{X}_i, \underline{Y}_j | \underline{U}, \underline{V}) = 0$$

Aus (3.13) folgt also

$$\text{Cov} (\underline{X}_i, \underline{Y}_j) = \text{Cov} (p_i \underline{U}, r_j \underline{V}) = p_i r_j \text{Cov} (\underline{U}, \underline{V}) \qquad (4.12)$$

4.3. Relationen zwischen den Bestandsvariablen

Man kann den Bestand $\underline{N}_{xt}$ nach Kinderzahl und Überlebensverhalten zergliedern:

$$\underline{N}_{xt} = \sum_{i,k} \underline{N}_{xt}(i,k) \qquad (4.13)$$

Summiert man nur über k, so erhält man

$$\underline{N}_{xt}(i) = \sum_{k} \underline{N}_{xt}(i,k) = \underline{N}_{xt}(i,0) + \underline{N}_{xt}(i,1) \quad , \qquad (4.14)$$

die Anzahl jener unter den $\underline{N}_{xt}$ Frauen, welche (ohne Bezugnahme auf ihr einjähriges Überlebensverhalten) in t+1 i Kinder in der Altersgruppe 0- haben.

Die Gesamtzahl der Babys im Zeitpunkt t+1 gewinnt man durch Multiplikation von (4.14) mit i und anschließender Summation über die Kinderzahl i und die Altersgruppen x:

$$\underline{N}_{0,t+1} = \sum_{x} \sum_{i} i \underline{N}_{xt}(i) \qquad (4.15)$$

Ferner bedeutet

$\sum_{i} \underline{N}_{xt}(i,1) \ldots$ die Anzahl jener unter den $\underline{N}_{xt}$ Frauen, die zur Zeit t+1 noch am Leben und somit in der Altersklasse (x+1)- sind (ohne Rücksicht darauf, wieviele Kinder diese Frauen gebären).

Für diesen Tatbestand gilt (x=0,1,...,w-1)

$$\underline{N}_{x+1,t+1} = \sum_{i} \underline{N}_{xt}(i,1) \qquad (4.16)$$

Aufgrund der **Voraussetzung** (i) und der Unabhängigkeitsannahme (ii) auf Seite 203 besitzen die so definierten Bestände folgende bedingte Verteilungen:

$\underline{N}_{xt}(i,k)$ ist bedingt multinomialverteilt gemäß

$$\text{Mult } (\underline{N}_{xt}; \varphi_{ik}(x)); \quad k=0,1; \quad i=0,1,2,\dots, \tag{4.17}$$

bis zur maximal möglichen Kinderzahl in $(t,t+1)$.

$\underline{N}_{xt}(i)$ ist als Summe zweier multinomialverteilter Zufallsgrößen - vgl. (4.14) - selbst bedingt $\qquad$ (4.18) verteilt nach Mult $(\underline{N}_{xt};m_{xi})$, für $i=0,1,2,\dots$

$\underline{N}_{x+1,t+1}$ ist verteilt nach $B(\underline{N}_{xt},p_x)$ (bedingte Binomialverteilung unter der Bedingung $\underline{N}_{xt}$). $\qquad$ (4.19)

Zur Definition von m_{xi} und p_x vergleiche man (4.3) und (4.5).

4.4. Erwartungswerte

Wendet man den (linearen) E-Operator auf (4.15) an und beachtet (3.3), (4.18), die Formel für Erwartungen von Multinomialverteilungen, sowie (4.6), so erhält man

$$E_{o,t+1} = E(\underline{N}_{o,t+1}) = \sum_{x} \sum_{i} iE\left[\underline{N}_{xt}(i)\right] = \sum_{x} \sum_{i} iE\left[E(\underline{N}_{xt}(i)|\underline{N}_{xt}\right] =$$

$$= \sum_{x} \sum_{i} iE\left[m_{xi}\underline{N}_{xt}\right] = \sum_{x} E_{xt} \sum_{i} im_{xi} = \sum_{x} m_x E_{xt} \tag{4.20}$$

Geht man in (4.16) zu den Erwartungswerten über, so bekommt man infolge von (4.19) und Lemma 1

$$E_{x+1,t+1} = E(\underline{N}_{x+1,t+1}) = p_x E(\underline{N}_{xt}) = p_x E_{xt} \quad , \quad x=0,1,2,\dots,w-1 \tag{4.21}$$

Die Erwartungsstruktur dieses Modells ist also (genauso wie bei POLLARD) identisch mit dem Lesliemodell (2.2) bis (2.5). Alle dortigen Aussagen, insbesondere das asymptotische Verhalten des Systems betreffend, sind natürlich auch auf den jetzigen Fall übertragbar.

4.5. Die zweiten Momente

Nach diesen Vorbereitungen gehen wir an die Ermittlung der <u>Rekursions</u>-<u>beziehungen für die Varianzen und Kovarianzen.</u>

Gemäß (4.19) ist

$$\underline{N}_{x+1,t+1} \; \cdots \; B(\underline{N}_{xt}, p_x)$$

Anwendung von Lemma 1 liefert

$$\boxed{C_{x+1,x+1}^{(t+1)} = \text{Var}\,(\underline{N}_{x+1,t+1}) = p_x q_x E_{xt} + p_x^2 C_{xx}^{(t)}} \qquad \text{für } x \geqq 0 \qquad (4.22)$$

Ferner ist

$$\underline{N}_{y+1,t+1} \; \cdots \; B(\underline{N}_{yt}, p_y) \qquad x \neq y$$

Infolge der Unabhängigkeit der Subpopulationen kann Lemma 4 angewendet werden, und es folgt

$$\boxed{C_{x+1,y+1}^{(t+1)} = \text{Cov}\,(\underline{N}_{x+1,t+1}, \underline{N}_{y+1,t+1}) = p_x p_y C_{xy}^{(t)}} \qquad \text{für } x,y \geqq 0,\; x \neq y$$
$$(4.23)$$

$$C_{o,y+1}^{(t+1)} = \text{Cov}\left[\underline{N}_{o,t+1}, \underline{N}_{y+1,t+1}\right] = \text{Cov}\left[\sum_x \sum_i i \sum_k \underline{N}_{xt}(i,k), \sum_j N_{yt}(j,1)\right]$$

$$\cdots \text{ nach } (4.15),\ (4.16)$$

$$= \sum_{\substack{x,k \\ i,j}} i\, \text{Cov}\left[\underline{N}_{xt}(i,k), \underline{N}_{yt}(j,1)\right] \cdots \text{ nach } (3.30)$$

$$= \sum_{i,j,k} i\,\text{Cov}\left[\underline{N}_{yt}(i,k), \underline{N}_{yt}(j,1)\right] + \sum_{x \neq y}\sum_{i,j,k} i\,\text{Cov}\left[\underline{N}_{xt}(i,k), \underline{N}_{yt}(j,1)\right]$$

$$\cdots \text{ Aufspaltung der äußeren Summe}$$

$$= \sum_{i,j,k} i\, \varphi_{ik}(y)\, \varphi_{j1}(y)\left[C_{yy}^{(t)} - E_{yt}\right] + \sum_i i\, \varphi_{i1}(y) E_{yt} + \cdots$$

$$\cdots \text{ nach } (4.17) \text{ und Lemma } 5$$

$$\ldots + \sum_{x \neq y} \sum_{i,j,k} i\, \varphi_{ik}(x)\, \varphi_{j1}(y) C_{xy}^{(t)} \qquad \ldots \text{nach (4.17) und Lemma}$$
6 (Voraussetzung (ii)!)

$$= \sum_{x} \sum_{i,j,k} i\, \varphi_{ik}(x)\, \varphi_{j1}(y) C_{xy}^{(t)} + E_{yt}\Big[\sum_{i} i\, \varphi_{i1}(y) -$$

$$- \sum_{i,j,k} i\, \varphi_{ik}(y)\, \varphi_{j1}(y)\Big] =$$

$$= \sum_{x} C_{xy}^{(t)} \sum_{j} \varphi_{j1}(y) \sum_{i} i \sum_{k} \varphi_{ik}(x) + E_{yt}\Big[\sum_{i} i\, \varphi_{i1}(y) -$$

$$- \sum_{j} \varphi_{j1}(y) \sum_{i} i(\varphi_{io}(y) + \varphi_{i1}(y))\Big] =$$

$$= \sum_{x} m_{x} p_{y} C_{xy}^{(t)} + E_{yt}\Big[\sum_{i} i\, \varphi_{i1}(y)\,(1 - \sum_{j} \varphi_{j1}(y)) -$$

$$- \sum_{i} i\, \varphi_{io}(y) \sum_{j} \varphi_{j1}(y)\Big] \qquad \ldots \text{nach (4.5) und (4.6)}$$

$$= \sum_{x} m_{x} p_{y} C_{xy}^{(t)} + E_{yt}\Big[q_{y} \sum_{i} i\, \varphi_{i1}(y) - p_{y} \sum_{i} i\, \varphi_{io}(y)\Big]$$

... nach (4.5)

also

$$\boxed{C_{o,y+1}^{(t+1)} = \sum_{x} m_{x} p_{y} C_{xy}^{(t)} + \Delta(y) E_{yt}} \qquad \text{für } y \geq 0 \qquad (4.24)$$

wobei

$$\Delta(y) = \begin{vmatrix} q_{y} & p_{y} \\ m_{y}^{o} & m_{y}^{1} \end{vmatrix} \qquad\qquad (4.24a)$$

$$m_{y}^{o} = \sum_{i} i\, \varphi_{io}(y) \ldots \text{ erwartete Anzahl an Töchtern einer}$$
nicht überlebenden y-jährigen

$$m_{y}^{1} = \sum_{i} i\, \varphi_{i1}(y) \ldots \text{ erwartete Anzahl an Töchtern einer}$$
überlebenden y-jährigen

(4.24b)

Zur Ermittlung von $c_{o,y+1}^{(t+1)}$ mußte man die Bestände $\underline{N}_{xt}$ aufgliedern in $\underline{N}_{xt}(i,k)$. Dadurch gelingt es trotz der Abhängigkeiten von altersabhängigen Geburts- und Todeswahrscheinlichkeiten m_{xi} und p_x, die zweiten Momente durch die bedingten Kovarianzen von Multinomialverteilungen zu bestimmen. Bei den nun folgenden Beziehungen von $c_{oo}^{(t+1)}$ braucht man nur bis zu den $\underline{N}_{xt}(i)$ aufzuschlüsseln.

$$c_{oo}^{(t+1)} = \text{Cov}\,(\underline{N}_{o,t+1},\underline{N}_{o,t+1}) = \text{Cov}\Big[\sum_x \sum_i i\underline{N}_{xt}(i),\sum_y \sum_j j\underline{N}_{yt}(j)\Big]$$

$$\ldots \text{ nach } (4.15)$$

$$= \sum_{x,y} \sum_{i,j} ij\,\text{Cov}\Big[\underline{N}_{xt}(i),\underline{N}_{yt}(j)\Big] \quad \ldots \text{ nach } (3.30)$$

$$= \sum_x \sum_{i,j} ij\,\text{Cov}\Big[\underline{N}_{xt}(i),\underline{N}_{xt}(j)\Big] + \sum_{x\neq y} \sum_{i,j} ij\,\text{Cov}\Big[\underline{N}_{xt}(i),\underline{N}_{yt}(j)\Big]$$

$$= \sum_x \Big\{ \sum_{i,j} ij\,m_{xi}m_{xj}\big[c_{xx}^{(t)} - E_{xt}\big] + \sum_i i^2 m_{xi}E_{xt} \Big\} \quad \ldots \text{ nach } (4.18),$$
$$\text{Lemma 5}$$

$$+ \sum_{x\neq y} \sum_{i,j} ij\,m_{xi}m_{yi}c_{xy}^{(t)} \quad\quad \ldots \text{ nach } (4.18), \text{ Lemma 6}$$

$$= \sum_x m_x^2 c_{xx}^{(t)} + \sum_x E_{xt}\Big\{ \sum_i i^2 m_{xi} - m_x^2 \Big\} + \sum_{x\neq y} m_x m_y c_{xy}^{(t)}$$

$$\ldots \text{ aufgrund von } (4.6)$$

$$\boxed{c_{oo}^{(t+1)} = \sum_x \sum_y m_x m_y c_{xy}^{(t)} + \sum_x \text{Var}\,(\underline{I}_x)E_{xt}} \qquad (4.25)$$

Denn gemäß (4.6) und (4.4) ist

$$m_x = \sum_i i\,m_{xi} = \sum_i i\,P\{\underline{I}_x = i\} = E(\underline{I}_x) \qquad (4.26)$$

und

$$\sum_i i^2 m_{xi} - m_x^2 = \sum_i i^2 P\{\underline{I}_x = i\} - E(\underline{I}_x)^2 = \text{Var}\,(\underline{I}_x) \qquad (4.27)$$

$\underline{I}_x$ ... Anzahl der von einer x-jährigen Frau im Zeiteinheitsintervall geborenen Kinder, die am Intervallende noch am Leben sind.

Zusammenfassend erhalten wir folgende lineare Rekursionsbeziehungen für die Varianzen und Kovarianzen der Bestände in den Altersklassen:

$$c_{oo}^{(t+1)} = \sum_{x=0}^{w} \mathrm{Var}\,(\underline{I}_x)E_{xt} + \sum_{x=0}^{w}\sum_{y=0}^{w} m_x m_y c_{xy}^{(t)}$$

$$c_{o,y+1}^{(t+1)} = \Delta(y)E_{yt} + \sum_{x=0}^{w} m_x p_y c_{xy}^{(t)} \qquad y = 0,1,\ldots,w-1$$

$$c_{x+1,x+1}^{(t+1)} = p_x q_x E_{xt} + p_x^2 c_{xx}^{(t)} \qquad x = 0,1,\ldots,w-1$$

$$c_{x+1,y+1}^{(t+1)} = p_x p_y c_{xy}^{(t)} \qquad x,y = 0,1,\ldots,w-1;\ x \neq y$$

(4.28)

Dabei ist $\Delta(y)$ durch (4.24a) und $\mathrm{Var}\,(\underline{I}_x)$ durch (4.27) gegeben.

4.6. Spezialfälle

a) Keine Mehrfachgeburten

Das System (4.28) rekursiver Relationen zwischen den zweiten Momenten vereinfacht sich hierbei folgendermaßen:
$\underline{I}_x$ besitzt nun eine Zweipunktverteilung mit der Varianz

$$\mathrm{Var}\,(\underline{I}_x) = m_x(1-m_x) \qquad (4.29)$$

(4.24b) hat die Form

$$m_y^0 = \varphi_{10}(y), \qquad m_y^1 = \varphi_{11}(y)\,; \qquad (4.30)$$

und für die Determinante (4.24a) kann geschrieben werden

$$\Delta(y) = \begin{vmatrix} q_y & p_y \\ \varphi_{10}(y) & \varphi_{11}(y) \end{vmatrix} \qquad (4.31)$$

(4.25) bzw. (4.24) haben vermöge (4.29) bzw. (4.31) eine einfachere Gestalt; die übrigen Relationen von (4.28) bleiben erhalten. Dabei sind die m_x und p_x gemäß dem ursprünglichen Modell von POLLARD zu interpretieren (vgl. § 3.1).

b) <u>Unabhängigkeit von Geburtstätigkeit und Überleben</u>

Diese Forderung lautet in der Schreibweise von § 4.1 (vgl. 4.1):

$$\varphi_{io}(x) = m_{xi}q_x = \left[\varphi_{io}(x) + \varphi_{i1}(x)\right]q_x$$
$$\varphi_{i1}(x) = m_{xi}p_x = \left[\varphi_{io}(x) + \varphi_{i1}(x)\right]p_x \tag{4.32}$$

(4.32) ist hinreichend für das Verschwinden der Determinante (4.24a). Es ist nämlich $\Delta(y) = 0$ genau dann, wenn

$$\frac{q_y}{p_y} = \frac{m_y^0}{m_y^1} = \frac{\sum\limits_i i\,\varphi_{io}(y)}{\sum\limits_i i\,\varphi_{i1}(y)} \tag{4.33}$$

Wegen (4.32) ist (4.33) erfüllt, und es gilt nun

$$\Delta(y) = \begin{vmatrix} q_y & p_y \\ q_y m_y & p_y m_y \end{vmatrix} = 0 \tag{4.34}$$

Das rekursive System (4.28) bleibt also erhalten bis auf die Vereinfachung

$$c_{o,y+1}^{(t+1)} = \sum_x m_x p_y c_{xy}^{(t)} \tag{4.35}$$

Im Besitze dieser letzteren Formeln (Voraussetzung b) befand sich schon POLLARD (1966, p. 406), vgl. die einführenden Bemerkungen in § 4.1.

<u>Richtigstellung einer POLLARDschen Formel:</u>
POLLARDs Wert (in seiner Notation)

$$\Phi_x = \sum_j (jF_{xj} - F_x)^2 \tag{4.36}$$

ist u n r i c h t i g , so daß die Formel (37) auf p. 406 in POLLARD (1966) für $c_{oo}^{(t+1)}$ falsch ist. Anstatt (4.36) sollte es (wieder in seiner Notation)

$$\sum_j (j - F_x)^2 F_{xj}$$

heißen, denn in dieser Weise drückt sich die in (4.27) bestimmte

$$Var (\underline{I}_x) = \sum_i i^2 m_{xi} - m_x^2$$

aus.

5. Das Kroneckerprodukt $\mathbf{L} \times \mathbf{L}$ der LESLIE-Matrix

5.1. Die Momentenrekursion in Matrizenform

POLLARDs Analyse (1966) gipfelt in der Tatsache, daß die Rekursionsbeziehung der zweiten Momente mittels des direkten Matrizenprodukts von
$\mathbf{A}$ - siehe (2.9) - mit sich dargestellt werden kann. Dieses Resultat
spielt für die asymptotische Untersuchung des Prozesses eine gewisse
Rolle.

Wir zeigen im folgenden, daß POLLARDs Ergebnis auch im verallgemeinerten Modell des Abschnitts 4 gültig ist, und das nicht nur für $\mathbf{A}$, sondern sogar für die komplette Lesliematrix $\mathbf{L}$.

Definition: Es sei $\mathbf{X} = \left[x_{ij}\right]$ eine l $\times$ m - und $\mathbf{Y} = \left[y_{ij}\right]$ eine
r $\times$ s - Matrix. Unter dem Kronecker-Produkt (andere Bezeichnung: direk-
tes Produkt) von $\mathbf{X}$ und $\mathbf{Y}$ versteht man eine lr $\times$ ms - Matrix, die in
Blockdarstellung folgendermaßen aussieht:

$$\mathbf{X} \times \mathbf{Y} = \begin{bmatrix} x_{11}\mathbf{Y} & x_{12}\mathbf{Y} & \cdots & x_{1m}\mathbf{Y} \\ x_{21}\mathbf{Y} & x_{22}\mathbf{Y} & \cdots & x_{2m}\mathbf{Y} \\ \cdot & \cdot & \cdots & \cdot \\ x_{11}\mathbf{Y} & x_{12}\mathbf{Y} & \cdots & x_{1m}\mathbf{Y} \end{bmatrix} \qquad (5.1)$$

(siehe etwa GRÖBNER, 1966, p.116).

Insbesondere werden wir gleich das direkte Produkt der Lesliematrix $\mathbf{L}$

(2.8) mit sich zu verwenden haben. $\mathbf{L} \times \mathbf{L}$ ist eine quadratische Matrix der Ordnung $(w+1)^2$ von der Gestalt

$$
\mathbf{L} \times \mathbf{L} = \begin{bmatrix} m_o\mathbf{L} & m_1\mathbf{L} & \cdots & & m_w\mathbf{L} \\ p_o\mathbf{L} & & & & \\ & p_1\mathbf{L} & & & \\ & & \ddots & & \\ & & & p_{w-1}\mathbf{L} & \end{bmatrix} \tag{5.2}
$$

Die Leerstellen bedeuten lauter quadratische Null-Blöcke der Dimension $(w+1)$.

Bei Betrachtung der Relationen (4.20), (4.21) und des _linearen_ Systems (4.28) erkennt man, daß es folgende kompakte Matrizenschreibweise gestattet:

$$
\begin{bmatrix} \mathbf{e}_{t+1} \\ \mathbf{c}_{t+1} \end{bmatrix} = \begin{bmatrix} \mathbf{L} & \mathbf{0} \\ \mathbf{K} & \mathbf{L} \times \mathbf{L} \end{bmatrix} \begin{bmatrix} \mathbf{e}_t \\ \mathbf{c}_t \end{bmatrix} \tag{5.3}
$$

In (5.3) bedeuten:

$\mathbf{e}_t = \{E_{xt}\}_{x=o}^{w}$ ... Vektor der erwarteten Bestände (vgl. (2.1)).

$\mathbf{c}_t$ ... einen Spaltenvektor mit $(w+1)^2$ Zeilen, in welchem die Varianzen $c_{xx}^{(t)}$ und Kovarianzen $c_{xy}^{(t)}$ in (bezüglich x und y) lexikographischer Reihenfolge angeführt sind; $\mathbf{c}_t$ enthält für $x \neq y$ sowohl $c_{xy}^{(t)}$ als auch $c_{yx}^{(t)}$.

$\mathbf{L}$ ist die Lesliematrix (2.8) und $\mathbf{L} \times \mathbf{L}$ wurde unter (5.2) definiert.

Die Matrix

$$
\mathbf{K} = \begin{bmatrix} \mathbf{G} \\ \mathbf{H} \end{bmatrix} \tag{5.4}
$$

setzt sich aus den Blöcken $\mathbf{G}$ und $\mathbf{H}$ der Dimensionen $(w+1) \times (w+1)$ bzw. $(w+1)w \times (w+1)$ zusammen:

$$
\mathbf{G} = \begin{bmatrix}
\mathrm{Var}(\underline{\mathrm{I}}_o) & \mathrm{Var}(\underline{\mathrm{I}}_1) & \cdots & \mathrm{Var}(\underline{\mathrm{I}}_w) \\
\Delta(0) & & & \\
& & \Delta(1) & \\
& & & \Delta(w-1) \quad 0
\end{bmatrix} ,
$$

$$
\mathbf{H} = \begin{bmatrix}
0 & & & \\
p_o q_o & & \mathbf{0} & \quad\leftarrow 2.\ \text{Zeile} \\
\vdots & & & \\
0 & p_1 q_1 & & \quad\leftarrow (w+4)\text{te Zeile} \\
\vdots & & & \\
0 & 0 & p_2 q_2 & \quad\leftarrow (2w+6)\text{te Zeile} \\
\vdots & & & \\
\mathbf{0} & & & \\
& & p_{w-1} q_{w-1} \quad 0 & \quad\leftarrow \text{Zeile Nr.} \\
& & & \quad 2+(w+2)(w-1)=(w+1)w
\end{bmatrix}
$$

5.2. Eigenwerte und -vektoren direkter Matrizenprodukte

Zahlreiche numerische Untersuchungen haben gezeigt, daß in der demographischen Praxis keine (algebraisch) mehrfachen Eigenwerte der Lesliematrix - das sind Lösungen der charakteristischen Gleichung (2.12) -
auftreten (siehe KEYFITZ, 1968 a , p. 103).

Aus diesem Grund beweisen wir folgenden Satz:
Es sei $\mathbf{L}$ eine Matrix mit paarweise verschiedenen Eigenwerten und einem
dominanten Eigenwert λ_1 (wie er in Satz 1 in § 2.2 definiert wurde) und
$\mathbf{U}$ und $\mathbf{V'}$ zugehörige Rechts- und Linkseigenvektoren. Dann besitzt das
Kroneckerprodukt $\mathbf{L} \times \mathbf{L}$ ebenfalls einen dominanten Eigenwert, nämlich λ_1^2
und $\mathbf{U} \times \mathbf{U}$ bzw. $\mathbf{V'} \times \mathbf{V'}$ sind die zugehörigen Eigenvektoren.

Beweis:

Es sei $\mathbf{J}$ die Jordansche Normalform von $\mathbf{L}$, d.h.

$$\mathbf{J} = \mathbf{T}^{-1}\mathbf{L}\mathbf{T}$$

für eine Matrix $\mathbf{T}$, wobei $\mathbf{J}$ wegen der paarweisen Distinktheit der charakteristischen Wurzeln Diagonalgestalt hat:

$$\mathbf{J} = \text{Diag } (\lambda_1, \lambda_2, \ldots, \lambda_n) \tag{5.5}$$

Aus den Eigenschaften des direkten Matrizenprodukts (vgl. z. B. GRÖBNER, 1966, p. 117) kann man folgern

$$\mathbf{J} \times \mathbf{J} = (\mathbf{T}^{-1}\mathbf{L}\mathbf{T}) \times (\mathbf{T}^{-1}\mathbf{L}\mathbf{T}) = (\mathbf{T}^{-1} \times \mathbf{T}^{-1})(\mathbf{L} \times \mathbf{L})(\mathbf{T} \times \mathbf{T})$$

$$= (\mathbf{T} \times \mathbf{T})^{-1}(\mathbf{L} \times \mathbf{L})(\mathbf{T} \times \mathbf{T}) \tag{5.6}$$

Andererseits ergibt sich aus (5.5) auch die Diagonalgestalt von $\mathbf{J} \times \mathbf{J}$

$$\mathbf{J} \times \mathbf{J} = \text{Diag}(\lambda_1^2, \lambda_1\lambda_2, \ldots, \lambda_1\lambda_n, \lambda_2\lambda_1, \lambda_2^2, \ldots, \lambda_n^2) \tag{5.7}$$

Zufolge (5.7) und (5.6) ist $\mathbf{J} \times \mathbf{J}$ die Jordansche kanonische Form der Matrix $\mathbf{L}$, und die n^2 Eigenwerte des Kroneckerprodukts $\mathbf{J} \times \mathbf{J}$ bzw. der äquivalenten Matrix $\mathbf{L} \times \mathbf{L}$ sind von der Form $\lambda_i\lambda_j$.

Da λ_1 dominant ist, so gilt $|\lambda_1| > |\lambda_j|$ für $j \neq 1$. Es folgt

$$\lambda_1^2 > |\lambda_i||\lambda_j| \quad \text{für } (i,j) \neq (1,1)$$

und λ_1^2 ist ebenfalls dominant, denn die Einfachheit ist nach (5.7) ebenfalls gewährleistet.

Schließlich ergibt sich aus $\mathbf{L}\mathbf{U} = \lambda_1\mathbf{U}$

$$(\mathbf{L} \times \mathbf{L})(\mathbf{U} \times \mathbf{U}) = \mathbf{L}\mathbf{U} \times \mathbf{L}\mathbf{U} = \lambda_1\mathbf{U} \times \lambda_1\mathbf{U} = \lambda_1^2(\mathbf{U} \times \mathbf{U}) , \tag{5.8}$$

also ist $\mathbf{U} \times \mathbf{U}$ zu λ_1^2 gehöriger rechter Eigenvektor von $\mathbf{L} \times \mathbf{L}$. Ebenso läuft der Beweis für den Linkseigenvektor $\mathbf{V'} \times \mathbf{V'}$.

Verallgemeinerung: Die paarweise Verschiedenheit der Eigenvektoren ist nicht notwendig für die Resultate des eben bewiesenen

Satzes. Dies folgt aus einem Satz bei BELLMAN (1960, p. 227).

5.3.   Asymptotische Resultate

Löst man die Rekurrenzrelationen (5.3) auf, so erhält man

$$\begin{bmatrix} e_t \\ c_t \end{bmatrix} = \begin{bmatrix} L & 0 \\ K & L \times L \end{bmatrix}^t \begin{bmatrix} e_o \\ c_o \end{bmatrix} \tag{5.9}$$

Wenn der Ausgangsvektor n_o nicht aus Zufallskomponenten besteht, so ist der Kovarianzvektor

$$c_o = \left\{ c_{xy}^{(o)} \right\} = 0 \quad \text{(Nullvektor)} \tag{5.10}$$

Relation (5.10) zeigt, daß das asymptotische Verhalten des stochastischen Bevölkerungsmodells durch den dominanten Eigenwert der Matrix

$$\begin{bmatrix} L & 0 \\ K & L \times L \end{bmatrix} \tag{5.11}$$

beherrscht wird. Analog zu (2.12) ergibt sich die charakteristische Gleichung von (5.11):

$$\begin{vmatrix} L - \lambda I_{w+1} & 0 \\ K & (L \times L) - \lambda I_{(w+1)^2} \end{vmatrix} = \left| L - \lambda I_{w+1} \right| \left| (L \times L) - \lambda I_{(w+1)^2} \right| = 0 \tag{5.12}$$

Vereinigt man die Eigenwerte von L mit jenen von $L \times L$, so erhält man gerade die charakteristischen Wurzeln von (5.11).

Wir bezeichnen den dominanten Eigenwert von L , dessen Existenz in § 2.3 bewiesen wurde, mit λ_1. Nach dem in § 5.2 bewiesenen Satz bzw. genaugenommen nach seiner Verallgemeinerung ist dann λ_1^2 dominanter Eigenwert von $L \times L$. Sind ferner u und v' die zu λ_1 gehörigen Eigenvektoren von L , so sind die λ_1^2 entsprechenden charakteristischen Vektoren von $L \times L$ gegeben durch $u \times u$ bzw. $v' \times v'$.

Wie bei POLLARD (1966) unterscheiden wir drei Fälle:

a) $\lambda_1 < 1$ (5.12) hat einen einfachen dominanten Eigenwert $\lambda_1 (> \lambda_1^2)$

b) $\lambda_1 \neq 1$ (5.12) hat den dominierenden Eigenwert 1 von der Vielfachheit 2

c) $\lambda_1 > 1$ (5.12) hat $\lambda_1^2 (> \lambda_1)$ als einfachen dominanten Eigenwert

Diskussion der drei Fälle:

a) Aus

$$\begin{bmatrix} \mathbf{L} & \mathbf{0} \\ \mathbf{K} & \mathbf{L} \times \mathbf{L} \end{bmatrix} \begin{bmatrix} \mathbf{x} \\ \mathbf{x}^* \end{bmatrix} = \lambda_1 \begin{bmatrix} \mathbf{x} \\ \mathbf{x}^* \end{bmatrix} \tag{5.13}$$

folgt $\mathbf{x} = \mathbf{u}$ und $\mathbf{Kx} + (\mathbf{L} \times \mathbf{L})\mathbf{x}^* = \lambda_1 \mathbf{x}^*$, also

$$\mathbf{x}^* = \left[\lambda_1 \, \mathbf{I}_{(w+1)^2} - (\mathbf{L} \times \mathbf{L}) \right]^{-1} \mathbf{Ku} \tag{5.13a}$$

Sei ferner $[\mathbf{y}', \mathbf{w}']$ linker Eigenvektor von (5.11), also

$$[\mathbf{y}', \mathbf{w}'] \begin{bmatrix} \mathbf{L} & \mathbf{0} \\ \mathbf{K} & \mathbf{L} \times \mathbf{L} \end{bmatrix} = \lambda_1 [\mathbf{y}', \mathbf{w}'] \tag{5.14}$$

Aus (5.14) folgt

$$\mathbf{w}' (\mathbf{L} \times \mathbf{L}) = \lambda_1 \mathbf{w}' \tag{5.15}$$

Da der dominante Eigenwert von $\mathbf{L} \times \mathbf{L}$ jedoch $\lambda_1^2 < \lambda_1$ ist ($\lambda_1 < 1$!), so kann (5.15) nur mit $\mathbf{w}' = \mathbf{0}$ erfüllt sein. Es folgt

$$\mathbf{y}'\mathbf{L} = \lambda_1 \mathbf{y}'$$

d.h. $\mathbf{y}'$ ist skalares Vielfaches von $\mathbf{v}'$, dem linken Eigenvektor von $\mathbf{L}$. Wir setzen $\mathbf{y}' = \mathbf{v}'$, also $[\mathbf{y}', \mathbf{w}'] = [\mathbf{v}', \mathbf{0}]$. Die Eigenvektoren von (5.11) erfüllen die Normierungsbedingung

$$[\mathbf{v}', \mathbf{0}] \begin{bmatrix} \mathbf{u} \\ \mathbf{x}^* \end{bmatrix} = \mathbf{v}'\mathbf{u} = 1 \tag{5.16}$$

Da also die Matrix (5.11) die nötigen Voraussetzungen — nämlich die Dominanz von λ_1 und (5.16) — erfüllt, so kann man den Satz 2 von § 2.2

anwenden. Aus (2.11) folgt

$$\lambda_1^{-t} \begin{bmatrix} L & O \\ K & L \times L \end{bmatrix}^t = \begin{bmatrix} u \\ x^* \end{bmatrix} [v', O] + O^{(1)} = \begin{bmatrix} u\,v' & O \\ x^*v' & O \end{bmatrix} + O^{(1)}$$

$$(5.17)$$

Setzt man (5.17) in (5.9) ein, so bekommt man

$$\lambda_1^{-t} \begin{bmatrix} c_t \\ c_t \end{bmatrix} = \begin{bmatrix} u\,v' & O \\ x^*v' & O \end{bmatrix} \begin{bmatrix} c_o \\ c_o \end{bmatrix} + O^{(1)} \qquad (5.18)$$

also

$$\boxed{\begin{aligned} c_t \lambda_1^{-t} &= (u\,v')c_o + O^{(1)} = (v'c_o)\,u + O^{(1)} \quad , \\ c_t \lambda_1^{-t} &= (x^*v')c_o + O^{(1)} = (v'c_o)\,x^* + O^{(1)} \quad , \end{aligned}}$$

$$(5.19)$$
$$(5.20)$$

wobei x^* durch (5.13a) gegeben ist.

(5.19) ist das bereits bekannte Resultat (2.33) bzw. (2.34). Aufgrund der Tatsache, daß $\lambda_1 < 1$ ist, stirbt die Bevölkerung aus (λ_1 ist ja gemäß (2.35) der Wachstumsfaktor), so daß asymptotische Resultate ohne besonderes Interesse sind.

b) Der Fall $\lambda_1 = \lambda_1^2 = 1$ ist ohne praktische Bedeutung (vgl. auch die Bemerkung am Beginn von § 5.2).

c) Es sei $\begin{bmatrix} t \\ z \end{bmatrix}$ Eigenvektor von (5.11), also

$$\begin{bmatrix} L & O \\ K & L \times L \end{bmatrix} \begin{bmatrix} t \\ z \end{bmatrix} = \lambda_1^2 \begin{bmatrix} t \\ z \end{bmatrix} \qquad (5.21)$$

Aus (5.21) folgt

$$L\,t = \lambda_1^2 t \qquad (5.22)$$

Da aber $\lambda_1 < \lambda_1^2$ dominanter Eigenwert von L ist, so kann (5.22) nur für

$$t = O \qquad (5.23)$$

gelten. Setzt man (5.23) in (5.21) ein, so erhält man

$$(\mathbf{L} \times \mathbf{L})\mathbf{z} = \lambda_1^2 \mathbf{z}, \tag{5.24}$$

also $\mathbf{z}$ proportional zu $\mathbf{u} \times \mathbf{u}$. Wir setzen $\mathbf{z} = \mathbf{u} \times \mathbf{u}$. Der Vektor

$$\begin{bmatrix} \mathbf{0} \\ \mathbf{u} \times \mathbf{u} \end{bmatrix} \tag{5.25}$$

ist also Eigenvektor von (5.11). Es sei $[\mathbf{r'}, \mathbf{s'}]$ der Linkseigenvektor von (5.11), also

$$[\mathbf{r'L} + \mathbf{s'K}, \mathbf{s'}(\mathbf{L} \times \mathbf{L})] = \lambda_1^2 [\mathbf{r'}, \mathbf{s'}] \tag{5.26}$$

Aus (5.26) folgt

$$\mathbf{s'}(\mathbf{L} \times \mathbf{L}) = \lambda_1^2 \mathbf{s'},$$

also $\mathbf{s'}$ ist ein Vielfaches von $\mathbf{v'} \times \mathbf{v'}$. Wir setzen

$$\mathbf{s'} = \mathbf{v'} \times \mathbf{v'} \tag{5.27}$$

Setzt man (5.27) in (5.26) ein, so bekommt man

$$\mathbf{r'L} + (\mathbf{v'} \times \mathbf{v'})\mathbf{K} = \lambda_1^2 \mathbf{r'} \tag{5.28}$$

also

$$\mathbf{r'} = (\mathbf{v'} \times \mathbf{v'})\mathbf{K} \left[\lambda_1^2 \mathbf{I}_{w+1} - \mathbf{L} \right]^{-1} \tag{5.29}$$

Der linke Eigenvektor von (5.11) lautet also

$$[\mathbf{r'}, \mathbf{v'} \times \mathbf{v'}] \tag{5.30}$$

Das Skalarprodukt von (5.30) und (5.25) ist infolge

$$[\mathbf{r'} \ \mathbf{v'} \times \mathbf{v'}] \begin{bmatrix} \mathbf{0} \\ \mathbf{u} \times \mathbf{u} \end{bmatrix} = (\mathbf{v'} \times \mathbf{v'})(\mathbf{u} \times \mathbf{u}) = \mathbf{v'u} \times \mathbf{v'u} = 1 \times 1 = 1 \tag{5.31}$$

normiert.

Analog zur Herleitung von (5.17) und (5.18) erhält man auch im jetzigen Fall

$$\lambda_1^{-2t} \begin{bmatrix} \mathbf{L} & \mathbf{0} \\ \mathbf{K} & \mathbf{L} \times \mathbf{L} \end{bmatrix}^t = \begin{bmatrix} \mathbf{0} \\ \mathbf{u} \times \mathbf{u} \end{bmatrix} [\mathbf{r'}, \mathbf{v'} \times \mathbf{v'}] + \mathbf{0}\,(1)$$

$$= \begin{bmatrix} \mathbf{0} & \mathbf{0} \\ (\mathbf{u} \times \mathbf{u})\mathbf{r'} & (\mathbf{u} \times \mathbf{u})(\mathbf{v'} \times \mathbf{v'}) \end{bmatrix} + \mathbf{0}\,(1) \quad (5.32)$$

und

$$\lambda_1^{-2t} \begin{bmatrix} \mathbf{e}_t \\ \mathbf{C}_t \end{bmatrix} = \begin{bmatrix} \mathbf{0} & \mathbf{0} \\ (\mathbf{u} \times \mathbf{u})\mathbf{r'} & (\mathbf{u} \times \mathbf{u})(\mathbf{v'} \times \mathbf{v'}) \end{bmatrix} \begin{bmatrix} \mathbf{e}_o \\ \mathbf{C}_o \end{bmatrix} + \mathbf{0}\,(1) \quad (5.32)$$

Dabei ist $\mathbf{r'}$ mittels (5.29) bestimmt. Trennt man Erwartungen und zweite Momente, so hat man schließlich

$$\mathbf{e}_t \lambda_1^{-2t} = \mathbf{0} + \mathbf{0}\,(1)$$

$$\mathbf{C}_t \lambda_1^{-2t} = (\mathbf{u} \times \mathbf{u})\mathbf{r'}\mathbf{e}_o + (\mathbf{u} \times \mathbf{u})(\mathbf{v'} \times \mathbf{v'})\mathbf{C}_o + \mathbf{0}\,(1) \quad (5.33)$$

$$= \left[\mathbf{r'}\,\mathbf{e}_o + (\mathbf{v'} \times \mathbf{v'})\mathbf{C}_o \right] (\mathbf{u} \times \mathbf{u}) + \mathbf{0}\,(1)$$

Berücksichtigt man (5.10) so folgt weiter

$$\mathbf{C}_t \lambda_1^{-2t} = (\mathbf{r'}\mathbf{e}_o)(\mathbf{u} \times \mathbf{u}) + \mathbf{0}\,(1) \quad (5.34)$$

wobei $\mathbf{r'}$ durch (5.29) gegeben ist.

Aus (5.33) erkennt man zunächst, daß der mit dem dominanten Eigenwert λ_1^{-2t} normierte Bestand $\mathbf{e}_t$ gegen den Nullvektor strebt, wie es gemäß (2.34) und (5.23) auch sein muß. Ferner gilt gemäß (5.33) für

$$\mathbf{u} = \{u_x\}_{x=o}^{w}$$

$$\lambda_1^{-2t} C_{xy}^{(t)} = \mathrm{Cov}\left(\frac{N_{xt}}{\lambda_1^t}, \frac{N_{yt}}{\lambda_1^t} \right) = \left[\mathbf{r'}\mathbf{e}_o + (\mathbf{v'} \times \mathbf{v'})\mathbf{C}_o \right] u_x u_y + \mathbf{0}\,(1) \quad (5.35)$$

und für die Korrelationskoeffizienten der Bestände in den Altersklassen

$$\text{Corr} \left(\underline{N}_{xt}, \underline{N}_{yt} \right) = \frac{c_{xy}^{(t)}}{\sqrt{c_{xx}^{(t)}} \sqrt{c_{yy}^{(t)}}} = \frac{\lambda_1^{-2t} c_{xy}^{(t)}}{\sqrt{\lambda_1^{-2t} c_{xx}^{(t)}} \sqrt{\lambda_1^{-2t} c_{yy}^{(t)}}} \longrightarrow$$

$$\longrightarrow \frac{u_x u_y}{\sqrt{u_x^2} \sqrt{u_y^2}} = 1$$

(5.36)

Dieses fundamentale Resultat besagt also, daß im Falle $\lambda_1 > 1$ die altersgegliederten Bestände asymptotisch perfekt korreliert sind. Die Entwicklung der normierten Bestände wird in bezug auf die Erwartungen durch (2.34) beschrieben, während (5.35) ihre stochastischen Schwankungen quantifiziert.

Da für große t der Korrelationskoeffizient gegen 1 strebt, so kann man vermuten, daß der normierte Bestandsvektor $\underline{N}_t \lambda_1^{-t}$ für $t \to \infty$ gegen ein zufälliges (skalares) Vielfaches eines fixen Vektors, nämlich der stabilen Altersverteilung, mit Wahrscheinlichkeit 1 konvergiert. Dies ist in der Tat der Fall (siehe § 6).

6. Mehrdimensionale Verzweigungs-prozesse

6.1. Einführung

Schlüsselt man Bevölkerungsbestände nach demographischen Merkmalen auf (Alter, Geschlecht, Familienstand) und interessiert sich für ihre dynamische Entwicklung, so hat man mehrdimensionale Verzweigungs-prozesse als zugehöriges mathematisches Korrelat heranzuziehen. Bei diskretem Zeitablauf handelt es sich dabei um mehrdimensionale Galton-Watson-Prozesse (multitype branching processes). Wir stellen zunächst einige grundlegende Tatsachen über diese vektoriellen Verzweigungs-prozesse zusammen (vgl. HARRIS, 1963, Chapter II).

Wir denken uns also eine Bevölkerung in K Typen aufgegliedert, etwa in Altersklassen, um etwas festes vor Augen zu haben. Der "Zustand" der Bevölkerung zum Zeitpunkt t wird dann durch einen K-dimensionalen Spaltenvektor

$$\mathbf{n}_t = \left\{ \underline{N}_{1t}, \ \underline{N}_{2t}, \ \ldots, \ \underline{N}_{xt}, \ \ldots, \ \underline{N}_{Kt} \right\} \tag{6.1}$$

beschrieben. Dabei ist $t = 0,1,2, \ldots$ und $\underline{N}_{xt}$ eine Zufallsvariable, die nicht negativer ganzzahliger Werte fähig ist, nämlich der Bestands-umfang an Individuen vom Typ x zur Zeit t. Die Bestände zu zwei un-mittelbar aufeinanderfolgenden Zeitpunkten sind folgendermaßen stochastisch verknüpft:

$$p_i(r_1, \ldots, r_K) = P\left\{ \mathbf{n}_t = \left\{ r_1, \ldots, r_K \right\} \middle| \mathbf{n}_{t-1} = \mathbf{e}_i \right\}, \tag{6.2}$$

wobei $\mathbf{e}_i$ einen K-dimensionalen Spaltenvektor mit einer 1 in der i-ten Zeile und sonst lauter Nullen symbolisiert. (6.2) sei die Wahrschein-lichkeit dafür, daß ein Individuum des Typs i r_1 "Nachkommen" vom Typ 1, $\ldots$, r_K "Nachkommen" vom Typ K besitzt. Ein K-dimensionaler Galton-Watson-Prozeß ist ein zeitlich homogener Vektor-Markoffprozeß $\{\mathbf{n}_t\}$ (t = 0,1,2, ...) mit dem Transitionsgesetz (6.2), wobei die $r_1, \ldots, r_K$ jeweils alle nichtnegativen ganzen Zahlen durchlaufen können. Entscheidend ist dabei die folgende

Unabhängigkeitsannahme:

Jedes Individuum des Typs i (i = 1,2, ..., K) besitzt <u>unabhängig von allen übrigen</u> eine zeitlich konstante Wahrscheinlichkeit, nämlich (6.2), r_x Nachkommen des Typs x zu produzieren (x = 1, 2, ..., K).

Infolge dieser Annahme lassen sich die $\mathbf{n}_t$ als Summen unabhängiger Zufallsvektoren rekursiv darstellen, und der Algorithmus erzeugender Funktionen bildet ein adäquates Beschreibungsmittel.

6.2. Momentrekursionen für mehrdimensionale Galton-Watson-Prozesse

Die K × K Matrix

$$\mathbf{M} = \begin{bmatrix} m_{ij} \end{bmatrix} \tag{6.3}$$

der <u>bedingten ersten Momente</u> ist definiert durch

$$m_{ij} = E(\underline{N}_{i1} \mid \mathbf{n}_o = \mathbf{e}_j) \tag{6.4}$$

Es gilt

$$E(\mathbf{n}_{t+1} \mid \mathbf{n}_t) = \mathbf{M}\,\underline{n}_t \tag{6.5}$$

und

$$E(\mathbf{n}_t) = E(\mathbf{n}_t \mid \mathbf{n}_o) = \mathbf{M}^t \mathbf{n}_o \tag{6.6}$$

($\mathbf{n}_o$ fester Initialvektor). Einen ausführlichen Beweis findet man bei KARLIN (1966, p. 300). Die Lesliematrix $\mathbf{L}$ (2.8) ist ein Beispiel für (6.3); den Relationen (2.4) und (2.5) für $\mathbf{L}$ entsprechen (6.5) bzw. (6.6). In der Demographie ist es seit LESLIE (1945) üblich, die Anordnung (6.4) für die Matrix der ersten Momente zu verwenden; sie ist unglücklicherweise symmetrisch zu jener, die in der Theorie der Verzweigungsprozesse benutzt wird (vgl. HARRIS, 1963, p. 36/37). Wir haben uns hier dem demographischen Usus angeschlossen. Die <u>bedingte Kovarianzmatrix</u>

$$\mathbf{V}_k = \begin{bmatrix} v_{ij}(k) \end{bmatrix} \tag{6.7}$$

besitzt die Eingänge

$$v_{ij}(k) = \text{Cov}(\underline{N}_{i1}, \underline{N}_{j1} | \mathbf{n}_o = \mathbf{e}_k)) \tag{6.8}$$

Die (absolute) Kovarianzmatrix des Prozesses werde mit

$$\mathbf{C}_t = \left[c_{ij}^{(t)} \right] = \left[\text{Cov}(\underline{N}_{it}, \underline{N}_{jt}) \right] \tag{6.9}$$

bezeichnet.

Im Besitze der Hilfssätze 5 und 6 aus § 4.2 sind wir in der Lage, folgenden Satz zu beweisen:

Satz.*)
Die Kovarianzen eines mehrdimensionalen Galton-Watson-Prozesses gehorchen der Rekursionsformel

$$\boxed{\mathbf{C}_{t+1} = \mathbf{M}\mathbf{C}_t\mathbf{M}' + \sum_{k=1}^{K} E_{kt}\mathbf{V}_k} \qquad \text{**)} \tag{6.10}$$

Beweis:
Sei $\mathbf{r} = [r_1, \ldots, r_K]$ und $\mathbf{s} = [s_1, \ldots, s_k]$. Wir definieren folgende Hilfszufallsvariablen

$\underline{N}_{xt}(\mathbf{r})$ ... Anzahl jener Individuen aus dem Bestand $\underline{N}_{xt}$, welche genau r_j Nachkommen des Typs j besitzen (j = 1, 2, ..., K) $\tag{6.11}$

$\underline{N}_{xt}(r_j) = \sum_{r_l \neq r_j} \underline{N}_{xt}(\mathbf{r})$ ... Anzahl jener unter den $\underline{N}_{xt}$, die genau r_j Typ j-Nachkommen haben (j fest) $\tag{6.12}$

$\underline{N}_{j,t+1}^{(x)} = \sum_{r_j} r_j \underline{N}_{xt}(r_j)$ ... Anzahl der Typ j-Nachkommen zur Zeit t+1, die aus den $\underline{N}_{it}$ Typ i-Individuen zur Zeit t hervorgehen $\tag{6.13}$

---

*) vgl. HARRIS (1963, p.37). Da ein Beweis dort nicht ausgeführt wird, ein solcher aber im wesentlichen auf in § 4 entwickelten Gedankengängen beruht, so sei er hier ausgeführt.

**) Die Strichlierung bedeutet Transponierung der Matrix

Infolge der Unabhängigkeitsannahme sind die $\underline{N}_{xt}(\boldsymbol{\Gamma})$ bedingt multinomialverteilt nach

$$\text{Mult}(\underline{N}_{xt} \; ; \; p_i(\boldsymbol{\Gamma})) \qquad (6.11a)$$

unter der Bedingung $\underline{N}_{xt}$ (die r_j von $\boldsymbol{\Gamma}$ variieren dabei in nichtnegativen ganzzahligen Bereichen). Jedes Typ j-"Kind" hat genau einen unmittelbaren Vorfahren in einer Klasse x:

$$\underline{N}_{j,t+1} = \sum_{x=1}^{K} \underline{N}_{j,t+1}^{(x)} \qquad (6.14)$$

Setzt man in (6.14) sukzessive (6.13) und (6.12) ein, so ergibt sich

$$\underline{N}_{j,t+1} = \sum_{x} \sum_{r_j} r_j \underline{N}_{xt}(r_j) = \sum_{x} \sum_{r_j} r_j \sum_{r_l \neq r_j} \underline{N}_{xt}(\boldsymbol{\Gamma}) \qquad (6.15)$$

Vermöge (6.15) wird der Bestand $\underline{N}_{j,t+1}$ genügend weit aufgegliedert, um die Kovarianzen bestimmbar zu machen. Betrachtet man (6.15) für j = i,

also $\quad \underline{N}_{i,t+1} = \sum_{y} \sum_{s_i} s_i \sum_{s_m \neq s_i} \underline{N}_{yt}(\boldsymbol{S})$, so folgt gemäß (3.30)

$$c_{ji}^{(t+1)} = \text{Cov}(\underline{N}_{j,t+1},\underline{N}_{i,t+1}) = \sum_{x,y} \sum_{r_j,s_i} r_j s_i \sum_{r_l \neq r_j} \sum_{s_m \neq s_i} \text{Cov}\left[\underline{N}_{xt}(\boldsymbol{\Gamma}),\underline{N}_{yt}(\boldsymbol{S})\right]$$

$$(6.16)$$

Wir zerlegen (6.16) gemäß x=y und x≠y:

$$c_{ji}^{(t+1)} = \sum_{x} \sum_{r_j,s_i} r_j s_i \sum_{r_l \neq r_j} \sum_{s_m \neq s_i} \left[p_x(\boldsymbol{\Gamma})p_x(\boldsymbol{S})(c_{xx}^{(t)} - E_{xt}) + \delta_{\boldsymbol{\Gamma S}} \, p_x(\boldsymbol{\Gamma})E_{xt}\right]$$

$$(6.17)$$

$$+ \sum_{x \neq y} \sum_{r_j,s_i} r_j s_i \sum_{r_l \neq r_j} \sum_{s_m \neq s_i} p_x(\boldsymbol{\Gamma})p_y(\boldsymbol{S})c_{xy}^{(t)}$$

Dabei ist zur Ermittlung des ersten Summanden (x = y) in (6.17) (6.11a) und Lemma 5 von § 4.2 verwendet worden. Das verallgemeinerte Kroneckersymbol $\delta_{\boldsymbol{\Gamma S}}$ ist dabei definiert als

$$\delta_{\boldsymbol{\Gamma S}} = \begin{cases} 1 & \text{für } \boldsymbol{\Gamma} = \boldsymbol{S} \text{ , wobei } \boldsymbol{\Gamma} = \boldsymbol{S} \leftrightarrow r_j = s_j \text{ für } \underline{\text{alle}} \text{ j=1,2,...,K} \\ 0 & \text{sonst} \end{cases}$$

Der zweite Summand von (6.17) (x ≠ y)
ergibt sich unter abermaliger Beachtung von (6.11a), jetzt aber zusammen mit Lemma 6 aus § 4.2. Die
Unabhängigkeit der Entwicklung der
verschiedenen Individuen geht dabei
entscheidend ein.

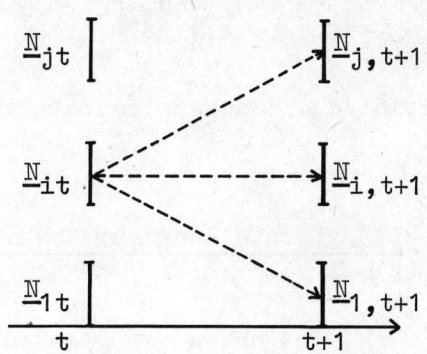

Abb. 3: Zur Bestandsänderung
beim mehrdimensionalen
Galton-Watson-Prozeß

Aus (6.17) folgt

$$c_{ji}^{(t+1)} = \sum_{x,y} \sum_{r_j, s_i} r_j s_i \sum_{r_l \neq r_j} \sum_{s_m \neq s_i} p_x(\mathbf{r}) p_y(\mathbf{s}) c_{xy}^{(t)}$$

$$+ \sum_x E_{xt} \left\{ - \sum_{r_j, s_i} r_j s_i \sum_{r_l \neq r_j} \sum_{s_m \neq s_i} p_x(\mathbf{r}) p_x(\mathbf{s}) \right. \qquad (6.18)$$

$$\left. + \sum_{\mathbf{r}} r_j r_i p_x(\mathbf{r}) \right\}$$

Trennt man in (6.18) die $\mathbf{r}$ – und die $\mathbf{s}$ –Summen und setzt die Beziehungen

$$\sum_{r_j} r_j \sum_{r_l \neq r_j} p_x(\mathbf{r}) = \sum_{\mathbf{r}} r_j p_x(\mathbf{r}) = E(\underline{N}_{j1} | \mathbf{n}_o = \mathbf{e}_x) = m_{jx}$$

und

$$\sum_{s_i} s_i \sum_{s_m \neq s_i} p_y(\mathbf{s}) = \sum_{\mathbf{s}} s_i p_y(\mathbf{s}) = E(\underline{N}_{i1} | \mathbf{n}_o = \mathbf{e}_y) = m_{iy}$$

in (6.18) ein, so erhält man

$$c_{ji}^{(t+1)} = \sum_{x,y} m_{jx} m_{iy} c_{xy}^{(t)} + \sum_x E_{xt} \left\{ E(\underline{N}_{j1} \underline{N}_{i1} | \mathbf{n}_o = \mathbf{e}_x) \right.$$

$$\left. - E(\underline{N}_{j1} | \mathbf{n}_o = \mathbf{e}_x) E(\underline{N}_{i1} | \mathbf{n}_o = \mathbf{e}_x) \right\}$$

$$c_{ji}^{(t+1)} = \sum_{x,y} m_{jx} c_{xy}^{(t)} m_{iy} + \sum_{x} E_{xt} \text{Cov}(\underline{N}_{j1}, \underline{N}_{i1} | \mathbf{n}_o = \mathbf{e}_x) \tag{6.19}$$

(6.10) ist die Matrizenform von (6.19).　　　　　wzbw.

6.3. Darstellung der Kovarianzen-Rekursion mittels $\mathbf{M}$

In § 5.3 haben wir gesehen, daß die Relation (5.3) bzw. (5.9) imstande ist, asymptotische Resultate ohne Bezugnahme auf klassische Methoden über Verzweigungsprozesse zu liefern. Entscheidend war dabei das Auftreten des Kroneckerprodukts $\mathbf{L} \times \mathbf{L}$ in der Rekursionsformel für die Kovarianzen; auf die Submatrix $\mathbf{K}$ kam es dabei hingegen gar nicht an. Tatsächlich liegt dem Ergebnis (5.3) ein allgemeines Resultat über mehrdimensionale Verzweigungsprozesse zu Grunde, das bisher offensichtlich keine Beachtung gefunden hat. Es ist aber in der Bevölkerungsmathematik insofern von einer gewissen Bedeutung, als dadurch die POLLARD'sche Analyse auch auf komplexere Matrizenmodelle verallgemeinerbar wird (siehe § 7).

Lemma.
Die Kovarianz-Rekursion (6.10) mehrdimensionaler Galton-Watson-Prozesse läßt sich mittels des Kronecker-Produktes $\mathbf{M} \times \mathbf{M}$ der Matrix $\mathbf{M}$ der bedingten Erwartungen folgenderweise darstellen:

$$\boxed{\mathbf{C}_{t+1} = (\mathbf{M} \times \mathbf{M})\mathbf{C}_t + \sum_{k=1}^{K} E_{kt}\, \sigma(\mathbf{V}_k)} \tag{6.20}$$

Die Transformation σ ist dabei unter (6.21) erklärt.

Beweis:
Wir definieren eine Transformation σ, die jeder Matrix $\mathbf{X}$ der Ordnung n einen Spaltenvektor mit n^2 Komponenten zuordnet, vermöge

$$\sigma(\mathbf{X}) = \{x_{11}, x_{12}, \ldots, x_{i1}, x_{i2}, \ldots, x_{ij}, \ldots, x_{nn}\}, \text{ falls } \mathbf{X} = [x_{ij}]$$

(6.21)

Der Vektor $\sigma(\mathbf{X})$ wird also durch Aneinanderreihung der Zeilen von $\mathbf{X}$ gewonnen; die Komponenten von $\sigma(\mathbf{X})$ sind dabei lexikographisch geordnet. Die Abbildung σ hat folgende Eigenschaften

$$(i) \quad \sigma \left(\sum \alpha_i \mathbf{X}_i \right) = \sum \alpha_i \, \sigma \left(\mathbf{X}_i \right) \quad \ldots \quad \text{Linearität}$$

$$(ii) \quad \sigma \left(\mathbf{Y} \mathbf{Z} \mathbf{Y}' \right) = \left(\mathbf{Y} \times \mathbf{Y} \right) \sigma \left(\mathbf{Z} \right) \quad \ldots \quad \text{Kroneckerprodukt}$$

$$(6.22)$$

(i) ist trivial: die Matrizenaddition bzw. -multiplikation mit einem Skalar ist mit der σ -Operation vertauschbar. Es seien $\mathbf{Y} = [y_{ik}], \quad \mathbf{Z} = [z_{kl}]$.

Um (ii) zu beweisen, vergleichen wir die Komponenten der Vektoren zu beiden Seiten des Gleichheitszeichens in (6.22). Bezeichnet man mit $[\sigma(\mathbf{X})]_{ij}$ die (i,j)-te Komponente des Vektros $\sigma(\mathbf{X})$, also

$$[\sigma(\mathbf{X})]_{ij} = [\mathbf{X}]_{ij} = x_{ij} \, ,$$

so gilt

$$[\sigma(\mathbf{Y}\mathbf{Z}\mathbf{Y}')]_{ij} = [\mathbf{Y}\mathbf{Z}\mathbf{Y}']_{ij} = \sum_l \sum_k y_{ik} z_{kl} y_{jl} \qquad (6.23)$$

Gemäß Definition des direkten Matrixprodukts gilt andrerseits

$$(\mathbf{Y} \times \mathbf{Y})_{ij,kl} = y_{ik} y_{jl} \qquad (6.24)$$

Beachtet man (6.24) und $[\sigma(\mathbf{Z})]_{kl} = z_{kl}$, so folgt

$$[(\mathbf{Y} \times \mathbf{Y}) \, \sigma(\mathbf{Z})]_{ij} = \sum_{k,l} y_{ik} y_{jl} z_{kl} \qquad (6.25)$$

Vergleicht man (6.25) mit (6.23), so folgt (6.22).
Nun haben wir bloß den σ -Operator auf (6.10) anzuwenden und (i), (ii) auszunutzen. Setzt man $\sigma(\mathbf{C}_t) = \mathbf{C}_t$ (vgl. § 5.1), so folgt (6.20).

$$\text{wzbw.}$$

<u>Beispiel:</u>
Um etwa die 2. Momente (3.26) bis (3.29) des <u>POLLARD-Modells</u> aus (6.20) zu gewinnen, hat man zunächst (5.2) zu beachten (mit $\mathbf{M} = \mathbf{L}$).

Die bedingten Kovarianzmatrizen lauten

$$
V_k = \begin{bmatrix} m_k g_k & & & \cdots \\ & \ddots & & \\ & & p_k q_k & \\ \cdots & & & \ddots \end{bmatrix} \quad \longleftarrow \text{Altersklasse } k+1 \quad (6.26)
$$

Es gilt also

$$
\sum_{k=0}^{w} E_{kt} \sigma(V_k) =
$$

$$
\left\{ \sum_{k=0}^{w} E_{kt} m_k g_k, 0, \ldots, 0, E_{ot} p_o q_o, 0, \ldots, 0, E_{kt} p_k q_k, 0, \ldots, 0, E_{w-1,t} p_{w-1} q_{w-1} \right\}
$$

$$(6.27)$$

Man erkennt, daß der Spaltenvektor (6.27) genau zu den Varianzen $c_{xx}^{(t)}$ ($x = 0,1, \ldots, w$) beiträgt. Aus (5.2) und (6.27) erhält man somit das Gewünschte.

6.4. Quasi-positiv reguläre Galton-Watson-Prozesse

Die diskreten stochastischen Makromodelle der Demographie stellen k e i n e bloß mehr oder minder trivialen Anwendungsmöglichkeiten mehrdimensionaler Verzweigungsprozesse dar. Wie wir gesehen haben, bildet zwar deren Schema ein adäquates Beschreibungsmittel für stochastische Bestandsmodelle, aber infolge der besonderen Bauart der demographischen Modelle sind die zentralen asymptotischen Resultate der "multitype branching processes" z u w e n i g a l l g e m e i n, um direkt angewendet werden zu können. Die entscheidenden Sätze, näm-lich Theorem 5.1 und 9.2 bei HARRIS (1963, p. 37 bzw. 44), setzen die positive Regularität der bedingten Erwartungsmatrix M voraus; die Lesliematrix L (2.8) besitzt jedoch diese Eigenschaft nicht. Um der schönen Ergebnisse positiv regulärer Galton-Watson-Prozesse nicht ver-lustig zu gehen, müssen wir die besondere Struktur der Lesliematrix L ausnutzen (vgl. GOODMAN, 1968a).

Definition:

Ein mehrdimensionaler Galton-Watson-Prozeß heißt quasi-positiv
regulär, wenn seine Matrix $\mathbf{M}$ einen positiven dominanten Eigenwert von der algebraischen Multiplizität eins besitzt.

Gemäß der Überlegung in § 2.3 ist $\mathbf{L}$ quasi-positiv regulär in diesem
Sinne. In § 2.2 haben wir einen Satz von POLLARD (1966) zitiert, den
dieser zur Eigenwertanalyse der Kovarianzen-Rekursion verwendet hatte
(mittels des Kroneckerprodukts, vgl. die Analyse in § 5.3). Es ist nun
gerade dieser Satz, der die benötigte Verallgemeinerung des Theorems
5.1 in HARRIS (1963, p. 37/38) von positiv regulären Prozessen auf
quasi-positiv reguläre liefert. Das asymptotische Verhalten erster
Ordnung (Erwartungswerte) für quasi-positiv reguläre Prozesse wird
also durch (2.11) und (2.34) beschrieben, während man das asymptotische
Verhalten der zweiten Momente durch folgenden allgemeineren Satz in den
Griff bekommen kann:

Satz.

Es sei ein quasi-positiv regulärer Galton-Watson-Prozeß gegeben,
mit der Erwartungsmatrix $\mathbf{L}$, dem dominanten Eigenwert $\lambda_1 > 1$
und dem zugehörigen positiven[*) rechten Eigenvektor $\mathbf{u}$. Dann gilt
für den normierten zufälligen Bestandsvektor

$$\frac{\mathbf{n}_t}{\lambda_1^t} \longrightarrow \underline{W}\,\mathbf{u} \qquad \text{mit Wahrscheinlichkeit 1,} \qquad (6.28)$$

wobei $\underline{W}$ eine skalare Zufallsgröße ist (siehe die anschließende
Bemerkung).

Der Beweis verläuft analog zu jenem vom entsprechenden Theorem 9.2 für
positiv reguläre Prozesse bei HARRIS (1963, p. 44) und hat (6.10) zum
Ausgangspunkt. Anstatt allerdings von Theorem 5.1 (HARRIS, 1963, p.
37/38) Gebrauch zu machen, findet die Darstellung (2.11) Verwendung.
Ein exakter Beweis ist ziemlich kompliziert, vgl. HARRIS, (1951, p.
313-315) für den positiv regulären Fall. Eine Beweisskizze findet man
im Standard-Lehrbuch von HARRIS (1963, p.45).

[*) Die Positivität von $\mathbf{u}$ folgt für Lesliematrizen $\mathbf{L}$ aus (2.31).

Bemerkungen:

Die Konvergenz von $\underline{\mathbf{n}}_t \lambda_1^{-t}$ gegen ein zufälliges skalares Vielfaches eines festen Vektors - nämlich der stabilen Altersverteilung $\underline{\mathbf{u}}$ (vgl. § 2.5.2) impliziert die asymptotische vollständige Korrelation (5.36) der Altersbestände. In der asymptotischen Relation

$$\underline{\mathbf{n}}_t \sim \lambda_1^t \, \underline{W} \, \underline{\mathbf{u}} \tag{6.28a}$$

bedeutet der Faktor λ_1^t das exponentielle Wachstum (MALTHUSisches Gesetz), während $\underline{\mathbf{u}}$ auf die asymptotisch konstanten relativen Altersproportionen verweist. Die Zufälligkeit der Größe $\underline{W}$ beruht - anschaulich gesprochen - darauf, daß der Bestand $\underline{\mathbf{n}}_t$ für kleine t verhältnismäßig großen Schwankungen unterworfen ist, welche sich (muliplikativ) auf spätere Generationen fortpflanzen (siehe HARRIS, 1963, p. 12, Fig. 2).

Gemäß (2.34) ist der Erwartungswert von $\underline{W}$ gleich dem Skalarprodukt des Linkseigenvektors von $\mathbf{L}$ mit dem Vektor der Anfangsbestände:

$$E(\underline{W}) = \mathbf{V}' \, \mathbf{e}_o = \sum_{i=0}^{w} v_i E_{io} \tag{6.29}$$

In § 5 hatten wir die asymptotische Kovarianzstruktur unter Verwendung des Kroneckerproduktes von $\mathbf{L}$ mit sich selbst erhalten. GOODMAN (1968a, p. 473, 481) gelingt die explizite Ermittlung der Grenzkovarianzen der Bestandszahlen der Altersklassen durch Anwendung eines asymptotischen Resultates von HARRIS (1951, p. 314). Die Ergebnisse kann man auch durch Auswertung von Relation (6.20) erhalten.

7. Multiple diskrete Bestandsmodelle

7.1. Zweigeschlechtliche Modelle

Die Zugrundelegung von nach Geschlechtern getrennten Wachstumsmodellen führt auf unrealistische Folgerungen bezüglich der Entwicklung der Sexualproportion (vgl. KEYFITZ, 1968a, Chap. 13). Der Bau von zweigeschlechtlichen demographischen Modellen, in welchen die Entwicklung der weiblichen und männlichen Bevölkerungskomponente simultan behandelt wird, stößt allerdings auf gewisse Schwierigkeiten. Bis vor kurzem haben deshalb alle diesbezüglichen Untersuchungen altersunabhängige Vitalitätsraten postulieren müssen; vgl. KENDALL (1949), GOODMAN (1953) und JOSHI (1954). GOODMAN (1967b, 1968a) ist es - in Verallgemeinerung eines diskreten eingeschlechtlichen Modells von BARTLETT (1946) und aufbauend auf POLLARD (1966) - erstmals gelungen, das altersstrukturierte u n d zweigeschlechtliche Bevölkerungswachstum in den Griff zu bekommen. Vor seinen Untersuchungen wurden zur Behandlung des stochastischen zweigeschlechtlichen Wachstums hauptsächlich Prozesse benutzt, die sowohl zeitlich, als auch bezüglich des Zustandes (Altersverteilung) kontinuierlich waren. GOODMAN (1968a) legt diskrete Altersklassen zugrunde und betrachtet den nach Geschlecht und Alter gegliederten Bevölkerungsbestand in den entsprechenden Zeitpunkten. Zunächst betrachtet er weibliche Dominanz. In derartigen Modellen hängt die Anzahl der Babys, die in t- geboren werden, a u s s c h l i e ß l i c h von der Anzahl der Frauen ab, welche die reproduktiven Altersklassen zur Zeit t besetzen. Obwohl die Annahme weiblich dominanter Modelle, also die Forderung, daß die Fortpflanzung unabhängig vom Männerbestand sein soll, offenkundig nicht besonders realitätsnah ist, bildet diese Modellkategorie dennoch ein entscheidendes Bindeglied zwischen rein eingeschlechtlichen und nicht dominanten zweigeschlechtlichen Modellen. Bei letzeren wird angenommen, daß die Babyzahl in t- in charakteristischer Weise s o w o h l von Frauenals auch vom Männerbestand in t abhängt. Für die Art der Abhängigkeit sind in der Literatur eine Reihe von Annahmen vorgeschlagen worden (siehe z.B. bei KEYFITZ, 1968a, Chap. 13). GOODMAN analysiert ein altersspezifisches, nicht dominantes, zweigeschlechtliches Modell (GOODMAN, 1968a, § 3.2). GOODMANs Modelle sind spezielle Galton-Watson-Prozesse; die geläufigen asymptotischen Relultate für derartige Prozesse, welche an die positive Regularität geknüpft sind, können jedoch wieder nicht ohne weiteres Verwendung finden, weil die zweigeschlechtliche Lesliematrix eben nicht positiv regulär ist (vgl. § 6). Die besondere Modellstruktur (Fortpflanzung und Absterben) ermöglicht jedoch auch diesmal die Herleitung expliziter Ausdrücke für dominanten Eigenwert und assoziierte Eigenvektoren des Prozesses. Daraus ergeben sich dann die Resultate über die asymptotische Alters- und Geschlechtsverteilung und bezüglich der reproduktiven Werte beider Geschlechter für alle Altersklassen. Von besonderem Interesse ist dabei das Verhalten der Sexualproportion.

7.2. Stabile Familienstandsmodelle

Wie bereits in der Einleitung zu Teil III erwähnt wurde, lassen sich durch Einbeziehung weiterer demographischer Merkmale eine Reihe sogenannter multipler Modelle konstruieren. Für die Mikrotheorie hatten wir diese Vorgangsweise ja in Kap. 2, § 3 anhand der Mehrtypenmodelle vorexerziert. Für multiple Makromodelle kann man - neben den bekannten Stabilitätsrelultaten - über die linken Eigenvektoren einige interessante Ergebnisse herleiten. Als Beispiel erwähnen wir ein stabiles Familienstandsmodell (siehe Kap. 2, § 3.3), dessen Analyse wir uns in einer gesonderten Publikation zuwenden werden. Im Zusammenhang mit Familienstandsmodellen weisen wir auf die Untersuchungen von KARMEL (1947, 1948) hin. Auf seine Untersuchungen über "gemeinsame" Heiratsmodelle, die im Stile von LOTKA geführt werden, kann die skizzierte diskrete stabile Theorie ebenfalls angewendet werden. Eine diesbezügliche Modernisierung von KARMELs Ansätzen würde möglicherweise verbesserte Einsichten in Heiratsphänomene abgeben, die KEYFITZ (1969) gefordert hat.

8. Bevölkerungsvorausschätzungen

Ein Hauptziel des demographischen Makromodellbaues ist die Erstellung von Modellen zur Bevölkerungsprojektion. Die Fortschreibung (2.3) einer Bevölkerung mittels der Lesliematrix **L** kann als prägnante Schreibweise eines Kalküls aufgefaßt werden, der seit einigen Jahrzehnten zur Vorausschätzung geschlossener Bevölkerungen benutzt wird. Es handelt sich dabei um die sogenannte Komponentenmethode, bei welcher der Totalbestand (mindestens) nach Geschlecht und Altersgruppen getrennt vorausgeschätzt wird (Einen kurzen historischen Überblick dazu findet man bei WIDÉN, 1969).

Die zentrale Stellung demographischer Vorhersagen rechtfertigt einige prinzipielle Ausführungen zur Methodik bei Bevölkerungsprognosen, denen wir uns in § 8.1 kurz zuwenden. Bei demographischen Projektionen

ist es üblich, mit variablen Annahmen über die künftige Entwicklung der
Vitalitäts- und sozialen Verhältnisse zu arbeiten, um auf diese Weise
Grenzen abzustecken, innerhalb derer sich die tatsächliche Entwicklung
wahrscheinlich vollziehen wird. In einer mehr statistischen Terminologie
heißt dies, daß man die Unsicherheit von Vorausschätzungen dadurch berücksichtigt, daß man von vornherein Intervallschätzungen anstrebt,
anstatt sich auf Punktschätzungen deterministischer Modelle zu beschränken. Die Entwicklung stochastischer Makromodelle kann geradezu
als Versuch interpretiert werden, die Unsicherheit des Projektions-
prozesses abschätzungsweise in den Griff zu bekommen. Neben den in den
Abschnitten 3 bis 7 behandelten Zufallsmodellen werden in § 8.2 zwei
weitere stochastische Modellkategorien erwähnt und im Zusammenhang mit
der Genauigkeit demographischer Vorausschätzungen diskutiert. Wir
stützen uns dabei im wesentlichen auf Arbeiten von SYKES (1966, 1969).
Abschließend wird auf Querverbindungen zur optimalen linearen Schätztheorie hingewiesen.

8.1. Bemerkungen zur Methodik bei demographischen Projektionen

8.1.1. Bedingte Prognosen

Über Bedeutung und Notwendigkeit von Bevölkerungsvorausschätzungen
in Gesellschafts- und Wirtschaftswissenschaften kann kein Zweifel bestehen (siehe dazu etwa StBA, Fs A, 1963). Trotz der allgemein anerkann-
ten Wichtigkeit dieses Themenkreises existiert meines Wissens nur eine
einzige Monographie, welche sich der Projektion von Bevölkerung und
ihrer Struktur widmet, nämlich die «Perspectives démographiques»
von L. HENRY (1964). Dies ist wohl hauptsächlich darauf zurückzuführen,
daß - etwa im Unterschied zur Ökonometrie - die Methodenlehre für
Bevölkerungsprognosen im wesentlichen noch immer eine Rezeptesammlung
darstellt. HENRY (1964, p. 4) bemerkt selbst, daß der persönliche Er-
findungsgeist bzw. die Einfühlung in die jeweilige demographische
Situation die Benutzung allgemeiner methodischer Regeln dominiert. Die
Tatsache, daß man sich bei Bevölkerungsprognosen oft auf Ad-hoc-
Methoden stützen muß, ohne auf ein etabliertes methodisches Instrumenta-
rium zurückgreifen zu können, klingt auch bei WINKLER (1969, p. 424) an.
Weil sie oft durch die tatsächliche Entwicklung widerlegt worden sind,

gehören Bevölkerungsvorausschätzungen mit zu den undankbarsten Aufgaben der Statistik. Man hat deshalb zwei Stufen der Prognostizierbarkeit unterschieden.

HENRY (1964) unterscheidet « _perspectives démographiques_ » und « _prévisions démographiques_ ». Letztere stellen sich die Aufgabe, die Bevölkerungsentwicklung vorauszuschätzen, wie sie tatsächlich sein wird. Demographische Perspektiven im Sinne von HENRY beanspruchen hingegen keineswegs, reale Verläufe zu prognostizieren; vielmehr werden hierbei mögliche Entwicklungen durchgespielt, wie sie aus gewissen h y p o t h e t i s c h e n A n n a h m e n folgen. Für den Bevölkerungspolitiker, der oft tatsächliche Entwicklungen abändern will, ist gerade diese Betrachtungsweise relevant, da sie ihn über Auswirkungen demographischer Politiken (z.B. von Familienplanungsprogrammen) unterrichtet. Als Beispiel für eine Perspektive in diesem Sinne sei die Frage erwähnt, was sich ereignen würde, wenn die Fruchtbarkeit in Indien unverzüglich auf ein bestimmtes Niveau fiele.

Unter einer Bevölkerungsprojektion verstehen wir also die Vorausschätzung einer Bevölkerung nach Zahl und Struktur aufgrund gewisser Hypothesen. Die Projektion ist somit nur als bedingte Prognose aufzufassen: Sie liefert nur insoweit Aufschluß über zukünftigen Umfang und Struktur der Bevölkerung, als sich die genannten Annahmen realisieren. Diese beziehen sich auf Sterblichkeit, Familienstand (und davon abhängig) Fruchtbarkeit und Wanderungsverhalten der Bevölkerung im Projektionszeitraum. Demographische und soziale Phänomene unterliegen statistischen Gesetzmäßigkeiten. Diese letztlich auf dem Gesetz der großen Zahlen beruhende "Trägheit der Phänomene", wie sie von HENRY genannt wird, zeigt deutlich, daß gültige Vorhersagen nur bei Abwesenheit unvorhergesehener Krisen zustandekommen. Man lese in diesem Zusammenhang die interessante Vortragsausarbeitung von HAJNAL (1955).

8.1.2. Zu den Vorausschätzungen des Statistischen Bundesamtes

Das Prinzip der Bevölkerungsprognose ist in seiner Einfachheit naheliegend. Eine nach Geburtsjahren gegliederte Ausgangsbevölkerung wird von einem Kalenderjahr zum nächsten fortgeschrieben. Jeder Altersjahrgang wird dabei, um die erwarteten Sterbefälle vermindert, in die

nächsthöhere Altersklasse übernommen. Gleichzeitig wird jedes Jahr
ein neuer Geburtsjahrgang hinzugefügt. Über künftige Entwicklung von
Sterblichkeit und Geburtenhäufigkeit kann dabei eine Reihe wechselnder
Annahmen gemacht werden. Das Statistische Bundesamt legt bei seiner
letzten Vorausschätzung für die Bundesrepublik die Sterbetafel 1960/62
zugrunde und unterstellt eine Mortalitätsabnahme bis 1991 zwischen 18
und 3 % je nach Altersklasse (StBA, Fs A, 1967). Die Geburtenentwicklung
wird vom Bundesamt für die gesamte Prognoseperiode unverändert von der
Geburtentafel 1964 übernommen. Für die künftige Entwicklung der Geburtenhäufigkeit ist der Familienstand gebärfähiger Frauen von hervor-
ragender Bedeutung. Deshalb werden vom StBA für 15 bis 49-jährige
Frauen aufgrund altersspezifischer Heirats- und Ehelösungswahrscheinlichkeiten Familienstandsvorausschätzungen vorgenommen. Bei einer
früheren Projektion bis ins Jahr 2000 (StBA, Fs A, 1963) wurden die
verheirateten Frauen zusätzlich nach der Ehedauer gegliedert und ver-
weildauerspezifische Geburtenziffern bereitgestellt. Der Hauptunsicher-
heitsfaktor rührt dabei von den Wanderungen her, über deren zukünftige
Entwicklung jedenfalls nur schwer Aufschluß zu gewinnen ist (Gast-
arbeiter!).

8.1.3. Ausblick auf feinere Vorausschätzungsmethoden

Ausgangspunkt einer jeden verläßlichen Vorausschätzung ist eine
sorgfältig durchgeführte Bestandsaufnahme (Volkszählung). HENRY hat
ausgeführt (1964, p. 8), daß eine korrekte Analyse der Ausgangssituation entscheidender ist, als irgendwelche "gelehrte" Projektions-
methoden. Es ist offenbar, daß ein mehr oder minder ausgeklügelter
mathematischer Apparat nicht für die Qualität der Prognose bürgt, wenn
man etwa nicht in der Lage ist, über den künftigen Wanderungsverlauf
zuverlässige Aussagen zu machen. Was jedoch vielen demographischen
Untersuchungen vorzuwerfen ist, ist die oft unentwirrbare Verknüpfung
demographischer Methoden mit Techniken. Es wäre an der Zeit, eine
Analyse möglicher Vorausschätzungskalküle zu geben, zunächst o h n e
besondere Rücksichtnahme auf existierende Statistiken. Übertrieben
ausgedrückt, sollte man die Modelle weniger nach vorhandenen statistischen Daten ausrichten, als vielmehr solche Statistiken aufgrund
formaler Modelle zu erheben. Eine Ablösung organisatorischer und
numerischer Techniken vom dahinterstehenden formalen Gerüst wäre m.E.

für die künftige Entwicklung der demographischen Analyse unerläßlich,
wenn sie sich tatsächlich zur Demometrie weiterentwickeln soll
(HYRENIUS, 1966; WINKLER, 1969), wie das bei Ökonomie und Ökonometrie
schon vor knapp 40 Jahren der Fall war. Es übersteigt allerdings unsere jetzigen Gegebenheiten und Kräfte, solche Entwicklungslinien auch
nur andeutungsweise zu skizzieren.

Es wäre m.E. eine lohnende Aufgabe, im Laufe von Teil I und II behandelte Modelle für Projektionszwecke auszunützen. Die dort gebotenen
Modelle dienen zwar zur Beschreibung einzelner demographischer Prozesse
und geben auch nette Illustrationen für eine Vorlesung über Zufallsprozesse ab; ihr demographischer Hauptzweck liegt aber - neben der
demographischen Ursachenforschung (vgl. PRESSAT, 1969, Introduction) -
wohl in der Absicht, zuverlässigere Projektionen zu erstellen. Wir
haben schon angedeutet, daß über Heiratstafeln Familienstandsmodelle
in die Analyse eingehen. Man sollte versuchen, Reproduktionsmodelle
(Kap. 4) in Prognosemodelle einzubauen, um so zu feineren Abschätzungen
des Bevölkerungswachstums zu gelangen (vgl. auch § 7). Derartige Ver-
feinerungen werden m.E. die weitere Entwicklung der Formaldemographie
in den nächsten Jahren beeinflussen.

8.2. Die Varianz von Bevölkerungsprojektionen

Das deterministische lineare Modell von § 2 kann zur Vorausschätzung
des altersgegliederten Bestandes einer Bevölkerung (nach Geschlechtern
getrennt) benützt werden. Ausgehend von einer Anfangsstruktur (2.1)
liefert es vermöge (2.3) zu jedem Zeitpunkt $t = 1,2, \ldots$ eine Punkt-
schätzung für den jeweiligen Altersaufbau. Dabei kann die Annahme
zeitlich homogener Vitalitätsraten m_x und p_x fallengelassen werden,
und man kann annehmen, daß für jedes t eine Lesliematrix $\mathbf{L}_t$
spezifiziert ist, welche Alters- und Geburtsprozeß beschreibt. Derartige
inhomogene, auch schwach ergodisch genannte, Matrizenmodelle sind von
LOPEZ (1961) untersucht worden. Die folgenden Überlegungen sind auch
für diesen inhomogenen Fall gültig, aus Notationsgründen beschränken
wir uns jedoch auf den homogenen (sogenannten stark ergodischen) Fall.
Daneben weisen wir auf die Möglichkeit von zweigeschlechtlichen,
Familenstands- und Paritätsmodellen im Projektionszusammenhang hin
(vgl. § 7).

Wir haben bereits erwähnt, daß man in der Praxis anstelle einer einzigen Vorausschätzung oft eine ganze "Bandbreite" solcher vorzieht. Ein natürlicher Weg, von bloßen Punktschätzungen wegzukommen und zu Intervallschätzungen zu gelangen, ist die Zugrundelegung stochastischer Modelle, wo also die Bestände $\underline{N}_{xt}$ der Altersklassen x- in Vektoren $\mathbf{n}_t$ angeordnete Zufallsgrößen sind.

SYKES hat im Rahmen seiner Dissertation (1966) drei Typen der "Stochastizierung" des Lesliemodells vorgeschlagen. Während sich aber die Verteilungstheorie der $\mathbf{n}_t$ als analytisch zu verwickelt erweist, gelingt die Ermittlung der zweiten Momente. Diese können dann zur Erstellung von Konfidenzintervallen für den Mittelwert verwendet werden. Es handelt sich dabei um folgende Modelle

a) Modell mit additiver Irrtumsstruktur

b) Verzweigungsprozeßmodell (vgl. POLLARD, 1966)

c) Zufällige Lesliematrix.

Wir wollen diese drei Modelle hier nicht reproduzieren, zumal sie vor kurzem von SYKES (1969a) übersichtlich und allgemein zugänglich zusammengestellt worden sind, und beschränken uns deshalb auf einige kurze Hinweise und Kommentare.

In allen drei Fällen beschreibt die Erwartungsstruktur des Zufallsmodells den deterministischen Projektionsprozeß. Das <u>Modell additiver Irrtümer</u>

$$\mathbf{n}_{t+1} = \mathbf{L}\,\mathbf{n}_t + \underline{\mathbf{i}}_t \tag{8.1}$$

ist von der Ökonometrie her bekannt. Trifft man über den Störprozeß $\underline{\mathbf{i}}_t$ die Annahmen $E\,\mathbf{n}_t = \mathbf{0}$ bezüglich der Erwartungswerte und $E\,\underline{\mathbf{i}}_s\,\underline{\mathbf{i}}_t' = \mathbf{G}_{st}$ für die Kovarianzstruktur (s, t = 0, 1, 2, ...), so lassen sich Erwartungswertvektor und Kovarianzmatrix des Bestandsvektors $\mathbf{n}_t$ ermitteln. Durch zusätzliche Voraussetzungen, nämlich $\mathbf{G}_{st} = \delta_{st}\,\mathbf{G}$ oder aber $\mathbf{G}_{s-t} = e^{-\rho|s-t|}\,\mathbf{G}$ vereinfachen sich die Formeln für $E\,\mathbf{n}_t$ und $\mathrm{Cov}\,(\mathbf{n}_t, \mathbf{n}_t)$. Im Besitze der Kovarianzmatrix von $\mathbf{n}_t$ kann man Konfidenzintervalle für die Bestände $\mathbf{n}_t$ aufstellen, sobald zusätzlich gefordert wird, daß die $\{\underline{\mathbf{i}}_t\}$ eine Folge unkorrelierter Zufallsgrößen ist, wobei

$\underline{i}_t$ nach der (w+1)-dimensionalen Normalverteilung $N(\mathbf{0},\mathbf{G})$ verteilt ist (siehe SYKES, 1969a, p. 117). Man hat zwar das lineare Modell (8.1) statistisch völlig im Griff; ein schwerwiegender Nachteil besteht aber darin, daß negative Realisierungen von N_{xt} auftreten können (dies liefert vor allem für schrumpfende Bevölkerungen $\lambda_1 < 1$ keine brauchbaren Resultate).

Eine zweite Stochastizierung des Lesliemodells erhält man, wenn man postuliert, daß die Individuen der Bevölkerung u n a b h ä n g i g v o n e i n a n d e r mit gegebenen altersspezifischen Wahrscheinlichkeiten ein Jahr überleben bzw. in diesem Intervall sich reproduzieren. Es handelt sich dabei um ein Schema unabhängiger Binomialversuche, wie es von POLLARD (1966) angewendet wurde, und wie wir es in § 3 vorgeführt hatten. Es ist bemerkenswert, daß SYKES (1966) ungefähr gleichzeitig und unabhängig von POLLARD auch dieses Verzweigungsprozeßmodell untersucht hat und dabei über erzeugende Funktionen zu den Rekursionsformeln für die ersten beiden Momente vorgestoßen ist (vgl. auch SYKES, 1969a, § 3). SYKES weist auch im Zusammenhang mit diesem Modell auf eine Reihe von Unzulänglichkeiten hin. Die Unabhängigkeitsannahme innerhalb und zwischen den Altersgruppen ist praktisch infolge äußerer Einflüsse (Kriege, Epidemien) n i c h t gewährleistet. Der Variationskoeffizient der Bernoulliverteilung

$$\frac{\sigma}{\mu} = \sqrt{\frac{1-p}{np}} \longrightarrow 0 \quad \text{für } n \longrightarrow \infty , \tag{8.2}$$

und es zeigt sich, daß die beobachtete Variabilität bei realen Bevölkerungsentwicklungen nur zu einem g e r i n g e n Teil durch die Unterstellung unabhängiger Binomialversuche erklärt werden kann. Bei Bevölkerungen kleineren Umfanges können allerdings die ermittelten Varianzen des Bestandsvektors als untere Schranke für die tatsächlichen zweiten Momente dienen.

Infolge der erwähnten Unzulänglichkeiten hat SYKES noch ein drittes Modell behandelt. Dabei wird angenommen, daß die Bevölkerung zufälligen Geburts- und Todesraten unterworfen ist:

$$\underline{n}_{t+1} = (\mathbf{L} + \underline{\mathbf{D}}_t)\,\underline{n}_t \tag{8.3}$$

In (8.3) bedeutet $\mathbf{L}$ die Lesliematrix (2.8) und $\{\underline{\mathbf{D}}_t\}$ eine Folge unab-

hängiger zufälliger quadratischer Matrizen der Ordnung w+1, die noch
gewissen Bedingungen unterworfen sind (SYKES, 1969a, p. 122). Man beachte, daß dieses Modell n i c h t den Fall bedeckt, in welchem $\mathbf{L}$ zu
einer Zufallsmatrix wird, weil die Vitalitätsraten aufgrund einer Stichprobenerhebung geschätzt werden. Diese werden nämlich nach der Schätzung
für die weitere Projektion festgehalten, während $\mathbf{L} + \mathbf{D}_t$ für jedes t
einen anderen zufälligen Wert annimmt. SYKES (1966, 1969a) gelingt die
Ermittlung der erwarteten Bestände und ihrer Kovarianzstruktur unter
der einschränkenden Annahme, daß die Matrizen $\mathbf{D}_t$ unkorreliert sind.

Bemerkung: Das Verzweigungsprozeßmodell kann als diskretes lineares
stochastisches System im Sinne der Systemtheorie dargestellt werden.
Man vergleiche dazu LIEBELT (1967, p. 186/7). Dazu hat man das POLLARD-
Modell (Modell (b) von SYKES) in der Form (8.1) darzustellen. Man überlegt sich ohne Schwierigkeiten, daß für die $\mathbf{i}_t$ die zu fordernden Bedingungen (6.2) bis (6.4) bei LIEBELT (1967, p. 186) erfüllt sind. Es handelt sich dabei um

$$E\,\mathbf{i}_t = \mathbf{O}$$

$$E\,\mathbf{i}_s\,\mathbf{i}_t' = \mathbf{O} \qquad \text{für } s \neq t \tag{8.4}$$

$$E\,\mathbf{n}_s\,\mathbf{i}_t' = \mathbf{O} \qquad \text{für } s \leq t$$

Die Beziehungen (8.4) ergeben sich für das POLLARD/SYKES-Modell aus der
Tatsache, daß die Komponenten von $\mathbf{n}_{t+1}$ bei bekanntem $\mathbf{n}_t$ binomialverteilt sind bzw. sich aus solchen Verteilungen zusammensetzen. Wir unter-
stellen ferner, daß der 'wahre' Zustand $\mathbf{n}_t$ (d.i. die Struktur) der
Bevölkerung nicht gemessen werden kann, sondern nur ein Beobachtungs-
vektor $\mathbf{b}_t$ zur Verfügung steht, welcher mit $\mathbf{n}_t$ vermöge einer bekannten
Matrix $\mathbf{M}$ und der zufälligen Störvariablen $\mathbf{k}_t$ linear zusammenhängen
soll:

$$\mathbf{b}_t = \mathbf{M}\,\mathbf{n}_t + \mathbf{k}_t \tag{8.5}$$

Dabei sollen die Voraussetzungen (6.6) bis (6.8) bei LIEBELT (1967, p.
187) erfüllt sein. Die Theorie optimaler Schätzungen erlaubt dann, aus
den Beobachtungen $\mathbf{b}_t$ in "bestmöglicher Weise" Informationen über den
Zustand $\mathbf{n}_t$ zu extrahieren. Auf diese Weise wird man in die Lage versetzt, optimale Vorausschätzungen zu geben und mittels der Kovarianzmatrix deren Fehler abzuschätzen (vgl. das "prediction problem" bei

LIEBELT, 1967). Die Matrix $\mathbf{M}$ kann etwa eine Zusammenfassung der Bevölkerungsstruktur in gröbere Klassen leisten; für $\mathbf{M} = \mathbf{e'}$ etwa ist $\mathbf{M}\,\underline{\mathbf{n}}_t$ der undifferenzierte Totalbestand.

Diese Bemerkungen verstehen sich als Anregungen für weitere Untersuchungen über Anwendungsmöglichkeiten der optimalen Schätz- bzw. Systemtheorie bei Bevölkerungsprojektionen. Man vergleiche auch einen in diese Richtung gehenden Hinweis von SYKES (1969 a, p. 114).

ZUR KONTINUIERLICHEN ANALYSE
DES BEVÖLKERUNGSWACHSTUMS

Die deterministische Bevölkerungsmathematik geht in ihren Anfängen auf BERNOULLI und EULER zurück. Letzterer war z.B. schon vor über 200 Jahren im Besitze der wesentlichen Eigenschaften stabiler Altersverteilungen (vgl. 2.14). Entscheidende Impulse empfing die Analyse demographischer Vorgänge von A. J. LOTKA (siehe sein zusammenfassendes Werk 1939). Einen guten Überblick vor allem auch über anwendungsbezogene bevölkerungsmathematische Methoden vermittelt KEYFITZ (1968a). Im folgenden variiere der Zeitparameter t in den nichtnegativen reellen Zahlen.

1. Zwei einfache Wachstumsmodelle

Die Einfachheit der beiden nachfolgenden Modelle beruht auf der Vernachlässigung von Geschlechts- und Altersstruktur der Bevölkerung. Wir betrachten die Entwicklung eines Bestandes von $N(t)$ Individuen in der Zeit t und nehmen dabei an, daß alle Personen die gleichen Entwicklungsmöglichkeiten besitzen.

1.1. Exponentielles Wachstum

Zunächst werde vorausgesetzt, daß die Individuen unabhängig voneinander (und damit vom übrigen Bestand) Nachkommen hervorbringen und sterben. Neben der Bestandsgröße $N(t)$ betrachten wir folgende Funktionen, die wir als stetig in t voraussetzen:

$B(t)$ ... <u>Geburtendichte</u> im Zeitpunkt t

$D(t)$ ... <u>Dichtefunktion der Todesfälle</u> zur Zeit t

Es bedeuten $B(t)$ und $D(t)$ die Anzahl der Geburten bzw. Todesfälle <u>pro ZE</u> zur Zeit t. Genauer werden die beiden Funktionen folgenderweise interpretiert:

$B(t)h + o(h)$ = Anzahl aller Geburten im Zeitintervall $(t, t+h)$

$D(t)h + o(h)$ = Anzahl aller Todesfälle im Zeitintervall $(t, t+h)$.

Ferner werden die (rohen) <u>Geburts-</u> und <u>Todesraten</u> pro Kopf und Zeiteinheit erklärt durch

$$b(t) = \frac{B(t)}{N(t)} \quad \text{und} \quad d(t) = \frac{D(t)}{N(t)} \tag{1.1}$$

Genaugenommen ist wieder

$b(t)h + o(h)$ = Anzahl der Nachkommen eines Individuums im Intervall $(t, t+h)$

$d(t)h + o(h)$ = Anzahl der Todesfälle pro Person in $(t, t+h)$.

Schließlich sei

$$r(t) = b(t) - d(t) \tag{1.2}$$

die (natürliche) <u>Zuwachsrate</u> pro Individuum und Zeiteinheit. Durch Vergleich des Bestandes zu Beginn und am Ende von $(t, t+h)$ erhält man (von Wanderungen wird abgesehen)

$$N(t+h) = N(t) + B(t)h - D(t)h + o(h)$$
$$= N(t) + N(t)\left[b(t) - d(t)\right]h + o(h)$$
$$\frac{N(t+h) - N(t)}{h} = r(t)N(t) + \frac{o(h)}{h}$$

Geht man beiderseits mit $h \to 0$, so bekommt man die Differentialgleichung

$$\frac{dN(t)}{dt} = r(t)N(t). \tag{1.3}$$

Ist $N(0)$ der Bevölkerungsbestand zu Beginn der Zeitrechnung, so lautet ihre Lösung

$$N(t) = N(0) \exp \left\{ \int_0^t r(\tau) d\tau \right\} \tag{1.4}$$

Aus (1.3) sieht man, daß sich die Bestandsänderung als Differenz von Geburten und Todesfällen auffassen läßt:

$$N'(t) = \left[b(t) - d(t) \right] N(t) = B(t) - D(t) \tag{1.5}$$

Aus (1.4) ergibt sich die Darstellung der Wachstumsrate als Grenzwert

$$r(t) = \lim_{h \to 0} \frac{N(t+h) - N(t)}{hN(t)} \tag{1.6}$$

Da $B(t)$ und $D(t)$ als stetig vorausgesetzt werden, und das Integral einer stetigen Funktion wieder stetig ist, so ist wegen (1.5) $N(t)$ stetig. Aus (1.1) und (1.2) folgt die Stetigkeit von $r(t)$, weshalb man den Mittelwertsatz der Integralrechnung anwenden kann. Danach gilt

$$\int_t^{t+h} r(\tau) d\tau = hr(\Theta), \text{ wobei } t \leq \Theta \leq t+h$$

Es folgt

$$\exp \left\{ \int_t^{t+h} r(\tau) d\tau \right\} = 1 + hr(\Theta) + o(h)$$

und

$$\lim_{h \to 0} \frac{N(t+h) - N(t)}{hN(t)} = \lim_{h \to 0} \frac{1}{h} \left(\exp \left\{ \int_t^{t+h} r(\tau) d\tau \right\} - 1 \right)$$

$$= \lim_{h \to 0} \left(r(\Theta) + \frac{o(h)}{h} \right) = r(t)$$

Für eine konstante Wachstumsrate r geht (1.4) über in das <u>exponentielle Wachstumsgesetz</u> (Gesetz von MALTHUS)

$$N(t) = N(0) e^{rt} \tag{1.7}$$

Aus (1.7) folgt für den Faktor, um den sich der Bevölkerungsbestand aufbläht bzw. zusammenzieht

$$\frac{N(t+h)}{N(t)} = e^{rh} \quad , \quad \frac{N(t+1)}{N(t)} = e^r = 1 + r + o(r) \tag{1.8}$$

Handelt es sich um zeitlich konstante Geburts- und Todesraten b bzw. d, so gehorchen auch die Geburten und Todesfälle demselben Malthusischen Gesetz, vgl. (1.1), (1.7)

$$B(t) = bN(t) = bN(0)e^{rt} = B(0)e^{rt} \qquad (1.9)$$

$$D(t) = dN(t) = dN(0)e^{rt} = D(0)e^{rt} \qquad (1.10)$$

1.2. Logistisches Wachstum

Befreit man sich von der unrealistischen Hypothese, daß die Bevölkerung unabhängig vom bereits erreichten Niveau wächst und nimmt etwa an, daß die Zuwachsrate linear mit dem Bevölkerungsumfang fällt (etwa infolge beschränkten Lebensraumes), also

$$r(t) = \begin{cases} \eta(1 - \frac{N(t)}{\xi}) & \text{für } N(t) \leq \xi \\ 0 & \text{sonst,} \end{cases} \qquad (1.11)$$

so wird man zum logistischen Wachstumsgesetz geführt (ξ, $\eta > 0$). Die Differentialgleichung (1.3) hat hier die Gestalt

$$\frac{dN(t)}{dt} = \eta\, N(t)(1 - \frac{N(t)}{\xi}) = \eta\, N(t) - \frac{\eta}{\xi} N^2(t) \qquad (1.12)$$

Trennung der Veränderlichen liefert die Lösung

$$N(t) = \frac{\xi N(0)e^{\eta t}}{\xi + N(0)(e^{\eta t} - 1)} \qquad (1.13)$$

für $t \longrightarrow \infty$ nähert sich $N(t)$ asymptotisch dem maximalen Niveau ξ.

Die beiden angeführten Modelle sind in der Literatur natürlich wohlbekannt, siehe z.B. bei KENDALL (1949, p. 231 - 232).

2. Altersstruktur einer Bevölkerung

Die wichtigste demographische Variable ist das Alter eines Menschen. Für ein detaillierteres Studium ist deshalb die Einbeziehung der Altersgliederung unerläßlich. Einer traditionellen Gepflogenheit fol-

gend, bezeichnen wir den (stetigen) Altersparameter mit x, gelegentlich auch mit a. Im Anschluß an N(t), B(t) und D(t) werden nun einige
Funktionen eingeführt, die sich für die weitere Analyse als ausschlag-
gebend erweisen.

Bei den Sterbetafeln in Kapitel 5 war die Anzahl der mindestens bis
zum Alter x Überlebenden für den diskreten Altersrahmen x = 0, 1, 2, ...
untersucht worden. Wir legen nun eine stetige Altersvariable x zugrunde
und bezeichnen mit l(x) die Anzahl der Individuen, die das Altersintervall (0, x) überleben. Dann bedeutet l(0) den Umfang des Ausgangs-
bestandes (z.B. die Geborenen eines Geburtsjahrganges) und

$$p(x) = \frac{l(x)}{l(0)} \qquad\qquad (2.1)$$

den <u>Anteil der Personen, welcher</u> von der Geburt mindestens <u>bis zum</u>
(exakten) <u>Alter x überlebt.</u>

Ferner sei $\mu(x)$ die <u>altersspezifische</u> (infinitesimale) <u>Todesrate</u>
("<u>force of mortality</u>"), d.h. $\mu(x)h + o(h)$ ist die Anzahl der Todesfälle <u>pro Person</u> im Altersintervall (x, x+h). Die Fruchtbarkeitsverhältnisse werden durch die <u>altersabhängige Geburtenrate</u> m(x) spezifiziert: m(x)h + o(h) bedeutet die Anzahl der Nachkommen eines Individuums im Alter x im Verlaufe des nachfolgenden Zeitintervalls der
Länge h.

Schließlich sei c(x, t) die <u>Dichtefunktion der Altersverteilung</u> im
Zeitpunkt t., d.h.

c(x, t)h + o(h) = <u>Anteil</u> jener Personen an der Gesamtbevölkerung,
welche sich zur Zeit t in der Altersklasse (x, x+h) befinden.

Wir setzen voraus, daß c(x, t) stetig sei. p(x), $\mu(x)$ und m(x) sind
laut Voraussetzung zwar vom Alter x abhängig, ansonsten jedoch zeitlich konstant.

Bevor wir uns nun den Relationen zuwenden, welche diese Funktionen
verknüpfen, sei noch auf folgende Darstellungen hingewiesen. Es ist

$$B(t)h + o(h) = \int_t^{t+h} B(\tau)d\tau \ldots \quad \text{Anzahl der Geburten in } (t, t+h)$$

$$c(x,\ t)h + o(h) = \int_x^{x+h} c(a,t)da \quad \ldots \text{ Anteil der Altersklasse } (x,x+h)$$
$$\text{an } N(t)$$

Diese Integraldarstellungen folgen aus der Stetigkeit der Funktionen und dem 1. Mittelwertsatz der Integralrechnung.

Von dem Überlebendenanteil p(x) und der Absterbeintensität ist eine der beiden Funktionen redundant. Die $l(x)$ mindestens bis zum Alter x überlebenden Individuen der Ausgangskohorte teilen sich auf in jene, die das Alter x+h erreichen und jene, welche im Intervall (x,x+h) sterben:

$$l(x) = l(x+h) + l(x)\ \mu\ (x)h + o(h) \quad *) \tag{2.2}$$

$$\frac{l(x+h) - l(x)}{h} = -l(x)\ \mu\ (x) + \frac{o(h)}{h}$$

$$\mu\ (x) = -\frac{1}{l(x)} \frac{dl(x)}{dx} \tag{2.3}$$

Setzt man (2.1) in (2.3) ein, so ergibt sich die Differentialgleichung

$$\frac{dp(x)}{dx} = -p(x)\ \mu\ (x) \qquad \text{bzw.} \qquad \frac{d\ln\ p(x)}{dx} = -\mu\ (x) \tag{2.4}$$

mit der Lösung

$$p(x) = \exp\left\{ -\int_0^x \mu\ (a)da \right\}, \tag{2.5}$$

da p(0) = 1 gilt.

Anmerkung: Streng genommen muß man die Stetigkeit von $l(x)$ voraussetzen, damit in (2.2) $\mu\ (x)h + o(h)$ mit $l(x)$ multipliziert die Todesfälle in (x,x+h) ergibt.

Aufgrund der Tatsache, daß eine zur Zeit t x-jährige Person im Zeitpunkt t-x geboren sein muß, besteht zwischen dem Altersaufbau zur Zeit t und den Geburten in t-x folgender Zusammenhang:

---

*) für $h > 0$. Für $h < 0$ hat (2.2) die Gestalt $l(x+h) = l(x) + l(x+h)\ \mu\ (x+h)(-h) + o(h)$, woraus sich jedoch wieder die weitere Ableitung ergibt.

$$N(t)c(x,t)dx = B(t-x)p(x)dx \tag{2.6}$$

Da

$$\int_0^\infty c(x,t)dx = \int_0^\omega c(x,t)dx = 1 \tag{2.7}$$

(ω höchstes erreichbares Alter, ω = w+1 mit w aus Kap. 2, § 2.1)

$$N(t) = \int_0^\omega B(t-x)p(x)dx \tag{2.8}$$

Aus (2.6) und (2.8) folgt

$$c(x,t) = \frac{B(t-x)p(x)}{N(t)} = \frac{B(t-x)p(x)}{\int_0^\omega B(t-x)p(x)dx} \tag{2.9}$$

Setzt man in (2.9) x = 0 und beachtet (1.1), so erhält man

$$c(0,t) = \frac{B(t)}{N(t)} = b(t) \tag{2.10}$$

Andererseits kann die rohe Geburtenrate b(t) als gewogenes Mittel der altersspezifischen Geburtsraten dargestellt werden, wobei die Besetzungszahlen der Altersklassen als Gewichte fungieren. Wegen (2.9) gilt

$$b(t) = \int_0^\omega c(x,t)m(x)dx = \frac{\int_0^\omega B(t-x)p(x)m(x)dx}{\int_0^\omega B(t-x)p(x)dx} \tag{2.11}$$

Setzt man in B(t) = b(t)N(t) (2.11) und (2.8) ein, so folgt

$$B(t) = \int_0^\omega B(t-x)p(x)m(x)dx \tag{2.12}$$

Analog gilt für die Sterblichkeit unter Beachtung von (2.4)

$$d(t) = \int_0^\omega c(x,t)\mu(x)dx = -\int_0^\omega c(x,t)d\ln p(x) \tag{2.13}$$

Aus (2.13), (2.9) und (2.4) erhält man

$$D(t) = N(t)d(t) = N(t) \int_0^\omega c(x,t)\mu(x)\,dx = \int_0^\omega B(t-x)p(x)\mu(x)\,dx =$$

$$- \int_0^\omega B(t-x)\,dp(x)$$

Wir nehmen nun an, daß b(t) und d(t) <u>zeitlich konstante</u> Größen b bzw. d seien. Unter (1.7) und (1.9) haben wir gesehen, daß dann sowohl die Gesamtbevölkerung als auch die Geburten nach dem Gesetz von MALTHUS exponentiell wachsen und zwar mit derselben Rate r = b - d. Im Rest dieses Abschnitts setzen wir exponentielles Geburtenwachstum voraus:

$$B(t) = B(0)e^{rt} \tag{1.9}$$

Setzt man (1.9) in (2.9) ein, so wird man zu einer von t unabhängigen Altersgliederung geführt, nämlich zur <u>stabilen Altersverteilung</u>

$$\boxed{c(x,t) = \frac{e^{-rx}p(x)}{\int_0^\omega e^{-rx}p(x)\,dx}} \tag{2.14}$$

Für die rohe Geburtenrate (2.10) liefert (1.9) die <u>stabile Geburtenrate</u>

$$b(t) = c(0,t) = \frac{1}{\int_0^\omega e^{-rx}p(x)\,dx} \tag{2.15}$$

Setzt man (1.9) in die Integralgleichung (2.12) ein, so erkennt man, daß die Zuwachsrate r der sogenannten <u>charakteristischen Gleichung</u>

$$\int_0^\omega e^{-rx}p(x)m(x)\,dx = 1 \tag{2.16}$$

genügen muß; vgl. dazu (3.9) im nächsten Abschnitt.

Wir haben gesehen, daß eine zeitunabhängige rohe Geburts- und Todesrate zu einem von t unabhängigen (stabilen) Altersaufbau (2.14) führt. Es gilt jedoch auch die <u>Umkehrung</u>. Ist nämlich c(x,t) = c(x) zeitlich konstant, dann folgt wegen (2.10)

$$b(t) = c(0,t) = c(0) = \text{const.} \tag{2.17}$$

Aus (2.13) ergibt sich

$$d(t) = - \int_0^\omega c(x) d\ln p(x) = \text{const.} \qquad (2.18)$$

Aufgrund von (2.17) und (2.18) ist auch

$$r(t) = b(t) - d(t) = \text{const.},$$

woraus (1.7) und (1.9) folgen. Wir haben also gezeigt, daß bei festen Sterblichkeitsverhältnissen p(x) eine <u>exponentiell wachsende</u> (Malthusische) <u>Bevölkerung</u> sowohl durch zeitunabhängige Todes- und Geburts- <u>raten</u> d und b als auch durch <u>Konstanz der Altergliederung</u> c(x) charakterisiert werden kann. Dabei wurde der praktisch keine Rolle spielende Fall von zeitabhängigen b(t) und d(t) mit konstanter Differenz r außer Acht gelassen.

3. Die Erneuerungsgleichung der Bevölkerungsmathematik

(LOTKAsche Integralgleichung)

Eine Hauptschwierigkeit in der Demographie ist der störende Einfluß des Altersaufbaus einer Bevölkerung auf ihr "wahres" Fortpflanzungs- und Sterblichkeitsverhalten. Dies sei anhand des folgenden Beispiels veranschaulicht (entnommen aus Modellrechnungen von SCHWARZ, 1967).

Im Jahre 1930 herrschte im damaligen Deutschen Reich ein Geburten- überschuß von 425 000 oder 6,5 pro 1 000 Einwohner. Trotzdem waren die damaligen Geburtenzahlen zu gering, um a u f l ä n g e r e S i c h t den Bevölkerungsbestand zu erhalten: Von den Kinderzahlen, die zur Ersetzung einer Elterngeneration durch eine mindestens gleich- starke Kindergeneration notwendig waren, fehlten nämlich etwa 15 %. Ähnlich war auch die Situation nach Ende des Zweiten Weltkrieges be- schaffen. Dieser scheinbare Widerspruch beruht auf den Besonderheiten des Altersaufbaus der damaligen Bevölkerung. Eine starke Abnahme der Geburtenziffern führt bei unverändert hoher Sterblichkeit nämlich nicht sofort zu einem Bevölkerungsrückgang. Zu einem solchen kommt es vielmehr erst, wenn jene Personen allmählich aus den reproduktiven Altersklassen verschwinden, die zu der Zeit geboren wurden, in der die

Familien noch mehr Kinder hatten, als zur Regeneration erforderlich
waren. Dies liefert die Begründung, daß nach den beiden Kriegen in
Deutschland die Bevölkerung zwar ständig infolge Geburtenüberschuß
zunahm, obwohl längere Zeit die Kinderzahlen im Grunde genommen
n i c h t   zur Ersetzung der Elterngeneration ausreichten. Nach dem
Zweiten Weltkrieg war es beispielsweise so, daß bis etwa 1950 noch
viele Personen der starken Geburtsjahrgänge aus der Zeit vor dem Ersten
Weltkrieg im reproduktiven Alter standen. Infolge der zuvor herrschenden
Vitalitätsraten war es somit zu einer Überbetonung der reproduktiven
Altersklasse gekommen. Aufgrund des daraus resultierenden Geburten-
überschusses wuchs die Bevölkerung ständig weiter an, obwohl ihre
Netto-Reproduktionsrate kleiner als 1 war; vgl. (3.18). –

Es ist deshalb auch für die demographische Praxis (Modellrechnungen!)
von entscheidender Bedeutung, über eine Theorie zu verfügen, welche über
den hinschwindenden Einfluß einer gegebenen Ausgangsaltersgliederung
auf den gerade vorliegenden Altersaufbau Auskunft gibt, falls feste
Fruchtbarkeits- und Sterblichkeitsbedingungen vorherrschen (asymptotische Stabilität). Da die Vitalitätsparameter und infolgedessen auch
der Altersaufbau geschlechtsabhängig sind, so sind sämtliche in Kap. 8
folgenden Analysen getrennt nach Geschlechtern durchzuführen. Üblicherweise legt man dabei den weiblichen Bevölkerungsteil zugrunde und paßt
die Entwicklung der Männer daran an. Ferner handle es sich um eine geschlossene Bevölkerung, d.h. auf Wanderungen wird kein Bezug genommen.

Um den Effekt der Altersstruktur auf das Bevölkerungswachstum
studieren zu können, wird in der Folge angenommen, daß die durch die
stetige Absterbeordnung l(x) gegebenen Sterblichkeitsverhältnisse

$$p(x) = \frac{l(x)}{l(0)} \qquad\qquad (2.1)$$

bekannt und zeitlich konstant fortwirkend seien. Ferner seien die
altersspezifischen Fruchtbarkeitsraten durch m(x) festgelegt. Schließlich sei ein beliebiger (im folgenden dann aber fester) Altersaufbau
durch die Dichtefunktion c(x,0) zu einem Zeitpunkt, den wir als Nullpunkt wählen, gegeben.

3.1. Herleitung der Integralgleichung und Lösung mittels Laplace-Transformation

Unser Ziel besteht in der Ermittlung der Geburtendichte $B(t)$ in jedem beliebigen Zeitpunkt $t \geq 0$. Dabei ist $B(t)$ die Anzahl der weiblichen Geburten pro Zeiteinheit zur Zeit t; die gegebenen Funktionen $p(x)$, $m(x)$ und $c(0,x)$ (ihre genaue Definition findet man in § 2) beziehen sich ebenfalls auf den weiblichen Bevölkerungsteil. $B(t)$ zerfällt in zwei Anteile.

Die erste Komponente $B_o(t)$ ist die Anzahl jener Kinder, die von den in $t = 0$ lebenden Müttern pro Zeiteinheit im Zeitpunkt t geboren werden. Wir ermitteln sie durch folgende Überlegung: Die $N(0)c(x,0)dx$ Individuen der Ausgangsbevölkerung im Altersintervall von x bis $x + dx$ vermindern sich im Laufe der Zeit gemäß der postulierten Absterbeordnung (2.1). Da der Anteil der x-jährigen, die das Alter $x+t$ erreichen

$$\frac{l(x+t)}{l(x)} = \frac{p(x+t)}{p(x)}$$

beträgt, so ist die Anzahl der zur Zeit t $x+t$ bis $(x+t+dx)$-jährigen gleich

$$N(0)c(x,0)\frac{p(x+t)}{p(x)}dx \qquad (3.1)$$

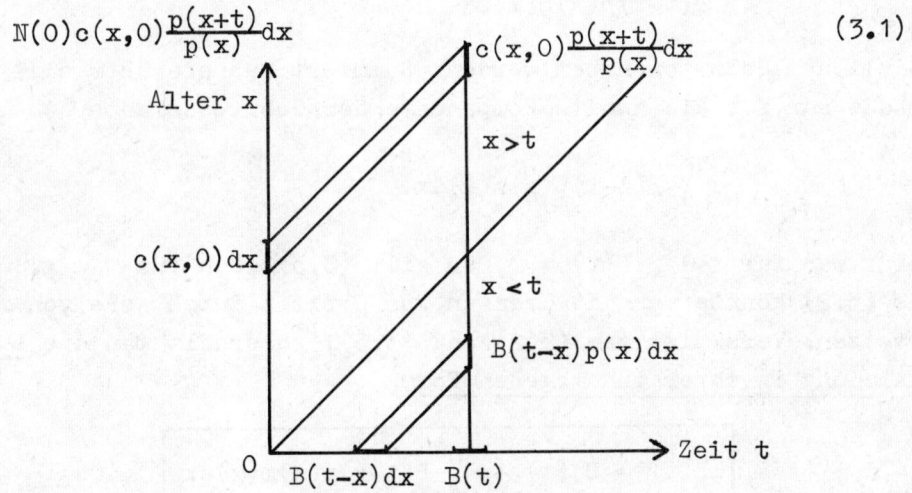

Abb. 4: LEXIS-Diagramm für den Alters- und Reproduktionsprozeß mit Dichtefunktionen für Alters- und Geburtenverteilungen

Multipliziert man das Dichteelement (3.1) mit der altersspezifischen Geburtsrate $m(x+t)$ (= Anzahl der weiblichen Nachkommen einer $(x+t)$-jäh-

rigen Frau pro Zeit) und integriert über die Altersskala, so erhält
man

$$B_0(t) = N(0) \int_0^\infty c(x,0)\frac{p(x+t)}{p(x)} \, m(x+t)\,dx \qquad (3.2)$$

Versteht man unter α , β das minimale bzw. maximale reproduktive Alter
der Frauen, so läßt sich das Integral zwischen 0 und ∞ auch mit den
endlichen Grenzen α $-t$ und β $-t$ schreiben, denn außerhalb des Altersintervalls (α , β) ist $m(x) = 0$ und $c(x,t) = 0$ für $x < 0$.

Der auf lange Sicht jedoch entscheidende Beitrag zu $B(t)$ wird durch
die Geburten jener Frauen geliefert, welche ihrerseits erst nach dem
Zeitnullpunkt zur Welt gekommen sind (dazu muß $t \geq \alpha$ sein). Es sei
zunächst $t \geq x$. Da die zur Zeit t x-jährigen im Zeitpunkt $t-x$ geboren
sind, und die Geburtendichte dort $B(t-x)$ beträgt, so existieren zur
Zeit t

$$B(t-x)p(x)dx$$

Überlebende im Altersintervall $(x,x+dx)$. Aufgrund der Fruchtbarkeitsverhältnisse kann man erwarten, daß diese Frauen zur Zeit t pro
Zeiteinheit insgesamt eine Zahl von

$$B(t-x)p(x)m(x)dx$$

weiblichen Geburten haben werden. Summiert man sie über alle x, so
erhält man für die zweite Komponente der Geburtendichte

$$\int_0^t B(t-x)p(x)m(x)dx \qquad (3.3)$$

Setzt man für $\tau<0$ $B(\tau) = 0$, so gilt (3.3) auch für $t < x$. Ähnlich
wie (3.2) könnte man die Grenzen von 0 bis t durch jene von α bis β
ersetzen. Vereinigt man (3.2) und (3.3), so erhält man die LOTKAsche
Gleichung in ihrer inhomogenen Form

$$\boxed{B(t) = B_0(t) + \int_0^t B(t-x)p(x)m(x)dx} \qquad (3.4)$$

(3.4) wurde erstmals von LOTKA untersucht. Dem durch (3.2) gegebenen
ersten Summanden $B_0(t)$ entspricht im LEXIS-Diagramm der Bereich oberhalb der 45 Grad-Geraden $x = t$, der anderen Komponente (3.3) das
Gebiet unterhalb davon. Die Integralgleichung (3.4) ist eine sogenannte
Erneuerungsgleichung, die in einigen Gebieten der angewandten Mathematik

eine Rolle spielt. Eine systematische Behandlung ihrer Lösungsmöglich-
keiten hat FELLER (1941) gegeben.

Die Funktion

$$\phi(x) = p(x)m(x) \tag{3.5}$$

ist in der Bevölkerungsmathematik als Netto-Maternitätsfunktion (net
maternity function) bekannt. $\phi(x)dx$ bedeutet die Anzahl an weiblichen
Nachkommen, welche ein Mädchen im Augenblick seiner Geburt für die
Altersklasse $(x,x+dx)$ zu erwarten hat.

Der eleganteste Weg zur Lösung von (3.4) führt über Laplace-Transformierte; vgl. FELLER (1941), KEYFITZ (1968 a, p. 116). Der Übergang
zum Laplace-Bereich ist deshalb naheliegend, weil der Term (3.3) die
Faltung der Funktionen B und ϕ darstellt. Es seien

$$B^*(r) = \int_0^\infty e^{-rt}B(t)dt, \quad B_o^*(r) = \int_0^\infty e^{-rt}B_o(t)dt \quad \text{und}$$

$$\phi^*(r) = \psi(r) = \int_0^\infty e^{-rt}\phi(t)dt \tag{3.6}$$

die einseitigen Laplace-Transformierten der Funktionen $B(t)$, $B_o(t)$ bzw.
$\phi(t)$. Da die Laplace-Transformierte einer Summe gleich ist der Summe
der Transformierten, und die Faltung in das Produkt übergeht, so ergibt sich durch Transformation der Lotka-Gleichung (3.4)

$$B^*(r) = B_o^*(r) + B^*(r)\psi(r)$$

$$B^*(r) = \frac{B_o^*(r)}{1 - \psi(r)} \tag{3.7}$$

Falls die rechte Seite von (3.7) invertiert werden kann, so ist $B(t)$,
die Inversion von $B^*(r)$, Lösung von (3.4). FELLER (1941) hat gezeigt,
daß dies in eindeutiger Weise der Fall ist, wenn $B^*(r)$ folgendermaßen
in Partialbrüche entwickelbar ist:

$$B^*(r) = \frac{B_o^*(r)}{1 - \psi(r)} = \sum_k \frac{Q_k}{r - r_k}, \tag{3.8}$$

derart, daß $\sum Q_k$ absolut konvergiert. Die Größen r_k sind dabei die
(endlich oder unendlich vielen) Wurzeln der sogenannten charakteristischen Gleichung

$$\psi(r) = \int_0^\infty e^{-rt} \phi(t)dt = 1 \ , \tag{3.9}$$

welche durch Nullsetzen des Nenners von (3.7) gewonnen wird.

Zur expliziten Bestimmung der Koeffizienten Q_k empfiehlt sich die Grenzwertmethode; siehe etwa v. MANGOLDT-KNOPP, 3. Band (1965, p. 36). Nach der de l'Hospitalschen Regel folgt aus (3.8)

$$Q_k = \lim_{r \to r_k} \left\{ \frac{(r-r_k)B_0^*(r)}{1 - \psi(r)} \right\} = \left. \frac{B_0^*(r)}{-\psi'(r)} \right|_{r = r_k} \tag{3.10}$$

Aus (3.6) und (3.10) folgt

$$Q_k = \frac{\int_0^\infty e^{-r_k t} B_0(t)dt}{\int_0^\infty t e^{-r_k t} \phi(t)dt} \tag{3.11}$$

Der Vorteil der Darstellung (3.8) mit ihren Koeffizienten (3.10) beruht in ihrer sofortigen Rücktransformation in den ursprünglichen Zeitbereich. Es gilt nämlich

$$\int_0^\infty e^{-rt} Q_k e^{r_k t} dt = Q_k \int_0^\infty e^{-(r-r_k)t} dt = \frac{Q_k}{r - r_k}$$

Da die Laplace-Transformierte mindestens in der Halbebene $Re(r) > Re(r_k)$ eindeutig existiert, so gilt also dort für die Lösung $B(t)$ der LOTKAschen Gleichung (3.4)

$$\boxed{B(t) = \sum Q_k e^{r_k t}} \ , \tag{3.12}$$

wobei die r_k die Wurzeln der charakteristischen Gleichung (3.9) und die Q_k durch (3.11) gegeben sind.

3.2. Diskussion der charakteristischen Gleichung

Eine mehr heuristische Vorgangsweise zur Auflösung der inhomogenen Erneuerungsgleichung (3.4) läuft folgendermaßen (vgl. KEYFITZ, 1968a, § 5.2). Zunächst verschwindet für $t \geq \beta$ der Störungsterm $B_0(t)$, so daß man sich auf die Lösung der homogenen Form der Lotka-Gleichung

$$B(t) = \int_0^t B(t-x)\,\phi(x)\,dx \qquad (3.13)$$

beschränken kann. Als versuchsweise Lösung setzen wir nun für $B(t)$ die Exponentialfunktion e^{rt} ein, woraus sich folgende Gleichung für r ergibt:

$$\int_0^t e^{-rx}\,\phi(x)\,dx = 1 \qquad (3.14)$$

Da $t \geq \beta$ und $m(x)$ außerhalb des Altersintervalls (α, β) verschwindet, so ist (3.14) identisch mit der bereits aufgetretenen <u>charakteristischen Gleichung</u>

$$\psi(r) = \int_\alpha^\beta e^{-rx}\,\phi(x)\,dx = 1 \qquad (3.9)$$

Wenn $\{r_k\}$ die Lösungen von (3.9) und demgemäß $e^{r_k t}$ die Lösungen von (3.13) sind, so ist aus Homogenitätsgründen auch jede Linearkombination

$$\sum Q_k e^{r_k t} \qquad (3.15)$$

Lösung von (3.13). Bei KEYFITZ (1968a, p. 104-106) wird vorgeführt, wie man die Q_k direkt dadurch berechnen kann, daß man mit dem Ansatz (3.15) in die <u>inhomogene</u> Integralgleichung (3.4) hineingeht. Dies ist ein anderer, mehr elementarer Weg zur Gewinnung von Formel (3.11). Wir weisen auf Abhängigkeit der Koeffizienten Q_k vom Störungsglied $B_o(t)$ hin.

Wir wenden uns nun der Diskussion von (3.9) zu. Da $\phi(x) = p(x)m(x)$ nicht negativ ist, so gilt (Differentiation unterm Integralzeichen)

$$\psi(r) = \int_\alpha^\beta e^{-rx}\,\phi(x)\,dx > 0$$

$$\psi'(r) = -\int_\alpha^\beta x e^{-rx}\,\phi(x)\,dx < 0 \qquad (3.16)$$

$$\psi''(r) = \int_\alpha^\beta x^2 e^{-rx}\,\phi(x)\,dx > 0 \qquad (3.17)$$

Die Funktion $\psi(r)$ ist deshalb monoton abnehmend und nach oben konkav. Da ferner $\lim_{r\to\infty}\psi(r) = 0$ und $\lim_{r\to-\infty}\psi(r) = \infty$, so besitzt die charakteristische Gleichung nach dem Zwischenwertsatz <u>genau eine reelle Wurzel</u> r_1. Um den Zwischenwertsatz anwenden zu können, hat man ϕ (x) als stetig vorauszusetzen, was jedoch keinerlei Einschränkung der Allgemeinheit bedeutet (vgl. KEYFITZ, 1968a, Chap. 6). Die Ordinate im Nullpunkt

$$R_o = \psi(0) = \int_\alpha^{\beta} \phi(x)\,dx = \int_\alpha^{\beta} p(x)m(x)\,dx \qquad (3.18)$$

stellt eine zentrale demographische Kennzahl dar, die sogenannte <u>Netto-Reproduktionsrate</u>. R_o mißt die Anzahl an weiblichen Geburten, welche ein neugeborenes Mädchen im Verlaufe seines Lebens zu erwarten hat (bei festgelegten altersspezifischen Sterblichkeits- und Fruchtbarkeitsraten). Anschaulich gesprochen handelt es sich bei R_o um das Stärkeverhältnis zweier aufeinanderfolgender Generationen. Entscheidend ist dabei jedoch, daß R_o insoferne die "wahre" Fortpflanzungsfähigkeit einer Bevölkerung mißt, als eventuell störenden Einflüsse des ursprünglichen Altersaufbaus c(x,0) bereits abgeklungen sind. Man vergleiche das am Beginn dieses Abschnitts angeführte Beispiel einer Bevölkerung, die infolge ihrer Altersstruktur zwar zunahm, wo aber der Geburtenertrag zur Bestandserhaltung auf lange Sicht nicht ausreichend war.

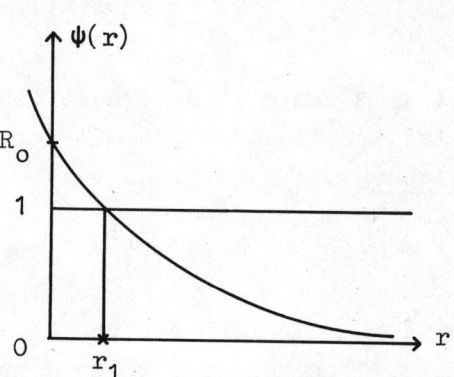

Abb. 5: Graph der Funktion

$$\psi(r) = \int_\alpha^{\beta} e^{-rx}\,\phi(x)\,dx$$

Unmittelbar vom Graph der Funktion ψ (r) läßt sich die Äquivalenz folgender Ungleichungen erkennen

$$R_o \lesseqgtr 1 \quad \text{genau dann, wenn} \quad r_1 \lesseqgtr 0 \qquad (3.19)$$

Die weiteren Wurzeln der charakteristischen Gleichung sind komplex und treten in konjugierten Paaren auf. Es sei $r = u + iv$ eine komplexe Lösung von (3.9). Nach De Moivre gilt

$$e^{-rx} = e^{-ux-ivx} = e^{-ux}\left[\cos(vx) - i\,\sin(vx)\right] \qquad (3.20)$$

Setzt man (3.20) in (3.9) ein, so hat man

$$\psi(r) = \int_\alpha^{\beta} e^{-ux}\left[\cos(vx) - i\,\sin(vx)\right]\,\phi(x)\,dx = 1 \qquad (3.21)$$

Vergleicht man in (3.21) die Realteile und schätzt ab, so ergibt sich

$$\int_{\alpha}^{l3} e^{-r_1 x} \phi(x)dx = 1 = \int_{\alpha}^{l3} e^{-ux}\cos(vx)\phi(x)dx < \int_{\alpha}^{l3} e^{-ux}\phi(x)dx,$$

also $u < r_1$. Die Realteile der komplexen Wurzeln r_k $(k \geq 2)$ sind also kleiner als die reelle Lösung r_1:

$$\operatorname{Re}(r_k) < r_1 \qquad \text{für } k \geq 2 \tag{3.22}$$

3.3. Asymptotische Stabilität

Setzt man in die Geburtentrajektorie (3.12) für $k \geq 2$ $\quad r_k = u_k + iv_k$, so ergibt sich folgendes Bild

$$B(t) = Q_1 e^{r_1 t} + \sum_{k=2}^{\infty} Q_k e^{u_k t} \left[\cos(v_k t) + i \sin(v_k t)\right] \tag{3.23}$$

Aus (3.22) folgt, daß $B(t)$ für $t \to \infty$ asymptotisch gegen $Q_1 e^{r_1 t}$ strebt, genauer

$$\frac{B(t)}{Q_1 e^{r_1 t}} = 1 + \sum_k \frac{Q_k}{Q_1} e^{\left[\operatorname{Re}(r_k) - r_1\right]t} \left[\cos(v_k t) + i \sin(v_k t)\right] \to 1$$

für $t \to \infty$. In diesem präzisen Sinn kann man also $B(t)$ beliebig genau durch den exponentiellen Term $Q_1 e^{r_1 t}$ mit der reellen Wurzel r_1 annähern, falls seit der anfänglichen Altersverteilung ein hinreichend langer Zeitraum verstrichen ist. Die vom Störglied $B_0(t)$ (d.h. vom ursprünglichen Altersaufbau) abhängende $\sum_{k=2}$ in (3.23) stellt periodische Oszillationen dar, deren Amplituden mit wachsendem t im Verhältnis zum aperiodischen Term jedoch verschwinden. Auf lange Sicht bestimmt somit der aperiodische Term die Geburtenentwicklung

$$B(t) \sim Q_1 e^{r_1 t} \tag{3.24}$$

Setzt man (3.24) in (2.8), (2.11) und (2.9) ein, so folgt

$$N(t) = \int B(t-x)p(x)dx \sim e^{r_1 t} Q_1 \int e^{-r_1 x} p(x)dx \tag{3.25}$$

$$b(t) = \frac{B(t)}{N(t)} \sim \frac{1}{\int e^{-r_1 x} p(x)dx} \tag{3.26}$$

und

$$c(x,t) = \frac{B(t-x)p(x)}{N(t)} \sim \frac{e^{-r_1 x}p(x)}{\int e^{-r_1 x}p(x)dx} = b\,e^{-r_1 x}p(x) \qquad (3.27)$$

Gemäß (3.26) gestattet (3.25) die Schreibweise

$$N(t) \sim \frac{Q_1}{b}\,e^{r_1 t} \qquad\qquad (3.28)$$

Die Gesamtbevölkerung wächst also auf lange Sicht exponentiell, und die dominierende reelle Wurzel r_1 der charakteristischen Gleichung kann interpretiert werden als asymptotische Rate des natürlichen Zuwachses (eventual or ultimate rate of natural increase). Diese natürliche Zuwachsrate hängt mit der Netto-Reproduktionsrate über (3.19) zusammen. Die Geburtenrate $b(t)$ strebt gemäß (3.26) gegen die stabile Geburtenrate (2.15) und (3.27) zeigt, daß die stabile Altersverteilung (2.14) asymptotisch erreicht wird. Eine derartige Bevölkerung heißt asymptotisch stabil. Neben der relativen (stabilen) Gliederung ist auch das absolute Niveau der Bevölkerung von Interesse. Der in (3.24) und (3.28) auftretende Faktor Q_1 zeigt die Abhängigkeit vom anfänglichen Altersaufbau. Q_1 kann vermöge (3.11) ermittelt werden.

Zusammengefaßt ergibt sich folgendes Bild: Durch Auflösung der Erneuerungsgleichung (3.4) haben wir erkannt, daß B(t) asymptotisch exponentiell wächst mit der Rate r_1: (3.24). r_1 ist dabei die eindeutige positive Wurzel der charakteristischen Gleichung (3.9). Ferner nimmt auch der totale Bevölkerungsbestand schließlich gemäß r_1 zu: (3.28). r_1 heißt deshalb auch wahre oder eigentliche Rate des natürlichen Zuwachses (intrinsic rate of natural increase). Der Altersaufbau paßt sich allmählich dem stabilen Aufbau an: (3.27) Die Tatsache, daß bei der Einwirkung festliegender altersabhängiger Sterblichkeits- und Fruchtbarkeitsraten über einen genügend langen Zeitraum die Zuwachsrate gegen die wahre Rate r_1 und der Altersaufbau gegen die stabile Verteilung strebt, gleichgültig welches die ursprüngliche Altersgliederung war, nennt man ergodisches Verhalten (genauer: starke Ergodizität, vgl. KEYFITZ, 1968a, p. 90). Zur asymptotischen Stabilität war es auch im Rahmen diskreter linearer Modelle (Kap. 7) gekommen; man beachte die Parallelität zwischen diskreter und kontinuierlicher Analyse.

4. Eigenschaften stabiler Bevölkerungen

In Paragraph 2 hatten wir gesehen, daß der stabile Bevölkerungstyp ausgezeichnet ist durch

- eine konstante (stabile) Rate r des natürlichen Zuwachses, die einzige reelle Lösung der charakteristischen Gleichung $\int e^{-ra} \phi(a) da = 1$ ist,

- eine stabile (rohe) Geburtenrate $b = (\int e^{-ra} p(a) da)^{-1}$ und

- fixe Proportionen der Altersklassen: $c(a) = be^{-ra} p(a)$ (stabile Altersverteilung).

Eine stabile Bevölkerung ist durch die stabile Zuwachsrate r und p(a) festgelegt. Hauptresultat von Abschnitt 3 war, daß ziemlich allgemeine Bedingungen (nämlich feste Vitalitätsraten) zu einem stabilen Bevölkerungsaufbau führen. Dabei sind bereits einige Eigenschaften erwähnt worden, vor allem die Beziehung (3.19) der Netto-Reproduktionsrate R_o zum Bevölkerungswachstum. Die zentrale Bedeutung des stabilen Bevölkerungstyps für Theorie und Praxis der Demographie beruht auf folgender Tatsache: Einerseits sind ihre konstituierenden Annahmen - nämlich zeitlich konstante Vitalitätsverhältnisse - so stark, daß für sie eine (im wesentlichen von LOTKA gestaltete) abgerundete mathematische Theorie existiert. Andrerseits sind die zugrundeliegenden Voraussetzungen - im Gegensatz etwa zum stationären Bevölkerungstyp - doch allgemein genug, daß manche realen Bevölkerungen angenähert stabil sind. In der Folge geben wir einige theoretische Resultate über stabile Bevölkerungen an und behandeln insbesondere die für die Praxis wichtige Frage, wie sich eine Änderung der Vitalitätsraten auf den Altersaufbau auswirkt.

Der Spezialfall einer nicht wachsenden (und nicht abnehmenden) Bevölkerung ist als stationäre Bevölkerung bekannt (r = 0). Eine solche ist durch p(a) komplett charakterisiert. Dieser Bevölkerungstyp war im Zusammenhang mit dem Sterbetafelkonzept in Teil II diskutiert worden.

4.1. Momente und Kumulanten der Netto-Maternitätsfunktion

In der Netto-Maternitätsfunktion $\phi(a) = p(a)m(a)$ sind die altersabhängigen Fruchtbarkeits- und Sterblichkeitsverhältnisse konzentriert. Ihre Momente um den Nullpunkt sind definiert durch

$$\frac{R_n}{R_o} = \frac{\int_\alpha^{\beta} a^n \phi(a)da}{\int_\alpha^{\beta} \phi(a)da} \quad , \quad n = 1,2, \ldots \quad (4.1)$$

Es sei $\psi(r) = \int e^{-ra} \phi(a)da$ und somit $\psi(0) = R_o$. Die Mac Laurin-Entwicklung der Funktion $\psi(-r)/\psi(0)$ erzeugt die Momente (4.1) in dem Sinne, daß

$$\left[\frac{1}{\psi(r)} \frac{d^n}{dr^n} \psi(-r) \right] \Bigg|_{r=0} = \frac{R_n}{R_o} \quad (4.2)$$

ist (momenteerzeugende Funktion). Seit LOTKA wird in der Bevölkerungsmathematik auch von Kumulanten Gebrauch gemacht. Die kumulantenerzeugende Funktion der durch R_o dividierten Netto-Maternitätsfunktion ist gegeben durch

$$\ln\left\{ \frac{\psi(-r)}{\psi(0)} \right\} = \varkappa_1 r + \varkappa_2 \frac{r^2}{2!} + \varkappa_3 \frac{r^3}{3!} + \ldots \quad (4.3)$$

Setzt man in (4.3) für die Momente (4.2) ein, so gilt

$$\ln\left\{ \frac{\psi(-r)}{\psi(0)} \right\} = \ln(1 + \frac{R_1}{R_o}r + \frac{R_2}{R_o}\frac{r^2}{2!} + \ldots) \quad (4.4)$$

Entwickelt man den Term auf der rechten Seite des Gleichheitszeichens in (4.4) in die logarithmische Reihe, so liefert Koeffizientenvergleich mit der Darstellung (4.3) für die ersten Kumulanten

$$\varkappa_1 = \mu_1 = M = \frac{R_1}{R_o} \quad , \quad \varkappa_2 = \sigma^2 = \frac{R_2}{R_o} - \left(\frac{R_1}{R_o}\right)^2 , \ldots \quad (4.5)$$

Bezeichnet man die Momente der normierten Maternitätsfunktion $\phi(a)R_o^{-1}$ um den Mittelwert mit μ_n, also

$$\mu_n = R_o^{-1} \int_\alpha^{\beta} \left(a - \frac{R_1}{R_o}\right)^n \phi(a)da, \quad (4.6)$$

so gilt für die ersten Kumulanten

$$\varkappa_1 = \mu_1 , \quad \varkappa_2 = \mu_2 , \quad \varkappa_3 = \mu_3 , \quad \varkappa_4 = \mu_4 - 3\mu_2^2 , \ldots \qquad (4.7)$$

Insbesondere bedeutet $M = R_1/R_0$ das <u>Durchschnittsalter der Mütter beim Gebären ihrer Kinder in der stationären Bevölkerung,</u> während

$\sigma^2 = R_2/R_0 - (R_1/R_0)^2$ die Varianz dieses Alters darstellt.

Allgemeiner beträgt in der stabilen Bevölkerung mit der Zuwachsrate r das mittlere Alter der Mütter bei ihrer Reproduktionstätigkeit (beachte: $\psi (r) = 1$)

$$A_r = \frac{\int a e^{-ra} \phi (a) da}{\int e^{-ra} \phi (a) da} = \int a e^{-ra} \phi (a) da \qquad (4.8)$$

Die Bezeichnungen wurden dabei entsprechend zu KEYFITZ (1968a) gewählt.

4.2. Der Generationsabstand

Welche Verwendung finden Kumulanten in der Bevölkerungsmathematik? Im folgenden zitieren wir dafür ein Beispiel aus KEYFITZ (1968a, p. 124 ff).

Nach LOTKA (1939, p. 92) ist der Generationsabstand (Generationen-länge) T in stabilen Bevölkerungen zu definieren durch

$$T = \frac{\ln R_0}{r_1} \qquad (4.9)$$

Die Netto-Reproduktionsrate R_0 mißt die Anzahl der weiblichen Nachkommen, durch welche ein weibliches Baby ersetzt wird (bei festliegenden Vitalitätsbedingungen), und T ist die zu dieser Ersetzung nötige Zeit. Es gilt also

$$\frac{B(t)}{B(t-T)} = R_0 \qquad (4.10)$$

Weist B(t) exponentielles Wachstum auf - vgl. (3.24), (1.9) - so folgt aus (4.10) für T die Gleichung $e^{r_1 T} = R_0$, woraus sich (4.9) ergibt. Für $r_1 = 0$ (stationäre Bevölkerungen) ist (4.9) allerdings von der Form "Null durch Null". Durch gesonderte Überlegungen erhält man nun $T = M$; (4.11) gilt dabei exakt.

Eine gute Approximation für T ist das arithmetische Mittel des Durchschnittsalters der Mütter bei der Geburt (mean age of childbearing) in stationärer und stabiler Bevölkerung

$$T \approx \frac{M + A_r}{2} \qquad (4.11)$$

Beweis: Da $\psi(r) = 1$, so folgt aus (4.9)

$$T = - \frac{1}{r} \ln \left\{ \frac{\psi(r)}{R_o} \right\} \qquad (4.12)$$

Gemäß (4.3) entsteht der Ausdruck $\ln\{\psi(r)/R_o\}$ aus der kumulanten-erzeugenden Funktion (4.3) durch Vorzeichenwechsel von r. Beachtet man die Beziehungen (4.5) für die Kumulanten der Altersverteilung der Frauen beim Gebären in der stationären Bevölkerung, so erhält man aus (4.12) für T die Entwicklung

$$T = - \frac{1}{r}(-Mr + \sigma^2 \frac{r^2}{2!} - \mu_3 \frac{r^3}{3!} + \dots) = \mu_1 - \sigma^2 \frac{r}{2} + \mu_3 \frac{r^2}{6} - \dots \quad (4.13)$$

Ferner folgt aus (4.8)

$$A_r = - \frac{\psi'(r)}{\psi(r)} = - \frac{d}{dr} \left\{ \frac{\ln \psi(r)}{R_o} \right\} \qquad (4.14)$$

Vergleicht man den letzten Term in (4.14) mit der kumulantenerzeugenden Funktion $\ln\left\{ \psi(-r)/R_o \right\}$, dann erkennt man, daß (4.14) aus (4.3) durch Ersetzung des Arguments -r mittels r, durch Differentiation und Vor-zeichenwechsel hervorgeht. Es folgt

$$A_r = \varkappa_1 - \varkappa_2 r + \varkappa_3 \frac{r^2}{2} - \dots = \mu_1 - \sigma^2 r + \mu_3 \frac{r^2}{2} - \dots \qquad (4.15)$$

Addiert man $\mu_1/2$ zur Hälfte von (4.15) und vergleicht das Resultat mit (4.13), so kommt man zur Formel (4.11). T ist ungefähr um $\mu_3 r^2/12$ kleiner als $(\mu_1 + A_r)/2$. Wegen $\mu_1 = M$ folgt (4.11).

4.3. Die Todesrate

Die rohe Todesrate d einer stabilen Bevölkerung zeigt eine nicht-triviale Abhängigkeit von der stabilen Zuwachsrate r. Differenziert man nämlich

$$d = b - r = \frac{1}{\int e^{-ra} p(a)\, da} - r, \qquad (4.16)$$

nach r, so erhält man

$$\frac{\delta}{\delta r}\left(\frac{1}{\int e^{-ra} p(a)\, da} - r\right) = \frac{\int a e^{-ra} p(a)\, da}{\left(\int e^{-ra} p(a)\, da\right)^2} - 1 \qquad (4.17)$$

Setzt man die erste Ableitung gleich Null, so bekommt man

$$b\overline{A}_r - 1 = 0 \qquad (4.18)$$

Dabei ist $\overline{A}_r$ definiert durch

$$\overline{A}_r = \frac{\int a e^{-ra} p(a)\, da}{\int e^{-ra} p(a)\, da} = \int a c(a)\, da \qquad (4.19)$$

und ist als <u>Durchschnittsalter</u> der Angehörigen <u>einer stabilen Bevölkerung</u> zu interpretieren.

Aus (4.18) folgt

$$b = \frac{1}{\overline{A}_r} \quad \text{bzw.} \quad d = b - r = \frac{1}{\overline{A}_r} - r \qquad (4.20)$$

Für feste Sterblichkeitsverhältnisse ist die rohe Todesrate $d = d(r)$ somit optimal, wenn die Geburtsrate reziprok zum Durchschnittsalter in der stabilen Bevölkerung ist (KEYFITZ, 1968a, p. 181).

Um zu sehen, welcher Art das Optimum ist, untersuchen wir auch die zweite Ableitung. Aus (4.17) folgt

$$\frac{\delta^2 d(r)}{\delta r^2} = \frac{\delta}{\delta r}\frac{\int a e^{-ra} p(a)\, da}{\left(\int e^{-ra} p(a)\, da\right)^2} = b\left[-\frac{\int a^2 e^{-ra} p(a)\, da}{\int e^{-ra} p(a)\, da} + 2\left(\frac{\int a e^{-ra} p(a)\, da}{\int e^{-ra} p(a)\, da}\right)^2\right]$$

$$= b\left[-\int a^2 c(a)\, da + 2\left(\int a c(a)\, da\right)^2\right] \qquad (4.21)$$

Bezeichnet die Zufallsgröße $\underline{A}$ das individuelle Alter in der (zur Zuwachsrate r gehörigen) stabilen Bevölkerung, so gilt

$$\int ac(a)da = E(\underline{A}) \tag{4.22}$$

und

$$\int a^2 c(a)da - \left(\int ac(a)da\right)^2 = E(\underline{A}^2) - E(\underline{A})^2 = \text{Var}(\underline{A}) \tag{4.23}$$

(4.22) und (4.23) liefern zusammen mit (4.21)

$$\frac{\delta^2 d(r)}{\delta r^2} = b\left[E(\underline{A})^2 - \text{Var}(\underline{A})\right]$$

Da man annehmen kann, daß in der demographischen Praxis der Überlebenden-anteil so beschaffen sein wird, daß

$$\text{Var}(\underline{A}) < E(\underline{A})^2 \quad \text{gilt} \quad \left[c(a) = be^{-ra}p(a)\right],$$

so handelt es sich bei (4.20) um ein <u>Minimum</u>.- Man beachte den unter-schiedlichen Sachverhalt bei der Variation von r in 3.2 und im jetzigen Fall. Hier ist jedem reellen r eine stabile Bevölkerung mit eben die-sem r als Zuwachsrate zugeordnet. Steigt r an (wir wollen annehmen, daß man genügend weit links beginnt), so sinkt d(r) zunächst, erreicht für ein r mit $b(r) = (\overline{A}_r)^{-1}$ sein Minimum, um danach wieder zuzunehmen.

4.4. Weitere Hinweise

Wir haben gesehen, daß die Netto-Maternitätsfunktion $\phi(x)$ eine zentrale Rolle in der Theorie spielt. So war auch ein wesentlicher Teil der bevölkerungsmathematischen Vorkriegsarbeit der Anpassung be-kannter Verteilungstypen der Statistik an $\phi(x)$ gewidmet. Wir erwähnen die "graduations" von LOTKA (Normalverteilung), WICKSELL (unvollständige Gamma-Funktion) und HADWIGER. Eine Anpassung durch die Normalverteilung ist aufgrund der empirischen Gestalt der $\phi(x)$ ziemlich plausibel. Sie geschieht durch Gleichsetzen der 0., 1. und 2. Momente (Momentenmethode). Durch Hineinnahme eines speziellen Verteilungstyps für $\phi(x)$ erhält man dann explizite Ausdrücke bzw. Annäherungen für die r_k und Q_k (vgl. 3.12) in Abhängigkeit von R_o, M und σ^2. Letztere sind aus den

Statistiken ohne weiteres zu ermitteln. Neben Aussagen über die Lage
der komplexen Wurzeln der charakteristischen Gleichung erhält man
Formeln für A_r, T usw. Die Qualität der Approximationen hängt von der
Güte der Übereinstimmung des gewählten Verteilungstyps mit der tat-
sächlich vorherrschenden Netto-Maternitätsfunktion ab. Eine fundierte
Übersicht dazu liefert KEYFITZ (1968a, Chap. 6).

5. Einflüsse von Änderungen der Vitalitätsraten auf den Altersaufbau und die Fruchtbarkeit einer Bevölkerung

Der stabile Bevölkerungstyp ist analytisch hinreichend flexibel, um
Einwirkungen von Sterblichkeits- und Fruchtbarkeitsänderungen auf die
Altersverteilung quantifizierbar zu machen. Wir schicken einen Hilfs-
satz vorweg.

Lemma.
Für $\varphi(a) \geq 0$ wird die Funktion $e^{-ra} \varphi(a)$ durch Normierung zu
einer Dichtefunktion

$$f(a,r) = \frac{e^{-ra} \varphi(a)}{\int e^{-ra} \varphi(a) da} , \qquad (5.1)$$

Die Funktion $F(r) = \int a f(a,r) da$ ist monoton abnehmend, d.h.
$F'(r) < 0$.
Beweis: Die auftretenden Integrale verstehen sich zwischen den
Grenzen 0 und ∞.
Wegen (5.1) gilt $\int f(a,r) da = 1$. Setzt man $\int e^{-ra} \varphi(a) da = G(r)$,
so gilt (Differentiation unterm Integralzeichen)

$$F(r) = \frac{\int a e^{-ra} \varphi(a) da}{\int e^{-ra} \varphi(a) da} = - \frac{G'(r)}{G(r)} \qquad (5.2)$$

Differentiation von (5.2) liefert

$$F'(r) = -\frac{G''(r)G(r) + G'(r)^2}{G(r)^2} = -\left\{\frac{G''(r)}{G(r)} - \left(\frac{G'(r)}{G(r)}\right)^2\right\}$$

$$= -\left\{\int a^2 f(a,r)da - F(r)^2\right\}$$

$$= -\int \left[a - F(r)\right]^2 f(a,r)da = -\text{ Varianz von } f(a,r) < 0$$

5.1. Wahre Zuwachsrate und Durchschnittsalter

Um die Änderung von

$$c(a) = be^{-ra}p(a) = \frac{e^{-ra}p(a)}{\int_0^\omega e^{-ra}p(a)da} \tag{5.3}$$

in Abhängigkeit von r zu studieren, empfiehlt sich der Übergang zu
natürlichen Logarithmen; vgl. KEYFITZ (1968a, p. 186). Aus (5.3) folgt:

$$\frac{d\ln c(a)}{dr} = \frac{d}{dr}\left[-ra + \ln p(a) - \ln\int_0^\omega e^{-ra}p(a)da\right]$$

$$= -a + \frac{\int_0^\omega ae^{-ra}p(a)da}{\int_0^\omega e^{-ra}p(a)da} = \overline{A}_r - a \tag{5.4}$$

Infolge der Monotonität des Logarithmus erkennt man aus (5.4) die
Richtung, in die c(a) strebt, wenn sich die Rate r verändert. Für
Altersgruppen a kleiner als das stabile Durchschnittsalter $\overline{A}_r$ ist die
Ableitung positiv, d.h. der Anteil c(a) wächst mit r. Umgekehrt ist
für $a > \overline{A}_r$ die Ableitung negativ, so daß c(a) mit wachsendem r fällt.
Das Durchschnittsalter $\overline{A}_r$ wird mit wachsender Zuwachsrate r natürlich
immer geringer. Dies ergibt sich aus dem bewiesenen Lemma für $\varphi(a) =$
p(a):

$$\frac{d\overline{A}_r}{dr} < 0 \tag{5.4a}$$

Bezeichnet man mit $\overline{M} = \dfrac{\int ap(a)da}{\int p(a)da}$ das Durchschnittsalter der stationären
Bevölkerung p(a) (r = 0!), so folgt aus (5.4a)

$$\overline{M} \gtreqless \overline{A}_r \qquad \text{genau dann, wenn} \qquad r \gtreqless 0 \qquad\qquad (5.4b)$$

In Worten: Das Durchschnittsalter in einer stabilen Bevölkerung sinkt mit steigender Zuwachsrate.

5.2. Konstante Änderung der Sterblichkeit

In welcher Weise beeinflußt eine Abnahme der altersspezifischen Sterbeintensität $\mu(x)$ um einen altersunabhängigen Summanden k die Rate des natürlichen Zuwachses?

Es seien $\overline{\mu}(x) = \mu(x) - k$ und $\overline{p}(x)$ die veränderte Sterbeintensität bzw. Überlebensordnung. Gemäß (2.5) gilt

$$\overline{p}(x) = \exp\left\{-\int_o^x \overline{\mu}(a)da\right\} = \exp\left\{-\int_o^x [\mu(a) - k]da\right\} = \exp(kx)p(x) \qquad (5.5)$$

Die ursprüngliche Rate r erfüllt die charakteristische Gleichung

$$\int_o^\omega e^{-rx}p(x)m(x)dx = 1, \qquad\qquad (2.16)$$

während für die neue stabile Rate $\overline{r}$

$$\int_o^\omega e^{-\overline{r}x}\overline{p}(x)m(x)dx = 1 \qquad\qquad (5.6)$$

erfüllt sein muß. Setzt man (5.5) in (5.6) ein, so hat man

$$\int e^{-\overline{r}x}e^{kx}p(x)m(x)dx = \int e^{-(\overline{r}-k)x}p(x)m(x)dx = 1 \qquad (5.7)$$

Ein Vergleich von (5.7) mit (2.16) liefert wegen der Eindeutigkeit der reellen Wurzel der charakteristischen Gleichung

$$\overline{r} = r + k \qquad\qquad (5.8)$$

Eine gleichmäßige Abnahme der Sterbeintensität verursacht also eine Zunahme der Wachstumsrate um den gleichen Betrag. Die Proportionen des Altersaufbaus bleiben gewahrt:

$$\overline{c}(x)dx = \overline{b}e^{-\overline{r}x}\overline{p}(x)dx = \overline{b}e^{-(r+k)x}e^{kx}p(x)dx = \overline{b}e^{-rx}p(x)dx$$

$$= be^{-rx}p(x)dx = c(x)dx, \tag{5.9}$$

weil

$$\overline{b} = \frac{1}{\displaystyle\int_0^\omega e^{-\overline{r}x}\overline{p}(x)dx} = \frac{1}{\displaystyle\int_0^\omega e^{-(r+k)x}e^{kx}p(x)dx} = \frac{1}{\displaystyle\int_0^\omega e^{-rx}p(x)dx} = b \tag{5.10}$$

Man vergleiche dazu KEYFITZ (1968b).

5.3 Interdependenz von Fruchtbarkeit und Zuwachsrate

Setzt man im Lemma $\varphi(a) = \Phi(a) = p(a)m(a)$, so sieht man ein, daß das durchschnittliche Alter A_r der Frauen beim Gebären ihrer Kinder in stabilen Bevölkerungen mit steigender Zuwachsrate r monoton abnimmt:

$$\frac{dA_r}{dr} < 0 \tag{5.11}$$

Insbesondere ist zufolge (4.1) M gleich der Funktion

$$-\frac{\psi'(r)}{\psi(r)} \tag{5.12}$$

an der Stelle r = 0 und gemäß (4.8) A_r gleich (5.12), ausgewertet für $\psi(r) = 1$. Es folgt (vgl. auch den Graph der Funktion $\psi(r)$ in Abb. 5):

$$M \gtreqless A_r \qquad \text{genau dann, wenn} \qquad r \gtreqless 0 \tag{5.13}$$

Das Durchschnittsalter der Mütter beim Gebären in einer stabilen Bevölkerung ist also im Vergleich zu M umso kleiner, je stärker die Bevölkerung wächst.

Im Gegensatz zur Sterblichkeit wird selbst eine über die Altersgruppen gleichmäßig verteilte Änderung der Fruchtbarkeitsraten Auswirkungen auf die Altersgliederung zeitigen. Wir betrachten (vgl. KEYFITZ, 1968b) als neue Fruchtbarkeitsfunktion

$$\overline{m}(x) = e^{kx}m(x) \qquad (5.14)$$

Die neue charakteristische Gleichung ist

$$\int_{\alpha}^{\beta} e^{-\overline{r}x}p(x)\overline{m}(x)\,dx = \int e^{-(\overline{r}-k)x}p(x)m(x)\,dx = 1,$$

woraus analog wie unter (5.8)

$$\overline{r} = r + k \qquad (5.15)$$

folgt. Ein Anwachsen der Fruchtbarkeit (k > 0) führt zu einer Zunahme von r, während eine Abnahme (k < 0) die umgekehrte Wirkung besitzt. Liegen ungeänderte Sterblichkeitsverhältnisse vor, so gilt für den neuen stabilen Altersaufbau

$$\overline{c}(x)\,dx = \overline{b}e^{-\overline{r}x}p(x)\,dx = \overline{b}e^{-kx}e^{-rx}p(x)\,dx \qquad (5.16)$$

Eine Anhebung der Fruchtbarkeitsraten [k > 0 in (5.14)] macht die Bevölkerung jünger, während eine Abnahme in der Fruchtbarkeit (k < 0) ein Älterwerden der Bevölkerung erwirkt. Dies erkennt man am Sinken des Durchschnittsalters $\overline{A}_r$ bei steigender Zuwachsrate r, vgl. (5.4a). Die Verjüngung bzw. Überalterung der Bevölkerung ergibt sich dann sofort aus (5.15).

5.4. Abschließende Bemerkungen

KEYFITZ definiert als neutrale Änderung der Sterblichkeitsraten eine solche, welche den Altersaufbau oder zumindestens das Durchschnittsalter der Bevölkerung unbeeinflußt läßt (vgl. KEYFITZ, 1968a, p. 187). In (5.9) haben wir gesehen, daß eine alterskonstante Sterblichkeitsänderung diese Neutralitätseigenschaft besitzt. KEYFITZ hat in (1968b) eine Art Index konstruiert (und ihn für verschiedene reale Bevölkerungen berechnet), welcher angibt, ob die Änderung neutral ist, bzw. eine Verschiebung des Altersaufbaus nach jüngeren bzw. älteren Jahren hin stattfindet. Dies gelingt durch eine Trennung der Veränderung des Durchschnittsalters aufgrund von Sterblichkeits- und Fruchtbarkeitseinflüssen. Man vergleiche dazu auch die interessanten Ergebnisse der Modellrechnungen von SCHWARZ (1967). Eine Beherrschung der Auswirkungen

<u>von Fruchtbarkeits- und Sterblichkeitsveränderungen auf künftige</u>
<u>Bevölkerungsentwicklungen und den Altersaufbau</u> ist u.a. für die
Bevölkerungspolitik von entscheidender Bedeutung. Formal verwandte
Problemstellungen treten aber auch z.B. in der Erziehungsplanung auf.
Ein typisches Beispiel einer derartigen Fragestellung, die auch
populäres Interesse findet, ist die folgende: Beruht die zunehmende
Überalterung unserer Bevölkerung hauptsächlich auf dem Rückgang der
Sterblichkeitsverhältnisse oder auf der verminderten Geburtenhäufig-
keit? (vgl. dazu SCHWARZ, 1967).

6. Ein Spezialfall

Im Anschluß an die Untersuchungen in § 3 und 4 diskutieren wir nun
den Fall altersunabhängiger Raten

$$m(x) = \lambda \; , \;\; \mu(x) = \mu \tag{6.1}$$

Für den Anteil der bis zum Alter x Überlebenden gilt nun zunächst
gemäß (2.5)

$$p(x) = e^{-\mu x} \tag{6.2}$$

Die charakteristische Gleichung (3.9) lautet nun

$$\lambda \int_0^\infty e^{-(r+\mu)x} dx = 1 \tag{6.3}$$

und besitzt als einzige Lösung

$$r = \lambda - \mu \tag{6.4}$$

Die Erneuerungsgleichung (3.4) hat deshalb eine Exponentialfunktion
zur Lösung (3.12)

$$B(t) = Q e^{rt} = Q e^{(\lambda-\mu)t} \tag{6.5}$$

und die Formeln (3.25) bis (3.28) gelten sogar streng. Berücksichtigt
man in (3.2) die Alterskonstanz der Raten, so folgt

$$B_0(t) = N(0)\lambda e^{-\mu t} \int_0^\infty c(x,0) dx = N(0)\lambda e^{-\mu t} \tag{6.6}$$

Setzt man (6.6) in (3.11) ein, so erhält man für den Proportionalitäts-
faktor Q

$$Q = \frac{\int_0^\infty e^{(\mu-\lambda)t} B_0(t)\,dt}{\int_0^\infty t e^{(\mu-\lambda)t} e^{-\mu t} \lambda\,dt} = \lambda N(0) \tag{6.7}$$

(6.7) und (6.5) liefern

$$B(t) = N(0)\lambda e^{(\lambda-\mu)t} \tag{6.8}$$

Da für die stabile Geburtenrate gemäß (3.26)

$$b = \frac{1}{\int_0^\infty e^{-\lambda x}\,dx} = \lambda \tag{6.9}$$

gilt, so folgt

$$N(t) = \frac{B(t)}{\lambda} = N(0)e^{(\lambda-\mu)t} \tag{6.10}$$

Weiters haben wir für die Todesrate

$$d = b - r = \lambda - \lambda + \mu = \mu = const. \tag{6.11}$$

und für die Dichte der Todesfälle

$$D(t) = dN(t) = N(0)\mu e^{(\lambda-\mu)t} \tag{6.12}$$

Schließlich liefert (3.27) aufgrund der Annahmen (6.1) für den
Altersaufbau die Exponentialverteilung mit dem Parameter λ

$$c(x) = be^{-rx}p(x) = \lambda e^{-\lambda x} \tag{6.13}$$

Das stabile Durchschnittsalter beträgt infolge (6.13) und (6.4)

$$\overline{A}_r = \int xc(x)\,dx = \lambda \int xe^{-\lambda x}\,dx = \frac{1}{\lambda} = \frac{1}{r+\mu} \tag{6.14}$$

Daraus ersieht man, daß das Durchschnittsalter sowohl mit steigender
Zuwachsrate, als auch mit zunehmender Todesrate sowie mit wachsender
Geburtenhäufigkeit eine abnehmende Tendenz zeigt.

Da $\phi(x) = p(x)m(x) = \lambda e^{-\mu x}$, so folgt

$$A_r = \int xe^{-rx}\phi(x)dx = \lambda \int xe^{-\lambda x}dx = \frac{1}{\lambda} = \frac{1}{r+\mu} = \overline{A}_r \qquad (6.15)$$

Weiters gelten folgende Formeln

$$R_o = \int \phi(x)dx = \lambda \int e^{-\mu x}dx = \frac{\lambda}{\mu} \quad \ldots \text{ Netto-Reproduktionsrate} \qquad (6.16)$$

$$R_1 = \int x \phi(x)dx = \lambda \int xe^{-\mu x}dx = \frac{\lambda}{\mu^2} \qquad (6.17)$$

also

$$M = \frac{R_1}{R_o} = \frac{1}{\mu} \quad \ldots \text{ Durchschnittsalter der stationären} \atop \text{Bevölkerung,} \qquad (6.18)$$

wie man auch aus (6.15) durch Nullsetzen von r erkennt. Die rohe Todesrate μ ist also gleich dem Reziprokwert des Durchschnittsalters der stationären Bevölkerung.

$$T = \frac{\ln R_o}{r} = \frac{\ln\lambda - \ln\mu}{\lambda - \mu} \quad \ldots \text{ Generationsabstand} \qquad (6.19)$$

Wir sehen also, daß die einschneidenden Annahmen (6.1) ein sofortiges (ungestörtes) exponentielles Wachstum sowohl der Geburten (6.5), als auch der Gesamtbevölkerung (6.10) hervorrufen, wobei $\lambda - \mu$ die Rolle der natürlichen Zuwachsrate spielt. Die Geburtsrate (6.9) ist λ und der stabile Altersaufbau gehorcht der Exponentialverteilung (6.13) mit eben diesem Parameter. Obwohl die Voraussetzungen (6.1) in der Demographie realitätsfern sind, so spielt unser Beispiel nicht nur die Rolle als einfachste Veranschaulichung stetigen deterministischen Bevölkerungswachstums, sondern ist auch als Überleitung zu den s t o c h a s t i s c h e n   Geburts- und Todesprozessen zu sehen.- Den Formeln (6.10) und (6.13) begegnet man dort in Gestalt von Erwartungswerten.

7. Hinweise auf stochastische Makromodelle

In der bevölkerungsmathematischen Literatur werden deterministische und stochastische Modelle häufig vermengt. So werden oft Todes-, Geburtsraten und Absterbeordnungen p(x) als Wahrscheinlichkeiten eingeführt. Beispiel: $\phi(a) = p(a)m(a)$; $\phi(a)da$ ist die Wahrscheinlichkeit, daß ein neugeborenes Mädchen das Alter a erreicht und im Alter zwischen a und a + da eine weibliche Lebendgeburt hat (Multiplikationssatz für bedingte Wahrscheinlichkeiten). Obwohl unsere Formulierungen mittels Anteilen gegenüber den Wahrscheinlichkeitsformulierungen gelegentlich etwas schwerfällig scheinen, so haben wir sie doch konsequent durchgezogen. Dadurch soll die prinzipielle Ausmerzbarkeit des Wahrscheinlichkeitsbegriffs in deterministischen Modellen verdeutlicht werden. Erst bei den "echt" stochastischen Modellen - wenn sich die Heranziehung des Zufalls sozusagen nicht mehr vermeiden läßt - soll das Wahrscheinlichkeitskonzept Verwendung finden.

Auf Geburts- und Todesprozesse war schon oben verwiesen worden. Sie werden in fast jedem Lehrbuch über stochastische Prozesse behandelt und können somit als allgemein bekannt vorausgesetzt werden. Eine ausführliche Darstellung findet man etwa bei CHIANG (1968). In diesem Zusammenhang sei jedoch auf eine - anscheinend wenig bekannte - Arbeit von JOSHI (1954) hingewiesen, wo auch Individualmodelle zu Geburts- und Absterbeprozessen untersucht werden. Insbesondere wird die Verteilung der Anzahl der Nachkommen e i n e s Individuums berechnet und mit der Extinktionswahrscheinlichkeit bei Verzweigungsprozessen in Verbindung gebracht (JOSHI, 1954, p. 163/4). Dort und - als Sekundärliteratur - bei BHARUCHA-REID (1960) findet man auch eine Analyse des Bevölkerungswachstums für beide Geschlechter; sie läuft über erzeugende Funktionen und ist auf die beiden ersten Momente der geschlechtsspezifischen Bestandszahlen beschränkt.

Schließlich sei noch auf ein kontinuierliches altersspezifisches stochastisches Modell von KENDALL (1949) hingewiesen. Einen guten Überblick zum Stand dieser Theorie und einen Vergleich zu seinem diskreten Modell hat kürzlich POLLARD (1969) geliefert. Die über Integralgleichungen führende Analyse ist - mit Ausnahmen unrealistischer Spezialfälle – wesentlich verwickelter als beim stochastischen diskreten Modell und führt auch rasch zu unangreifbaren Problemen. Wir verzichten hier deshalb auf eine Darstellung s t e t i g e r stochastischer Makromodelle unter Einbeziehung der Altersstruktur und verweisen diesbezüglich auf die zitierte Literatur.

LITERATURVERZEICHNIS

ANDERSON, J.L. and J.B. DOW (1952): Actuarial Statistics II: Construction of Mortality and other Tables. University Press,
Cambridge.

ANDERSON, T.W. (1955): Probability models for analyzing time changes
in attitudes. In: Mathematical Thinking in the Social
Sciences (P.F. Lazarsfeld, ed.), 17 - 66. The Free Press,
Glencoe, Ill.

ANDERSON, T.W. and L.A. GOODMAN (1957): Statistical inference about
Markov chains. Annals of Mathematical Statistics 28,
89 - 110.

BAILEY, N.T.J. (1964): The Elements of Stochastic Processes with
Applications to the Natural Sciences. Wiley, New York.

BARCLAY, G.W. (1958): Techniques of Population Analysis. Wiley, New
York.

BARLOW, R.E. (1962): Applications of Semi-Markov processes to counter
problems. In: Studies in Applied Probability and Management
Science (K.J. Arrow, S. Karlin and H. Scarf, eds.), 34 - 62.
Stanford University Press, Stanford.

BARTHOLOMEW, D.J. (1967): Stochastic Models for Social Processes.
Wiley, London.

BARTLETT, M.S. (1946): Stochastic Processes. Notes of a course given
at the University of North Carolina in the Fall Quarter
1946, 39 - 41.

————————— (1951): The frequency goodness of fit test for probability
chains. Proceedings of the Cambridge Philosophical Society
47, 86 - 95.

————————— (1962): Stochastic Processes. University Press, Cambridge.

BELIMAN, R. (1960): Introduction to Matrix Analysis. McGraw - Hill,
New York.

BERNARDELLI, H. (1941): Population waves. J. Burma Res. Soc. 31,
1 - 18.

BHARUCHA - REID, A.T. (1960): Elements of the Theory of Markov Processes and their Applications. McGraw - Hill, New York.

BOGUE, D.J. (1969): Principles of Demography. Wiley, New York.

BUSH, R.R. and F. MOSTELLER (1955): Stochastic Models for Learning. Wiley, New York.

CHIANG, C.L. (1961 a): A stochastic study of the life table and its applications: III. The follow - up study with the consideration of competing risks. Biometrics 17, 57 - 78.

———— (1961 b): On the probability of death from specific causes in the presence of competing risks. Fourth Berkeley Symp. IV, 169 - 180.

———— (1964): A stochastic model of competing risks of illness and competing risks of death. In: Stochastic Models in Medicine and Biology (J. Gurland, ed.), 323 - 353. The University of Wisconsin Press, Madison.

———— (1968): Introduction to Stochastic Processes in Biostatistics. Wiley, New York.

CORNFIELD, J. (1957): The estimation of the probability of developing a disease in the presence of competing risks. American Journal of Public Health Assoc. 47, 601 - 607.

COX, D.R. (1966): Erneuerungstheorie. Oldenbourg, München.

COX, P.R. (1970): Demography. University Press, Cambridge.

CROZE, M.M. (1965): Cours de Démographie, Tome I. Institut National de la Statistique et des Études Économiques.

DORN, H. (1950): Methods of analysis for follow-up studies. Human Biology 22, 238 - 248.

DU PASQUIER, L.G. (1913): Mathematische Theorie der Invaliditätsversicherung. Mitteilungen der Vereinigung schweizerischer Versicherungsmathematiker 8, 1 - 153.

FEICHTINGER, G. (1969): Über die Kovarianzen von Maximum Likelihood-Schätzungen gewisser Parameter bei multiplen Dekrementtafeln. Unveröffentlichtes Manuskript.

———— (1970): Einige Resultate aus der Bevölkerungsmathematik. Operations Research-Verfahren VIII (R. Henn, ed.), Tagungspapiere der 2. Oberwohlfacher Tagung "Mathematische Methoden in den Wirtschaftswissenschaften" (Oktober 1969). Hain, Meisenheim am Glan.

FELLER, W. (1939): Die Grundlagen der Volterraschen Theorie des Kampfes ums Dasein in wahrscheinlichkeitstheoretischer Behandlung. Acta Biotheoretica 5, 11 - 40. (Abstract in Math. Reviews 1, 22).

———— (1941): On the integral equation of renewal theory. Annals of Mathematical Statistics 12, 243 - 267.

FELLER, W. (1948): On the probability problems in the theory of counters. In: Courant Anniversary Volume, 105 - 115. Interscience Pub., New York.

———— (1968): An Introduction to Probability Theory and its Applications. Wiley, New York.

FERSCHL, F. (1969): Methodenlehre der Statistik I. 1. Teil. Statistische Abteilung des Instituts für Gesellschafts- und Wirtschaftswissenschaften, Bonn.

———— (1970): Markovketten. Lecture Notes in Operations Research and Mathematical Systems (M. Beckmann and H.P. Künzi, eds.), Vol. 35. Springer, Berlin.

FIX, E. and J. NEYMAN (1950): A simple stochastic model of recovery, relapse, death and loss of patients. Human Biology 23, 205 - 241.

FLASKÄMPER, P. (1962): Bevölkerungsstatistik. Meiner, Hamburg.

GANTMACHER, F.R. (1966): Matrizenrechnung, Teil II: Spezielle Fragen und Anwendungen. VEB Deutscher Verlag der Wissenschaften, Berlin.

GARFINKLE, S. (1967): The lengthening of working life and its implications. Proc. World Population Conference (Belgrade 1965), Vol. IV, 277 - 282. United Nations, New York.

GEORGE, A. and R.K. PILLAI (1969): Comparative study of two probability models for inter-birth intervals. Proceedings of the General Conference of the IUSSP in London, 1969.

GINI, C. (1924): Premières recherches sur la fécondabilité de la femme. Proc. International Mathematics Congress, Vol. II.

GOODMAN, L.A. (1953): Population growth of the sexes. Biometrics 9, 212 - 225.

———— (1967 a): On the reconciliation of mathematical theories of population growth. Journal of the Royal Statistical Society, Series A, 130, 541 - 553.

———— (1967 b): On the age-sex composition of the population that would result from given fertility and mortality conditions. Demography 4, 423 - 441.

———— (1968 a): Stochastic models for the population growth of the sexes. Biometrika 55, 469 - 487.

———— (1968 b): An elementary approach to the population projection-matrix, to the population reproductive value, and to related topics in the mathematical theory of population growth. Demography 5, 382 - 409.

GRÖBNER, W. (1966): Matrizenrechnung. Bibl. Inst., Mannheim.

HAJNAL, J. (1955): The prospects for population forecasts. Journal of the American Statistical Association 50, 309 - 322.

HARRIS, T.E. (1951): Some mathematical models for branching processes. Proceedings of the Second Berkeley Symposium on Mathematical Statistics and Probability (J. Neyman, ed.), 305 - 328.

————— (1963): The Theory of Branching Processes. Springer, Berlin.

HENRY, L. (1953): Fondements théoriques des mesures de la fécondité naturelle. Revue de l' Institut International de Statistique 21, 135 - 151.

————— (1957): Fécondité et famille. Modèles mathématiques. Population 12, 413 - 444.

————— (1961): Fécondité et famille. Modèles mathématiques II. Population 16, 27 - 48 (partie théorique), 261 - 282 (applications numériques).

————— (1964): Perspectives Démographiques. Cours donné à l' Institut de Démographie de l' Université de Paris. Éditions de l' I.N.E.D., Paris.

HOEM, J.M. (1968 a): Fertility rates and reproduction rates in a probabilistic setting. Arbeidsnotater Statistisk Sentralbyrå, Oslo.

————— (1968 b): A probalilistic model for primary marital ferti- lity. Arbeidsnotater Statistisk Sentralbyrå, Oslo.

————— (1968 c): Four demographic papers. Working papers from the Central Bureau of Statistics of Norway, Oslo.

————— (1969): Probabilistic fertility models of the life table type. Working papers from the Central Bureau of Statistics of Norway, Oslo.

HOGG, R.V. and A.T. CRAIG (1965): Introduction to Mathematical Sta- tistics. Macmillan, New York.

HYRENIUS, H. (1965): New Technique for studying demographic - economic - social interrelations. Demographic Institute, Report 3. University of Göteborg, Sweden.

————— (1966): Demometri. Den formella befolkningslärans grunder. Almqvist & Wicksell, Göteborg.

HYRENIUS, H. and I. ADOLFSSON (1964): A fertility simulation model. Demographic Institute, University of Göteborg, Report 2.

JORDAN, C.W., Jr. (1967): Life Contingencies. The Society of Actuaries, Chicago.

JOSHI, D.D. (1954): Les processus stochastiques en démographie. Publ. Inst. Statist. Univ. Paris 3, 153 - 177.

————— (1967): Stochastic models utilized in demography. Proc. of the World Population Conference in Belgrade (1965), Vol. III, 227 - 233. United Nations, New York, 1967.

KAMAT, A.R. (1968): A stochastic model for progress in a course of education. Sankhya, Series B, 30, 25 - 32.

KARLIN, S. (1966): A First Course in Stochastic Processes. Academic
Press, New York.

KARMEL, P.H. (1947): The relations between male and female reproduction
rates. Population Studies 1, 249 - 274.

─────────── (1948): The relations between male and female nuptiality in
a stable population. Population Studies 1, 353 - 387.

KEMENY, J.G. and J.L. SNELL (1960): Finite Markov Chains. Van Nostrand,
Princeton.

KENDALL, D.G. (1949): Stochastic processes and population growth.
Journal of the Royal Statistical Society, Series B, 11,
230 - 264.

KENDALL, M.G. and A. STUART (1961): The Advanced Theory of Statistics.
Vol. 2: Inference and Relationship. Griffin, London.

KEYFITZ, N. (1964): The population projection as a matrix operator.
Demography 1, 56 - 73.

─────────── (1967): Reconciliation of population models: Matrix, integral equation and partial fraction. Journal of the Royal
Statistical Society, Series A, 130, 61 - 83.

─────────── (1968 a): Introduction to the Mathematics of Population.
Addison - Wesley, Reading, Massachusetts.

─────────── (1968 b): Changing vital rates and age distributions.
Population Studies 22, 235 - 251.

─────────── (1969): Population Mathematics. Conf. of the IUSSP, London.

KEYFITZ, N. and E.M. MURPHY (1967): Matrix and multiple decrement in
population analysis. Biometrics 23, 485 - 503.

KIMBALL, A.W. (1958): Disease incidence estimation in populations
subject to multiple causes of death. Bull. Internat. Statist.
Inst. 36, 193 - 204.

─────────── (1969): Models for the estimation of competing risks from
grouped data. Biometrics 25, 329 - 337.

KPEDEKPO, G.M.K. (1969): Working life tables for males in Ghana, 1960.
Journal of the American Statistical Association 64, 102 - 110.

LARSON, H.J. (1969): Introduction to Probability Theory and Statistical
Inference. Wiley, New York.

LEDERMANN, S. (1967): The use of population models. In: Proceedings
of the World Population Conference (Belgrade 1965), Vol. III,
234 - 237. United Nations, New York.

LESLIE, P.H. (1945): On the use of matrices in certain population
mathematics. Biometrika 33, 183 - 212.

─────────── (1948): Some further notes on the use of matrices in population mathematics. Biometrika 35, 213 - 245.

LEWIS, E.G. (1942): On the generation and growth of a population. Sankhyā 6, 93 - 96.

LIEBELT, P.B. (1967): An Introduction to Optimal Estimation. Addison-Wesley, Reading.

LINDGREN, B.W. (1968): Statistical Theory (Second Edition). Macmillan, New York.

LOPEZ, A. (1961): Problems in Stable Population Theory. Office of Population Research, Princeton, N.J.

LOTKA, A.J. (1939): Théorie Analytique des Associations Biologiques II: Analyse démographique avec application particulière à l'espèce humaine.(Actualités Scientifiques et Industrielles No. 780). Hermann & Cie, Paris.

v. MANGOLDT, H. und K. KNOPP (1965): Einführung in die höhere Mathematik. 3 Bände. Hirzel, Stuttgart.

MASNICK, G.S. and R.G. POTTER (1969): Contraceptive acceptance and pregnancy: a matrix approach to the analysis of competing risks. Population Studies 23, 267 - 277.

MERTENS, W. (1965): Methodological aspects of the construction of nuptiality tables. Demography 2, 317 - 348.

MEYER, P.L. (1965): Introductory Probability and Statistical Application. Addison-Wesley, Reading.

MORAN, P.A.P. (1962): The Statistical Processes of Evolutionary Theory. Clarendon Press, Oxford.

MOSTELLER, F., E.K. ROURKE and G.B. THOMAS Jr. (1961): Probability with statistical applications. Addison-Wesley, Reading.

NEYMAN, J. (1949): On the problem of estimating the number of schools of fish. University of California Publications in Statistics I, 21 - 36.

——————— (1950): First Course in Probability and Statistics. Holt, New York.

PERRIN, E.B. and M.C. SHEPS (1964): Human reproduction: a stochastic process. Biometrics 20, 28 - 45.

POLLARD, J.H. (1966): On the use of the direct matrix product in analysing certain stochastic population models. Biometrika 53, 397 - 415.

——————— (1969): Continuous-time and discrete-time models of population growth. Journal of the Royal Statistical Society, Series A, 132, 80 - 88.

POTTER, R.G., Jr. (1966): Application of life table techniques to measurement of contraceptive effectiveness. Demography 3, 297 - 304.

POTTER, R.G. (1967): The multiple decrement life table as an approach to the measurement of use effectiveness and demographic effectiveness of contraception. Sidney Conference of the IUSSP, 1967. Contributed papers,869 - 883.

POTTER, R.G., L.P. CHOW, A.K. JAIN and C.H. LEE (1967): Expanded report on social and demographic correlates of IUCD effectiveness: The Taichung IUCD medical follow-up study. Preliminary report of the University of Michigan Population Studies Center.

PRESSAT, R. (1966): Principes d' Analyse. Cours d' analyse démographique de l' institut de démographie de l' université de Paris. I.N.E.D., Paris.

———————— (1967): Pratique de la Démographie. Trente sujets d' analyse. Dunod, Paris.

———————— (1969): L' Analyse Démographique. Concepts - Méthodes - Résultats. Deuxième Edition. Presses Universitaires de France, Paris.

PYKE, R. (1961): Markov renewal processes with finitely many states. Annals of Mathematical Statistics 32, 1243 - 1259.

RHODES, E.C. (1940): Population mathematics I, II, III. Journal of the Royal Statistical Society 103, 61 - 89, 218 - 245, 362 - 387.

RISSER, R. et C.E. TRAYNARD (1965): Applications de la Statistique à la Démographie et à la Biologie. Traité du Calcul des Probabilités et de ses Applications, Tome 3, Fascicule III. Gauthier-Villars, Paris.

ROGERS, A. (1968): Matrix Analysis of Interregional Population Growth and Distribution. University of California Press, Berkeley.

RYDER, N.B. (1958): An appraisal of fertility trends in the United States. In: Thirty Years of Research in Human Fertility: Retrospect and Prospect (Milbank Memorial Fund), 38 - 49.

———————— (1959): Fertility. In: The Study of Population (P.M. Hauser and O.D. Duncan, eds.), 400 - 436. University Press, Chicago.

———————— (1964): Notes on the concept of a population. The American Journal of Sociology 69, 447 - 463.

———————— (1965): The measurement of fertility patterns. In: Public Health and Population Change (M.C. Sheps and J.C. Ridley, eds.), 287 - 306. University Press, Pittsburgh.

SAVELAND, W. and P.C. GLICK (1969): First-marriage decrement tables by color and sex for the United States in 1958 - 60. Demography 6, 243 - 260.

SAXER, W. (1955): Versicherungsmathematik. Erster Teil. Springer, Berlin.

SCHAICH, E. (1969): Sozialwissenschaftliche Paradigmen für Markovsche Kettenmodelle. Habilitationsschrift an der Staatswissenschaftlichen Fakultät der Universität München.

SCHWARZ, K. (1965): Heiratstafeln für Ledige, Verwitwete und Geschiedene 1960/62. Wirtschaft und Statistik 1965, 709 - 715, 730* - 733*.

——————— (1966): Geburtentafel 1964. Wirtschaft und Statistik 1966, 301 - 305.

——————— (1967): Die Bedeutung von Veränderungen der Geburtenhäufigkeit und Sterblichkeit für die Entwicklung und den Altersaufbau der Bevölkerung. Referat für die Jahrestagung der Deutschen Gesellschaft für Bevölkerungswissenschaft in Kirkel (Saar).

SHEPS, M.C. (1967): Uses of stochastic models in the evaluation of population policies. I. Theory and approaches to data analysis. Proc. Fifth Berkeley Symposium on Mathematical Statistics and Probability (J. Neyman, ed.), Vol. IV, 115 - 136.

——————— (1969): Simulation methods and the use of models in fertility analysis. Proceedings of the General Conference of the IUSSP in London, 1969.

SHEPS, M.C. and E.B. PERRIN (1963): Changes in birth rates as a function of contraceptive effectiveness: some applications of a stochastic model. American Journal of Public Health 53, 1031 - 1046.

——————— (1966): Further results from a human fertility model with a variety of pregnancy outcomes. Human Biology 38, 180 -193.

SHEPS, M.C., J.A. MENKEN and A.P. RADICK (1969): Probability models for family building: an analytical review. Demography 6, 161 - 183.

SPIEGELMAN, M. (1969): Introduction to Demography. Harvard University Press, Cambridge, Massachusetts.

STATISTISCHES BUNDESAMT WIESBADEN (1963): Fachserie A (Bevölkerung und Kultur), Reihe 1 (Bevölkerungsstand und -entwicklung). Sonderbeitrag: Vorausschätzung der Bevölkerung für die Jahre 1964 bis 2000. Kohlhammer, Stuttgart.

——————— (1965): Fachserie A (Bevölkerung und Kultur), Reihe 2 (Natürliche Bevölkerungsbewegung). Sonderbeitrag: Allgemeine Sterbetafel für die Bundesrepublik Deutschland 1960/62. Kohlhammer, Stuttgart.

——————— (1967): Fachserie A (Bevölkerung und Kultur), Reihe 1 (Bevölkerungsstand und -entwicklung). Sonderbeitrag: Vorausschätzung der Bevölkerung für die Jahre 1966 - 2000. Kohlhammer, Stuttgart.

——————— (1968): Fachserie A (Bevölkerung und Kultur), Volks- und Berufszählung vom 6. Juni 1961, Heft 13: Erwerbspersonen in beruflicher Gliederung. Kohlhammer, Stuttgart.

STATISTISCHES BUNDESAMT WIESBADEN (1969 a): Fachserie A (Bevölkerung und Kultur), Reihe 2 (Natürliche Bevölkerungsbewegung). Sonderbeitrag: Lebenslauf einer Generation (aufgrund von Tafelberechnungen 1960/62). Kohlhammer, Stuttgart.

———————— (1969 b): Fachserie A (Bevölkerung und Kultur), Reihe 2 (Natürliche Bevölkerungsbewegung). Sonderbeitrag: Heiratstafeln 1960/62, Ehedauertafeln 1961 sowie spezielle Sterbetafeln 1960/62. Kohlhammer, Stuttgart.

STONE, R. (1966): Mathematics in the Social Sciences and other Essays. Chapman & Hall, London.

SVERDRUP, E. (1965): Estimates and test procedures in connection with stochastic models for deaths, recoveries and transfers between different states of health. Skandinavisk Aktuarietidskrift $\underline{48}$, 184 - 211.

SYKES, Z.M. (1966): The Variance of Population Projections. Dissertation, Johns Hopkins University, Baltimore, Maryland.

———————— (1969 a): Some stochastic versions of the matrix model for population dynamics. Journal of the American Statistical Association $\underline{64}$, 111 - 130.

———————— (1969 b): On discrete stable population theory. Biometrics $\underline{25}$, 285 - 293.

———————— (1969 c): Population projections and Markov chains. General Conference of the IUSSP, London 1969.

THONSTAD, T. (1967): A mathematical model of the Norwegian educational system. In: Mathematical Models in Educational Planning. OECD, Education and Development, Directorate for Scientific Affairs, Paris.

———————— (1969): Education and Manpower. Theoretical Models and Empirical Applications. Oliver and Boyd, Edinburgh.

TODHUNTER, I. (1965): A History of the Mathematical Theory of Probability. From the time of Pascal to that of Laplace. Chelsea, New York.

WASAN, M.T. (1970): Parametric Estimation. McGraw-Hill, New York.

WHITTLE, P. (1963): Prediction and Regulation (by Linear Least-Square Methods). English University Press, London.

WIDÉN, L. (1969): Methodology in population projection. A method study applied to conditions in Sweden. Demographic Institute, University of Gothenburg, Report 9.

WINKLER, W. (1969): Demometrie. Duncker & Humblot, Berlin.

WiSta   (1962): Kinder im ersten Ehejahr. Wirtschaft und Statistik 1962, 207 - 209.

———————— (1962): Ehelösungen durch den Tod. Wirtschaft und Statistik 1962, 466 - 468.

WiSta   (1968): Wiederverheiratung Verwitweter und Geschiedener.
           Wirtschaft und Statistik 1968, 19 - 22.

─────────── (1969): Ehedauertafeln 1961. Wirtschaft und Statistik 1969,
           71 - 74.

WITTING, H. (1966): Mathematische Statistik. Eine Einführung in Theo-
           rie und Methoden. Teubner, Stuttgart.

WUNSCH, G. (1967): Les Mesures de la Natalité. Quelques Applications
           à la Belgique. Département Démographique, Université
           Catholique de Louvain.

─────────── (1968): La théorie des événements réduits: application aux
           principaux phénomènes démographiques. Recherches Économiques
           de Louvain n° 4, septembre 1968.

ZAHL, S. (1955): A Markov process model for follow-up studies.
           Human Biology 27, 90 - 120.

ZWINGGI, E. (1958): Versicherungsmathematik. Birkhäuser, Basel.

ANHANG

Im folgenden bringen wir einige Beispiele aus der amtlichen Statistik zur Illustration der Modelle des I. Teiles. Dem S t a t i s t i - s c h e n   B u n d e s a m t   in Wiesbaden sei für die Erlaubnis zur Reproduktion von Original-Schaubildern gedankt. Weitere (im Text erwähnte) Modellillustrationen findet man in den zitierten Veröffentlichungen des StBA.

Die angeführten Abbildungen entsprechen den folgenden Textstellen:

Abb.	Seite	Text Seite
1	396	55
2	397	57
3	398	58
4	399	59
5	400	61
6	401	66
7	402	68
8	403	186
9	404	187

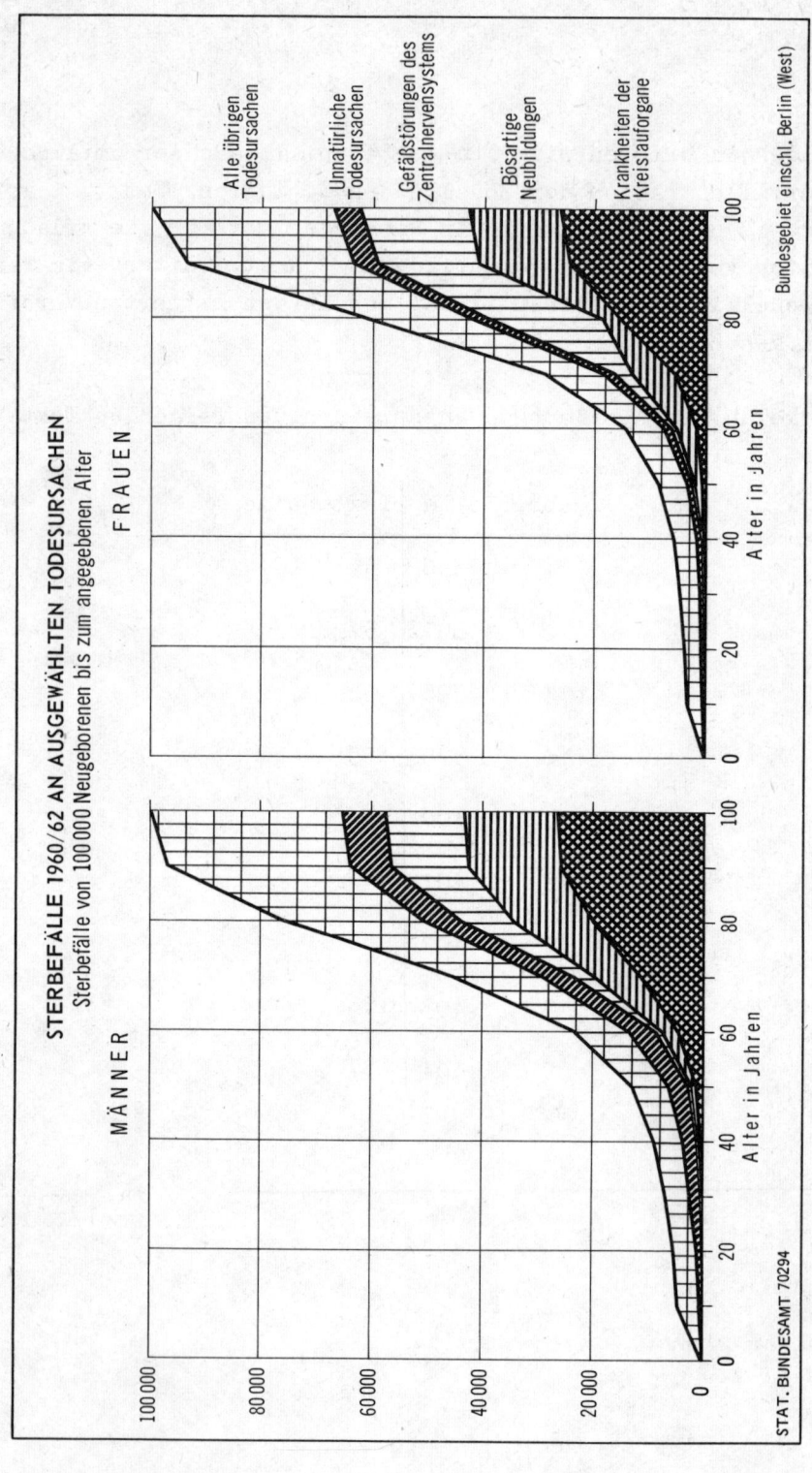

STERBEFÄLLE 1960/62 AN AUSGEWÄHLTEN TODESURSACHEN
Sterbefälle von 100000 Neugeborenen bis zum angegebenen Alter

MÄNNER

FRAUEN

Alle übrigen Todesursachen

Unnatürliche Todesursachen

Gefäßstörungen des Zentralnervensystems

Bösartige Neubildungen

Krankheiten der Kreislauforgane

Alter in Jahren

Alter in Jahren

STAT. BUNDESAMT 70294

Bundesgebiet einschl. Berlin (West)

Abbildung 1

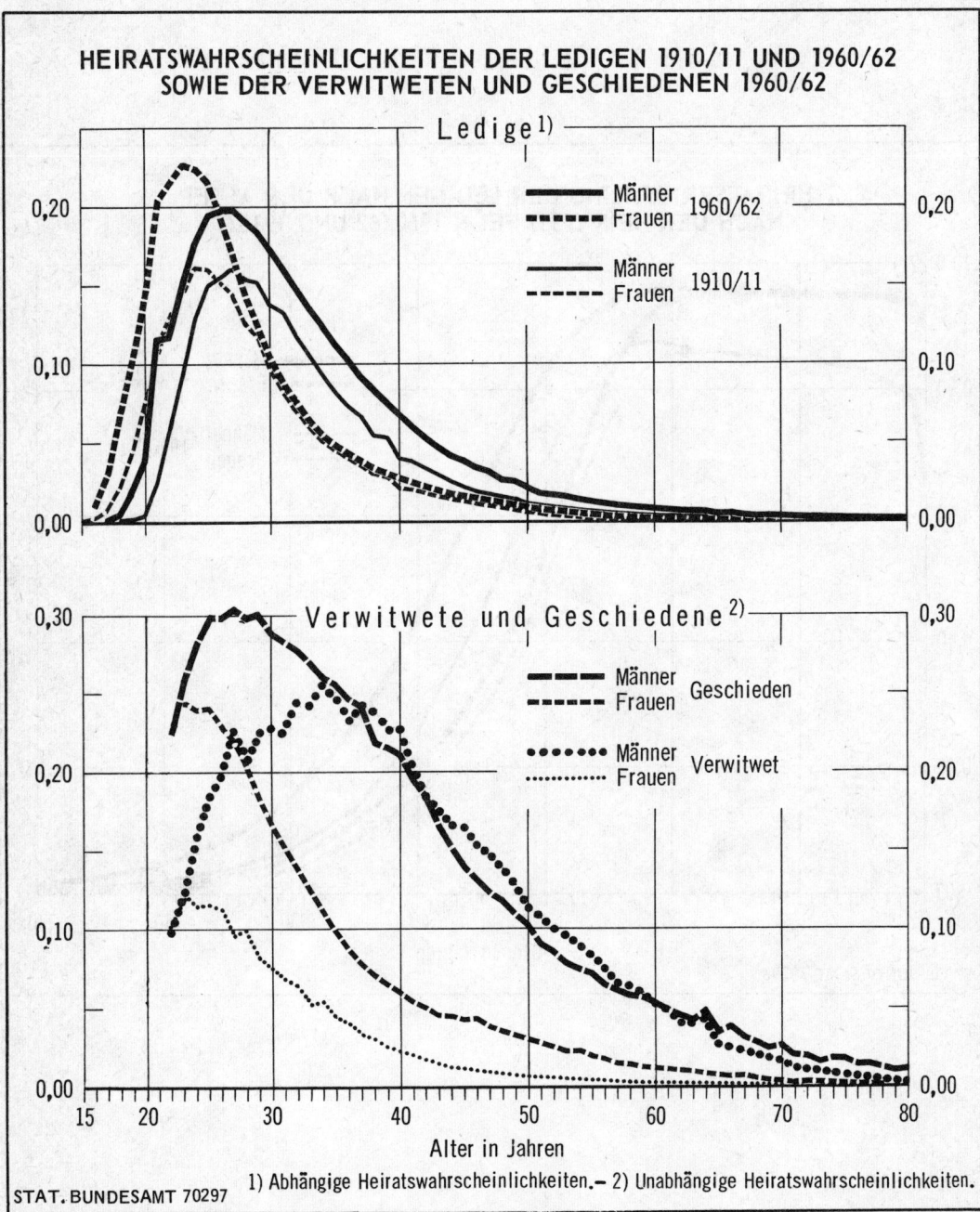

HEIRATSWAHRSCHEINLICHKEITEN DER LEDIGEN 1910/11 UND 1960/62
SOWIE DER VERWITWETEN UND GESCHIEDENEN 1960/62

Ledige[1]

	Männer	
	Frauen	1960/62
	Männer	
	Frauen	1910/11

Verwitwete und Geschiedene[2]

	Männer	
	Frauen	Geschieden
	Männer	
	Frauen	Verwitwet

Alter in Jahren

STAT. BUNDESAMT 70297

1) Abhängige Heiratswahrscheinlichkeiten.– 2) Unabhängige Heiratswahrscheinlichkeiten.

Abbildung 2

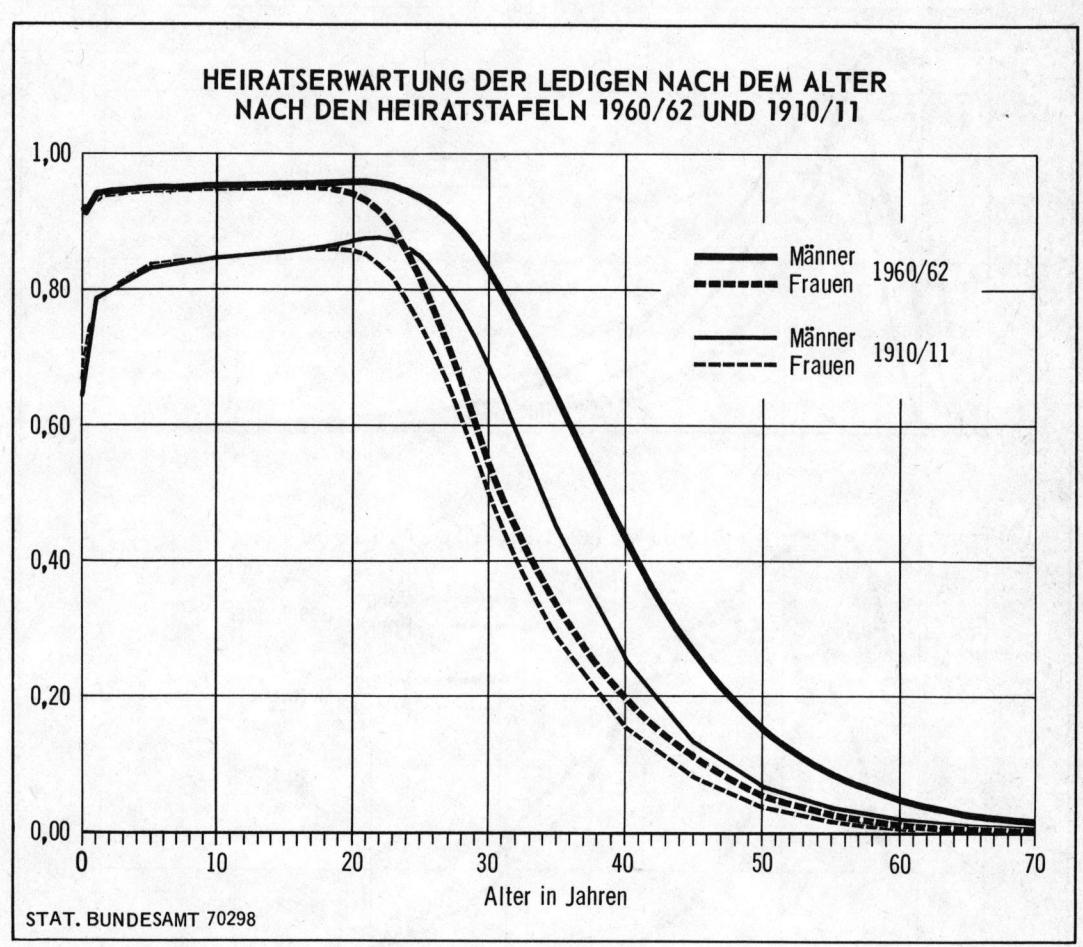

HEIRATSERWARTUNG DER LEDIGEN NACH DEM ALTER
NACH DEN HEIRATSTAFELN 1960/62 UND 1910/11

Abbildung 3

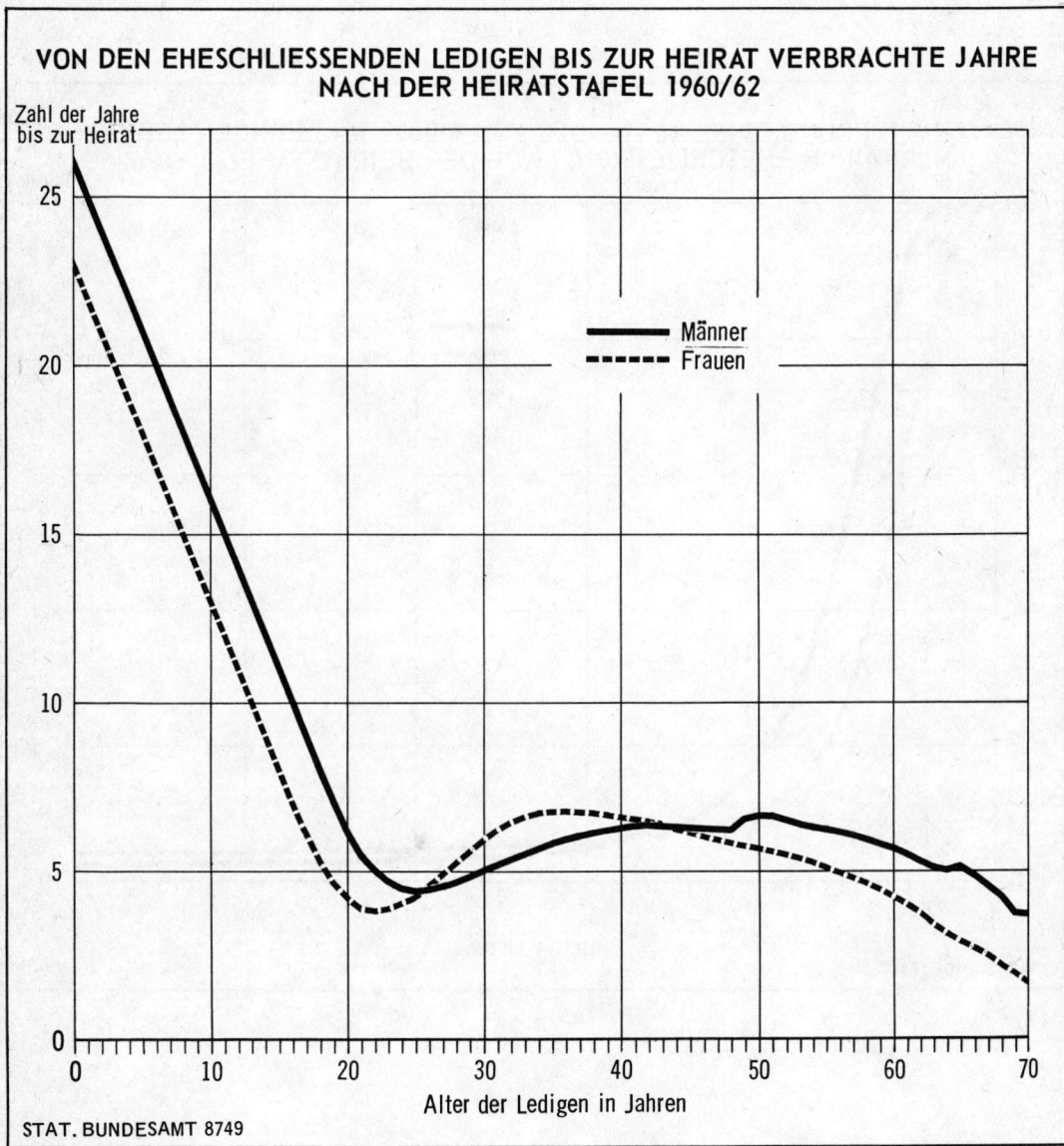

Abbildung 4

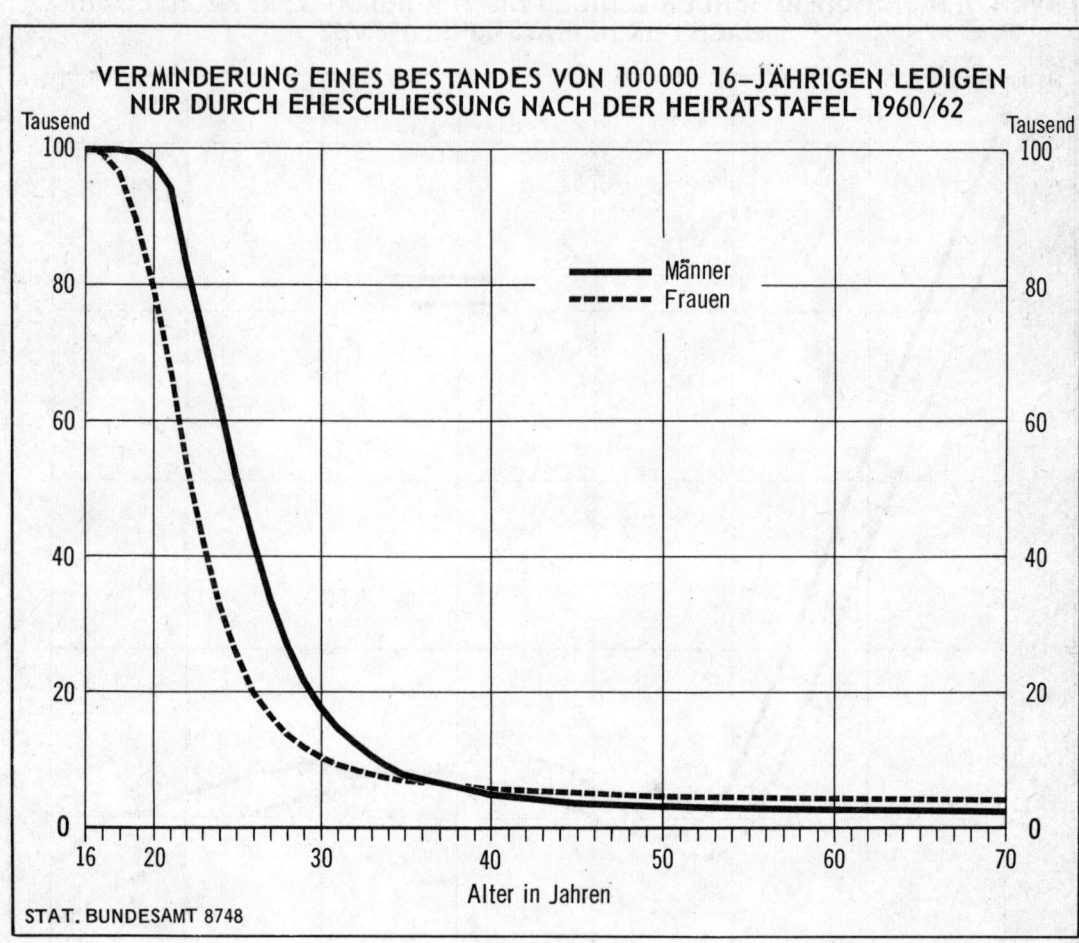

VERMINDERUNG EINES BESTANDES VON 100000 16—JÄHRIGEN LEDIGEN
NUR DURCH EHESCHLIESSUNG NACH DER HEIRATSTAFEL 1960/62

Abbildung 5

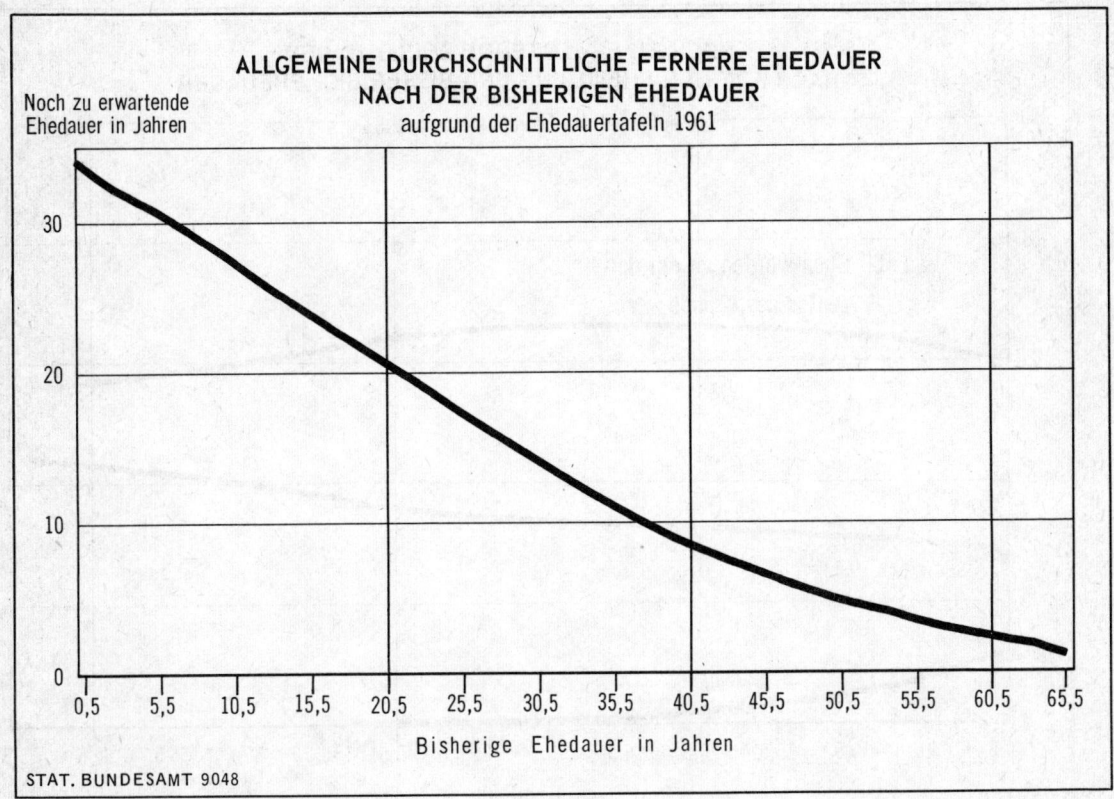

ALLGEMEINE DURCHSCHNITTLICHE FERNERE EHEDAUER
NACH DER BISHERIGEN EHEDAUER
aufgrund der Ehedauertafeln 1961

Noch zu erwartende
Ehedauer in Jahren

Bisherige Ehedauer in Jahren

STAT. BUNDESAMT 9048

Abbildung 6

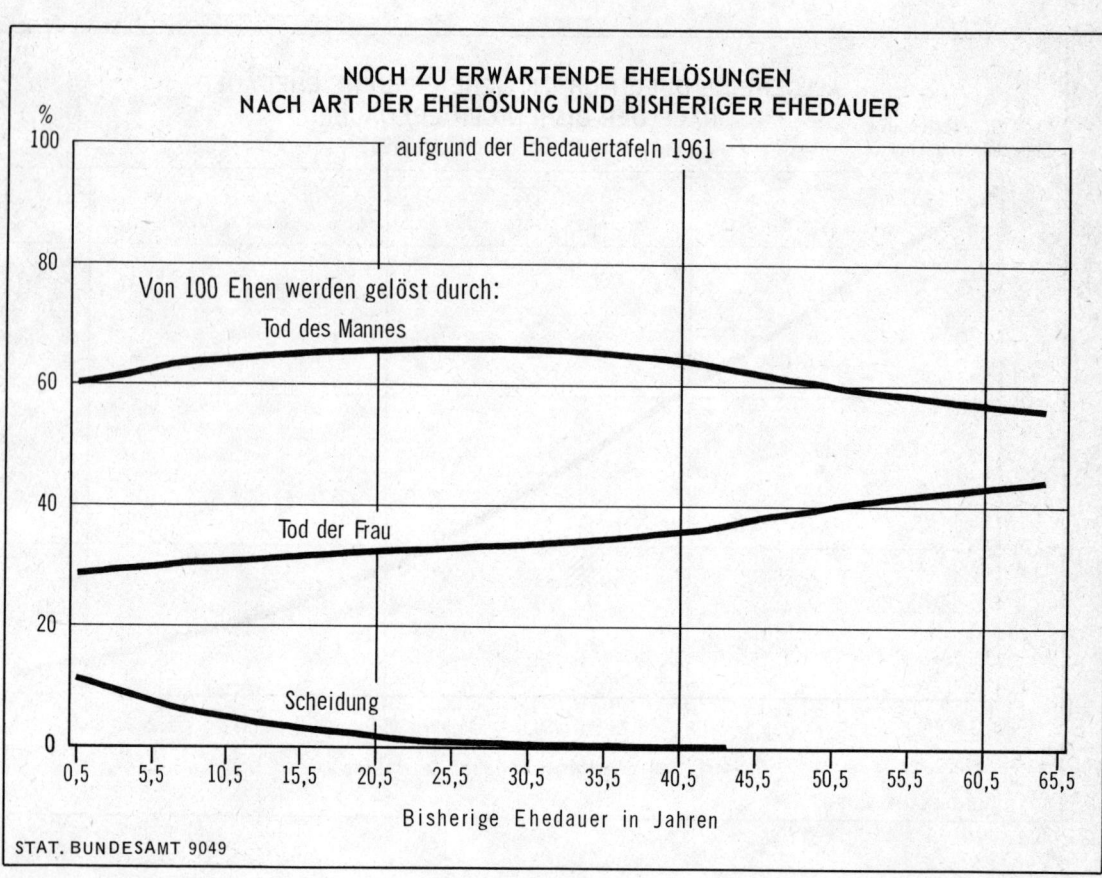

NOCH ZU ERWARTENDE EHELÖSUNGEN
NACH ART DER EHELÖSUNG UND BISHERIGER EHEDAUER

aufgrund der Ehedauertafeln 1961

Von 100 Ehen werden gelöst durch:

Tod des Mannes

Tod der Frau

Scheidung

Bisherige Ehedauer in Jahren

STAT. BUNDESAMT 9049

Abbildung 7

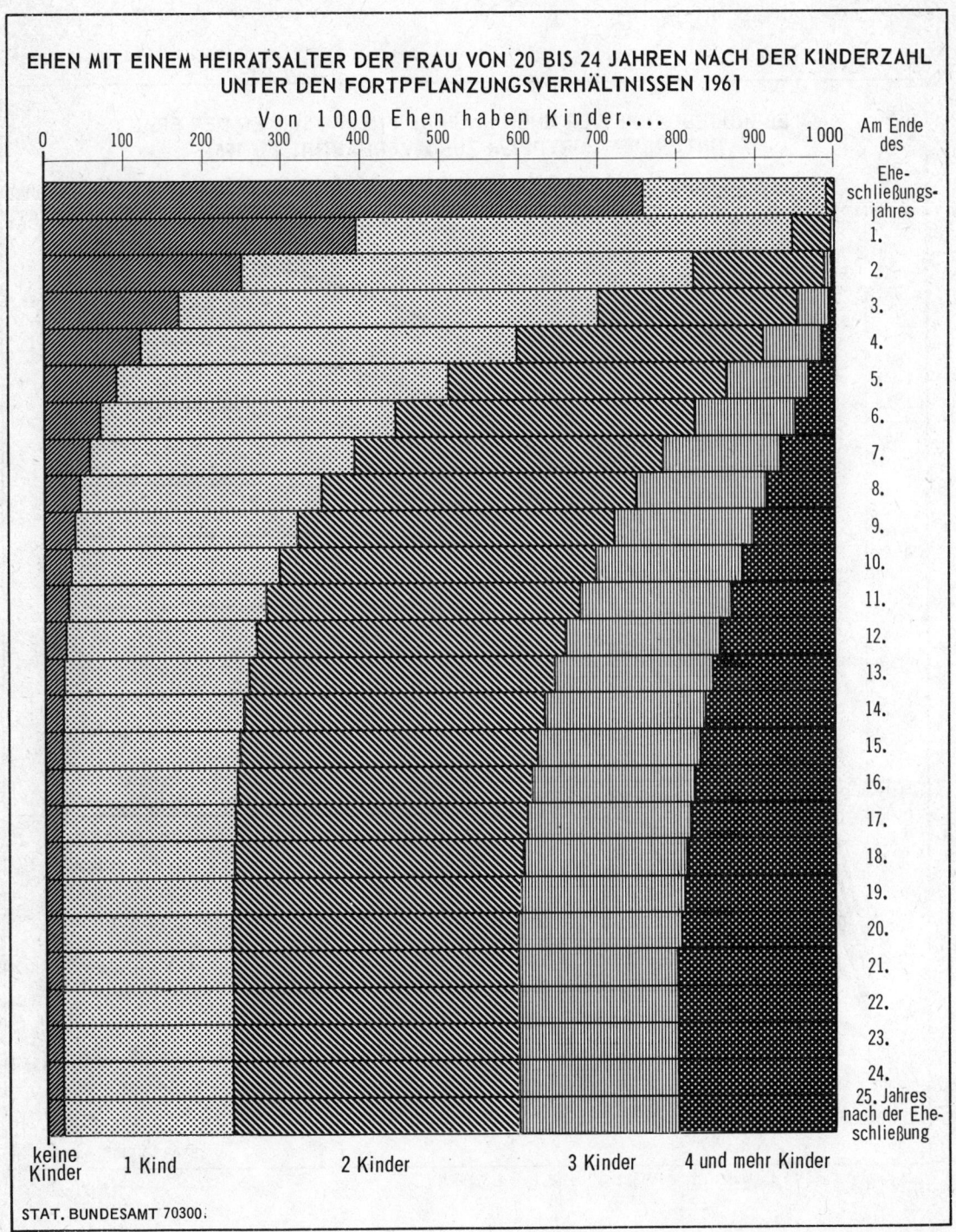

EHEN MIT EINEM HEIRATSALTER DER FRAU VON 20 BIS 24 JAHREN NACH DER KINDERZAHL UNTER DEN FORTPFLANZUNGSVERHÄLTNISSEN 1961

Abbildung 8

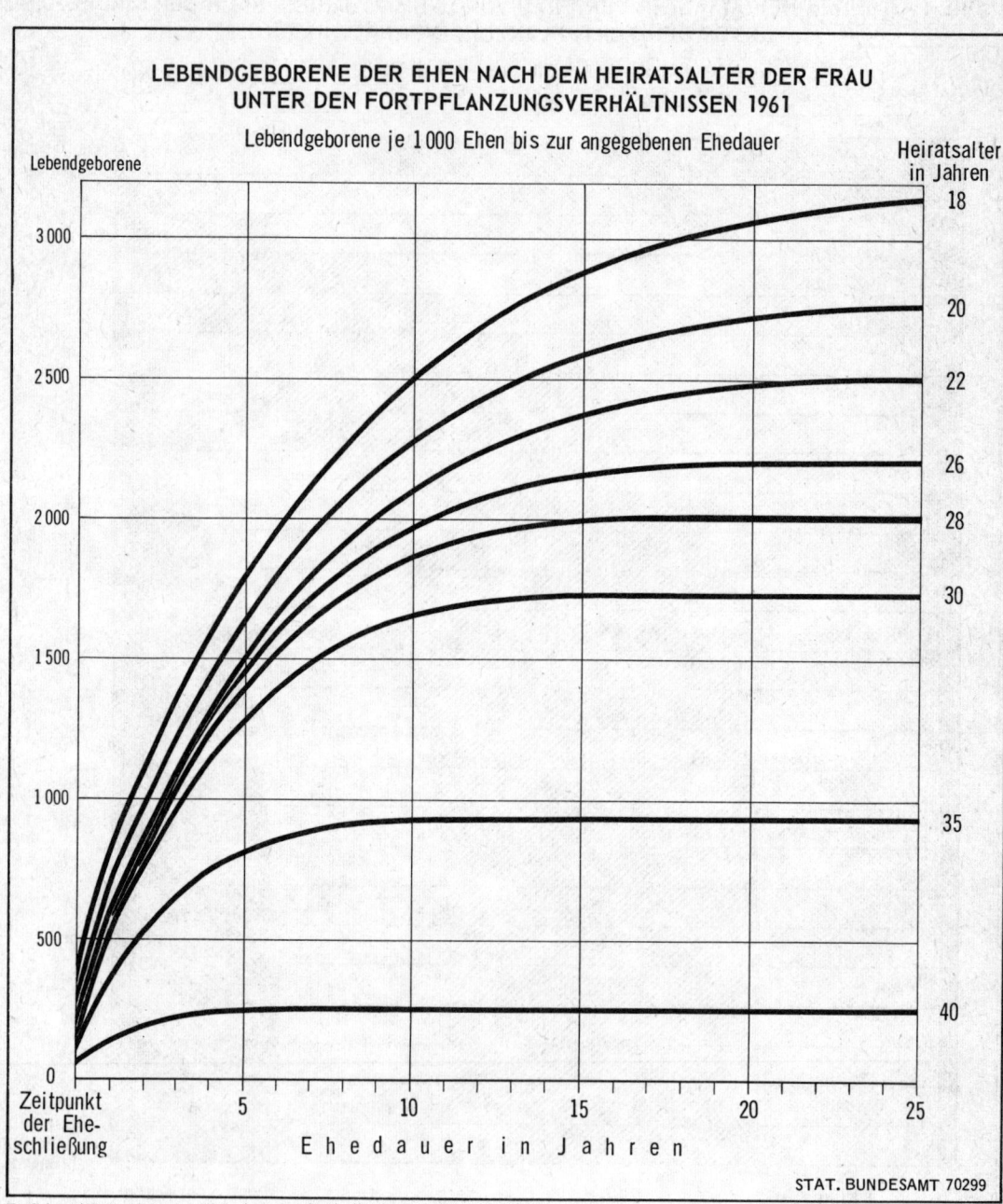

LEBENDGEBORENE DER EHEN NACH DEM HEIRATSALTER DER FRAU
UNTER DEN FORTPFLANZUNGSVERHÄLTNISSEN 1961

Lebendgeborene je 1 000 Ehen bis zur angegebenen Ehedauer

Zu Schaubild 8 und 9 vgl. „Wirtschaft und Statistik", 1966, Heft 5, S. 301 ff.

STAT. BUNDESAMT 70299

Abbildung 9

Lecture Notes in Operations Research and Mathematical Systems

Bitte wenden / Continued